高等职业教育机电类专业系列教材
互联网+数纸融合新形态教材

金属材料与热处理

第2版

主　编　王贵斗
副主编　熊　伟　赵艳艳
参　编　马春来　王　博
主　审　康煜平

机械工业出版社
CHINA MACHINE PRESS

本书数字化资源通过扫描封底立体书城 APP 二维码下载 APP 应用后，进行扫码呈现。

本书主要讲授常用金属材料的分类、编号、组织结构、力学性能、热处理以及应用等方面的基本知识，全书以金属材料的性能及改性为核心，并以金属材料的性能与成分、组织结构、加工工艺之间的关系为主线贯穿始终。全书共分九章，包括金属材料的性能、金属的晶体结构与结晶、二元合金的相结构与结晶、铁碳合金、钢的热处理、金属的塑性变形与再结晶、低合金钢与合金钢、铸铁和非铁金属及其合金。本书版式新颖、图文并茂，每章开始安排有“学习目标”，末尾安排有“综合训练”。为便于教学，本书配备了电子教案，选择本书作为教材的教师可来电索取（010-88379197），或登录 www.cmpedu.com 网站注册、免费下载。

本书可作为高职、高专、各类成人教育焊接专业及相近专业的教材或培训用书，也可供有关技术人员参考。

图书在版编目（CIP）数据

金属材料与热处理/王贵斗主编. —2 版. —北京：机械工业出版社，2015.6（2025.7 重印）

高等职业教育机电类专业系列教材

ISBN 978-7-111-50413-9

Ⅰ.①金… Ⅱ.①王… Ⅲ.①金属材料-高等职业教育-教材②热处理-高等职业教育-教材 Ⅳ.①TG14②TG15

中国版本图书馆 CIP 数据核字（2015）第 116332 号

机械工业出版社（北京市百万庄大街 22 号 邮政编码 100037）
策划编辑：齐志刚 责任编辑：王海峰 杨 璇 版式设计：霍永明
责任校对：薛 娜 封面设计：张 静 责任印制：单爱军
北京盛通数码印刷有限公司印刷
2025 年 7 月第 2 版第 12 次印刷
184mm×260mm · 15.75 印张 · 388 千字
标准书号：ISBN 978-7-111-50413-9
定价：45.00 元

电话服务 网络服务
客服电话：010-88361066 机 工 官 网：www.cmpbook.com
010-88379833 机 工 官 博：weibo.com/cmp1952
010-68326294 金 书 网：www.golden-book.com
封底无防伪标均为盗版 机工教育服务网：www.cmpedu.com

第2版前言

立体化教材是在教育信息化环境下的一种新形态教材；利用现代信息技术手段、将数字化资源与教学内容有机融合，使人们在阅读纸质教材的同时获取更多直观的信息。本教材由机械工业出版社携手东北师大理想软件股份有限公司共同打造，机械工业出版社负责教材内容，东师理想提供全套技术解决方案，系列立体化教材通过东北师大理想软件股份有限公司研发的立体书城软件来呈现，运用AR、VR、互联网、多媒体技术建立了以纸质教材与移动终端互动的多维立体可视化的现代教学生态模式。

本书是为贯彻落实《国家中长期教育改革和发展规划纲要（2010—2020年）》，根据《教育部关于"十二五"职业教育教材建设的若干意见》，以及教育部新颁布的《高等职业学校专业教学标准（试行）》中的人才培养目标和要求，并结合当前高等职业教育的发展需求，在第1版的基础上修订而成的。本次重印修订坚决贯彻党的二十大精神和理念，以学生的全面发展为培养目标，融"知识学习、技能提升、素质培育"于一体，严格落实立德树人根本任务。

本书主要讲授常用金属材料的分类、成分、结构与结晶、热处理、力学性能以及应用等方面的基本知识，全书以金属材料的性能及改性为核心，以金属材料的性能与成分、组织结构、加工工艺（热处理）之间的关系为主线，重点培养学生合理选用金属材料、正确使用金属材料的能力，以充分发挥金属材料潜力，提高零（构）件的质量，延长产品寿命。

本书在修订过程中力求体现"宽、精、新、应用"的特色。基础理论以应用为目的，以够用为度；教学内容选择宽而精，加强针对性与应用性。本书将需要掌握的知识点进行分解，按章、节作为层次安排编写，每章首安排有"学习目标"，章末安排有"综合训练"。

全书共九章，由王贵斗编写第三、五、八章及实验指导书，熊伟编写绪论、第一、四章，赵艳艳编写第六、七章，王博编写第二章，马春来编写第九章。全书由王贵斗主编，沈阳工业大学康煜平教授主审。此外，感谢王学武老师在本书第一版中所做的大量工作及对本次修订提供的支持与帮助。

编写过程中，编者参阅了国内外出版的有关教材和资料，在此一并表示衷心感谢！

由于编者水平有限，书中不妥之处在所难免，恳请读者批评指正。

编　者

第1版前言

为了进一步贯彻《国务院关于大力推进职业教育改革与发展的决定》的文件精神，加强职业教育教材建设，满足职业院校深化教学改革对教材建设的要求，机械工业出版社于2006年11月在北京召开了“职业教育焊接专业教材建设研讨会”。在会上，来自全国十多所院校的焊接专家、一线骨干教师研讨了新的职业教育形势下焊接专业的课程体系，确定了面向中职、高职层次两个系列教材的编写计划。本书是根据会议所确定的教学大纲和高等职业教育培养目标组织编写的。

本书主要讲授常用金属材料的分类、成分、结构与结晶、热处理、力学性能以及应用等方面的基本知识，全书以金属材料的性能及改性为核心，以金属材料的性能与成分、组织结构、加工工艺（热处理）之间的关系为主线，重点培养学生合理选用金属材料、正确使用金属材料的能力，以充分发挥金属材料潜力，提高零（构）件的质量，延长产品寿命。

本书编写过程中力求体现“宽、精、新、应用”的特色。基础理论以应用为目的、以够用为度，教学内容选择宽而精，加强针对性与应用性。本书编写模式新颖，将需要掌握的知识点进行分解，按单元、综合知识模块、能力知识点作为层次安排编写，每单元开始安排有“学习目标”，单元末安排有“综合训练”。

参加本书编写的有王贵斗、王学武、马春来、滕玮晔。其中由王贵斗编写第三、四（综合知识模块一~综合知识模块三）、六、八单元，滕玮晔编写第四（综合知识模块四）单元，王学武编写绪论，第五、七单元及实验指导书，马春来编写第一、二、九单元。全书由王贵斗主编，沈阳工业大学康煜平教授主审。为便于教学，本书配备了电子教案，选择本书作为教材的教师可来电索取（010-88379197），或登录www. cmpedu. com网站注册、免费下载。

编写过程中，编者参阅了国内外出版的有关教材和资料，在此一并表示衷心感谢！

由于编者水平有限，书中不妥之处在所难免，恳请读者批评指正。

编　者

目 录

绪 论

一、金属材料的分类及其在现代工业中的地位

材料是人类生存和发展的物质基础，材料的发展史从生产力的侧面反映了人类社会发展的文明史，从人们懂得利用材料的旧石器时代到科技发达的现代社会，经历了石器时代、青铜器时代、铁器时代、钢铁时代、半导体时代，现在人们正处于新材料时代，如图 0-1 所示。每一种材料的发现和利用，都使人类利用和改造自然的能力得到了提高，成为人类进步的一个里程碑。如今，材料、能源和信息已成为现代化社会生产的三大支柱，而材料又是能源和信息发展的物质基础。

图 0-1 材料发展的历史变迁

现代材料种类繁多，据粗略统计，目前世界上的材料总和已达 40 多万种，并且每年仍在以 5% 的速度增长。机械工程材料按化学成分可分成金属材料和非金属材料两大类，其中应用最广的仍是金属材料。

金属材料可分为两大类：钢铁材料（或黑色金属）和非铁金属（或有色金属）。

钢铁材料是以铁和碳为主要成分的金属材料，碳的质量分数在 0.0218% ~2.11% 的铁碳合金称为钢，碳的质量分数大于 2.11% 的铁碳合金称为铸铁。在铁碳合金中，通过有目的地加入一种或几种合金元素来提高或改善钢铁性能，就形成了形形色色的合金钢或合金铸铁。

非铁金属的种类很多，按其特性可分为轻金属（如铝、钛、镁、铍及其合金等）、重金

属（如铜、锌、锰及其合金等）、低熔点金属（如铅、锡、镉、铋、铟、镓、汞及其合金等）、难熔金属（如钨、钼、铌、钽及其合金等）和贵金属（如金、银、铂等）等。

金属材料之所以应用广泛，是因为其来源丰富，而且具有优良的力学性能和工艺性能，如具有较高的强度、优良的塑性和韧性；具有耐热性、耐低温性和耐蚀性；可铸造、锻造、冲压和焊接；还有良好的导电性和导热性等。更为重要的是，金属材料的性能可以通过化学成分、热处理或其他加工工艺进行调整，使其性能在较大范围内变化，以满足工程需要。

近 20 年来，金属材料的发展虽然受到了一些挑战，逐渐让出部分市场并为其他新材料所取代，材料领域从金属材料的一统天下转变为金属材料、陶瓷材料和高分子材料三足鼎立的新格局，但金属材料的发展仍具有广阔的前途。虽然陶瓷和高分子材料发展迅速，具有某些方面的优点，但其缺点也很突出，如高分子材料强度较低且易老化，陶瓷材料韧性低等，所以，非金属材料在有些方面可代替金属材料，但在有些方面还是无法代替金属材料的。

在可以预见的未来，金属材料仍将占据材料工业的主导地位，这种情况在中国等发展中国家尤其如此。这是因为金属材料工业已经拥有了一套相当成熟的生产技术和庞大的生产能力，并且质量稳定，供应方便，在性能价格上也占有一定优势。此外，在相当长时期内金属材料的资源是有保证的。

二、金属材料的性能与化学成分、组织结构、加工工艺之间的关系

作为一名工程技术人员，为了合理使用金属材料，就必须掌握其性能，并了解影响其性能的因素。影响金属材料性能的因素有内因和外因两个方面：内因是材料的化学成分；外因是材料的加工工艺，主要是指热处理和塑性变形。

因化学成分不同，金属材料的性能就不同。最典型的例子就是钢和铸铁，二者都是铁碳合金，区别在于碳的质量分数不同。钢中碳的质量分数较低，强度高，并有良好的塑性和韧性，可以进行锻压加工，并有较好的焊接性；而铸铁中碳的质量分数较高，抗拉强度较低，而且塑性和韧性差，不能进行压力加工，但有良好的铸造性能。通过研究分析得知，金属材料的化学成分不同，其内部组织结构就不同，如钢组织中渗碳体（Fe_3C）数量较少，而铸铁组织渗碳体数量较多，从而造成了钢和铸铁在性能上的差异。

热处理是改善金属材料性能的重要手段。同一金属材料，热处理工艺不同，热处理后的性能就截然不同。将两个碳的质量分数为 0.77% 的 T8 钢试样加热到 800℃，保温适当时间，分别在水中和空气中冷却，然后测试两个试样的硬度。在水中冷却的 T8 钢试样硬度很高，可达 60HRC 以上，而在空气中冷却的 T8 钢试样硬度却不足 30HRC。产生这种性能差异的原因是，在不同的热处理冷却过程中 T8 钢发生了不同的组织转变，生成了不同组织的产物。也就是说，热处理是通过改变金属材料的内部组织结构来达到改善其性能的目的。

对金属材料进行塑性变形加工也可以改变金属材料的性能，对于某些金属材料，这种方法是对其进行强化的唯一手段。

综上所述，金属材料的性能首先取决于其内部组织结构，而内部组织结构又取决于化学成分和加工工艺条件。因此，改善金属材料性能的途径就是合金化、热处理和塑性变形，如图 0-2 所示。

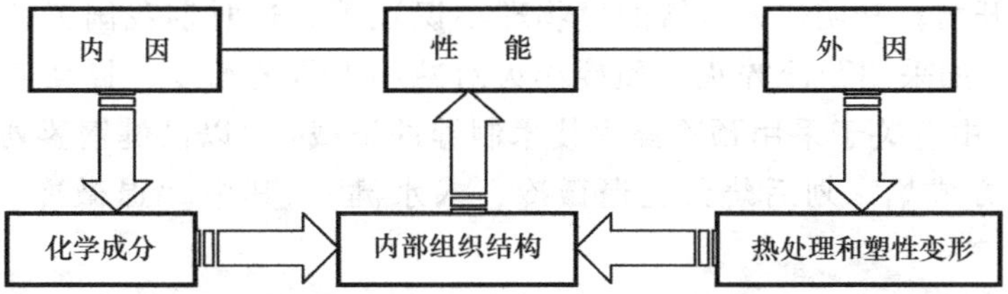

图 0-2　金属材料的性能与化学成分、组织结构、加工工艺之间的关系

三、金属材料的发展及材料科学的形成

金属是人类较早开发利用的材料。早在4000多年前，人们在大量烧制陶瓷的实践中，熟练地掌握了高温加工技术，利用这种技术来烧炼矿石，逐渐冶炼出铜及其合金青铜，这是人类社会最早出现的金属材料。

商周时代中国进入青铜器发展的鼎盛时期，技术水平处于世界的前列。春秋时期，我国已能对青铜冶铸技术做出规律性的总结，如《周礼·考工记》“金有六齐”的叙述是世界上最早的有关金属材料的成分、性能和用途之间关系的总结。后母戊大方鼎和越王勾践青铜剑便是这一时期青铜器发展的例证，如图 0-3 所示。

我国早在周代就开始冶铁，比欧洲最早使用生铁早2000年。至战国晚期，中国的冶铁技术得到了很大的发展，已经懂得利用生铁退火制造韧性铸铁并且掌握钢的冶炼技术。从秦汉至唐宋时期，我国金属材料技术遥遥领先于世界上的其他地区，这些技术推动了整个世界文明的发展，同时也促进了文化的发展，如百炼成钢和削铁如泥等朗朗上口的成语以其丰富的技术和文化内涵流传至今。

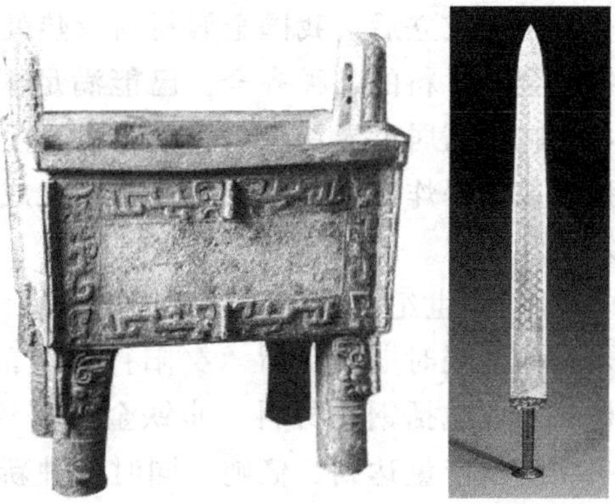

图 0-3　后母戊大方鼎和越王勾践青铜剑

宋元时期古代工匠除了采用炼钢技术以外，还采用了熟铁和生铁合炼的技术。北宋的沈括在《梦溪笔谈》中描述了团钢的制备方法，是“用‘柔铁’盘屈之，乃以‘生铁’陷其间，泥封炼之，锻令相入，谓之‘团钢’”。

在从石器时代进展到青铜器时代和铁器时代的过程中，热处理的作用逐渐为人们所认识。早在公元前770～公元前222年，中国人在生产实践中就已发现，铜铁的性能会因温度和加压变形的不同而变化。

公元前六世纪，钢铁兵器逐渐被采用，为了提高钢的硬度，淬火工艺得到迅速发展。河北省易县燕下都战国晚期遗址出土的两把剑和一把戟，其显微组织中都有马氏体存在，说明是经过淬火的。

在司马迁所著《史记·天官书》中就有“水与火合为淬”；东汉班固所著《汉书·王褒传》中有“巧冶铸干将之朴，清水淬其锋”等有关热处理的记载，说明当时我国人民已经掌握了包括淬火在内的热处理技术。

明清时期，中国古代工匠采用了许多热处理技术，有关的记载很多，最著名的就是明代宋应星的《天工开物》和明代方以智的《物理小识》等。这时期我国工匠在淬火的控制火候上也有所发明，如采用预冷淬火。预冷淬火对减小刀具的畸变、提高刀具的强韧性有益处。《天工开物》中有关于采用预冷淬火技术制锉的记载：“以已健钢錾划成纵斜文理，划时斜向入，则纹方成焰。划后烧红，退微冷，入水健。”其中“退微冷”，就是预冷淬火工艺。

历史证明，中华民族在金属材料的发展史上创造了辉煌的成就，对人类的文明做出了巨大的贡献。但长期以来，人们对金属材料及热处理的认识一直停留在工匠和艺人经验技术的水平上。伴随着现代工业革命的发展，钢铁进入大规模生产阶段，人们对金属材料的认识逐渐深入，将感性认识上升到理性认识的高度，自此，材料科学正式诞生了。1863 年光学显微镜第一次被用于研究金属，英国金相学家和地质学家展示了钢铁在显微镜下的六种不同的金相组织，出现了“金相学”，同时证明了钢在加热和冷却时，内部会发生组织改变。法国人奥斯蒙德确立的铁的同素异构理论，以及英国人奥斯汀最早制定的铁碳相图，为现代热处理工艺初步奠定了理论基础。1912 年 X 射线衍射技术和 1932 年电子显微镜的问世对金属材料及热处理产生了巨大的推动作用，将人类已有的对金属材料的认识带入了更深的层次。如今，金属材料及热处理已经形成完善的学科体系，并继续向更深入的方向发展。

新中国成立后，我国金属材料及热处理取得了快速发展，建立健全了材料工业体系。我国各种金属材料的品种齐全，已能满足国民经济发展的基本要求，2006 年我国的钢产量已达 4 亿吨，高居世界首位。我国将自己生产的金属材料用于升入太空的宇宙飞船、原子弹和氢弹的成功爆炸以及其他领域内的伟大成就都充分体现了我国在金属材料及热处理方面取得的发展和进步。

进入 21 世纪后，伴随着我国国民经济的快速发展，金属材料及热处理的科研和生产又进入新的发展时期，所谓“夕阳行业”的金属材料出现了很多新的特色及增长点，我国金属材料工业包括钢铁材料、非铁金属等传统金属材料在内仍将处于重要的发展阶段，2007 年我国的钢产量达到 5 亿吨，同时各种新材料、新工艺和新技术不断涌现。首先，先进的冶炼技术、精炼技术、铸造技术、连铸连轧技术、成形加工技术和热处理技术在不断提高，微量杂质的技术和微量元素的合金化技术有所创新。其次是开拓金属材料的新功能，以适应更高的使用要求。超高强度钢、超低碳不锈钢等新的合金钢应运而生。再次就是研究和开发新材料，高温合金、形状记忆合金、储氢合金、永磁合金和非晶态合金等新材料相继问世，大大扩展了金属材料的应用范围。近年来，铜、镁和钛三种金属及其合金的应用领域也获得了很大扩展，尤其在电子器械、汽车制造、航海舰船、发电设备和日常生活等领域获得了很多应用。

四、课程的性质、任务、特点和学习方法

金属材料与热处理是高等职业院校机械类专业重要的技术基础课，尤其是对焊接、铸造和锻压等热加工专业而言，其作用显得更加突出。

本课程的任务是以金属材料的性能为核心，以培养学生的能力为目标，以金属材料与热处理技术的应用为出发点，介绍金属材料的性能与成分、组织结构、加工工艺之间的关系，介绍常用金属材料及其应用等基本知识。

本课程可以分为三个部分，即金属学基本知识，包括金属及合金的结构与结晶、金属的塑性变形与再结晶；钢的热处理；常用的金属材料，包括钢、铸铁和非铁金属及其合金。

本课程既有一定的理论性，又有较强的应用性，各种概念和名词术语众多。因此，在学习时，应认真听讲，在记忆的基础上，注重理解、分析和应用，并注意前后内容的衔接与综合应用。除理论学习，要注意密切联系生产和生活实际，运用如杂志和互联网等各种学习方式，广泛涉猎，勤动手，认真做好各项实验，完成各项作业。

在教学中应多采用直观教学、现场教学、多媒体教学和启发教学等，增加课堂教学的信息量和利用效率，培养学生的自学能力和思维能力，为后续专业课的学习打下良好的基础。

第一章　金属材料的性能

学习目标

通过本章的学习，了解有关金属材料的一些性能指标的含义和使用范围等内容；准确理解有关名词的定义和范围；学会运用学到的知识对日常生活中的现象进行思考和分析，将自己的感性认识与教学内容相联系，以帮助理解和认识。

第一节　金属的物理性能与化学性能

金属的物理性能是指金属固有的一些属性，如密度、熔点、热膨胀性、磁性、导热性与导电性等。金属的化学性能是指金属在室温或高温时抵抗各种化学介质作用所表现出来的性能，包括耐蚀性和耐氧化性等。

一、金属的物理性能

1. 密度

在一定的温度下，单位体积材料的质量称为材料的密度。对于相同体积的运动构件，其材料的密度越小，则消耗的能量越少，效率越高。一般将密度小于 $4.5g/cm^3$ 的金属称为轻金属，密度大于 $4.5g/cm^3$ 的金属称为重金属。常用金属的密度见表 1-1。

2. 熔点

熔点是指材料的熔化温度。金属都有固定的熔点，常用金属的熔点见表 1-1。一般来说，材料的熔点越高，材料在高温下保持强度的能力越强。在设计高温条件下工作的构件时，需要考虑材料的熔点。熔点较高的金属称为难熔金属（如钨、钼和钒等）。难熔金属可以用来制造耐高温零件，在燃气轮机、航空航天等领域有广泛的应用。熔点低的金属称为易熔金属（如锡和铅等），可用来制造熔丝和防火安全阀等零件。

3. 热膨胀性

大部分固体材料在加热时都发生膨胀，材料的热膨胀性通常用线胀系数表示。它是指材料在加热时单位长度的材料在温度升高 1℃时的伸长量。特别精密的仪器要考虑选择线胀系数低的材料，或在恒温条件下使用。在材料的加工过程中更要考虑材料的热膨胀现象。如果表面和内部热膨胀不一致，就会产生内应力，当这种内应力超过材料的屈服强度时，材料就会发生塑性变形，当内应力超过了材料的抗拉强度时，材料就会发生破坏。常用金属的线胀系数见表 1-1。

表 1-1 常用金属的物理性能

金属名称	符号	密度(20℃)/(g/cm³)	熔点/℃	热导率 λ /[W/(m·K)]	线胀系数(0~100℃) $\alpha_1/(10^{-6}/℃)$	电阻率(0℃) $\rho/(\Omega\cdot m)\times10^{-8}$
银	Ag	10.49	960.8	418.6	19.7	1.5
铝	Al	2.70	660.1	221.9	23.6	2.66
铜	Cu	8.96	1083	393.5	17.0	1.67(20℃)
铬	Cr	7.19	1903	67	6.2	12.9
铁	Fe	7.84	1538	75.4	11.76	9.7
镁	Mg	1.74	650	153.7	24.3	4.47
锰	Mn	7.43	1244	4.98(-192℃)	37	185(20℃)
镍	Ni	8.90	1453	92.1	13.4	6.84
钛	Ti	4.51	1677	15.1	8.2	42.1~47.8
锡	Sn	7.30	231.91	62.8	2.3	11.5
钨	W	19.30	3380	166.2	4.6(20℃)	5.1
铅	Pb	11.34	327.50	34.8	29.2	20.68

4. 磁性

金属在磁场中被磁化而呈现磁性强弱的性能称为磁性。根据在磁场中受到磁化程度的不同，金属材料分为铁磁性材料、顺磁性材料和抗磁性材料。

(1) 铁磁性材料　在外加磁场中，能强烈被磁化的金属材料，如铁、钴和镍等。

(2) 顺磁性材料　在外加磁场中呈现十分微弱的磁性的金属材料，如锰、铬和钼等。

(3) 抗磁性材料　能够抗拒或减弱外加磁场磁化作用的金属材料，如铜、金、银、铅和锌等。

在铁磁性材料中，铁及其合金（包括钢和铸铁）具有明显磁性。镍和钴也具有磁性，但远不如铁。铁磁性材料可用于制造变压器、电动机和测量仪表等。抗磁性材料则可用作要求避免电磁场干扰的零件和结构件等。非金属材料一般无磁性。

5. 导热性

导热性是材料传导热量的性能。材料的导热性用热导率 λ 表示。材料的热导率越大，说明导热性越好。一般来说，金属材料越纯，其导热能力越强。金属的导热能力以银为最好，铜、铝次之。常用金属的热导率见表 1-1。导热性好的材料常用来制造热交换器等传热设备的零部件。

想一想

在寒冷的冬季，用手去摸铁和木头，感觉一样吗？

6. 导电性

导电性是材料传导电的性能。材料的导电性一般用电阻率 ρ 表示。通常金属的电阻率随温度升高而增加，金属一般具有良好的导电性，银的导电性最好，铜、铝次之。常用金属的电阻率见表 1-1。导电性好的材料常用来制作电线。电热丝要选电阻率大的材料。

二、金属的化学性能

1. 耐蚀性

金属在常温下抵抗氧、水及其他化学介质腐蚀破坏作用的能力称为耐蚀性。金属的耐蚀性是一个重要的性能指标，尤其对在腐蚀介质（如酸、碱、盐和有毒气体等）中工作的零件，其腐蚀现象比在空气中更为严重。在选择材料制造这些零件时，应特别注意金属的耐蚀性，选用耐蚀性良好的金属或合金制造。

2. 耐氧化性

金属在加热时抵抗氧化作用的能力称为耐氧化性。随温度升高，金属的耐氧化性降低，例如钢材在铸造、锻造、焊接和热处理等热加工作业时，氧化比较严重。金属氧化不仅造成金属材料的过量损耗，也是形成各种缺陷的主要原因。

第二节　金属的力学性能

金属材料的力学性能是指金属材料抵抗外加载荷引起变形和断裂的能力。

在各种工程结构及机械产品中，大多数构件或机械零件都是用金属材料制成的，并在不同的载荷与环境下服役。如果金属材料对变形和断裂的抗力与服役条件不相适应，就会使构件或零件失去预定的效能而损坏，即产生所谓“失效现象”。掌握材料的力学性能不仅是设计零件、选用材料时的重要依据，而且是对产品的工艺进行质量控制的重要参数。

常用的力学性能指标有强度、刚度、弹性、塑性、硬度、冲击韧度和疲劳等。

一、强度、刚度及弹性

强度和刚度等是极为重要的力学性能指标，一般采用拉伸试验法测定。为便于不同材料的强度进行对比，拉伸试验所用试样的尺寸与形状应符合 GB/T 228. 1—2010《金属材料　拉伸试验　第 1 部分：室温试验方法》规定。图 1-1 所示为拉伸试样示意图，其中 d_o 为圆形试样直径，L_o 为原始标距长度，b_o 为板试样宽度，a_o 为板试样厚度，L_c 为平行长度，L_u 为断后标距，S_u 为断后最小横截面面积，S_o 为原始横截面面积。根据规定试样的原始标距与试样的原始横截面面积有 $L_o = k\sqrt{S_o}$关系者称为比例试样。国际上使用的比例系数 k 的值为 5. 65，原始标距不应小于 15mm，当试样横截面面积太小，以致采用比例系数 k 为 5. 65 的值不能符合这一最小原始标距要求时，可以采用较高的值（优先采用 11. 3 的值）或采用非比例试样。非比例试样原始标距（L_o）与原始横截面面积（S_o）无关。试验时把金属试样装夹在如图 1-2 所示的万能试验机上，然后逐渐施加拉伸载荷，直至把试样拉断为止。根据试样在拉伸试验中承受的载荷和产生的变形量之间的关系，可测出该金属材料的拉伸曲线，从而测定材料的强度和刚度等。

1. 拉伸曲线与应力应变曲线

（1）拉伸曲线　图 1-3 所示为退火低碳钢的拉伸曲线。如图所示，低碳钢在拉伸过程中，可分为弹性变形、塑性变形和断裂三个阶段。在弹性范围内大多数材料服从胡克定律，即变形与受力成正比。当试样开始受力时，因夹持力较小，其夹持部分在夹头内有滑动，故

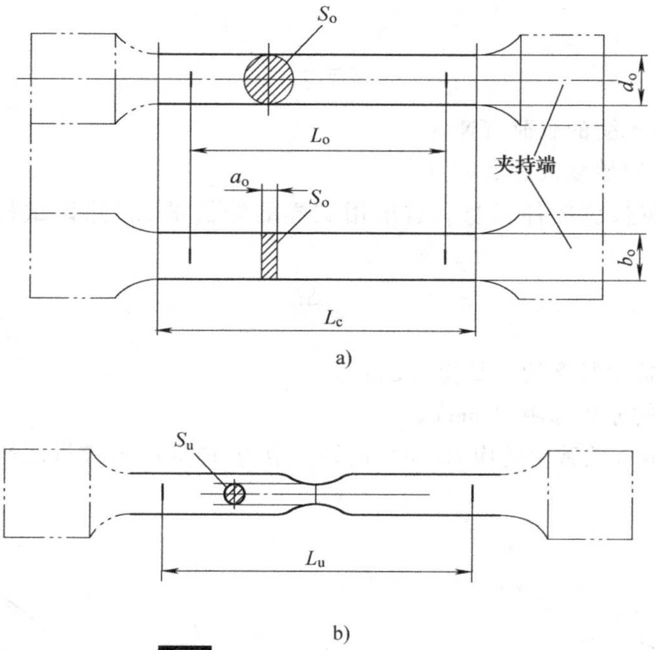

图 1-1　拉伸试样示意图

a）拉伸前　b）拉伸后

图中开始阶段的曲线斜率较小，它并不反映真实的载荷-变形关系；载荷加大后，滑动消失，材料的拉伸进入弹性阶段。当载荷不超过 F_e 时，拉伸曲线近乎为一直线，表示受力不大时试样处于弹性变形阶段，若卸除载荷，试样能完全恢复到原来的形状和尺寸。当载荷继续增加时试样将产生塑性变形，并在 s 点附近曲线上出现了平台或锯齿状线段，这时载荷不增加或只有微小增加，试样却继续伸长，这种现象称为屈服。

图 1-2　万能试验机

屈服后曲线又呈上升趋势，表示试样恢复了抵抗拉伸的能力，材料进入强化阶段。随着载荷的继续加大，拉伸曲线上升的幅度逐渐减小，当载荷增大到 F_b 时，试样的局部截面缩小，产生所谓“缩颈”现象，而且发展很快。由于试样局部截面的逐渐减小，试样承受载荷的能力迅速减小，当达到曲线上的 k 点时，试样断裂。

（2）应力-应变曲线　由于拉伸曲线上的载荷 F 与伸长量 ΔL 不仅与试验材料的性能有关，还与试样的尺寸有关。为消除试样尺寸的影响，需采用应力-应变曲线。

应力：试样单位面积上承受的载荷。这里用承受的载荷 F 除以试样的原始横截面面积

S_o 表示，即

$$\sigma = \frac{F}{S_o} \tag{1-1}$$

式中　F——试样所承受的载荷（N）；

S_o——试样的原始横截面面积（mm^2）。

应变：试样单位长度的伸长量。这里用试样的伸长量 ΔL 除以试样的原始标距 L_o 表示，即

$$\varepsilon = \frac{\Delta L}{L_o} \tag{1-2}$$

式中　ΔL——试样标距长度的伸长量（mm）；

L_o——试样的原始标距（mm）。

图 1-4 所示为退火低碳钢的应力-应变曲线，应力-应变的形状与拉伸曲线形状相同，只是坐标数值不同。

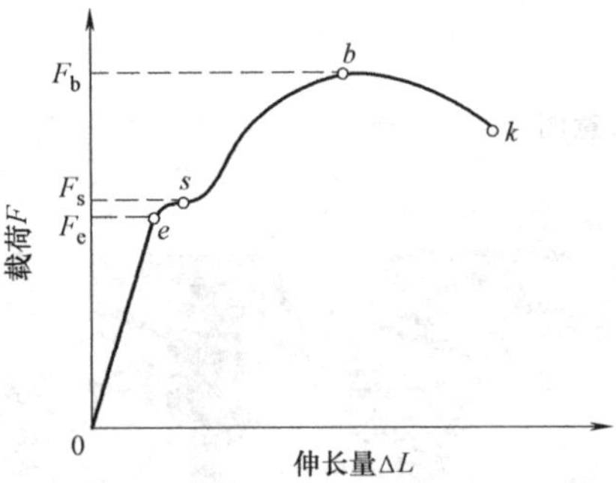

图 1-3　退火低碳钢的拉伸曲线

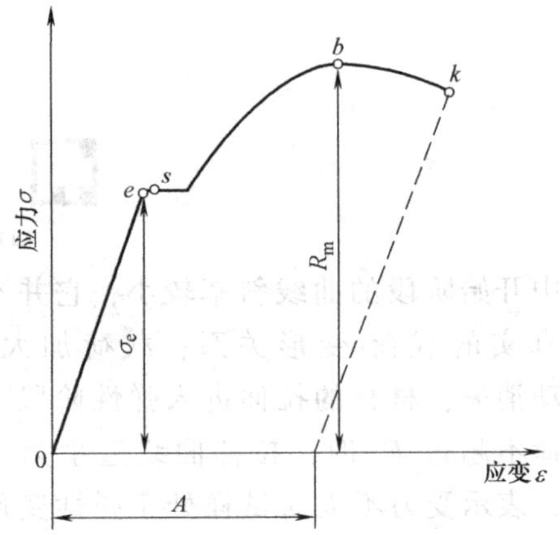

图 1-4　退火低碳钢的应力-应变曲线

不同材料的拉伸曲线形状有很大差别。像低碳钢这样，材料在断裂前有明显塑性变形的断裂称为韧性断裂；而灰铸铁和淬火高碳钢等材料，在断裂前塑性变形量很小，甚至不发生塑性变形的断裂称为脆性断裂。

2. 刚度和弹性

如图 1-4 所示的应力-应变曲线中的弹性变形阶段可测出材料的弹性模量（E）、弹性极限（σ_e⊖），并依此确定材料的刚度和弹性。

（1）弹性模量　材料在弹性范围内，应力与应变的比值称为弹性模量，即

$$E = \frac{\sigma}{\varepsilon} \tag{1-3}$$

弹性模量标志着材料抵抗弹性变形的能力。弹性模量的大小主要取决于材料的本性，一些处理方法（如热处理、冷热加工和合金化等）对它的影响很小。几种常用金属材料的弹性模量见表 1-2。

⊖　GB/T 228.1—2010 中未规定弹性极限，本书在此沿用工程技术应用中习惯的提法和符号。

工程上将材料抵抗弹性变形的能力称为刚度、弹性模量越大、刚度越大。结构的刚度除取决于组成材料的弹性模量外，还同其几何形状、截面尺寸等因素有关。

（2）弹性极限　材料在不产生塑性变形时所能承受的最大应力值称为弹性极限，即

$$\sigma_e = \frac{F_e}{S_o} \tag{1-4}$$

式中　F_e——试样在不产生塑性变形时所承受的最大载荷；

S_o——试样的原始横截面面积。

由于弹性极限是表示材料不产生塑性变形时所能承受的最大应力值，故它是工作中不允许有微量塑性变形零件（如精密的弹性元件和炮筒等）设计与选材的重要依据。几种常用金属材料的弹性极限见表 1-2。

表 1-2　几种常用金属材料的弹性模量与弹性极限

材　料	E/MPa	σ_e/MPa
中　碳　钢	2.1×10^5	310
弹　簧　钢	2.1×10^5	965
硬　铝	7.24×10^4	125
铍　青　铜	1.2×10^5	588
磷　青　铜	1.01×10^5	450

3. 强度

强度是指金属材料在静载荷作用下，抵抗塑性变形和断裂的能力。工程上常用的强度指标有屈服强度、抗拉强度等。

（1）屈服强度　屈服是金属材料在拉伸时产生宏观塑性变形的一种现象，是金属材料对初始塑性变形的一种抗力，分为上屈服强度 R_{eH} 和下屈服强度 R_{eL}。上屈服强度是指试样发生屈服而力首次下降前的最大应力；下屈服强度是指屈服期间，不计初始瞬时效应时的最小应力，如图 1-5 所示。

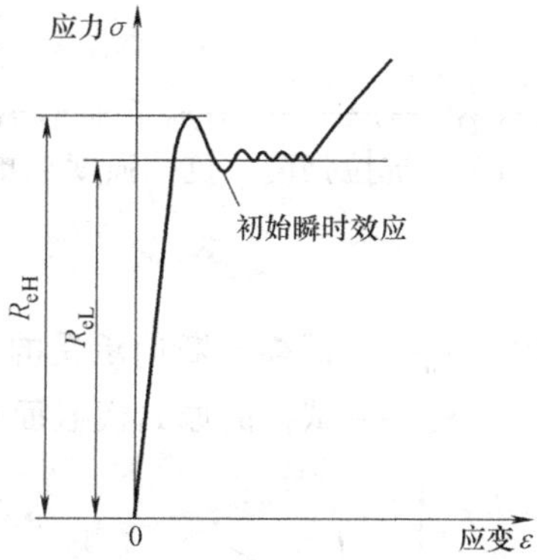

图 1-5　屈服强度的定义

$$R_{eH} = \frac{F_{eH}}{S_o} \tag{1-5a}$$

$$R_{eL} = \frac{F_{eL}}{S_o} \tag{1-5b}$$

式中　F_{eH}——试样发生屈服而载荷首次下降前的最大值（N）；

F_{eL}——在屈服期间，不计初始瞬时效应时的最小载荷（N）；

S_o——试样的原始横截面面积（mm^2）。

对于高碳淬火钢、铸铁等低塑性材料，在拉伸试验中没有明显的屈服现象，无法确定其下屈服强度。国家标准规定，用规定塑性延伸强度 R_p（图 1-6）作为材料塑性变形的抗力指标，一般以规定塑性延伸率㊀为 0.2% 时对应的应力作为材料的屈服强度，通常记作 $R_{p0.2}$。即

㊀　延伸率的详细解释见 GB/T 228.1—2010。

$$R_{p0.2}=\frac{F_{0.2}}{S_o} \tag{1-6}$$

式中　$F_{0.2}$——试样标距发生0.2%残余伸长时的载荷（N）；

S_o——试样的原始横截面面积（mm^2）。

下屈服强度R_{eL}和屈服强度$R_{p0.2}$通常是机器零件设计的主要强度指标，也是评定金属材料强度的重要指标之一。工程上各种机器零件工作时是不允许发生过量残余变形而失效的，设计的许用应力以R_{eL}或$R_{p0.2}$来确定。

资料卡

屈服强度

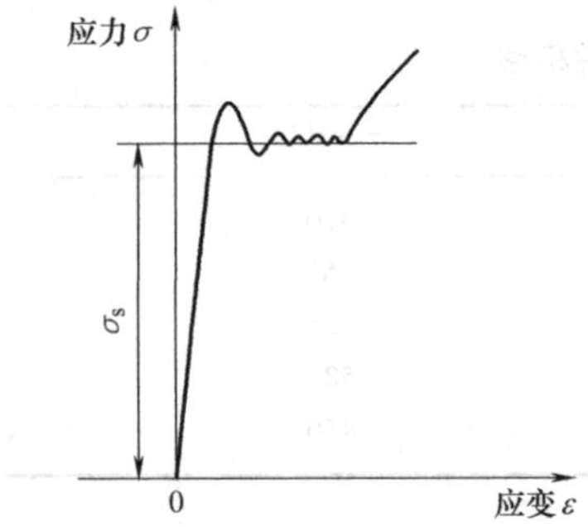

在GB/T 228.1—2010《金属材料　拉伸试验　第1部分：室温试验方法》执行以前，工程上用σ_s来表示材料的屈服强度。σ_s是左图应力-应变曲线中力不增加而试样仍然能继续伸长时的应力，用下式计算：

$$\sigma_s=\frac{F_s}{S_o}$$

式中　F_s——试样发生屈服时的载荷，即屈服载荷（N）；

S_o——试样的原始横截面面积（mm^2）。

（2）抗拉强度　抗拉强度是指材料在断裂前所承受的最大应力（图1-7），用R_m表示，即

$$R_m=\frac{F_b}{S_o} \tag{1-7}$$

式中　F_b——试样拉断前承受的最大载荷（N）；

S_o——试样的原始横截面面积（mm^2）。

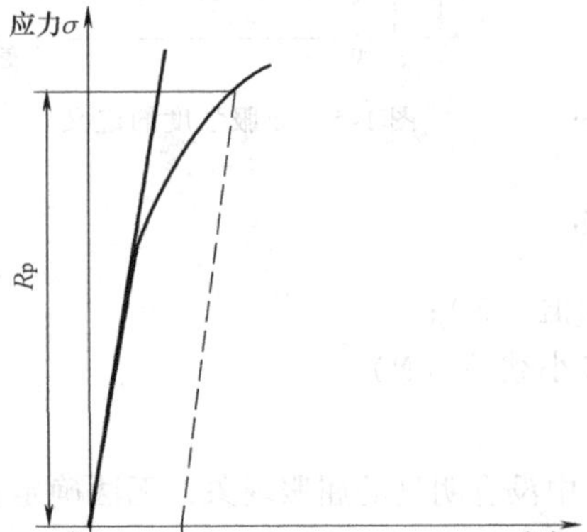

图1-6　规定塑性延伸强度

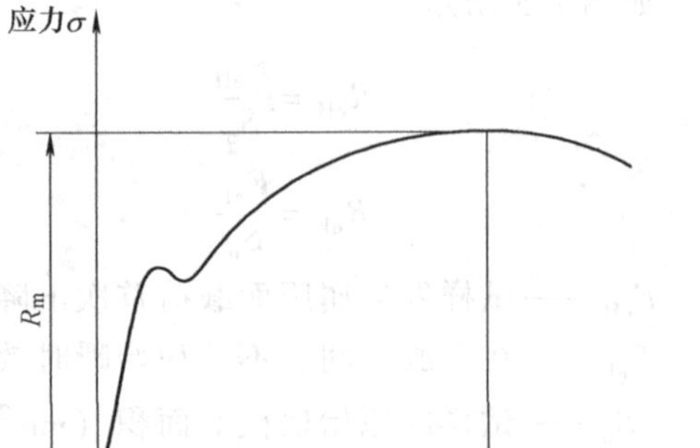

图1-7　抗拉强度的定义

试样在拉伸过程中，达到最大载荷之前是均匀塑性变形，因此抗拉强度R_m是塑性材料

抵抗大量均匀塑性变形的能力。铸铁等脆性材料拉伸过程中一般不出现缩颈现象，抗拉强度就是材料的断裂强度，脆性材料制成的零件根据 R_m 确定其许用应力。

抗拉强度是零件设计的重要依据，同时也是评定金属材料强度的重要指标之一。

二、塑性

塑性是指金属材料在静载荷作用下产生永久变形而不致引起破坏的性能。在载荷消失后留下来的这部分不可恢复的变形，称为塑性变形。

金属的塑性常用断后伸长率和断面收缩率表示。

1. 断后伸长率

断后伸长率是指试样拉断后标距的伸长量 $L_u - L_o$ 与原始标距 L_o 的比值，用 A 表示，即

$$A = \frac{L_u - L_o}{L_o} \times 100\% \tag{1-8}$$

式中 L_u——试样的断后标距（mm）；

L_o——试样的原始标距（mm）。

材料的断后伸长率是随标距的增加而减少的，同一材料的短试样要比长试样所测得的断后伸长率大 20% 左右，对局部集中变形特别明显的材料，甚至大到 50%。因此，用长、短试样求得的断后伸长率分别以 $A_{11.3}$、A 表示。

2. 断面收缩率

断面收缩率是指试样拉断处横截面面积的减小量 $S_o - S_u$ 与原始横截面积 S_o 的比值，用 Z 表示，即

$$Z = \frac{S_o - S_u}{S_o} \times 100\% \tag{1-9}$$

式中 S_u——试样的断后最小横截面面积（mm^2）；

S_o——试样的原始横截面面积（mm^2）。

很显然，断后伸长率 A 和断面收缩率 Z 越大，说明材料的塑性变形量越大，也就是材料的塑性越好。

在零件设计时，塑性指标不是计算出来的，但任何零件都要求材料具有一定的塑性。主要是由于机械零件在使用过程中虽然不允许发生塑性变形，但在偶然过载时，塑性好的材料发生一定的塑性变形而不至于突然断裂；再者，材料塑性变形可以减弱应力集中和消减应力峰值，零件在使用时更安全。对于进行压力加工（锻造、轧制和冲压等）的型材或零件，材料必须具有良好的塑性。

资料卡

超塑性状态

通常情况下金属的断后伸长率不超过 90%，而有些金属及其合金在某些特定的条件下，断后伸长率可高达 1000% ~2000%，个别的可达 6000%，这种现象称为超塑性。由于超塑性状态具有异常高的塑性、极小的流动应力、极大的活性及扩散能力，在压力加工、热处理、焊接、铸造，甚至切削加工等很多领域中被应用。

本书采用 GB/T 228.1—2010《金属材料　拉伸试验　第 1 部分：室温试验方法》新

标准。为方便读者学习和阅读，将关于金属材料强度与塑性的新、旧标准名称和符号对照列于表 1-3 中。

表 1-3　金属材料强度与塑性的新、旧标准名称和符号对照

GB/T 228.1—2010		GB/T 228—1987	
名称	符号	名称	符号
		屈服点	σ_s
上屈服强度	R_{eH}	上屈服点	σ_{sH}
下屈服强度	R_{eL}	下屈服点	σ_{sL}
规定塑性延伸强度	R_p	规定残余伸长应力	σ_p
抗拉强度	R_m	抗拉强度	σ_b
断后伸长率	A 或 $A_{11.3}$	断后伸长率	δ_5 或 δ_{10}
断面收缩率	Z	断面收缩率	ψ

三、硬度

硬度是衡量金属材料软硬程度的指标，是指金属材料在静载荷作用下抵抗局部变形，特别是塑性变形、压痕和划痕的能力。目前生产中，常用的测量硬度的方法是压入硬度法，它是用一定几何形状的压头，在一定载荷下，压入被测试的金属材料表面，根据被压入程度来测定其硬度值。用同样的压头，在相同载荷作用下，压入金属材料表面时，若压入程度越大，则材料的硬度值越低；反之，硬度值就越高。

硬度试验设备简单，操作迅速方便，又可直接在零件上或工具上进行试验而不破坏零件，并且还可根据测得的硬度值估计出材料的近似抗拉强度和耐磨性。此外，硬度与材料的冷成形性、可加工性和焊接性等工艺性能间也存在着一定的联系，可作为选择加工工艺时的参考。所以硬度试验在实际生产中作为产品质量检查和制订合理加工工艺的最常用的重要试验方法。在产品设计图样的技术条件中，硬度也是一项主要技术指标。

测定硬度的方法很多，生产中应用较多的有布氏硬度、洛氏硬度和维氏硬度等试验方法。

1. 布氏硬度

图 1-8 所示为布氏硬度原理示意图。在一定的载荷 F 作用下，将一定直径 D 的硬质合金球压入到被测材料的表面，保持一定的时间 t 后将载荷卸掉，测量被测材料表面留下压痕的直径 d，根据 d 计算出压痕球缺的面积 S，最后求出压痕单位面积上承受的平均压力，以此作为被测金属材料的布氏硬度值。布氏硬度值 HBW 的计算公式为

当载荷 F 的单位为公斤力（kgf）⊖时，

$$\mathrm{HBW}=\frac{F}{S}=\frac{2F}{\pi D\left(D-\sqrt{D^2-d^2}\right)} \tag{1-10a}$$

当载荷 F 的单位为牛顿（N）时，

⊖ kgf 为非法定计量单位，目前硬度试验仍保留，1kgf = 9.8N。

$$HBW = \frac{F}{S} = 0.102 \times \frac{2F}{\pi D(D - \sqrt{D^2 - d^2})} \tag{1-10b}$$

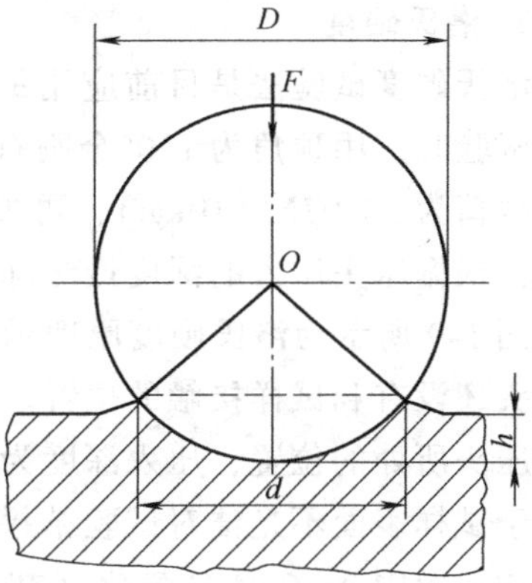

图 1-8　布氏硬度原理示意图

式中　F——作用在压头上的载荷（kgf 或 N）；

D——压头的直径（mm）；

d——压痕表面的直径（mm）；

S——压痕的面积（mm^2）。

布氏硬度值的单位为 kgf/mm^2 或者 N/mm^2，习惯上布氏硬度是不标单位的。布氏硬度实际测试时，硬度值是不用计算的，利用刻度放大镜测出压痕直径 d，根据 d 值查附录 B，即可查出硬度值。

布氏硬度的表示方法如下：硬度值 + 硬度符号 + 试验条件。例如，210HBW10/1000/30 表示用 10mm 直径的硬质合金球压头，在 1000kgf 作用下，保持时间为 30s，测得的布氏硬度值为 210；500HBW5/750 表示用 5mm 直径的硬质合金球压头，在 750kgf 作用下，保持 10 ~ 15s（持续时间 10 ~ 15s 时，可以不标注），测得的布氏硬度值为 500。

在进行布氏硬度试验时，按照 GB/T 231.1—2009 规定，常用的 $0.102F/D^2$ 比例为 30、10 和 2.5 三种。根据金属材料的种类、试样厚度及试样的硬度范围，按照表 1-4 中的规范选择合适的试验条件。

布氏硬度的优点：压痕面积较大，能较好反映材料的平均硬度；数据较稳定，重复性好。缺点：测试麻烦，压痕较大，不适合测量成品及薄件材料。目前，布氏硬度主要用于测量铸铁、非铁金属（如滑动轴承合金等）及经过退火、正火和调质处理的钢材。

表 1-4　布氏硬度试验规范

材料种类	布氏硬度值范围	压头直径 D/mm	$0.102F/D^2$	试验载荷 F/(N 或 kgf)	保持时间 /s	备　注
钢、铸铁	≥140	10 5 2.5	30	29420(3000) 7355(750) 1839(187.5)	10	压痕中心距试样边沿距离不应小于压痕平均直径的 2.5 倍 相邻压痕中心距离不应小于压痕平均直径的 4 倍 试样厚度至少应为压痕深度的 10 倍。试验后，试样支撑面应无明显变形痕迹
	<140	10 5 2.5	10	9807(1000) 2452(250) 613(62.5)	10 ~ 15	
非铁金属材料	≥130	10 5 2.5	30	29420(3000) 7355(750) 1839(187.5)	30	
	55 ~ 130	10 5 2.5	10	9807(1000) 2452(250) 613(62.5)	30	
	<55	10 5 2.5	2.5	2452(250) 613(62.5) 153(15.5)	60	

2. 洛氏硬度

洛氏硬度试验法是目前应用最广泛的硬度测试方法，是直接用压痕深度来确定硬度值的。试验时，用顶角为120°金刚石圆锥体或者用直径为1.588mm的淬火钢球作为压头，先加初载荷为98.07N（10kgf），再加规定的主载荷，将压头压入金属材料的表面，卸去主载荷后，根据压头压入的深度最终确定其硬度值。

图1-9所示为洛氏硬度原理示意图。0—0为金刚石压头还没有和试样接触的位置。1—1是在初载荷作用下压头所处的位置，压入深度为h_1，目的是为了消除由于试样表面不光洁对试验结果的精确性造成的不良影响；图中2—2是总载荷（初载荷+主载荷）作用下压头所处位置，压入深度为h_2；3—3是卸除主载荷后压头所处的位置，由于金属弹性变形得到恢复，此时压头实际压入深度为h_3，故由主载荷所引起的塑性变形而使压头压入深度为$h = h_3 - h_1$。洛氏硬度值由h的大小确定，压入深度h越大，硬度越低；反之，则硬度越高。一般说来，按照人们习惯上的概念，数值越大，硬度越高。因此采用一个常数减去h来表示硬度的高低，并用每0.002mm的压痕深度为一个硬度单位，由此获得的硬度值称为洛氏硬度值，用符号HR表示。

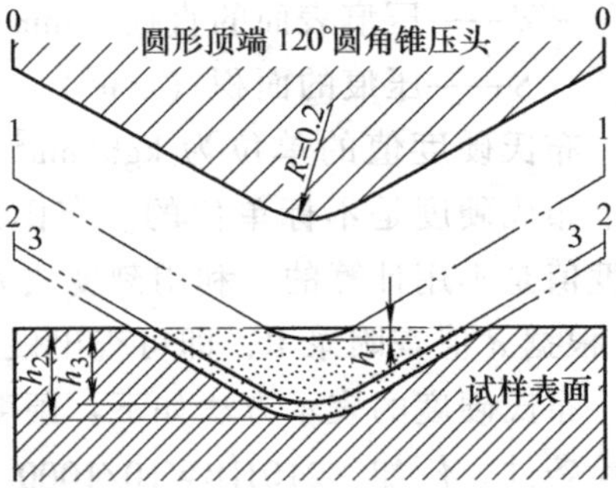

图1-9 洛氏硬度原理示意图

$$HR = N - \frac{h}{0.002} \tag{1-11}$$

式中 N——金刚石作压头，N取100；淬火钢作压头，N取130；

h——残余压痕深度增量。

由此获得的洛氏硬度值HR为一无名数。实际测量时，洛氏硬度是在硬度计上直接读出硬度值的。洛氏硬度的表示方法为：硬度值+硬度符号。例如，60HRC表示用C标尺测得的洛氏硬度值为60。

为了能用同一硬度计测定从极软到极硬材料的硬度，可采用不同的压头和载荷，组成了几种不同的洛氏硬度标尺，其中最常用的是A、B、C三种标尺。表1-5为这三种标尺的试验条件和应用范围。

表1-5 常用三种洛氏硬度的试验条件及应用范围

标尺	硬度符号	压头类型	总载荷/N	测量范围	应用范围
A	HRA	金刚石圆锥体	588.4(60)	20～88	硬质合金、表面硬化层、淬火工具钢等
B	HRB	ϕ1.588mm钢球	980.7(100)	20～100	低碳钢、铜合金、铝合金、铁素体可锻铸铁
C	HRC	金刚石圆锥体	1471(150)	20～70	淬火钢、调质钢、高硬度铸铁

对于极薄工件和化学热处理后的表面层，在硬度测定时，由于常用洛氏硬度法施加的载荷较大，不适合这类材料的表面硬度测定。为此，根据洛氏硬度试验原理，设计出了载荷较小的表面洛氏硬度试验。其初载荷为29.4N（3kgf），总载荷有147.1N（15kgf）、249.3N

（30kgf）和 441. 3N（45kgf）三种，如果用金刚石圆锥压头，常用来测量渗氮钢、渗碳钢、切削刃和零件边缘部分等，硬度符号表示为 HR15N、HR30N 和 HR45N；如果用淬火钢球压头，常测量低碳钢、铜合金和铝合金等薄板，硬度符号表示为 HR15T、HR30T 和 HR45T。

洛氏硬度试验的优点：测量迅速简便，压痕较小，可用于测量成品零件；缺点：压痕较小，测得的硬度值不够准确，并且各硬度标尺之间没有联系，不同标尺硬度值之间不能直接比较大小。洛氏硬度 C 标尺应用最广泛。

3. 维氏硬度

布氏硬度试验不适用于测定硬度较高的材料。洛氏硬度试验虽然可用于测定较薄材料和硬材料，但其不同标尺的硬度值间没有简单的换算关系，不能进行比较。维氏硬度试验可以测量从软到硬的各种材料以及金属零件的表面硬度，并有连续一致的硬度标尺。

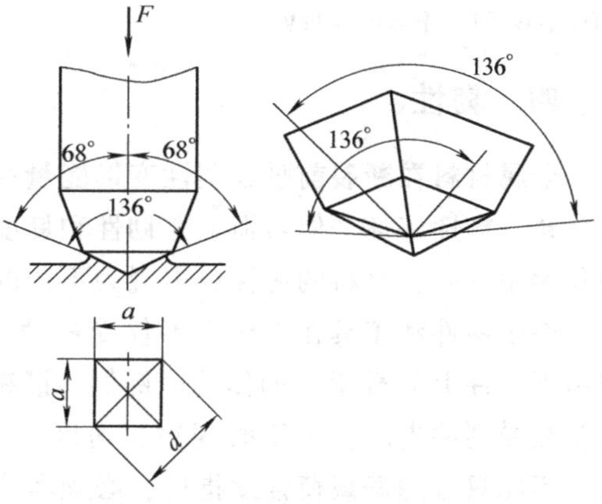

图 1-10　维氏硬度原理示意图

维氏硬度试验原理与布氏硬度相似，也是根据压痕单位表面积上力的大小来计算硬度值。区别在于压头采用锥面夹角为 136°的金刚石正四棱锥体，将其以选定的试验力压入试样表面，按规定保持一定时间后卸除试验力，测量压痕两对角线长度，如图 1-10 所示。维氏硬度值用四棱锥压痕单位面积上所承受的平均压力表示，符号 HV。

当载荷 F 的单位用公斤力（kgf）时，

$$HV=\frac{F}{S}=\frac{F}{d^2/(2\sin 68^\circ)}\approx 1.8544\frac{F}{d^2} \tag{1-12a}$$

当载荷 F 的单位是牛顿（N）时，

$$HV=\frac{F}{S}=\frac{F}{d^2/(2\sin 68^\circ)}\approx 0.1891\frac{F}{d^2} \tag{1-12b}$$

式中　F——作用在压头上的载荷（N）；

　　　d——压痕两对角线长度的算术平均值（mm）。

HV 值的单位为 N/mm^2，但习惯上只写出硬度值而不标出单位。在实际测量时，硬度值不需计算，一般用装在机体上的测量显微镜测出压痕投影的两条对角线的长度计算出平均值后，然后根据 d 大小查表，即可求出所测的硬度值。

维氏硬度试验所用试验力视其试件大小、薄厚及其他条件，可在 49. 03 ~ 980. 7N 的范围内选择试验力。常用的试验力有 49. 03N、98. 07N、196. 1N、294. 2N、490. 3N 和 980. 7N。HV 符号前面的数字为硬度值，后面依次用相应数字注明试验力和试验力保持时间（10 ~ 15s 不标注）。如 640HV30/20，表示 30kgf（294. 2N）试验力，保持时间为 20s 时测得维氏硬度值为 640。

维氏硬度法适用范围宽，尤其适用于测定金属镀层、薄片金属及化学热处理后的表面硬度，其结果精确可靠。当试验力小于 0. 2kgf（1. 961N）时，可用于测量金相组织中不同相的硬度。

与布氏、洛氏硬度试验比较，维氏硬度试验优点：维氏硬度试验不存在试验力与压头直径有一定比例关系的约束；不存在压头变形问题；压痕轮廓清晰，采用对角线长度计量，精确可靠，硬度值误差较小；缺点：其硬度值需要先测量对角线长度，然后经计算或查表确定，故效率不如洛氏硬度试验高。

由于各种硬度试验的条件不同，因此相互之间没有理论换算关系。但根据试验数据分析，得到粗略换算公式：当硬度在200～600HBW范围内时，HRC≈1/10HBW；当硬度小于450HBW时，HBW≈HV。

四、韧性

金属材料在断裂前吸收塑性变形能量的能力，称为金属材料的韧性。常用韧度来衡量金属材料的韧性好坏，但习惯上，韧性和韧度不加严格区分。由于断裂前金属材料所受力的类型和大小不同，材料的韧性也表现为不同的形式，这里只介绍冲击韧度。

许多零件和工具在工作中不仅受静载荷的作用，往往也受到冲击载荷（以很大的速率作用于零件上的载荷）的作用。例如，锻锤和锻模、冲头和冲模、活塞和连杆、铆钉枪等，材料在受到冲击时，由于时间短，速度快，应力集中，因此这些零件和工具在设计和制造时，不能只考虑静载荷强度指标，必须考虑材料抵抗冲击载荷的能力。

金属材料在冲击载荷作用下，抵抗变形、破坏的能力称为冲击韧度。材料冲击韧度通常用一次冲击试验来测定，用冲击吸收能量表示冲击韧度的大小。

1. 冲击试验方法与原理

冲击试验所用试样为标准夏比缺口试样，如图1-11所示。如图1-12所示，在摆锤式冲击试验机上用规定高度的摆锤对处于简支梁状态的缺口试样进行一次冲断，可测得冲击吸收能量（单位为J），用K表示。试验时，将试样放在试验机支座上，把质量为m的摆锤抬到

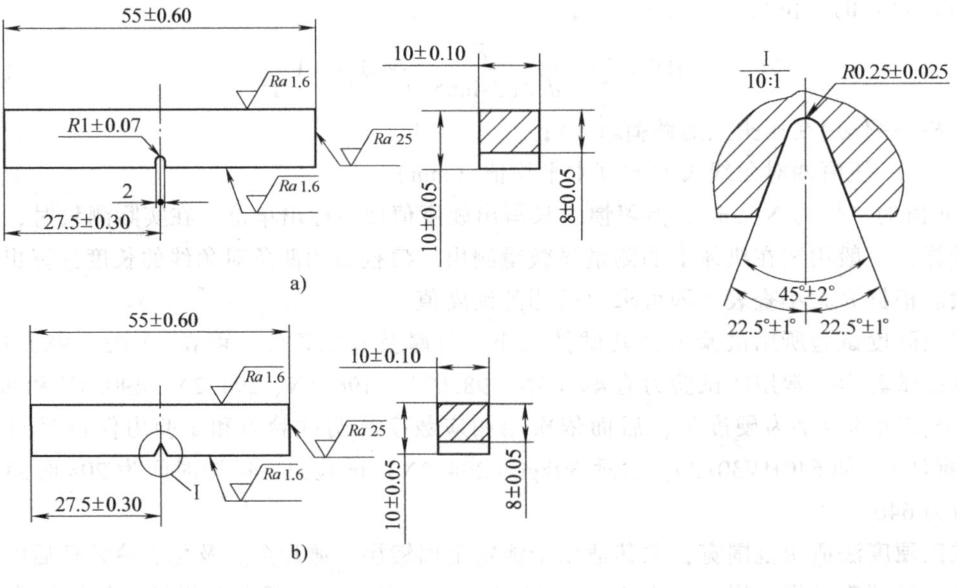

图1-11　标准夏比缺口冲击试样

a）U形缺口冲击试样　b）V形缺口冲击试样

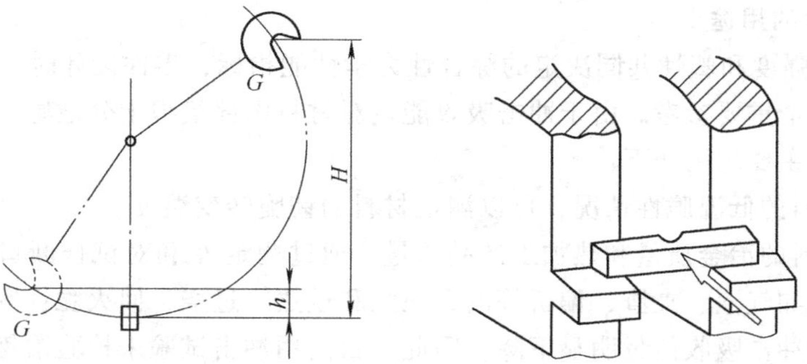

图 1-12　冲击试验原理图

H 高度，使摆锤具有位能 mgH（g 为重力加速度），然后释放摆锤，将试样冲断，并向另一方向升高到 h 高度，这时摆锤具有位能为 mgh，故摆锤冲断试样失去的位能为 $mgH-mgh$，这就是试样变形和断裂所消耗的功，称为冲击吸收能量，即

$$K = mg(H-h) \tag{1-13}$$

根据 U 形与 V 形两种试样缺口形状不同，冲击吸收能量分别用 KU 和 KV 表示。冲击吸收能量的值可从试验机的刻度盘上直接读得。试样缺口处单位横截面面积上的冲击吸收能量称为冲击韧度，用 a_K 表示，即

$$a_K = \frac{K}{S_o} \tag{1-14}$$

式中　S_o——试样缺口处的横截面面积（cm^2）。

通常把冲击吸收能量值低的材料称为脆性材料，冲击吸收能量高的材料称为韧性材料。脆性材料在断裂前没有明显的塑性变形，断口较平直，呈晶状或瓷状，有金属光泽；而韧性材料在断裂前有明显的塑性变形，断口呈纤维状，无光泽。

2. 低温脆性

有些金属材料，如工程上用的中低强度钢，当温度降低到某一程度时，会出现冲击吸收能量明显下降的现象，这种现象称为冷脆现象。历史上曾经发生过多次由于低温冷脆造成的船舶和桥梁等大型结构脆断的事故，造成巨大损失。

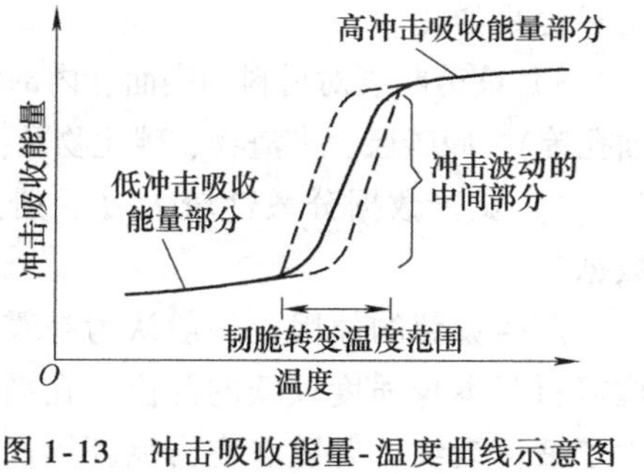

图 1-13　冲击吸收能量-温度曲线示意图

通过测定材料在不同温度下的冲击吸收能量，就可测出某种材料冲击吸收能量与温度的关系曲线。如图 1-13 所示，冲击吸收能量随温度降低而减小，在某个温度区间，冲击吸收能量发生急剧下降，试样断口由韧性断口过渡为脆性断口，这个温度区间称为韧脆转变温度范围。在这个温度范围内，通常可根据有关标准或双方协议，确定某一温度为材料的韧脆转变温度。韧脆转变温度越低，材料的低温冲击性能就越好。常在低温下服役的船舶和桥梁等结构材料的使用温度应高于其韧脆转变温度，如果使用温度低于韧脆转变温度，则材料处于脆性状态，可能发生低应力脆性破坏。例如，我国的南极科学考察所用的设备和工具等，工作的温度可能在 -50℃以下，要求材料必须有更低的韧脆转变温度，才能保证正常工作。应当指出的是，并非所有材料都有韧脆转变现象，如铝和铜合金等就没有韧脆转变。

3. 冲击试验的用途

*K*是一个由强度和塑性共同决定的综合性力学性能指标，零件设计时，虽不能直接用于计算，但它是一个重要参考。由于冲击吸收能量对材料内部组织十分敏感，因此在生产和科研中得到应用。主要应用如下：

1）评定材料的低温脆性情况，可以测定材料的韧脆转变温度。

2）评定材料的冶金质量和热加工产品质量。通过测定*K*和对试样断口分析，能揭示材料的内部缺陷，如气泡、夹渣、偏析等冶金缺陷和过热、过烧、回火脆性等热加工缺陷。这些缺陷使材料的冲击吸收能量明显下降，因此，目前用冲击试验来检验冶炼、热处理及各种热加工工艺和产品的质量。

五、疲劳

1. 疲劳现象

疲劳断裂是指在循环载荷的作用下，零件（或构件）经过较长时间工作或多次应力循环后所发生的突然断裂现象。许多零件，如齿轮、曲轴、弹簧和滚动轴承等，都是在变动载荷下工作的，根据载荷的作用方式不同，零件承受的循环应力可分为交变应力和重复应力等，如图1-14所示。

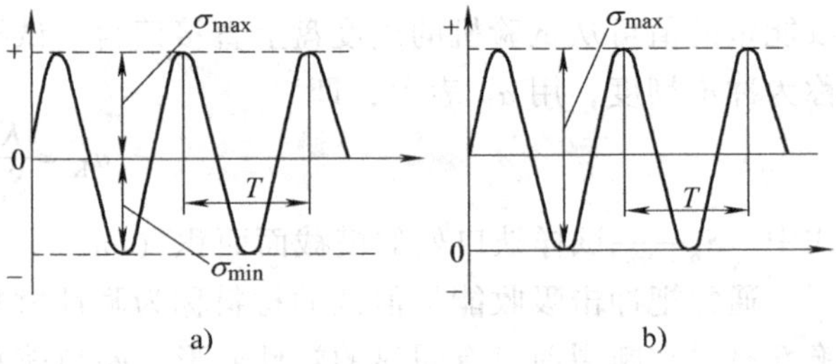

图1-14 交变应力与重复应力示意图

a）交变应力 b）重复应力

据统计，各类断裂失效的零件（或构件）中，80%以上是由各种不同类型的疲劳破坏所造成的。疲劳断裂具有突然性，断裂前无明显征兆，危害很大。对于疲劳的研究，已经有了很大的进展，疲劳断裂的特点如下：

1）疲劳断裂是一种低应力脆断，断裂应力低于材料的屈服强度，甚至低于材料的弹性极限。

2）断裂前，零件没有明显的塑性变形，即使断后伸长率*A*和断面收缩率*Z*很高的塑性材料也是如此。

3）疲劳断裂对材料的表面和内部缺陷非常敏感，疲劳裂纹常在表面缺口（如螺纹、刀痕和油孔等）、脱碳层、夹渣物、碳化物及孔洞等处形成。

4）试验数据分散性较大（手册上的数据是统计数据）。

产生疲劳的原因，一般认为是零件应力集中的部位或材料本身强度较低的部位，在循环应力作用下产生了疲劳裂纹，并随着应力循环周次的增加，裂纹不断扩展使零件有效承载面积不断减小，最后突然断裂。零件疲劳失效的过程可分为疲劳裂纹产生、疲劳裂纹扩展和瞬时断裂三个阶段。疲劳断口一般可明显地分成三个区域，即疲劳源、疲劳裂纹扩展区和瞬时断裂区，如图1-15所示。

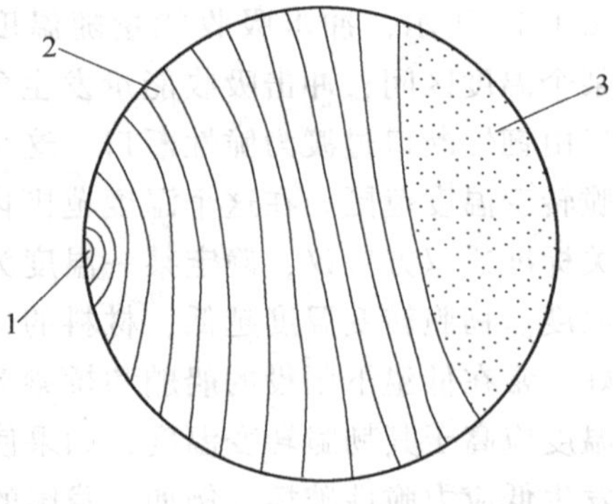

图1-15 疲劳断口示意图

1—疲劳源 2—疲劳裂纹扩展区 3—瞬时断裂区

资料卡

1998年6月3日，德国一列高速列车在行驶中突然出轨，造成100多人死亡的严重后果。事后经过调查人们发现，造成事故的原因竟然是因为一节车厢的车轮内部疲劳断裂而引起，从而导致了这场近50年来德国最惨重铁路事故的发生。

疲劳源多位于零件的表面，疲劳裂纹扩展区具有海滩状条纹，称为贝纹线。瞬时断裂区形貌与材料的塑性有关，塑性材料呈纤维状，脆性材料则呈结晶状。

2. 疲劳强度

大量试验表明，材料所受的交变应力的最大值 σ_{max} 越大，则疲劳断裂前所经历的应力循环周次 N 越低，反之越高。根据交变应力 σ_{max} 和应力循环周次 N 建立起来的曲线，称作疲劳曲线，或称 S-N 曲线，如图 1-16 所示。

疲劳强度是指材料经受无限次循环应力也不发生断裂的最大应力值，就是疲劳曲线中的平台位置对应的应力。通常，材料的疲劳强度是在对称弯曲条件下测定的，对称弯曲疲劳强度记作 σ_{-1}。实践表明，如果 10^7 周次应力循环下，仍不发生疲劳断裂，则在经过相当多次的应力循环后一般也不会疲劳断裂。GB/T 4337—2008 规定，一般钢铁材料循环周次取 10^7 次时能承受的最大循环应力为疲劳强度。

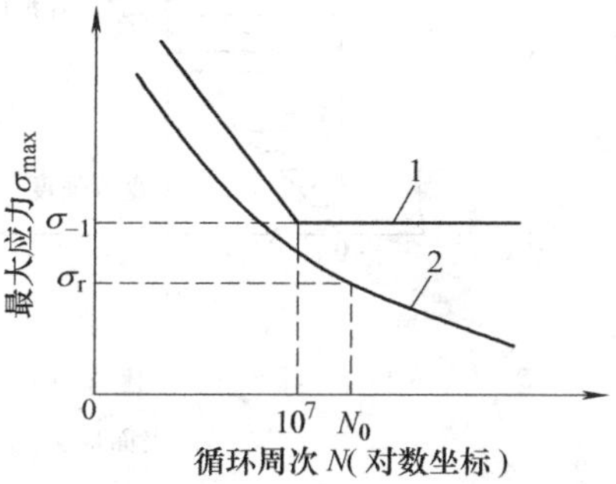

图 1-16　疲劳曲线示意图

1——一般钢铁材料　2—非铁金属、高强度钢等

一般非铁金属、高强度钢和腐蚀介质作用下的钢铁材料的疲劳曲线没有平台，如图 1-16 所示。这类材料的疲劳强度定义为：在规定循环周次 N_0 下，不发生疲劳断裂的最大循环应力值，称为条件疲劳强度，记作 σ_r（N_0）。一般规定非铁金属 N_0 取 10^8 次，腐蚀介质作用下的 N_0 取 10^6 次。

零件（或构件）在循环加载下，产生疲劳破坏时应力（或应变）的循环次数称为疲劳寿命。疲劳寿命受到很多因素的影响，如材料本质、零件表面质量、工作条件、零件的形状和尺寸及表面残余压应力等。

3. 提高金属零件疲劳寿命的途径

（1）合理选择材料　选择疲劳强度高的材料，在其他条件相同的情况下，疲劳强度随抗拉强度的增加而增加。因此，那些能提高金属材料抗拉强度的因素，一般也能提高疲劳强度，例如，结构钢中的碳的质量分数。通常，碳的质量分数越高，抗拉强度越高。结构钢中合金元素主要通过提高淬透性和改善组织来提高疲劳强度。细化晶粒、获得下贝氏体及回火马氏体等也可以提高疲劳强度。

（2）零件设计时形状和尺寸合理　尽量避免尖角、缺口和截面突变，这些地方容易引起应力集中从而导致疲劳裂纹；另外，伴随着尺寸的增加，材料的疲劳强度降低，强度越高，疲劳强度下降越明显。

（3）降低零件表面粗糙度，提高表面加工质量　因为疲劳源多数位于零件的表面，应尽量减少表面缺陷（氧化、脱碳、裂纹和夹杂等）和表面加工损伤（刀痕、磨痕和擦伤等）。

（4）采用各种表面强化处理 如渗碳、渗氮、表面淬火、喷丸和滚压等都可以有效地提高疲劳强度。这是因为表面强化处理不仅提高了表面疲劳强度，而且还在材料表面形成一定深度的残余压应力。在工作时，这部分压应力可以抵消部分拉应力，使零件实际承受的拉应力降低，提高了疲劳强度。

在弯曲疲劳试验中，未强化表面的应力分布如图 1-17a 所示，距表面一定距离内，交变应力大于疲劳强度，该区域产生疲劳破坏；经强化表面的应力分布如图 1-17b 所示，表面的残余压应力抵消了部分交变应力，其合力用箭头表示，这时的合力小于材料的疲劳强度，因此不会发生疲劳断裂。

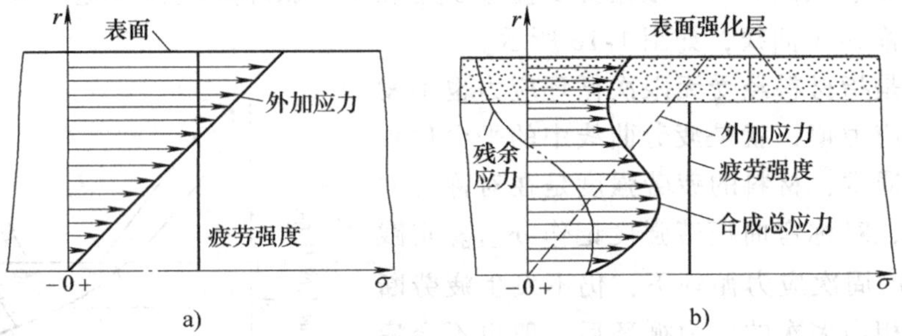

图 1-17 表面强化提高疲劳强度示意图

a）表面应力/疲劳强度 >1 b）表面应力/疲劳强度 <1

4. 其他疲劳形式

上述疲劳是指在交变应力较低和循环周次高（大于 10^5 次）的情况下发生的疲劳现象，也称高周疲劳。除此之外，还有其他形式的疲劳。

（1）低周疲劳 应力（或应变）的循环周次小于 10^5 次产生的疲劳破坏，称为低周疲劳。

低周疲劳在应力集中处产生一定的塑性变形并不断扩张直至断裂。因此，提高低周疲劳寿命，应在满足强度的要求下，提高材料的塑性，不能一味提高材料的强度。另外，表面强化对提高低周疲劳寿命并不明显。

资料卡

一种预应力链环钩

根据链环钩的受力特点，进行结构优化设计，使链环钩与提升机料斗装配后在其内侧产生预应力，能抵消工作时所产生的部分拉应力，不但能满足使用要求，大大延长疲劳寿命，而且基本不增加成本。（专利号：CN94247937.8）

工程中有许多机件破坏是低周疲劳。例如，飞机起落架、常年阵风吹刮的桥梁、风暴席卷海船的壳体以及经常充气的高压容器等发生的疲劳破坏均为低周疲劳。

（2）热疲劳 零件工作时温度循环变化而产生热应力循环变化，热应力循环变化造成的疲劳破坏称为热疲劳。工程上许多零件由于热疲劳而失效，例如，热锻模、热挤压模、压铸型、热轧辊、汽轮机叶片、加热炉零件和热处理夹具等常产生热疲劳。

热应力产生的原因是由于温度变化时，材料不能自由收缩或膨胀导致的；如果零件整体可以自由收缩或膨胀，则不会产生热应力。实际工作时，零件往往受热不均匀，零件截面内存在温度差，一部分材料约束另一部分材料，于是就产生了热应力。当热应力超过材料的高温弹性极限时，就会产生局部塑性变形，经过一定的循环次数之后，这种循环的塑性变形就导致了零件的热疲劳。

提高热疲劳的途径：提高材料的塑性和高温强度；降低材料的线胀系数；提高材料的导热性；尽量避免零件工作时的应力集中等。

想一想

某锻锤的锤杆用40Cr钢淬火+高温回火，使用中常发生早期疲劳断裂。后来改用淬火+中温回火。提高了强度，降低了塑性和韧性，结果锤杆寿命明显延长。这是为什么呢？

（3）冲击疲劳　工程上受冲击载荷的零件，很少只经过一次或几次冲击就断裂，很多是承受小能量多次冲击的断裂，一般冲击次数大于10^5次。冲击疲劳是指小能量多次冲击导致的断裂。抗冲击疲劳能力不能用冲击吸收能量*KU*或*KV*来衡量，应采用冲击疲劳抗力指标来反映抵抗冲击疲劳的能力。

大量试验表明，冲击能量低时，提高材料的强度，可使冲击疲劳抗力明显提高；冲击能量较大时，冲击疲劳抗力主要决定于材料的塑性和韧性。

（4）接触疲劳　接触疲劳（也称疲劳磨损）是指滚动轴承、齿轮及钢轨等零件的接触表面在交变压应力长期作用下，引起零件表面疲劳剥落现象。接触疲劳大多位于表层一定深度下，在材料的缺陷或薄弱处产生。通过减少材料中非金属化合物的数量，获得适当的心部硬度和表层硬度及适当的强化层深度；提高表面加工质量并保持良好的润滑状态等措施有利于防止接触疲劳。

第三节　金属的工艺性能

工艺性能是指金属在制造机械零件过程中，适应各种冷、热加工的性能，也就是金属采用某种加工方法制成成品的难易程度，包括铸造性能、可锻性、焊接性及可加工性等。

一、铸造性能

金属在铸造成形过程中获得外形准确且内部健全铸件的能力称为铸造性能。铸造性能包括流动性、收缩性、吸气性和偏析等。在金属材料中灰铸铁和青铜的铸造性能较好。

二、可锻性

金属的可锻性是指金属材料在经受压力加工时获得优质零件的难易程度。可锻性的好坏主要同金属的塑性变形能力和变形抗力有关。塑性越好，变形抗力越小，金属的可锻性就越好，如黄铜和铝合金在室温下就有良好的可锻性；非合金钢在加热状态下可锻性较好；而铸钢、铸铝和铸铁等几乎不能锻造。

三、焊接性

焊接性是指金属在限定的施工条件下被焊成规定设计要求的构件，并满足预定服役要求的能力。焊接性好的金属能获得没有裂纹和气孔等缺陷的焊缝，并且焊接接头具有一定的力学性能。低碳钢具有良好的焊接性，高碳钢、不锈钢和铸铁的焊接性较差。

四、可加工性

可加工性是指金属在切削加工时的难易程度。可加工性好的金属对使用的刀具磨损量小，可以选用较大的切削用量，加工表面也较光洁，反之较差。在保证零件使用要求的条件下，应尽可能选择可加工性好的材料。

对材料进行适当的热处理是改善可加工性能的重要途径。如对低碳钢进行正火，可降低塑性，提高硬度，容易断屑，加工面易获得较小的粗糙度值；对高碳钢进行退火，可降低硬度，改善可加工性。此外，调整材料的化学成分也可改善可加工性，如在钢中添加适量的硫和磷等元素，形成易切削钢，可提高刀具寿命，减小切削力，易断屑，使加工质量和效率得以提高。

【综 合 训 练】

一、填空题

1. 材料的力学性能通常是指在载荷作用下材料抵抗________和________的能力。
2. 金属塑性指标主要有________和________两种。
3. 金属性能包括________性能、________性能、________性能和________性能。
4. 常用测定硬度的方法有________、________和维氏硬度测试法。
5. 疲劳强度是表示材料经________作用而________的最大应力值。
6. 材料的工艺性能包括________、________、________和________等。
7. 零件的疲劳失效过程可分为________、________和________三个阶段。
8. 铁和铜的密度较大，称为________金属，铝的密度较小则称为________金属。

二、是非题

1. 拉伸试验可以测定材料的强度、塑性等性能指标，因此材料的力学性能都可以通过拉伸试验测定。
2. 用布氏硬度测量硬度时，压头为钢球，用符号 HBW 表示。
3. 所有金属都有磁性，都能被磁铁所吸引。
4. 塑性变形能随载荷的去除而消失。
5. 所有金属在拉伸试验时都会出现屈服现象。

三、简答题

1. 画出低碳钢拉伸曲线，并简述拉伸变形的几个阶段。
2. 在某些工件的技术图样上，出现了以下几种硬度技术条件的标注方法，问这种标注是否正确？为什么？

（1）HBW150～200	（2）600～650HBW
（3）5～10HRC	（4）HRC64
（5）HV800～850	（6）250HBW

3. 洛氏硬度试验有哪些优缺点？

4. 在生产中，冲击试验有何重要作用？什么叫韧脆转变温度？

5. 将6500N的力施加于直径为10mm、屈服强度为530MPa的钢棒上，通过计算说明钢棒是否会产生塑性变形。

6. 塑性指标在工程上有哪些实际意义？

7. 拉伸试样的原始标距长度为50mm，直径为10mm。试验后，将已断裂的试样对接起来测量，标距长度为73mm，缩颈区的最小直径为5.1mm，试求该材料的断后伸长率和断面收缩率的值？

第二章　金属的晶体结构与结晶

学习目标

通过本章的学习，了解有关金属的晶体结构、纯金属的结晶及金属的同素异构转变等内容；准确认识不同金属的晶体结构特征；学会从宏观和微观两个角度研究材料的不同性能。

第一节　金属的晶体结构

研究表明，金属的性能与金属材料的化学成分和内部组织结构有着密切的联系。同一种金属材料，加工工艺不同将形成不同的内部组织结构，从而使其具有不同的性能。因此，研究金属及其合金的内部结构与变化规律，是了解金属材料性能、正确选用金属材料和合理确定加工方法的基础。

一、晶体与非晶体

1. 晶体与非晶体

固态物质按其原子的聚集状态可分为晶体和非晶体两大类。所谓晶体是指原子在三维空间有规则周期性重复排列的物质，如图 2-1 所示。原子在空间无规则排列的物质称为非晶体，如普通玻璃、松香和石蜡等。

晶体具有一定的凝固点和熔点，而非晶体没有；晶体具有各向异性，而非晶体各向同性。

应当指出，晶体和非晶体在一定条件下可以互相转化，如用骤冷的工艺可将一些特殊成分的液态金属制成非晶体金属。非晶体金属与晶体金属相比，具有高的强度与韧性等一系列突出性能，故近年来为人们所重视。

图 2-1　晶体中原子排列模型

2. 晶格、晶胞和晶格常数

（1）晶格　为了研究晶体中原子的排列规律，假定理想晶体中的原子都是固定不动的刚性球体，并用假想的线条将晶体中各原子中心连接起来，便形成了一个空间格架。这种抽象的、用于描述原子在晶体中规则排列方式的空间格架称为晶格，晶格中的每个点称为结点，如图 2-2 所示。

(2) 晶胞　晶体中的原子排列具有周期性的特点，因此，通常只从晶格中选取一个能够完全反映晶格特征的最小的几何单元来分析晶体中原子的排列规律，这个最小的几何单元称为晶胞，如图 2-3 所示。

(3) 晶格常数　晶胞的大小和形状常以晶胞的棱边长度 a、b、c 及棱边夹角 α、β、γ 来表示，如图 2-4 所示。晶胞的棱边长度称为晶格常数。当棱边长度 $a = b = c$，棱边夹角 $\alpha = \beta = \gamma = 90°$ 时，这种晶胞称为简单立方晶胞，由简单立方晶胞组成的晶格称为简单立方晶格。

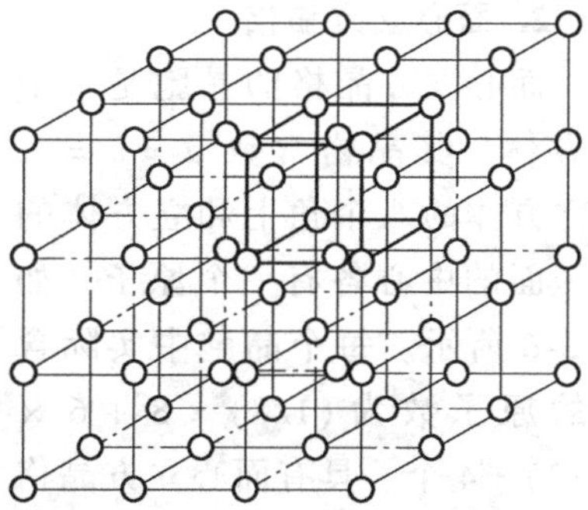

图 2-2　晶格的抽象模型

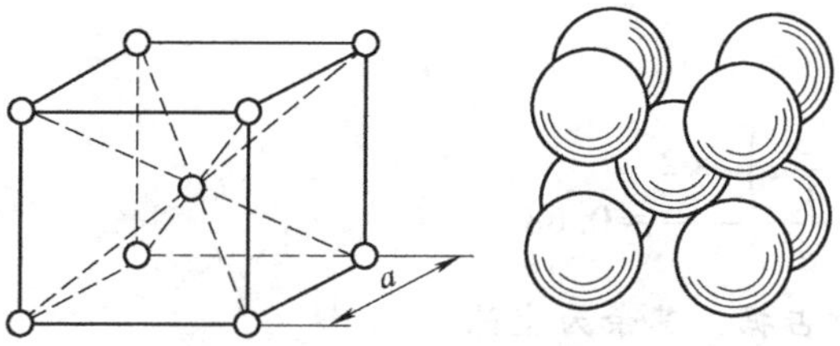

图 2-3　晶胞

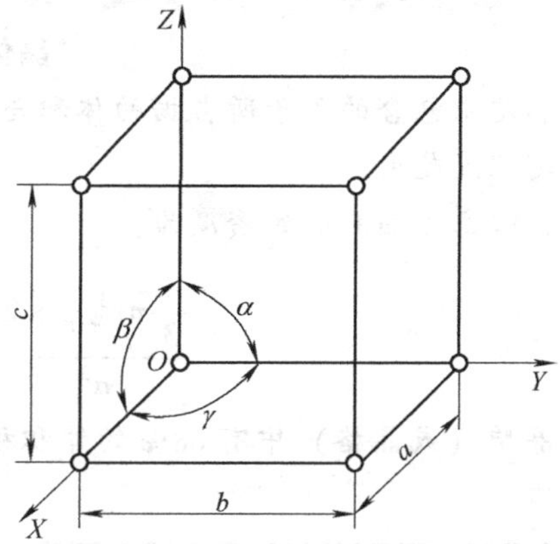

图 2-4　晶格常数

二、金属的典型晶体结构

由于金属原子之间具有很强的结合力，所以金属晶体中的原子都趋向于紧密排列。多数金属的晶体结构都比较简单，其中常见的有体心立方晶格，面心立方晶格和密排六方晶格。

1. 体心立方晶格

体心立方晶格的晶胞是一个立方体，其晶格常数 $a = b = c$，在立方体的八个角上和立方体的中心各有一个原子，如图 2-5 所示。每个晶胞中实际含有的原子数为 $1 + 8 \times 1/8 = 2$ 个。具有体心立方晶格的金属有铬（Cr）、钨（W）、钼（Mo）、钒（V）和 α-Fe 等。

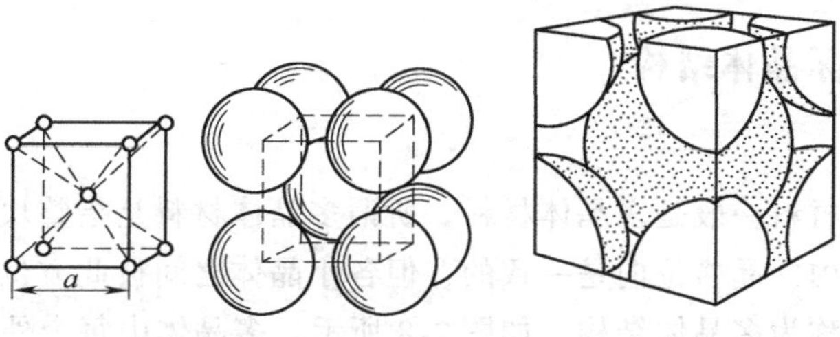

图 2-5　体心立方晶格示意图

2. 面心立方晶格

面心立方晶格的晶胞是一个立方体，其晶格常数 $a=b=c$，在立方体的八个角上和立方体的六个面的中心各有一个原子，如图 2-6 所示。每个晶胞中实际含有的原子数为 $(1/8)\times8+6\times(1/2)=4$ 个。具有面心立方晶格的金属有铝（Al）、铜（Cu）、镍（Ni）、金（Au）、银（Ag）和 γ-Fe 等。

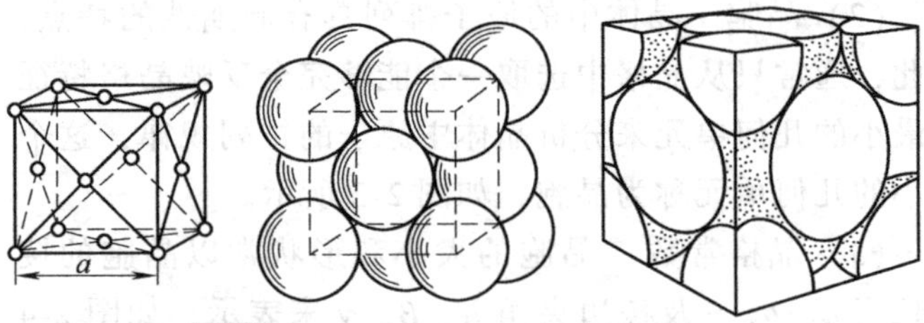

图 2-6　面心立方晶格示意图

资料卡

晶体结构的致密度

晶胞中包含的原子所占据的体积与该晶胞体积之比称为致密度，致密度越大，原子排列紧密程度越大。

体心立方晶胞的致密度为：

$$\frac{\frac{4}{3}\pi r_{原子}^{3}\times2}{a^{3}}=\frac{\frac{4}{3}\pi\left(\frac{\sqrt{3}}{4}a\right)^{3}\times2}{a^{3}}\approx0.68$$

晶胞（或晶格）中有 68% 的体积被原子所占据，其余为空隙。

3. 密排六方晶格

密排六方晶格的晶胞是个正六方柱体，由六个呈长方形的侧面和两个呈正六边形的底面所组成。该晶胞要用两个晶格常数表示，一个是六边形的边长 a，另一个是柱体高度 c。在密排六方晶胞的 12 个角上和上、下底面中心各有一个原子，另外在晶胞中间还有三个原子，如图 2-7 所示。每个晶胞中实际含有的原子数为 $(1/6)\times12+2\times(1/2)+3=6$ 个。具有密排六方晶格的金属有镁（Mg）、锌（Zn）、镉（Cd）和铍（Be）等。

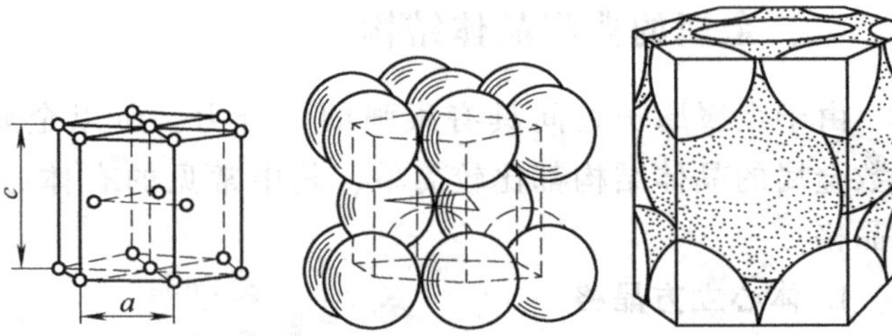

图 2-7　密排六方晶格示意图

三、金属的实际晶体结构

1. 多晶体

实际应用的金属材料一般是多晶体材料。所谓多晶体材料是指整块金属材料包含着许多小晶体，每个小晶体内的晶格位向是一致的，但各小晶体之间彼此方位不同。这种由许多小晶体组成的晶体结构称为多晶体结构，如图 2-8 所示。多晶体中每个外形不规则的小晶体称为晶粒，晶粒与晶粒间的界面就是晶界。由于晶界是两相邻晶粒之间不同晶格位向的过渡层，所以晶界上原子的排列总是不规则的。

多晶体结构没有像单晶体那样的各向异性，这是因为测试其不同方向性能时，都是千千万万个位向不同的晶粒的平均性能，故实际金属就表现出各向同性。

多晶体结构中，一般晶粒尺寸很小，如钢铁材料晶粒尺寸一般为 $10^{-3} \sim 10^{-1}$mm，必须通过显微镜放大几十倍乃至几百倍以上才能观察到。在显微镜下所观察到的金属材料晶粒的显微形态，即晶粒的形状、大小、数量和分布情况等，称为显微组织或金相组织。图 2-9 所示为纯铁的显微组织。

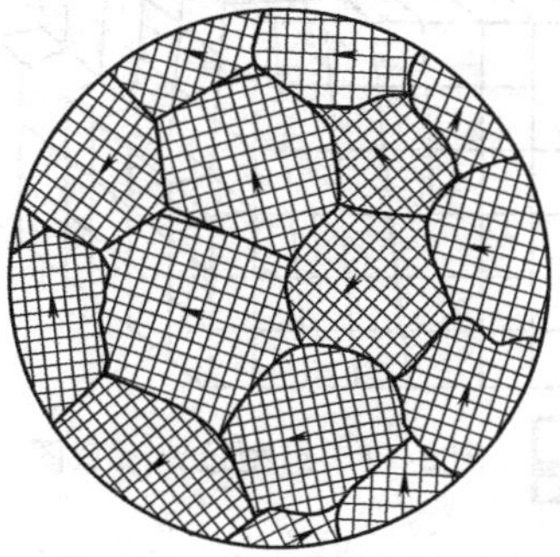

图 2-8　金属的多晶体结构示意图

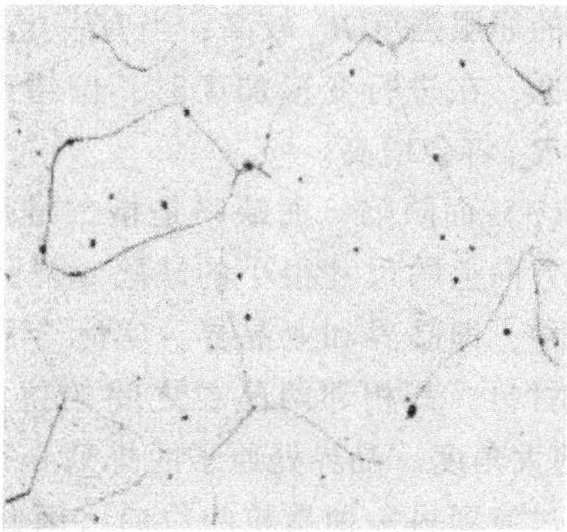

图 2-9　纯铁的显微组织

试验和理论都证实，金属的晶粒越细，金属材料在室温时的强度和硬度就越高，塑性和韧性也越好。

2. 晶体的缺陷

在实际应用的金属材料中，总是不可避地存在着一些原子偏离规则排列的不完整性区域，这种现象称为晶体缺陷。在金属中大部分原子的排列是规则的，晶体缺陷只占很小一部分，但是这一小部分晶体缺陷却对金属材料的性能产生重大影响。

按照几何特征，晶体的缺陷可分为点缺陷、线缺陷和面缺陷三类。

（1）点缺陷　点缺陷是指在三维方向上尺寸都很小（原子尺寸范围内）的缺陷。常见的点缺陷有空位、间隙原子与置换原子。空位是指在正常的晶格结点上没有原子，如图 2-10a 所示；间隙原子是指个别晶格空隙之间存在的多余原子，如图 2-10b 所示；置换原子是指取代晶格结点原子的其他元素的原子，如图 2-10c 所示。由于点缺陷的出现，原子间作用力的平衡被破坏了，促使缺陷周围的原子发生靠拢或撑开，即产生了晶格的畸变。晶格的畸变会对晶体性质产生一定影响，如提高了材料的强度、硬度和电阻，降低了材料的塑性和韧性等。

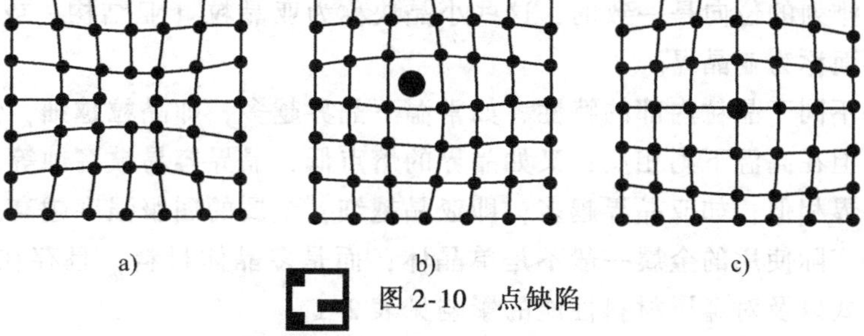

a)　　b)　　c)

图 2-10　点缺陷

a）空位　b）间隙原子　c）置换原子

（2）线缺陷　线缺陷是指二维尺度很小，而第三维尺度很大的缺陷，也称为位错。位错分为两类，即刃型位错和螺型位错。刃型位错是比较简单的一种，如图2-11所示。这种缺陷的特点是：在晶体的某一个晶面的上下两部分的原子面产生错排，就好像沿着某方位的晶面插入的一个多余原子面，但又未插到底，犹如插入刀刃一般，故称为刃型位错，而多余原子面的底边称为刃型位错线。

晶体中位错的存在，对晶体力学性能将产生很大的影响。若金属为理想晶体或仅有极少量位错时，金属的屈服强度 R_{eL} 较高；当有一定量的位错时，强度降低，在进行变形加工时，位错密度增加，屈服强度 R_{eL} 将会增高。

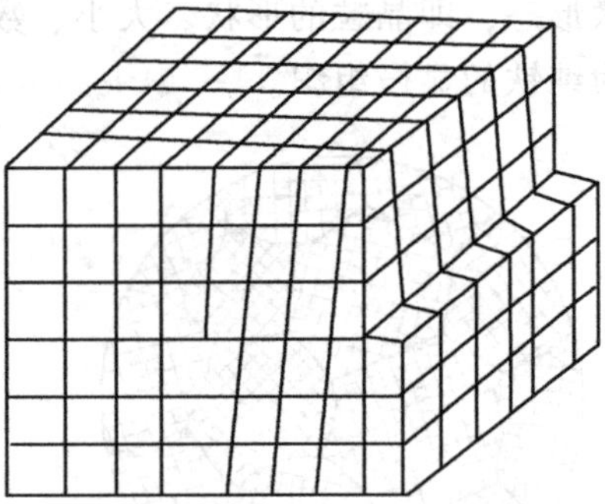

图2-11　刃型位错示意图

（3）面缺陷　面缺陷是指二维尺度很大，而另一维方向上的尺寸很小的缺陷。晶体的面缺陷主要有两种，即晶界和亚晶界。实际金属材料一般为多晶体材料，其相邻两晶粒之间的位向差多为30°～40°的大角度。晶界处原子的排列必须从一种晶粒的位向过渡到另一种晶粒的位向，因此晶界成为两晶粒之间原子无规则排列的过渡层，如图2-12a所示。在多晶体中，每个晶粒内部的原子排列只是大体上符合晶体的规则排列。

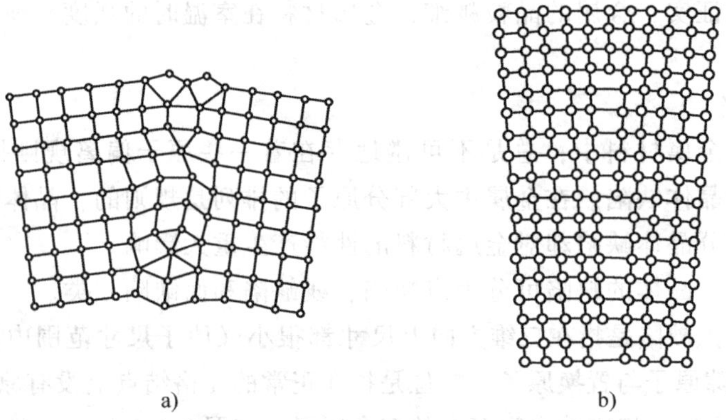

图2-12　面缺陷
a）晶界　b）亚晶界

实际金属晶体中的晶粒内部存在如图2-12b所示的面缺陷。许多尺寸的小晶块，相互镶嵌成一个晶粒，它们之间的位向差很小，只有几分、几秒，一般小于1°～2°。在这些小晶块的内部，原子排列的位向是一致的，这些小晶块称为亚晶粒（亚结构，或镶嵌块），相邻亚晶粒之间的界面称为亚晶界。

晶界有许多不同于晶粒内部的特性，如常温下晶界越多，即晶粒越细，使金属材料的强度和硬度越高，但在高温下则相反；又如晶界的熔点低，晶界容易被腐蚀等。亚晶界对金属性能的影响与晶界相似，如亚晶界越多，即亚晶越细，金属的屈服强度越高。

综上所述，实际使用的金属一般不是单晶体，而是多晶体材料，且存在许多晶体缺陷。其缺陷特点、形式以及对金属材料性能的影响见表2-1。

表 2-1　实际金属晶体结构特征

晶体缺陷的类别	主要形式	对材料性能的影响
点缺陷	空位，间隙原子，置换原子	金属扩散的主要方式
线缺陷	刃型位错，螺型位错	加工硬化，固溶强化，弥散强化
面缺陷	晶界，亚晶界	易腐蚀，易扩散，熔点低，强度高，细晶强化

第二节　纯金属的结晶

金属自液态经冷却转变为固态的过程称为金属的结晶，其实质是金属原子从不规则排列的液态转变为规则排列的晶态的过程。

金属结晶后形成的组织不仅影响其铸态性能，而且会影响金属材料后续的可加工性和力学性能。因此，研究金属结晶过程的基本规律，对改善金属材料的组织和性能，都具有重要的意义。

一、金属结晶的冷却曲线和过冷现象

1. 冷却曲线和过冷现象

通过热分析法可测得液体金属在结晶时的温度-时间曲线（称为冷却曲线）。将纯金属加热熔化成液体，然后使其缓慢冷却，在冷却过程中，每隔一段时间测量液体的温度，可得到如图 2-13 所示的纯金属冷却曲线。由此曲线可知，液态金属从高温开始冷却时，由于向周围环境散失热量，温度均匀下降，状态保持不变；当下降到一定温度后，金属开始结晶，所释放出的结晶潜热抵消了金属散失的热量，因而冷却曲线上出现了“平台”；持续一段时间之后，结晶完毕，固态金属的温度继续均匀下降直至室温。曲线上“平台”所对应的温度 T_n 为实际结晶温度。

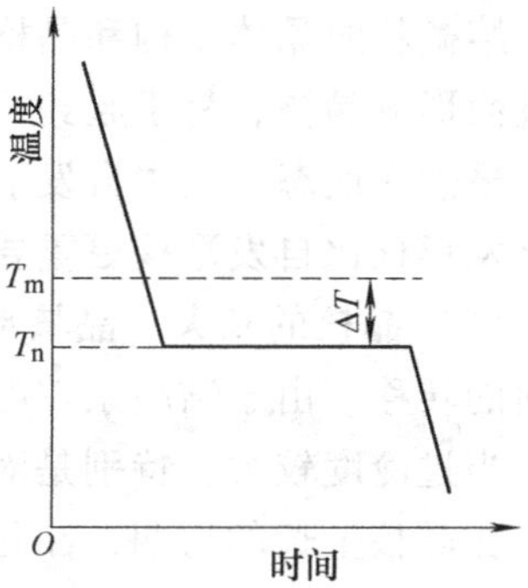

图 2-13　纯金属的冷却曲线

在生产中，金属结晶时有较快的冷却速度，金属的实际结晶温度 T_n 总是低于其理论结晶温度 T_m，金属的实际结晶温度低于理论结晶温度的现象称为过冷现象。理论结晶温度与实际结晶温度的差值叫作过冷度，用 ΔT 表示，$\Delta T = T_m - T_n$。

实际上，金属总是在过冷的情况下进行结晶的，但同一种金属结晶时的过冷度不是一个恒定值，而是与冷却速度有关，结晶时的冷却速度越快，过冷度就越大，金属的实际结晶温度也就越低。

2. 纯金属的结晶过程

实验表明，液态金属的结晶是由晶核的形成和晶核的长大两个过程来实现的。液态金属结晶时，首先在液体中形成一些极微小的晶体——晶核，然后再以其为核心不断长大。这些晶体长大的同时，在液态金属的其他部位又出现新的晶核并逐渐长大，直至液态金属全部消失。纯金属的结晶过程如图 2-14 所示。

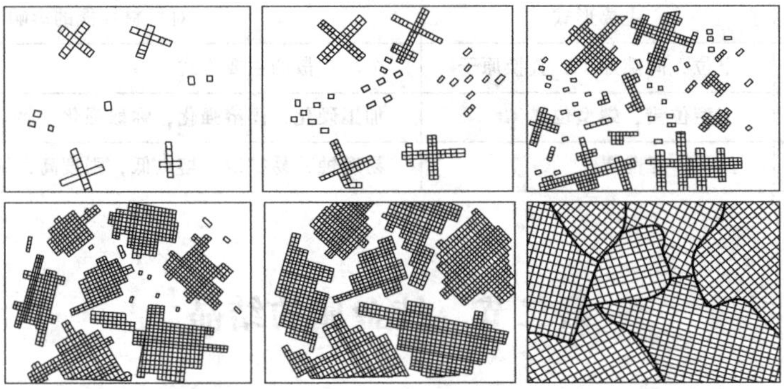

图 2-14　纯金属的结晶过程

(1) 晶核的形成　研究表明，在液态金属的结晶过程中存在自发形核和非自发形核两种形核方式。

1) 自发形核。液态金属中存在大量尺寸不同的“近程有序”原子集团，在结晶温度以上，这些“近程有序”原子集团是不稳定的；但是当温度降低到结晶温度以下时，“近程有序”原子集团就变得比较稳定而不再消失，成为结晶的核心。这种从液体内部自发形成的结晶核心叫作自发晶核，也称为均质形核。

2) 非自发形核。液态金属依附在一些未熔微粒表面所形成的晶核称为非自发晶核。这些未熔微粒可能是液态金属中原来就存在的一些难熔杂质，也可能是人为加入的物质。当这些未熔微粒的晶体结构和晶格常数与金属的晶体结构相近时，就容易成为非自发核心的基底并进而形成晶核，易于起到非自发形核的作用。

虽然在液态金属中自发形核和非自发形核是同时存在的，但在实际的金属结晶过程中，非自发形核比自发形核更重要，往往起优先和主导的作用。

(2) 晶核的长大　晶核形成以后便开始长大。晶核长大的实质是原子由液体向固体的表面的转移。由于结晶条件的不同，晶体主要以树枝状生长方式长大。

当过冷度较大，特别是液态金属内存在非自发晶核时，金属晶体往往以树枝状的形式长大。在晶核生长的初期，晶粒保持晶体规则的几何外形。但在晶体继续生长的过程中，由于晶体的棱边和尖角处的散热条件优于其他部位，能使结晶时放出的结晶潜热迅速逸出，此处晶体优先长大并沿一定方向生长出空间骨架，这种骨架如同树干，故称为一次晶轴。在一次晶轴伸长和变粗的同时，在一次晶轴的棱边又生成二次晶轴、三次晶轴、四次晶轴……，从而形成一个树枝状晶体，称为树枝状晶，简称枝晶。在金属结晶过程中，由于晶核是按树枝状的骨架方式长大的，当其发展到与相邻的树枝状骨架相遇时，就停止扩展，但是此时的骨架仍处于液体中，故骨架内将不断长出更高次的晶轴；同时，先生长的晶轴也在逐渐加粗，使剩余的液体越来越少，直至晶轴之间的液体结晶完毕，各次晶轴互相接触形成一个充实的晶粒。实际金属的结晶多为树枝晶结构。在结晶过程中，如果液体的供应不充分，金属最后凝固的树枝晶之间的间隙不会被填满，晶体的树枝状就很容易表露出来。

二、晶粒大小对金属力学性能的影响

结晶后的金属是由许多晶粒组成的多晶体。金属晶粒的大小可用单位体积内晶粒的数目来表示，数目越多，晶粒越小。常用晶粒的平均直径来表示晶粒的大小。试验表明，晶粒的大小对金属的力学性能有很大影响，在常温下，晶粒越细，金属的强度就越高，塑性和韧性就越好。表 2-2 列出了晶粒大小对纯铁力学性能的影响。因此，细化晶粒对于提高金属材料的常温力学性能作用很大，这种用细化晶粒来提高材料强度的方法称为细晶强化。细晶强化是提高材料力学性能的最重要途径之一。

表 2-2　晶粒大小对纯铁力学性能的影响

晶粒平均直径 d/mm	抗拉强度 R_m/MPa	屈服强度 R_{eL}/MPa	断后伸长率 A（%）
9.70	165	40	28.8
7.00	180	38	30.6
2.50	211	44	39.5
0.20	263	57	48.8
0.16	264	65	50.7
0.10	278	116	50.0

对于制造电动机和变压器的硅钢片来说，晶粒反而越粗越好。因为晶粒越粗，其磁滞损耗越小，效应越高。除钢铁等少数金属材料外，其他大多数金属不能通过热处理改变晶粒大小，因此通过控制铸造和焊接时的结晶条件来控制晶粒的大小，便成为改善金属材料力学性能的重要手段。

三、细化晶粒的方法

金属结晶后单位体积中晶粒的数目 Z 取决于结晶时的形核率 N（单位时间，单位体积液态金属中生成的晶核数目）和晶核长大速率 G（单位时间内晶核长大的线长度），它们的关系如下：

$$Z=\sqrt{N}/\sqrt{G}$$

由上式可知，结晶时形核率 N 越大，晶核长大速率 G 越小，结晶后单位体积内的晶粒数目 Z 就越大，晶粒就越细小。因此，要控制金属结晶后晶粒大小，必须控制形核率 N 和长大速率 G 这两个因素。主要控制途径有增加过冷度、变质处理和附加振动或搅拌。

1. 增加过冷度

液态金属结晶的形核率 N、长大速率 G 与过冷度 ΔT 之间的关系如图 2-15 所示。金属结晶时，图中实线部分所示，形核率 N 和长大速率 G 都随过冷度的增加而增加，但 N 的增长率大于 G 的增长率，因此，增加过冷度会使 Z 增大，晶粒变细。当过冷度较小时，形核率 N 低于长大速率 G，结果得到比较粗大的晶粒。增加过冷度，就是要提高金属凝固的冷却速度，但当过冷度大到图中虚线部分时，金属液的温度过低，极大地降低了原子扩散能力，反而使形核率 N 和长大速率

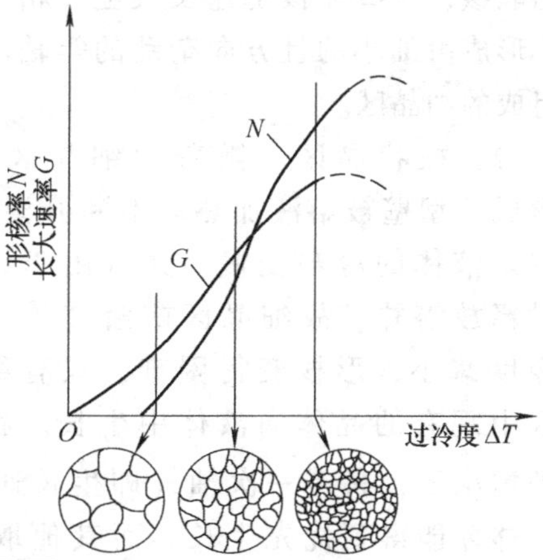

图 2-15　形核率 N 和长大速率 G 与过冷度 ΔT 之间的关系

G均下降。

实际生产中，通常是采用降低铸型温度或采用导热性能好的金属铸型来提高冷却速度，增加过冷度。

2. 变质处理

当金属的体积比较大时，难以获得较大的过冷度，而且对于形状复杂的铸件，冷却速度也不能过快。生产中为了得到细晶粒的铸件，常采用变质处理，变质处理就是为了细化晶粒，在液体金属结晶前加入能非自发形核的变质剂。变质剂在液体金属结晶时能够增加晶核的数量或者阻碍晶核长大，如在铸铁熔液中加入硅铁和硅钙合金、铝-硅合金熔液中加入钠盐等，都是变质处理的典型实例。

3. 附加振动或搅拌

金属结晶时，如对液态金属采取机械振动、超声波振动、电磁振动或机械搅拌等措施，可以使枝晶破碎细化，而且破碎的枝晶还可起到新生晶核的作用，增大了形核率，故附加振动或搅拌也能细化晶粒。

四、铸锭及焊缝的结晶

1. 铸锭的结晶与组织

纯金属铸锭的宏观组织通常由三个晶区所组成，即表层的细晶区、中间的柱状晶区和中心的等轴晶区，如图 2-16 所示。

想一想

有什么措施可以得到发达的柱状晶区呢？

(1) 细晶区　当液态金属注入锭模后，型壁温度低，与型壁接触的很薄一层熔液产生强烈过冷，而且型壁可作为非均匀形核的基底，因此，立刻形成大量的晶核，这些晶核迅速长大至互相接触，形成由细小的且方向杂乱的等轴晶粒组成的细晶区。

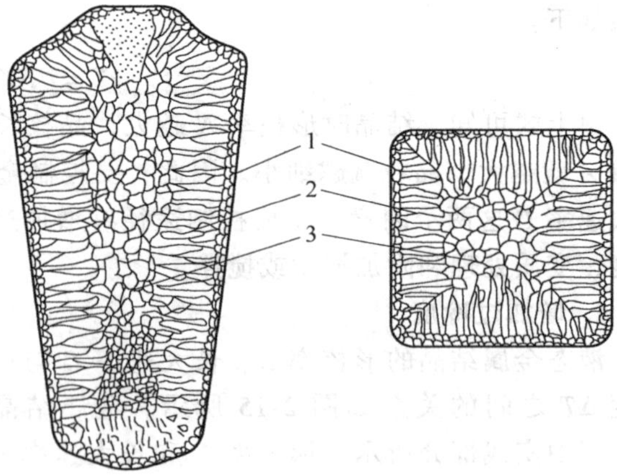

图 2-16　铸锭组织示意图

1—细晶区　2—柱状晶区　3—等轴晶区

(2) 柱状晶区　随着“细晶区”壳形成，型壁被熔液加热而不断升温，使剩余液体的冷却变慢，并且由于结晶时释放潜热，故细晶区前沿液体的过冷度减小，形核变得困难，只有细晶区中现有的晶体向液体中生长。在这种情况下，只有一次轴（即生长速度最快的晶向）垂直于型壁（散热最快的方向）的晶体才能得到优先生长，而其他取向的晶粒，由于受邻近晶粒的限制而不能发展，因此，这些与散热方向相反的晶体择优生长而形成柱状晶区。各柱状晶的生长方向是相同的。

(3) 等轴晶区　柱状晶生长到一定程度，由于前沿液体远离型壁，散热困难，冷速变慢，而且熔液中的温差随之减小，柱状晶的生长速度减慢。当整个熔液温度降至熔点以下时，熔液中出现许多晶核并沿各个方向长大，形成中心的等轴晶区。

(4) 缩孔与缩松　液态金属浇入锭模后，与型壁接触的液体先凝固，中心部分的液体则后凝固。由于多数金属在凝固时发生体积收缩（只有少数金属如锑和镓等在凝固时体积会膨胀），使铸锭（件）内形成收缩孔洞，称为缩孔。缩孔可分为集中缩孔和分散缩孔两类，分散缩孔又称为缩松。集中缩孔多形成于铸件上部或最后凝固部位，如图 2-17 所示。

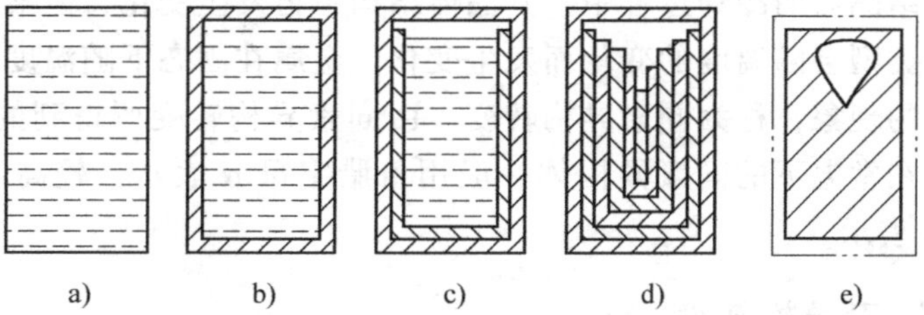

图 2-17　集中缩孔形成示意图

分散缩孔大多分布在铸件中心轴线处、热节处、冒口根部、内浇口附近或集中缩孔下方，如图 2-18 所示。

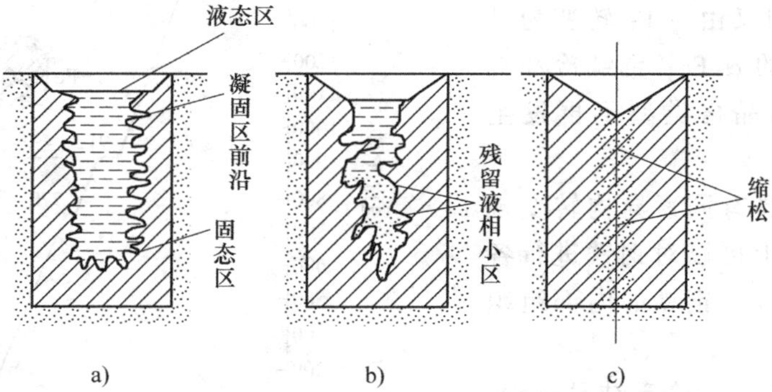

图 2-18　分散缩孔形成示意图

2. 焊缝的结晶与组织

焊接熔池的结晶过程服从液相金属凝固的一般规律，但与炼钢和铸造冶金过程相比，有其独有的特点：

1）熔池金属体积很小，周围是冷金属和气体等，故金属处于液态的时间很短，焊条电弧焊从加热到熔池冷却往往只有十几秒，各种冶金反应进行得不充分。

2）熔池中反应温度高，往往高于炼钢炉温 200℃，使金属元素强烈地烧损和蒸发。

3）熔池的结晶是一个连续熔化和连续结晶的动态过程。

4）在焊接熔池金属结晶时，由于熔池各部位的晶粒生长速度和熔池中的温度梯度的不一致，在焊缝边缘，晶粒开始在熔合线附近生长，平面晶得到生长，随着远离熔化边界，结晶形态向胞状晶、胞状树枝晶、树枝晶和等轴树枝晶发展。

在实际的焊缝中，不一定具有上述全部结晶形态。

第三节　金属的同素异构转变

一、同素异构

大多数金属在结晶后的冷却过程中，其晶体结构不再发生变化，但某些金属如铁、钛和钴等在结晶后晶格类型会随温度的变化而发生变化。金属在固态下随温度的改变，由一种晶格变为另一种晶格的现象，称为同素异构转变。由同素异构转变所得到的不同晶格的晶体，称为同素异构体。在常温下的同素异构体一般用希腊字母 α 表示，较高温度下的同素异构体依次用 β、γ、δ 表示。

二、纯铁的同素异构转变

图 2-19 所示为纯铁的冷却曲线。纯铁的熔点（或凝固点）为 1538℃，因此液态纯铁在 1538℃ 时开始结晶出具有体心立方晶格的 δ-Fe；继续缓冷到 1394℃ 时 δ-Fe 开始转变为具有面心立方晶格的 γ-Fe；再冷却到 912℃ 时又由 γ-Fe 转变为具有体心立方晶格的 α-Fe；继续冷却直到室温，α-Fe 的晶格类型不再发生变化。

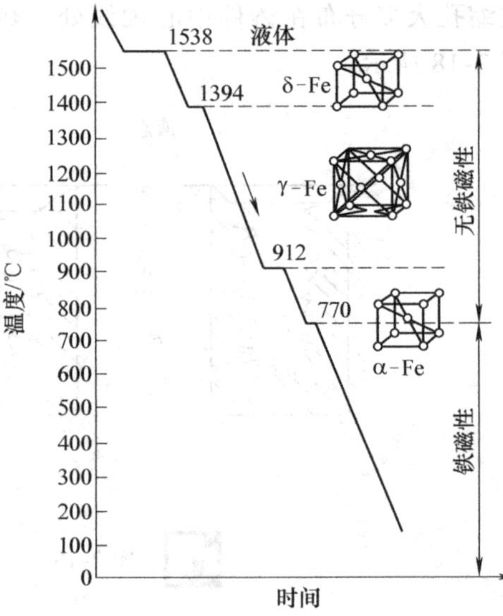

图 2-19　纯铁的冷却曲线

正因为纯铁具有同素异构转变现象，所以在生产上可以对钢铁进行各种热处理，从而改变钢铁的内部组织和提高其性能。

同素异构转变是一个重结晶过程，与液态金属的结晶过程相似，遵循结晶的一般规律：有一定的转变温度；转变时需要过冷；有潜热产生；而且转变过程也是通过晶核的形成和晶核的长大来完成的。但是，这种转变是在固态下发生的，原子的扩散较液态下困难得多，因而比液态结晶需要有更大的过冷度；而且由于在转变时晶格致密度的改变会引起晶体的体积变化，因此同素异构转变往往会产生较大内应力。

在纯铁的冷却曲线中还可以看到，在 770℃ 时冷却曲线中又出现了一个平台（即温度保持不变），但在该温度下纯铁的晶格并没有发生变化，因此，它不是同素异构转变。实验表明：在 770℃ 以上，纯铁无铁磁性，在 770℃ 以下纯铁具有铁磁性，这一转变被称为磁性转变。

资料卡

居里点

居里点或居里温度是指材料可以在铁磁体和顺磁体之间改变的温度。低于居里点温度时该物质成为铁磁体，此时和材料有关的磁场很难改变。当温度高于居里点温度时，该物质成为顺磁体，磁体的磁场很容易随周围磁场的改变而改变。19 世纪末，著名物理家居里在自己的实验室里发现磁石的一个物理特性，就是当磁石加热到一定温度时，原来的磁性就会消失。后来，人们把这个温度叫“居里点”。770℃是铁的居里点。

【综合训练】

一、名词解释

1. 晶体 2. 晶格 3. 晶胞 4. 结晶 5. 变质处理 6. 同素异构转变 7. 细晶强化

二、填空题

1. 晶体与非晶体的根本区别在于________。
2. 金属晶格的基本类型有________、________和________三种。
3. 实际金属的晶体缺陷有________、________和________三类。
4. 500℃的铁具有________晶格。
5. 金属结晶的必要条件是________，即金属的实际结晶温度总________理论结晶温度。
6. 金属的晶粒越细小，其强度和硬度________，塑性和韧性________。

三、是非题

1. 纯铁在 780℃时为面心立方晶格的 γ-Fe。
2. 实际金属的晶体结构不仅是多晶体，而且还存在着多种缺陷。
3. 纯金属的结晶过程是一个恒温过程。
4. 金属的实际结晶温度是不变的。

四、简答题

1. 常见的金属晶格类型有几种？
2. 什么是过冷现象和过冷度？过冷度与冷却速度有何关系？
3. 金属结晶时如何获得细小的晶粒？
4. 何为金属的同素异构转变？画出纯铁的结晶冷却曲线和晶体结构变化图。

第三章 二元合金的相结构与结晶

学习目标

通过本章的学习，了解有关合金的基本概念；掌握合金相结构的类型及性能特点；学会合金相图的分析和使用；熟练运用杠杆定律确定两平衡相的成分及相对量。

第一节 二元合金的晶体结构

纯金属一般具有较好的导电性、导热性和美丽的金属光泽，在人类的生活及生产中获得广泛的应用。但由于纯金属的种类有限，提炼困难，力学性能又较低，无法满足人们对金属材料提出的多品种和高性能的要求。在工业生产中，通过配制各种不同成分的合金，可以显著改变金属材料的结构、组织和性能，从而满足人们对金属材料的多种要求。而且，与纯金属相比合金具有更高的力学性能和某些特殊的物理性能和化学性能（如耐蚀性、强磁性和高电阻等），因此合金材料的应用非常广泛。碳钢、合金钢、铸铁、黄铜和硬铝等常用材料都是合金。

一、合金的基本概念

1. 合金

由两种或两种以上的金属元素或金属元素与非金属元素组成的具有金属特性的物质，称为合金。例如，黄铜是由铜和锌两种元素组成的合金；碳钢和铸铁是由铁和碳组成的合金；硬铝是铝、铜和镁等元素组成的合金。

2. 组元

组成合金的最基本的、独立的物质称为组元。组元通常是纯元素，但也可以是稳定的化合物。根据组成合金组元数目的多少，合金可以分为二元合金、三元合金和多元合金等。

3. 合金系

给定组元后，可以不同比例配制出一系列成分不同的合金，这一系列合金就构成一个合金系。合金系也可以分为二元系、三元系和多元系。

4. 相

合金中，具有同一化学成分且结构相同并以界面分开的均匀部分称为相。合金中相与相之间有明显的界面。液态合金通常都为单相液体。合金在固态下，由一个固相组成时称为单相合金，由两个以上固相组成时称为多相合金。

5. 组织

组织是指用金相观察方法看到的由形态、尺寸不同和分布方式不同的一种或多种相构成的总体，以及各种材料的缺陷和损伤。合金可以由一个相组成，其组织称为单相组织；也可以由几个相复合而成，其组织称为多相组织。合金的性质取决于它的组织，而合金组织的性质又首先取决于合金中相的性质。所以，为了掌握合金的组织和性质，就必须了解合金的相结构及其性质。

二、合金的相结构

合金的相结构是指合金中的晶体结构。由于组元间相互作用不同，固态合金的相结构可分为固溶体和金属化合物两大类。

1. 固溶体

合金在固态下，组元间仍能互相溶解而形成的均匀相，称为固溶体。

固溶体的晶格类型与其中某一组元的晶格类型相同，而其他组元的晶格结构将消失。能保留住晶格结构的组元元素称为溶剂；晶格结构消失的组元元素称为溶质。因此，固溶体的晶格与溶剂的晶格相同，而溶质以原子状态分布在溶剂的晶格中。

（1）固溶体的分类　按照溶质原子在溶剂晶格中分布情况的不同，固溶体可分为间隙固溶体和置换固溶体两类。

1）间隙固溶体。溶质原子处于溶剂晶格各结点间的空隙中，这种形式的固溶体称为间隙固溶体，如图3-1a所示。能够形成间隙固溶体的溶质原子尺寸都比较小，一般溶质原子与溶剂原子直径的比值 $d_{质}/d_{剂}<0.59$ 时，才能形成间隙固溶体，因此形成间隙固溶体的溶质元素都是一些原子半径小的非金属元素，如H、B、C、O和N等。

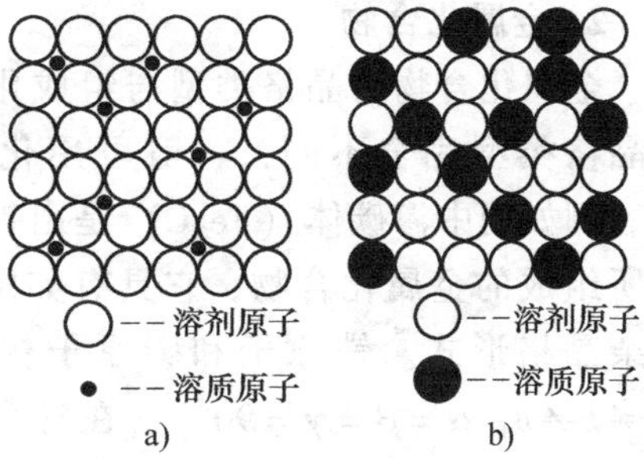

图3-1　固溶体结构示意图

a）间隙固溶体　b）置换固溶体

由于溶剂晶格的空隙有一定的限度，随着溶质原子溶入，溶剂晶格将发生畸变，如图3-2a所示。溶入的溶质原子越多，所引起的畸变就越大。当晶格畸变量超过一定数值时，溶剂的晶格就会变得不稳定，于是溶质原子就不能继续溶解，所以间隙固溶体的溶质在溶剂中的溶解度是有一定限度的，这种固溶体称为有限固溶体。

2）置换固溶体。溶质原子代替一部分溶剂原子，而占据溶剂晶格中的某些结点位置，这种形式的固溶体称为置换固溶体，如图3-1b所示。

在置换固溶体中，溶质在溶剂中的溶解度主要取决于两者原子直径的差别、它们在周期表中相互位置和晶格类型。一般来说，溶质原子和溶剂原子直径差别越小，溶解度越大；两者在周期表中位置越靠近，溶解度也越大。如果上述条件能很好地满足，而且溶质与溶剂的晶格类型也相同，则这些组元往往能无限互相溶解，即可以按照任何比例形成置换固溶体，这种固溶体称为无限固溶体，如铁和铬、铜和镍便能形成无限固溶体；反之，若不能很好地满足上述条件，则溶质在溶剂中的溶解度是有限度的，只能形成有限固溶体，如铜和锌、铜和锡都形成有限固溶体。有限固溶体的溶解度还与温度有密切关系，一般温度越高，溶解度越大。

当形成置换固溶体时，由于溶质原子与溶剂原子的直径不可能完全相同，因此，也会造成固溶体晶格常数的变化和晶格的畸变，如图 3-2b 所示。

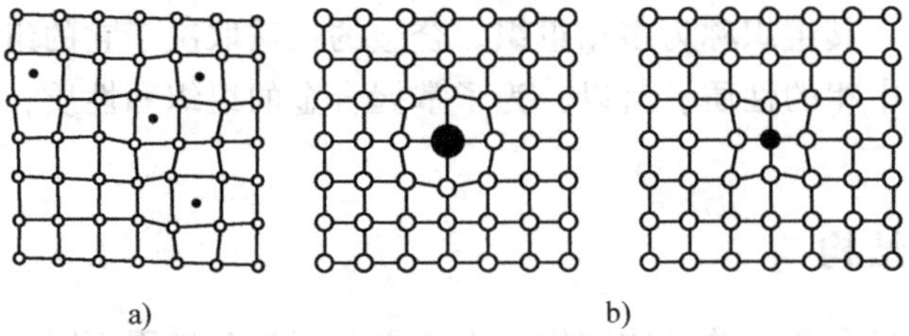

图 3-2　固溶体中的晶格畸变示意图

a）间隙固溶体　b）置换固溶体

（2）固溶体的性能　由于固溶体的晶格发生畸变，塑性变形抗力增大，从而使金属材料的强度和硬度增高。通过溶入溶质元素形成固溶体，使金属材料的强度和硬度升高的方法，称为固溶强化。

固溶强化是提高金属材料力学性能的重要途径之一。实践表明，适当控制固溶体中的溶质含量，可以在显著提高金属材料的强度和硬度的同时，仍能保持相当好的塑性和韧性。因此，对综合力学性能要求较高的结构材料，都是以固溶体为基体的合金。

2. 金属化合物

金属化合物的晶格类型与组成化合物各组元的晶格类型完全不同，一般可用化学分子式表示。例如钢中渗碳体（Fe_3C）是由铁原子和碳原子所组成的金属化合物，它具有如图 3-3 所示的复杂晶格形式。铁原子和碳原子构成正交晶格（$a \neq b \neq c$，$\alpha = \beta = \gamma = 90°$），在每个碳原子周围都有六个铁原子构成八面体，八面体内都有一个碳原子，每个铁原子为两个八面体所共有，在 Fe_3C 中，Fe 与 C 原子的比例为：

$$\frac{Fe}{C} = \frac{1/2 \times 6}{1} = \frac{3}{1}$$

因而可用 Fe_3C 表示。

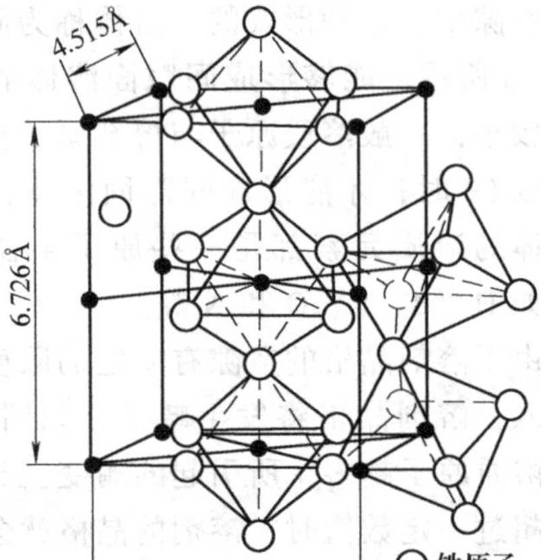

图 3-3　Fe_3C 的晶格形式

（1）金属化合物的分类　金属化合物的种类很多，常见的有三种类型：正常价化合物、电子化合物和间隙化合物。

1）正常价化合物。组成正常价化合物的元素是严格按原子价规律结合的，因而其成分固定不变，并可用化学式表示。通常金属性强的金属元素与非金属元素形成这种类型化合物，如 Mg_2Si、Mg_2Sn 和 Mg_2Pb 等。

2）电子化合物。电子化合物不遵守原子价规律，而是按照一定的电子浓度比，组成一定晶体结构的化合物。

所谓电子浓度是指化合物中价电子数与原子数的比值，电子浓度 $C=\frac{价电子数}{原子数}$。一般而言，在电子化合物中，一定的电子浓度与一定的晶格形式相对应。如当电子浓度为3/2时，形成体心立方晶格的电子化合物，称为β相；当电子浓度为21/13时，形成复杂立方晶格的电子化合物，称为γ相；当电子浓度为7/4时，形成密排六方晶格的电子化合物，称为ε相。

许多金属材料经常存在着电子化合物相。例如，Cu-Zn合金中的CuZn，因Cu的价电子数为1，Zn的价电子数为2，化合物的总原子数为2，故CuZn的电子浓度 $C=3/2$，属于β相。同理，Cu_5Zn_8 属于γ相，$CuZn_3$ 属于ε相。

应注意，电子化合物虽然可以用化学式表示，但它是一个成分可变的相，也就是在电子化合物的基础上，可以再溶解一定量的组元，形成以该化合物为基的固溶体。例如，在Cu-Zn合金中，β相的化学成分中，锌的质量分数（w_{Zn}）可在36.8%~56.5%范围内变动。

3）间隙化合物。间隙化合物一般是由原子直径较大的过渡族金属元素（Fe、Cr、Mo、W和V等）和原子直径较小的非金属元素（H、C、N和B等）组成。如合金钢中，不同类型的碳化物（VC、Cr_7C_3 和 $Cr_{23}C_6$ 等）和钢经化学热处理后，在其表面形成的碳化物和氮化物（如FeC、Fe_4N 和 Fe_2N 等）都属于间隙化合物。

想一想

间隙化合物和间隙固溶体是一样的相吗？

间隙化合物的晶体结构特征是：直径较大的过渡族元素的原子占据了新晶格的正常位置，而直径较小的非金属元素的原子则有规律地嵌入晶格的空隙中。

间隙化合物又可分为两类，一类是具有简单晶格形式的间隙化合物，也称为间隙相，如VC、WC和TiC等，如图3-4所示VC的晶格示意图；另一类是具有复杂晶格形式的间隙化合物，如 Fe_3C、$Cr_{23}C_6$、Cr_7C_3 和 Fe_4W_2C 等，如图3-3所示的 Fe_3C 的晶格，就是这一类间隙化合物结构的典型例子。

（2）金属化合物的性能　由于金属化合物的晶格与其组元晶格完全不同，因此其性能也不同于组元。金属化合物的熔点一般较高，硬而脆，当它呈细小颗粒均匀分布在固溶体基体上时，将使合金的强度、硬度和耐磨性明显提高，这一现象称为弥散强化。因此，金属化合物在合金中常作为强化相存在，是许多合金钢、有色金属和硬质合金的重要组成相。

工业用合金的组织仅由金属化合物一相组成的情况是极少见的，绝大多数合金的组织都是固溶体与少量金属化合物组成的混合物。通过调整固溶体中溶质含量和金属化合物的数量、大小、形态及分布状况，可以使合金的力学性能在较大范围内变动，以满足工程上不同的使用要求。

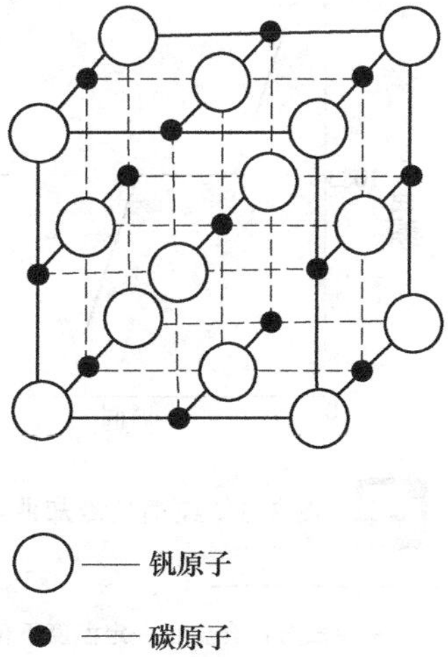

图3-4　VC的晶格示意图

第二节　二元合金相图

合金相图又称合金平衡图或合金状态图。它是表示在平衡状态⊖下，合金的组成相（或组织状态）和温度、成分之间关系的图解。应用合金相图，不仅可以了解合金系中不同成分合金在不同温度时的组成相（或组织状态），以及相的成分和相的相对量，而且还可了解合金在缓慢加热和冷却过程中的相变规律。所以相图已成为研究合金的组织形成和变化规律的有效工具。在生产实践中，合金相图是制订冶炼、铸造、锻压、焊接和热处理工艺的重要依据。

一、二元合金相图的表示方法

纯金属可以用一条表示温度的纵坐标，把其在不同温度下的组织状态表示出来。图 3-5 所示为纯铜的冷却曲线及相图，其中纵坐标表示温度，1 点为纯铜冷却曲线上的结晶温度（1083℃）在温度坐标轴上的投影，即纯铜的相变温度（称为相变点）。1 点以上表示纯铜处于液相；1 点以下表示纯铜为固相。所以纯金属的相图，只要用一条温度纵坐标轴就能表示。

二元合金组成相的变化不仅与温度有关，而且还与合金成分有关，因此不能简单地用一个温度坐标轴表示，必须增加一个表示合金成分的横坐标。所以二元合金的相图，是一个以温度为纵坐标、合金成分为横坐标的平面图形。现以 Cu-Ni 合金相图为例，说明二元合金相图表示方法。

想一想

合金的冷却曲线与纯金属的冷却曲线有什么不同？

图 3-6 所示为 Cu-Ni 合金相图。图上纵坐标表示温度，横坐标表示合金成分。横坐标从左到右表示合金成分的变化，即 w_{Ni} 由 0% 向 100% 逐渐增大；而 w_{Cu} 相应地由100% 向 0% 逐渐减小。在横坐标上任何一点都代表一种成分的合金。例如，*C* 点代表 w_{Ni}（40%）+ w_{Cu}（60%）的合金；*D* 点代表 w_{Ni}（60%）+ w_{Cu}（40%）的合金。通过成分坐标上的任一点作的

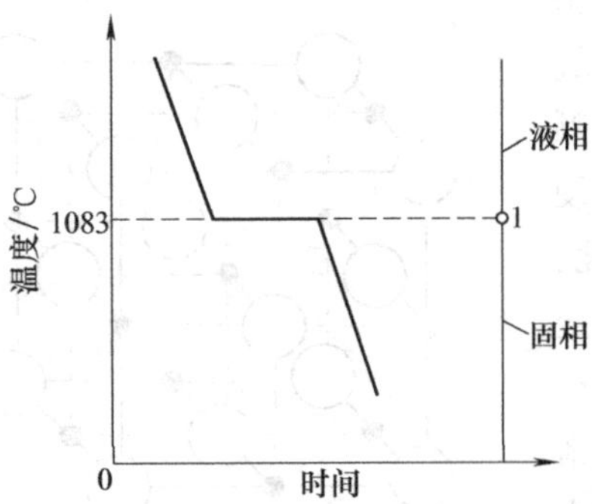

图 3-5　纯铜的冷却曲线及相图

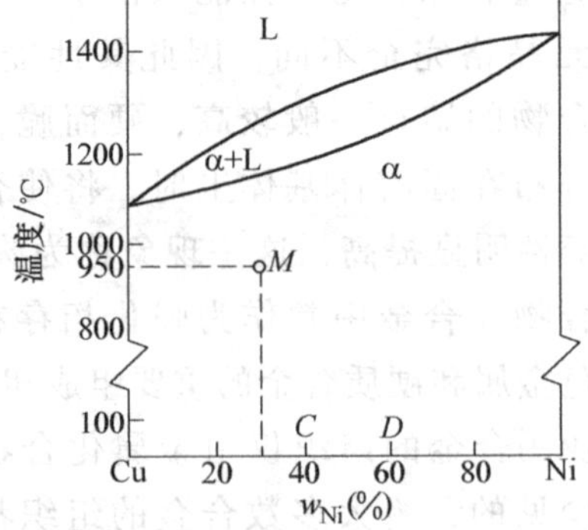

图 3-6　Cu-Ni 合金相图

⊖ 当一定成分的合金在一定温度下停留足够长的时间，使所存在的各相达到几乎不转化的状态时，可认为处于平衡状态，此时的相称为平衡相。

垂线称为合金线，合金线上不同的点表示该成分合金在某一温度下的相组成。因此，相图上任意一点都代表某一成分的合金在某一温度时的相组成（或显微组织），例如 M 点表示 w_{Ni}（30%）$+w_{Cu}$（70%）的合金在950℃时，其组织为单相 α 固溶体。

二、二元合金相图的测定方法

合金相图都是用实验方法测定的。下面以 Cu-Ni 二元合金系为例，说明应用热分析法测定其相变点及绘制相图的方法⊖。

1）配制一系列成分不同的 Cu-Ni 合金，Ⅰ：$w_{Cu}=100\%$；Ⅱ：$w_{Cu}(70\%)+w_{Ni}(30\%)$；Ⅲ：$w_{Cu}(50\%)+w_{Ni}(50\%)$；Ⅳ：$w_{Cu}(30\%)+w_{Ni}(70\%)$；Ⅴ：$w_{Ni}=100\%$。

2）用热分析法测出所配制的各合金的冷却曲线，如图 3-7a 所示。

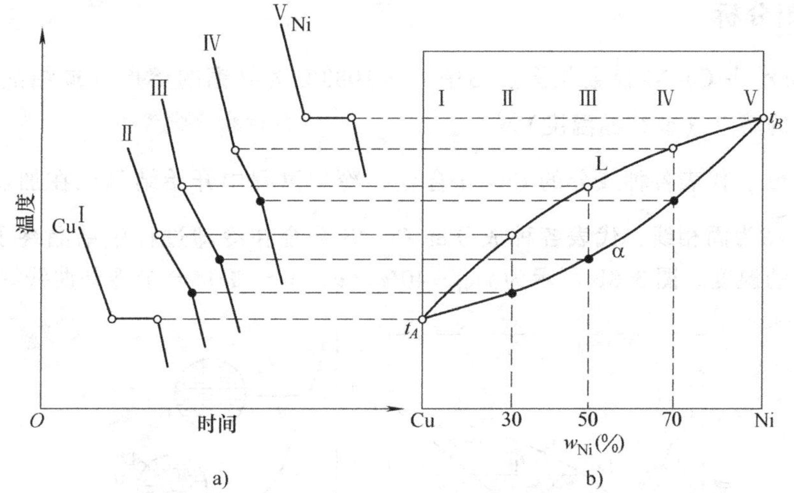

图 3-7　用热分析法测定 Cu-Ni 合金相图

3）找出图中各冷却曲线上的相变点。由 Cu-Ni 合金系的冷却曲线可见，纯铜及纯镍的冷却曲线都有一个平台，这说明纯金属的结晶过程是在恒温下进行的，故只有一个相变点。其他四个合金的冷却曲线均不出现平台，但有两个转折点，即有两个相变点。这表明四个合金都是在一个温度范围内结晶的。温度较高的相变点表示开始结晶温度，称为上相变点，在图上用“。”表示；温度较低的相变点表示结晶终了温度，称为下相变点，在图上用“.”表示。

4）将各个合金的相变点分别标注在温度-成分坐标图中相应的合金线上。

5）连接各相同意义的相变点，所得的线称为相界线。这样就获得了 Cu-Ni 合金相图，如图 3-7b 所示。图中各开始结晶温度连成的相界线 $\overset{\frown}{AB}$ 称为液相线；各结晶终了温度连成的相界线 $\underset{\smile}{AB}$ 称为固相线。

从上述测定相图的方法可知，如配制的合金数目越多，所用的金属的纯度越高，热分析时冷却速度越缓慢，则所测定的合金相图就越精确。

⊖ 相图的测定除用热分析法外，还有 X 射线晶体结构分析法、热膨胀法、硬度法、金相分析法和电阻法等。一个合金相图的测定，往往需要几种方法配合使用，才能使相图更为精确。

目前，通过实验已测定了许多二元合金相图，大多形式比较复杂，然而，复杂的相图可以看成是由若干基本的简单相图所组成的。以后将着重分析二元匀晶相图和二元共晶相图两种基本的二元合金相图。

第三节 二元匀晶相图

凡是在二元合金系中，两组元在液态和固态下以任何比例均可相互溶解，即在固态下能形成无限固溶体时，其相图属匀晶相图。例如，Cu-Ni、Fe-Cr 和 Au-Ag 等合金系都属于这类相图，下面就以 Cu-Ni 合金相图为例，对匀晶相图进行分析。

一、相图分析

图 3-8a 所示为 Cu-Ni 合金相图。图中 $t_A=1083℃$ 为纯铜的熔点（或结晶温度）；$t_B=1455℃$ 为纯镍的熔点（或结晶温度）。

$\overset{\frown}{AB}$为液相线，代表各种成分的 Cu-Ni 合金在冷却过程中开始结晶或在加热过程中熔化终了的温度；$\underset{\smile}{AB}$为固相线，代表各种成分的 Cu-Ni 合金在冷却过程中结晶终了或在加热过程中开始熔化的温度。图 3-8b 所示为 $w_{Ni}=40\%$（$w_{Cu}=60\%$）合金冷却曲线。

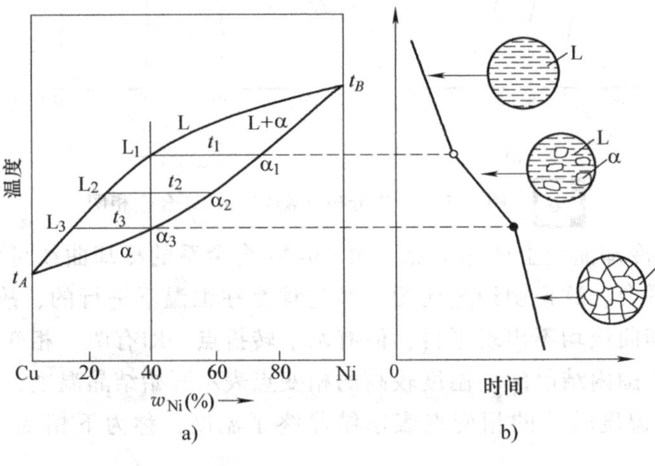

图 3-8 Cu-Ni 合金相图及结晶过程分析

a) Cu-Ni 合金相图 b) $w_{Ni}=40\%$（$w_{Cu}=60\%$）合金冷却曲线

液相线与固相线把整个相图分为三个不同相区。在液相线以上是单相的液相区，合金处于液体状态，以“L”表示；固相线以下为固相区，该区域是 Cu 与 Ni 组成的单相无限固溶体，以“α”表示；在液相线与固相线之间是液相＋固相的两相共存区（即结晶区），以L＋α 表示。

二、杠杆定律

从上面相图分析中可以看出，因为单相区内只存在一相，故相的成分就是合金成分，相的质量就是合金的质量。而在两相区内，由于合金正处在结晶过程中，随着结晶过程的进行，合金中各相的成分和相的相对量都在不断地发生变化。杠杆定律就是确定两相区内两个组成相（平衡相）以及相的成分和相的相对量。

（1）两平衡相及其成分的确定　如图 3-9a 所示，若要确定成分为 $w_{Ni}=x\%$ 的 Cu-Ni 合金，在 t 温度下是由哪两个相组成以及各相的成分时，可通过该合金线上相当于 t 温度的 C 点作水平线 ACB，水平线两端所接触的两个单相区中相 L 和 α，就是该合金在 t 温度时共存的两个相。水平线两端与液相线及固相线的交点 A、B，在成分坐标上的投影，分别表示 t 温度下液相和固相的成分。即液相 L 的成分为 $w_{Ni(L)}=x_1\%$，固相 α 的成分为 $w_{Ni(\alpha)}=x_2\%$。

（2）两平衡相相对量的确定　设如图 3-9a 所示的 $w_{Ni}=x\%$ 的合金的总质量为 m，在 t 温度时，合金中液相质量为 m_L，固相质量为 m_α。通过计算，可求得此时合金中液相与固相质量比和水平线 ACB 被合金线分成两线段的长度成反比，即

$$\frac{m_L}{m_\alpha}=\frac{BC}{AC} \tag{3-1}$$

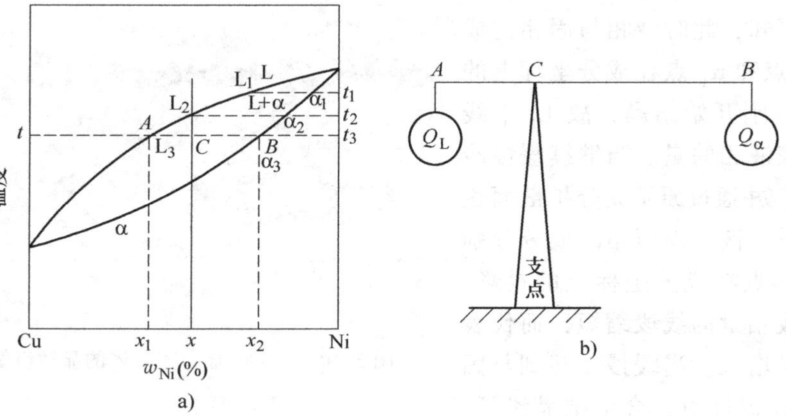

图 3-9　杠杆定律示意图

a）相图中的杠杆定律　b）杠杆定律的力学比喻

由式（3-1）还可求出合金中液、固两相的相对量（相的质量分数）的表达式：

$$\text{液相 } w_L=\frac{m_L}{m}=\frac{BC}{AB}\times 100\% \tag{3-2}$$

$$\text{固相 } w_\alpha=\frac{m_\alpha}{m}=\frac{AC}{AB}\times 100\% \tag{3-3}$$

由于式（3-1）与力学中的杠杆定律相似，其中杠杆的支点为合金的原始成分（合金线），杠杆两端表示该温度下两相的成分，杠杆的全长表示合金的质量，两相的质量与杠杆臂长成反比，如图 3-9b 所示，故称为杠杆定律。

必须指出，其他类型的二元合金相图也同样可用杠杆定律来确定两相区中两相的成分及相对量。

资料卡

阿基米德与杠杆原理

阿基米德在亚历山大里亚留学的时候，他从埃及农民提水用的“沙杜佛”（吊杆）和奴隶们撬石头用的撬棍，发现了可以借助一种杠杆来达到省力的目的，而且发现，手的握点至支点的这一段越长，就越省力气。由此他提出了这样一个定理：力臂和力（重量）的关系成反比例。这就是杠杆原理。用我们现在的表达方式就是：重量×重臂＝力×力臂。为此，他曾给当时的国王艾希罗写信说：“我不费吹灰之力，就可以随便牵动任何重的东西：只要给我一个支点，给我一根足够长的杠杆，我也可以推动地球。”

三、合金的结晶过程分析

现以 $w_{Ni}=40\%$ 的 Cu-Ni 合金为例来分析合金的结晶过程，如图 3-8 所示。当合金自高温液态缓慢冷却到与液相线相交的 t_1 温度时，液相中开始结晶出 α 固溶体，根据杠杆定律可知，此时液相与固相的成分分别为 L_1 点和 α_1 点在成分坐标上的投影，因为是刚开始结晶，故 $L_1\alpha_1$ 线段基本上代表液相的量。当继续缓慢冷却到 t_2 温度，并通过原子充分扩散而达到平衡状态时，液、固两相的成分分别为 L_2 点和 α_2 点在成分坐标上的投影。同时，代表液相量的线段缩短，而代表固相量的线段增长。当缓慢冷却到与固相线相交的 t_3 温度时，合金结晶终了，这时整个 $L_3\alpha_3$ 线段都代表固相的量，固相的成分为 α_3 点在成分坐标上的投影。故最终获得与原合金成分相同（$w_{Ni}=40\%$）的单相 α 固溶体。固溶体的显微组织与纯金属类似，是由多面体的晶粒所组成，如图 3-10 所示。

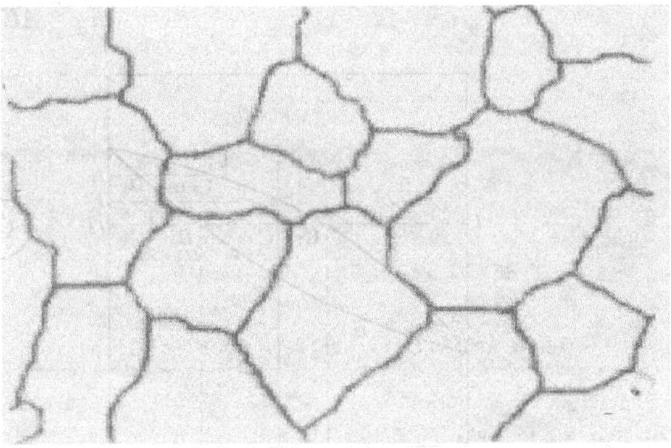

图 3-10 Cu-Ni 合金固溶体的显微组织（100×）

其他成分的 Cu-Ni 合金的结晶过程均与 $w_{Ni}=40\%$ 的合金相似。

由以上分析可知，固溶体合金的结晶过程与纯金属的不同点是，合金在一定范围内结晶，随着温度降低，固相的量不断增多，液相的量不断减少，同时固相的成分不断沿固相线变化，液相的成分不断沿液相线变化。

四、枝晶偏析

固溶体合金在结晶过程中，只有在极其缓慢冷却使原子进行充分扩散的条件下，固相的成分才能沿着固相线均匀地变化，最终获得与原合金成分相同的均匀 α 固溶体。但在实际生产条件下，由于合金在结晶过程中，冷却速度一般都较快，而且固态下原子扩散又很困难，致使固溶体内部的原子扩散来不及充分进行，因此，先结晶的固溶体含高熔点组元（如 Cu-Ni 合金中的 Ni）较多，后结晶的固溶体含低熔点组元（如 Cu-Ni 合金中的 Cu）较多。这种在一个晶粒内部化学成分不均匀的现象称为晶内偏析。

固溶体的结晶一般是按树枝状方式长大的，因此，先结晶的枝干成分与后结晶的枝间成分不同，由于这种晶内偏析呈树枝状分布，故又称为枝晶偏析。图 3-11 所示为 Cu-Ni 合金枝晶偏析的显微组织。由图可知，α 固溶体呈树枝状，先结晶的枝干含镍量高，不易浸蚀，故呈白色，而后结晶的枝间因含铜量高，易浸蚀而呈黑色。

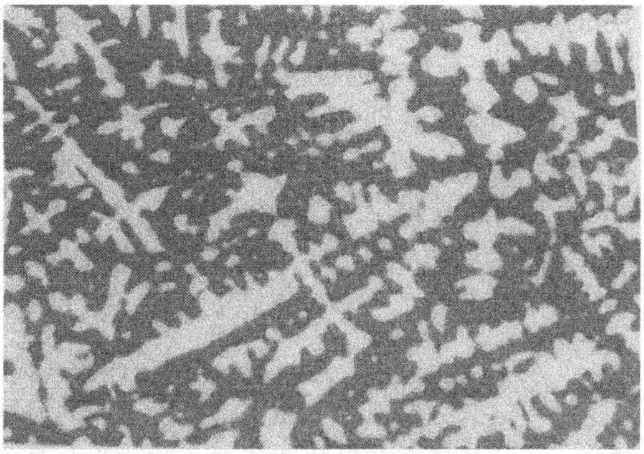

图 3-11　Cu-Ni 合金枝晶偏析的显微组织（100×）

枝晶偏析会降低合金的力学性能和可加工性。因此，在生产上常把有枝晶偏析的合金加热到高温，并经长时间保温，使原子进行充分扩散，以达到成分均匀化的目的，这种热处理方法称为均匀化退火。Cu-Ni 合金经均匀化退火后，可获得成分均匀的 α 固溶体，如图 3-10 所示。

第四节　二元共晶相图

凡是二元合金系中两组元在液态能完全互溶，而在固态互相有限溶解，并发生共晶转变，其相图称为共晶相图。例如，Pb-Sn、Pb-Sb、Al-Si 和 Ag-Cu 等合金系都属于这类相图。下面就以 Pb-Sn 合金相图为例，对共晶相图进行分析。

一、相图分析

图 3-12 所示为 Pb-Sn 合金相图。图中左边部分是 Sn 溶于 Pb 中，形成 α 固溶体的部分

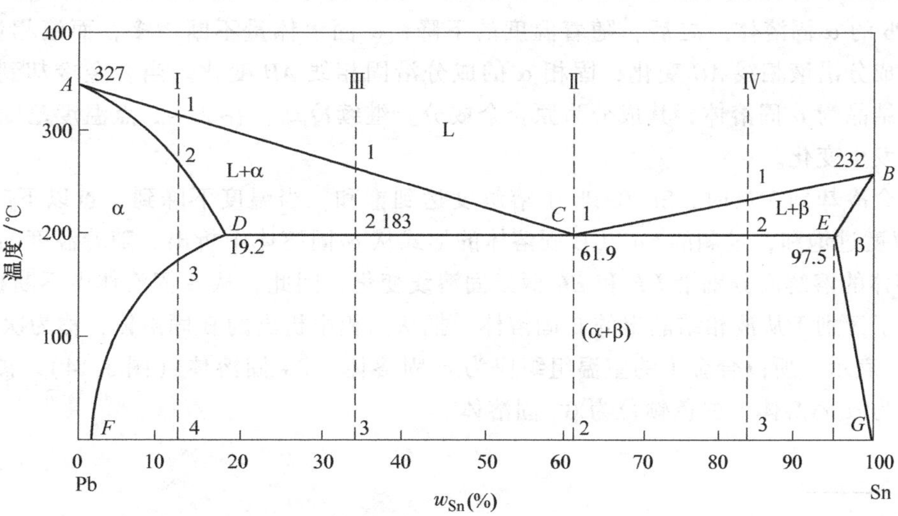

图 3-12　Pb-Sn 合金相图

匀晶相图，右边部分是 Pb 溶于 Sn 中，形成 β 固溶体的部分匀晶相图。故 t_A、t_B 分别为 Pb 与 Sn 的熔点（或结晶温度）。*AC*、*BC* 线为液相线，液相在 *AC* 线上开始结晶出 α 固溶体，液相在 *BC* 线上开始结晶出 β 固溶体。*AD*、*BE* 线分别为 α 与 β 固溶体的结晶终了的固相线。由于在固态下，Pb 与 Sn 的相互溶解度随温度的降低而逐渐减小。故 *DF* 线和 *EG* 线分别为 Sn 溶于 Pb 和 Pb 溶于 Sn 的固态溶解度曲线，也称为固溶线。

C 点是液相线 *AC*、*BC* 与固相线 *DCE* 的交点，表示在 *C* 点所对应的温度（t_C = 183℃）下，成分为 *C* 点的液相（L_C）将同时结晶出成分为 *D* 点的 α 固溶体（α_D）和成分为 *E* 点的 β 固溶体（β_E）的混合物，该转变可用下式表示：

$$L_C \xrightarrow{\text{恒温}} (\alpha_D + \beta_E) \tag{3-4}$$

这种一定成分的液相，在一定温度下，同时结晶出成分不同的两种固相的转变，称为共晶转变。由共晶转变获得的两相混合物称为共晶组织或共晶体。*C* 点称为共晶点，*C* 点所对应的温度称为共晶温度，*C* 点所对应的成分称为共晶成分。通过 *C* 点的水平固相线 *DCE* 称为共晶线。

想一想

什么是共晶转变？共晶转变有何特点？

通过以上分析可知，相界线把共晶相图分成六个相区：L、α 和 β 三个单相区；L + α、L + β 和 α + β 三个两相区[⊖]。共晶线 *DCE* 是 L、α、β 三相平衡的共存线。

二、合金的结晶过程分析

现以如图 3-12 所示的四个典型合金为例，分析合金的结晶过程和显微组织。

1. 合金Ⅰ（*F*、*D* 点间的合金）

图 3-13 所示为这类合金的冷却曲线及结晶过程示意图。这类合金在 3 点以上的结晶过程与匀晶相图中的合金结晶过程相同。当合金由液相缓冷到 1 点时，从液相中开始结晶出 Sn 溶于 Pb 的 α 固溶体。之后，随着温度的下降，α 固溶体量不断增多，而液相量不断减少，液相成分沿液相线 *AC* 变化，固相 α 的成分沿固相线 *AD* 变化。当合金冷却到 2 点时，液相全部结晶为 α 固溶体，其成分为原合金成分。继续冷却，在 2 ~3 点温度范围内时，α 固溶体不发生变化。

当合金冷却到 3 点时，Sn 在 Pb 中溶解度达到饱和。当温度下降到 3 点以下时，Sn 在 Pb 中溶解度过饱和，过剩的 Sn 以 β 固溶体的形式从 α 固溶体中析出。随着温度的下降，α 和 β 固溶体的溶解度分别沿 *DF* 和 *EG* 两条固溶线变化，因此，从 α 固溶体中不断析出 β 固溶体。为了区别于从液相结晶出的 β 固溶体，把从固相中析出的 β 固溶体，称为次生 β，并以“β_{II}”表示。所以合金Ⅰ的室温组织应为 α 固溶体 + β_{II} 固溶体（图 3-14）。图 3-14 中黑色基体为 α 固溶体，白色颗粒为 β_{II} 固溶体。

⊖ 两相区中的组成相，也可按相区接触法则来确定，即两个单相区之间必定夹一个两相区，其组成相应由这两个单相区中的相所组成。

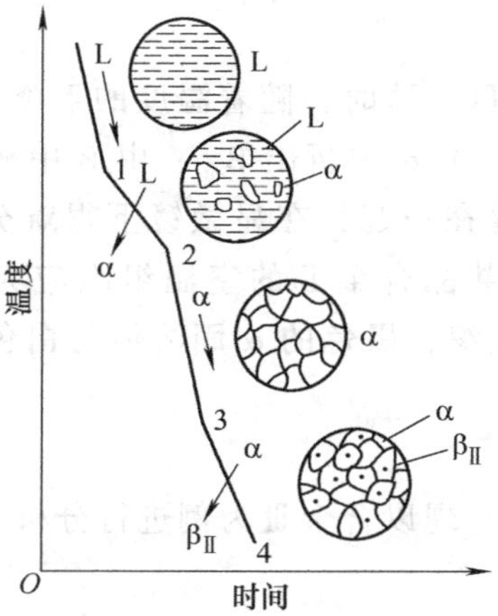

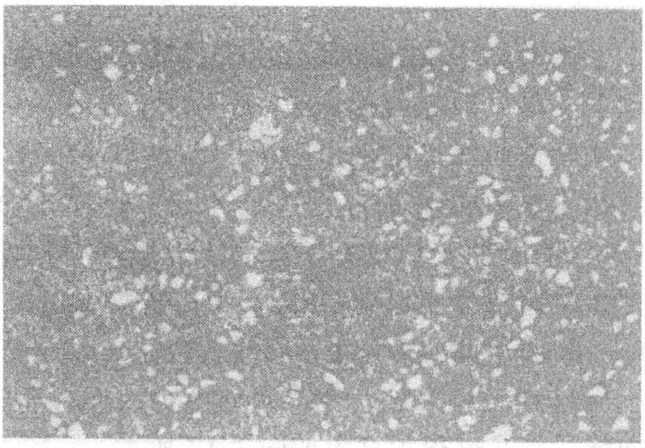

图 3-13 合金Ⅰ的冷却曲线及结晶过程示意图　图 3-14 w_{Sn} < D 点成分的 Pb-Sn 合金显微组织（200×）

合金Ⅰ在室温时的 α 与 $β_{II}$ 的相对量，可以用杠杆定律计算：

$$w_{\alpha}=\frac{4G}{FG}\times100\% \tag{3-5}$$

$$w_{\beta_{II}}=\frac{F4}{FG}\times100\% \tag{3-6}$$

成分在 *D* 点与 *F* 点间的所有合金，其结晶过程与合金Ⅰ相似，室温下显微组织都是由 α + $β_{II}$ 组成。只是两相的相对量不同，合金成分越靠近 *D* 点，室温时 $β_{II}$ 量越多。

图 3-12 所示成分位于 *E* 点和 *G* 点间的合金，其结晶过程与合金Ⅰ基本相似，不同之处在于从液相先结晶出的是 Pb 溶于 Sn 中的 β 固溶体。当温度降到合金线与 *EG* 固溶线的交点时，开始从 β 中析 $α_{II}$，所以室温组织为 β 固溶体 + $α_{II}$ 固溶体。

2. 合金Ⅱ（*C* 点的合金）

如图 3-12 所示，*C* 点是共晶点，成分为 *C* 点的合金称为共晶合金。合金Ⅱ的冷却曲线及结晶过程如图 3-15 所示。

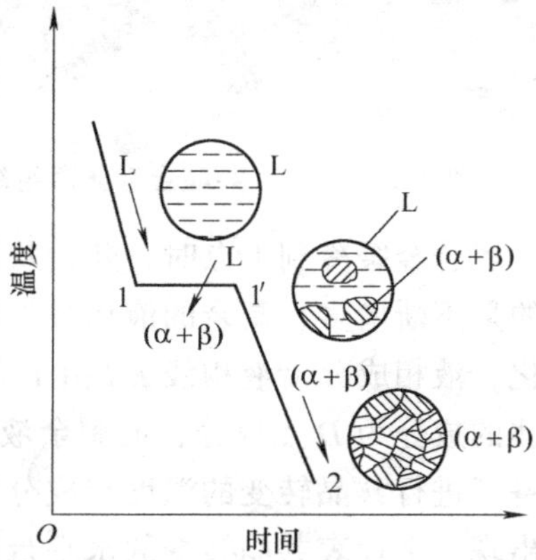

图 3-15　合金Ⅱ的冷却曲线及结晶过程示意图

当合金缓慢冷却到 *C* 点（1 点）时，由于 *C* 点是两条液相线 *AC* 和 *BC* 的交点，故液相同时结晶出 α 和 β 两种固溶体，即发生的共晶转变，见式（3-4）。由于该点又处在固相线（共晶线）上，因此，共晶转变必然是在恒温下进行的，直到液相完全消失为止，故在冷却曲线上和纯金属一样会出现一个代表恒温结晶的水平台阶 1—1′。此时获得的共晶组织（共晶体）中的 $α_D$ 与 $β_E$ 的相对量，可用杠杆定律计算如下：

$$w_{\alpha_D}=\frac{CE}{DE}\times100\% \tag{3-7}$$

$$w_{\beta_E}=\frac{CD}{DE}\times 100\% \tag{3-8}$$

在 C 点以下，合金进入共晶线下面的 $\alpha+\beta$ 两相区。这时，随着温度的下降，α 和 β 的溶解度分别沿着各自的固溶线 DF 线和 EG 线变化，由 α 中析出 β_{II}；由 β 中析出 α_{II}。由于从共晶组织中析出的次生相与共晶体中同类相混在一起，在显微镜下很难分辨，而且次生相的析出量又较少，一般可不予考虑，所以共晶合金Ⅱ的室温组织应为 $(\alpha_F+\beta_G)$ 共晶体。图 3-16 所示为 Pb－Sn 共晶合金显微组织，黑色的 α 固溶体与白色的 β 固溶体呈交替分布。

3. 合金Ⅲ（C、D 点间的合金）

成分在 C 点与 D 点之间的合金，称为亚共晶合金。现以合金Ⅲ为例进行分析，其冷却曲线及结晶过程示意图如图 3-17 所示。

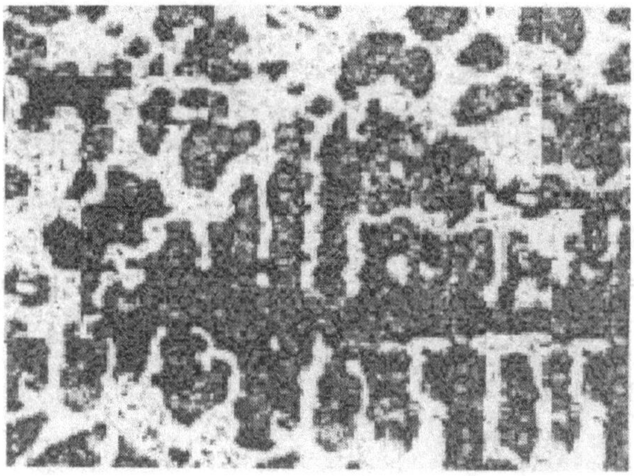

图 3-16　Pb-Sn 共晶合金显微组织（100×）

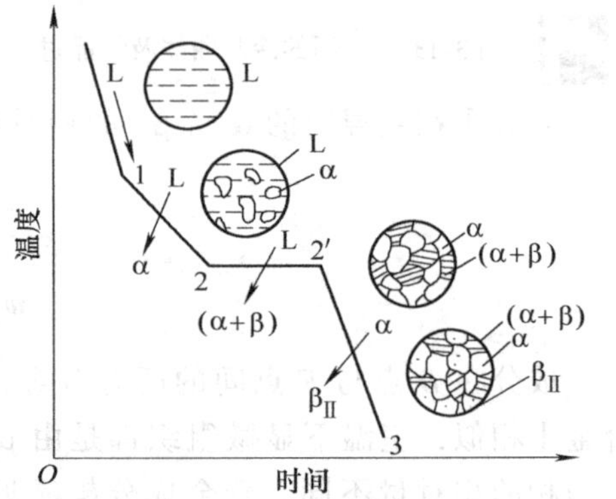

图 3-17　合金Ⅲ的冷却曲线及结晶过程示意图

当合金缓冷到 1 点时，开始从液相中结晶出 α 固溶体。之后，随着温度的下降，α 固溶体的量不断增多，剩余的液相量不断减少。与此同时，α 固溶体的成分沿固相线 AD 向 D 点变化，液相成分沿液相线 AC 由 1 点向 C 点变化。当温度下降到 2 点（共晶温度）时，α 固溶体的成分为 D 点成分，而剩余液相的成分达到 C 点成分（共晶成分），这时剩余的液相已具备了进行共晶转变的温度与成分条件，因而在 2 点发生共晶转变。显然，冷却曲线上也必定出现一个代表共晶转变的水平台阶 2—2′，直到剩余的液体完全变成共晶体为止。

在共晶转变以前，由液相中结晶出的 α 固溶体相，称为初晶。因此，共晶转变完毕后的亚共晶合金的组织应为初晶 α_D＋共晶体 $(\alpha_D+\beta_E)$。

当合金冷却到 2 点温度以下时，由于 α 和 β 的溶解度分别沿 DF 线和 EG 线变化，故分别要从 α 和 β 中析出 β_{II} 和 α_{II} 两种次生相，但如前所述，共晶体中次生相可以不予考虑，而只需考虑从初晶 α 中析出的 β_{II}。因此，亚共晶合金Ⅲ的室温组织应为初晶 α_F＋次生 β_{II}＋共晶体 $(\alpha_F+\beta_G)$。图 3-18 所示为 Pb-Sn 亚共晶合金显微组织，黑色树枝状为初晶 α 固溶体，黑白相间分布的为（α＋β）共晶体，初晶 α 内的白色小颗粒为 β_{II} 固溶体。

所有 Pb-Sn 亚共晶合金的结晶过程都与合金Ⅲ相似，其显微组织均由初晶 α＋次生 β_{II}＋共晶体（α＋β）组成。所不同的是合金成分越接近共晶成分，组织中共晶体（α＋β）量越多，而初晶 α 量越少。

4. 合金Ⅳ（C、E 点间的合金）

成分在 C 点与 E 点之间的合金称为过共晶合金。现以合金Ⅳ为例进行分析，其冷却曲线及结晶过程示意图如图 3-19 所示。

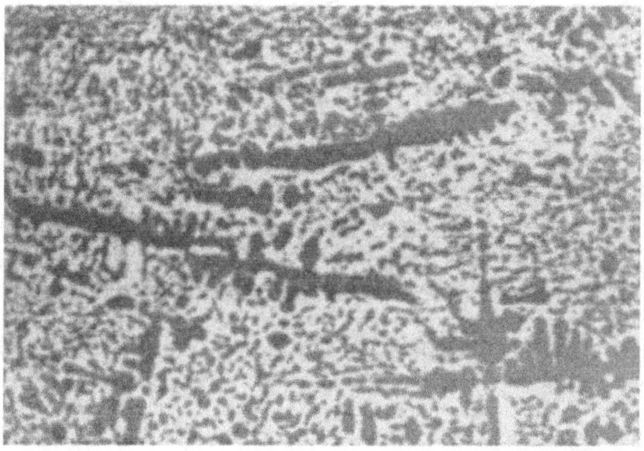

图 3-18 Pb-Sn 亚共晶合金显微组织（100×）

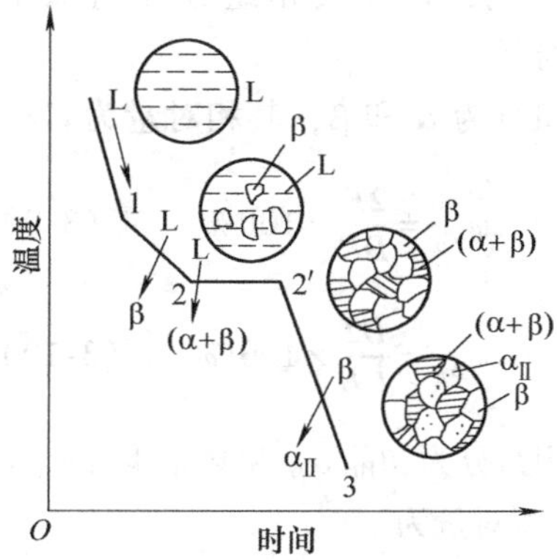

图 3-19 合金Ⅳ的冷却曲线及结晶过程示意图

过共晶合金的结晶过程的分析方法和步骤与上述亚共晶合金类似，只是初晶为 β 固溶体。因此，室温组织应为初晶 β_G + 次生 α_{II} + 共晶体（$\alpha_F + \beta_G$）。图 3-20 所示为 Pb-Sn 过共晶合金显微组织，亮白色卵形为 β 固溶体，黑白相间分布的为（α + β）共晶体，初晶 β 内的黑色小颗粒为 α_{II} 固溶体。

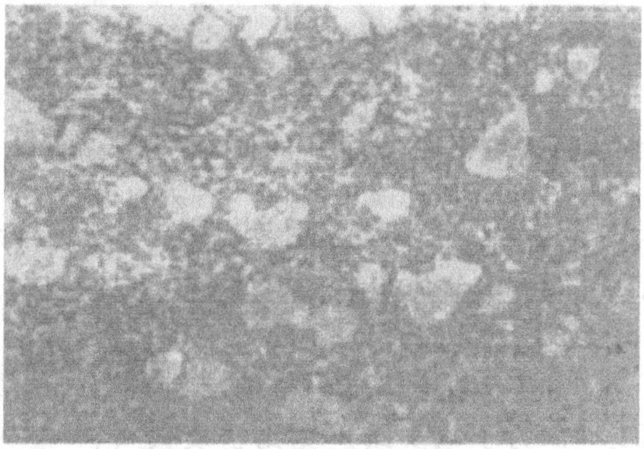

图 3-20 Pb-Sn 过共晶合金显微组织（100×）

三、合金的相组分与组织组分

综合上述几种典型合金的结晶过程，可以看到 Pb-Sn 合金结晶所得的组织中仅出现 α 和 β 两相。因此 α 相和 β 相称为合金的相组分㊀（相组成物）。如图 3-12 所示，各相区就是以合金的相组分填写的。

由于不同合金的形成条件不同，各种相将以不同的数量、形状与大小互相组合，因而在显微镜下可观察到不同的组织。若把合金结晶后的组织直接填写在相图中，如图 3-21 所示，即获得用组织组分（组织组成物）填写的 Pb-Sn 合金相图。图中 α、α_{II}、β、β_{II} 及共晶体（α + β）各具有一定的组织特征，并且可以在显微镜下明显区分，故它们都是该合金的组织组分。在进行金相分析时，主要用组织组分来表示合金的显微组织，故常将合金的组织组分填写于相图中。

㊀ 按 GB/T 7232—2012《金属热处理工艺术语》规定，原“组织组成物”的标准名称为“组织组分”，故惯用的“相组成物”在本书中相应改为“相组分”。

合金中相组分和组织组分的相对量，均可利用杠杆定律来计算。现以图3-12中合金Ⅲ在183℃（共晶转变结束后）时为例，计算其相组分和组织组分的相对量。

相组分为α和β，其相对量为

$$w_{\alpha_D}=\frac{2E}{DE}\times100\% \quad (3\text{-}9)$$

$$w_{\beta_E}=\frac{D2}{DE}\times100\% \quad (3\text{-}10)$$

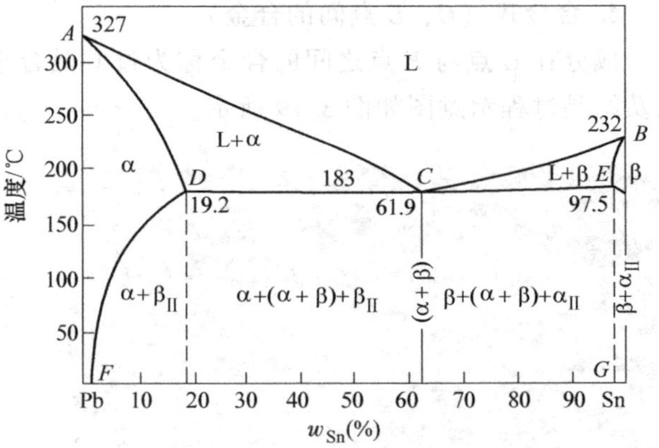

图3-21 按组织组分填写的Pb-Sn合金相图

组织组分为初晶α_D和共晶体（$\alpha_D+\beta_E$），其相对量为

$$w_{\alpha_D}=\frac{2C}{DC}\times100\% \quad (3\text{-}11)$$

$$w_{(\alpha_D+\beta_E)}=\frac{D2}{DC}\times100\% \quad (3\text{-}12)$$

四、比密度偏析

亚共晶或过共晶合金结晶时，若初晶的密度与剩余液相的密度相差很大，则密度小的初晶将上浮（或密度大的初晶将下沉），这种由于密度不同而引起的偏析，称为比密度偏析。图3-22所示为$w_{Sb}=15\%$的Pb-Sb合金组织中，密度较小的初晶Sb上浮而形成的比密度偏析。

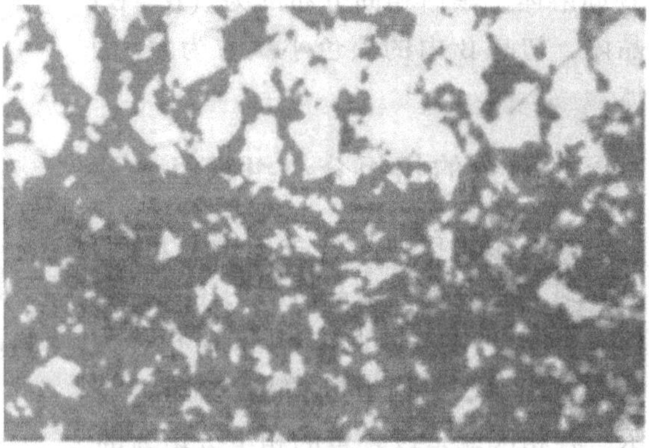

图3-22 Pb-Sb合金中的比密度偏析（100×）

比密度偏析会降低合金的使用与可加工性。为了减少或避免比密度偏析，可提高结晶时的冷却速度或搅拌液体金属，使偏析相来不及上浮或下沉；也可在合金中加入某种元素，使其形成高熔点的、与液相密度相近的新相。合金结晶时，这种新相先结晶成针状或树枝状的骨架悬浮于液相中，从而阻止随后结晶的偏析相上浮或下沉。例如在锡基滑动轴承合金中加入铜，使其先形成Cu_6Sn_5骨架，阻止密度较小的β相上浮，即可减少合金的比密度偏析。

想一想

我们能否利用比密度偏析原理来提纯贵重金属呢？

在生产中，有时可利用比密度偏析来除去合金中的杂质。

第五节　合金性能与相图间的关系

合金的性能一般取决于合金的化学成分与组织，但某些工艺性能（如铸造性能）还与合金的结晶特点有关。而合金的化学成分与组织间关系，以及合金的结晶特点都能体现在合金相图上，因此合金相图与合金性能间必然存在着一定的联系。掌握了相图与性能的联系规律，就可以大致判断不同成分合金的性能特点，并可作为选用和配制合金的依据。

一、单相固溶体合金

匀晶相图是形成单相固溶体合金的相图。已知溶质溶入溶剂后，要产生晶格畸变，从而引起合金的固溶强化，并使合金中自由电子的运动阻力增加，故固溶体合金的强度和电阻高于作为溶剂的纯金属。而随着溶质溶入量的增加，晶格畸变增大，固溶体合金的强度、硬度和电阻与合金成分间呈曲线关系变化，如图 3-23 所示。固溶强化是提高合金强度的主要途径之一，在金属材料生产中获得广泛地应用，例如低碳钢中加入合金元素硅与锰等，就是利用固溶强化来提高钢的强度。此外，固溶体合金的电阻较高，电阻温度系数较小，常用作电阻合金材料。

固溶体合金的铸造性能与相图的关系，如图 3-24 所示，合金相图中的液相线与固相线之间的垂直距离与水平距离越大，合金的铸造性能越差。这是因为液相线与固相线的水平距离越大，结晶出的固相与剩余液相的成分差别越大，产生的偏析越严重。液相线与固相线之间的垂直距离越大，结晶时液固两相共存的时间越长，形成树枝状晶体的倾向就越大，这种细长易断的树枝状晶体阻碍液体在铸型内流动，致使合金的流动性变差。当流动性变差时，枝晶相互交错形成许多封闭微区，越不易得到外界液体的补充，故易于产生分散缩孔，使铸件组织疏松，性能变坏。

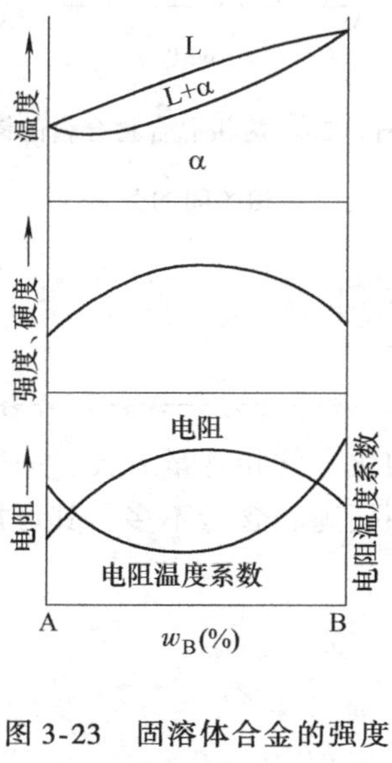

图 3-23　固溶体合金的强度、硬度和电阻与相图的关系

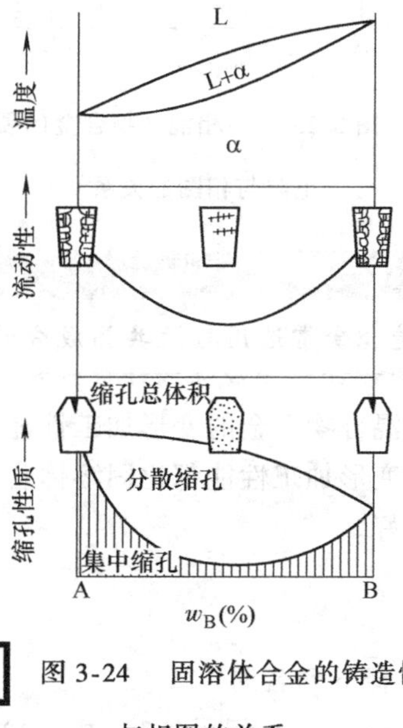

图 3-24　固溶体合金的铸造性能与相图的关系

固溶体合金的塑性较好，具有良好的变形加工性能；但切削加工时不易断屑和排屑，使工件表面粗糙度增加，因而可加工性较差。

二、两相混合物合金

共晶相图中，结晶后形成两相组织的合金称为两相混合物合金。如图 3-25 所示，形成两相混合物合金的力学性能与物理性能是处在两相性能之间，并与合金成分呈直线关系。此外，两相的细密程度也会影响合金的性能，尤其是对组织敏感的合金性能（如强度和硬度等）的影响更为显著。例如，共晶合金形成细密共晶体时，其力学性能将偏离直线关系而出现峰值，如图 3-25 中虚线所示。

两相混合物合金的铸造性能与相图的关系，如图 3-26 所示，合金的铸造性能取决于合金结晶区间的大小。共晶合金在恒温下进行结晶，同时熔点又最低，具有较好的流动性，在结晶时易形成集中缩孔，铸件的致密性好，因此其铸造性能最好。因而在其他条件允许的情况下，铸造用金属材料尽可能选用共晶成分附近的合金。

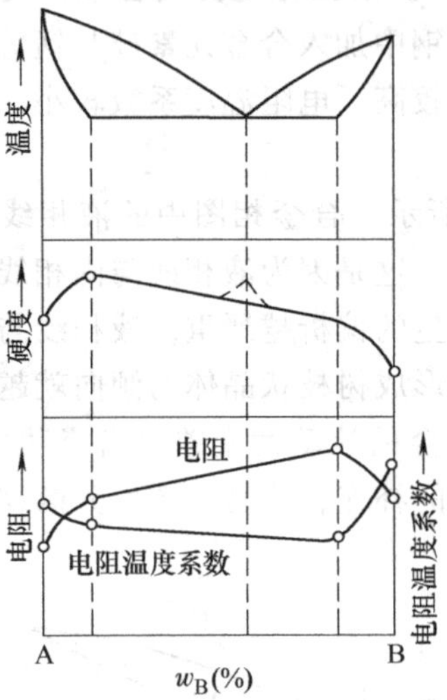

图 3-25　两相混合物合金的硬度和电阻与相图的关系

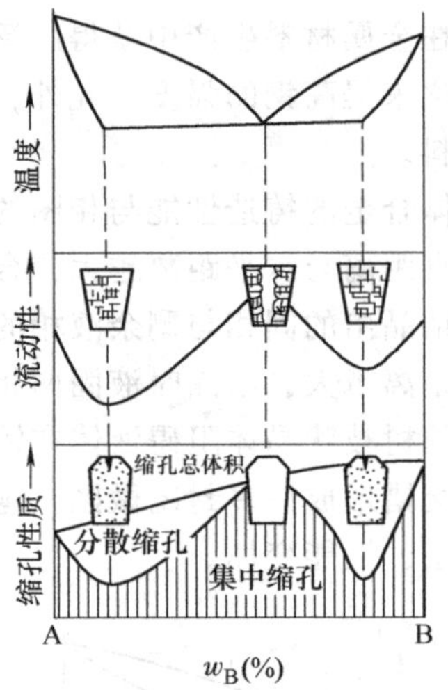

图 3-26　两相混合物合金的铸造性能与相图间的关系

想一想

铸造合金常选用接近共晶成分的合金，这是为什么？

两相混合物合金的变形加工性能与合金组织中硬脆的化合物相含量有关，一般两相混合物合金的变形加工性能都比固溶体合金差。但只要组织中硬脆相含量不多，其可加工性比固溶体合金好。

【综合训练】

1. 解释下列名词

1）合金　2）组元　3）相　4）组织　5）固溶体　6）金属化合物　7）固溶强化

8）相图

2. 固溶体与化合物有何区别？固溶体的类型有哪几种？

3. 影响固溶体晶体结构和溶解度的因素有哪些？

4. 已知金属 A 的熔点为 700℃，金属 B 的熔点为 500℃，A、B 在液态时无限溶解。质量分数为 40% B 的液态合金在 300℃ 发生共晶转变。300℃ 时 B 在 A 中的最大溶解度为 30%，室温时 B 在 A 中的溶解度为 10%；B 在固态下不溶于 A。现要求：

1）做出 A—B 合金相图。

2）分析质量分数为 30% B、60% B 合金的平衡结晶过程，并计算室温组织中共晶体的相对含量。

5. 简述二元匀晶相图、共晶相图与合金的力学性能、工艺性能之间的关系。

6. 共晶体是一个相吗？间隙固溶体和间隙相是一样的相吗？

7. 金属化合物在结构和性能上有哪些特点？

8. 合金相图与合金的工艺性能有什么关系？为什么铸件常采用接近共晶成分的合金？

第四章　铁碳合金

学习目标

本章是全书的重点。通过本章的学习，掌握铁碳合金相图的结构和分析方法；掌握铁碳合金室温下的平衡组织；掌握铁碳合金成分、组织及性能之间的关系；掌握碳素钢的分类、牌号表示方法、性能和应用。

钢铁材料是现代工业中应用最广泛的金属材料，其基本组成是铁和碳两个元素，故统称为铁碳合金。普通碳钢和铸铁均属铁碳合金范畴。合金钢和合金铸铁实际上是加入合金元素的铁碳合金。为了熟悉并合理利用铁碳合金，了解铁碳合金的组织和性能以及它们与成分、温度的关系，必须首先研究铁碳合金相图。

铁和碳可以形成 Fe_3C、Fe_2C 和 FeC 等一系列化合物，而稳定的化合物在相图中可以作为一个独立的组元，因此整个 Fe-C 相图可视为由 Fe-Fe_3C、Fe_3C-Fe_2C 和 Fe_2C-FeC 等一系列二元相图组成，如图 4-1 所示。由于碳的质量分数超过 5% 的铁碳合金性能很脆，无实用价值，在铁碳合金相图中只需研究 Fe-Fe_3C 部分，所以铁碳合金相图其实就是 Fe-Fe_3C 相图，如图 4-2 所示。

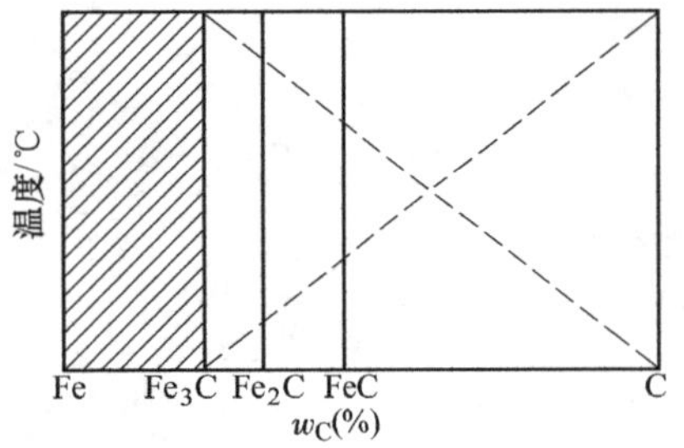

图 4-1　铁碳合金相图的组成

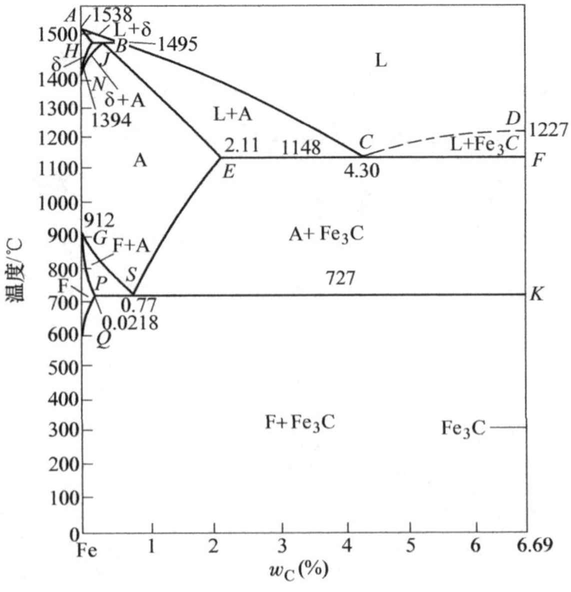

图 4-2　Fe-Fe_3C 相图

第一节　铁碳合金的基本相

Fe 和 Fe_3C 是组成 Fe-Fe_3C 相图的两个基本组元。由于铁与碳之间相互作用不同，铁碳合金固态下的相结构也形成固溶体和金属化合物两类。属于固溶体的相有铁素体与奥氏体，属于金属化合物的相有渗碳体。

一、铁素体

碳溶于 α-Fe 中的间隙固溶体称为铁素体，以符号 F 表示。由于 α-Fe 是体心立方晶格，其晶格间隙的直径很小，因而溶碳能力极差。在 727℃时溶碳量最大（$w_C = 0.0218\%$）；随着温度下降，溶碳量逐渐减小；在 600℃时溶碳量约为 $w_C = 0.0057\%$；在室温时溶碳量几乎等于零。因此，铁素体的力学性能与纯铁相近，强度和硬度不高，但具有良好的塑性和韧性。

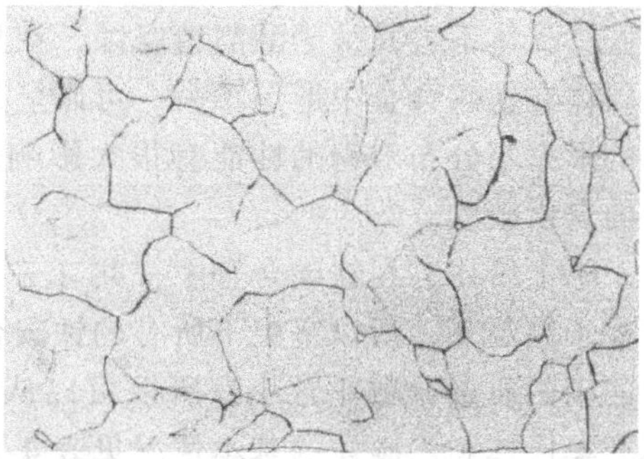

图 4-3　铁素体的显微组织（100×）

铁素体的显微组织与纯铁相同，呈明亮的多边形晶粒组织，如图 4-3 所示。有时由于各晶粒位向不同，受腐蚀程度略有差异，因而稍显明暗不同。

铁素体在 770℃以下具有铁磁性，在 770℃以上则失去铁磁性。

二、奥氏体

碳溶于 γ-Fe 中的间隙固溶体称为奥氏体，以符号 A 表示。由于 γ-Fe 是面心立方晶格，它的致密度虽然高于体心立方晶格的 α-Fe，晶格间隙的总体积小于体心立方晶格，但由于其单个间隙的直径比 α-Fe 大，故溶碳能力较大。在 1148℃时溶碳量最大（$w_C = 2.11\%$）；随着温度下降，溶碳量逐渐减少；在 727℃时的溶碳量为 $w_C = 0.77\%$。

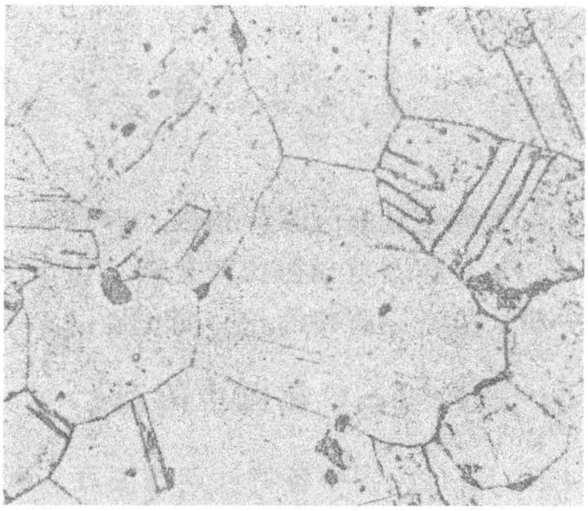

图 4-4　奥氏体的显微组织（100×）

奥氏体的力学性能与其溶碳量及晶粒大小有关，一般奥氏体的硬度为 170～220HBW，断后伸长率为 40%～50%，因此，奥氏体的硬度较低而塑性较高，易于锻压成形，所以钢的热变形加工一般都是在奥氏体状态进行，所谓“趁热打铁”正是这个意思。

奥氏体存在于 727℃以上的高温范围内。高温下奥氏体的显微组织如图 4-4 所示，其晶粒也呈多边形，但晶界较平直。

小知识

大部分手表外壳都是用奥氏体不锈钢制造的。找一块磁铁试一下，看你的手表壳能否被磁铁吸住？如果能吸住，你可要注意哦，让你的手表最好离磁场远些！

三、渗碳体

渗碳体是一种具有复杂晶格的间隙化合物，常用 Fe_3C 表示，其晶体结构如图 3-3 所示。渗碳体中碳的质量分数为 6.69%，熔点为 1227℃，不发生同素异构转变，但有磁性转变，在 230℃以下具有弱铁磁性，而在 230℃以上则失去铁磁性。渗碳体硬度很高（800HV），而塑性和韧性几乎为零，脆性很大。

渗碳体不容易被硝酸酒精腐蚀，在显微镜下观察呈白色，但能用碱性苦味酸染成黑色。渗碳体在铁碳合金中形态不一，可以呈片状、球状、网状或板状，是碳钢中主要的强化相，它的形态与分布对钢的性能有很大影响。同时，Fe_3C 在一定条件下会发生分解，形成石墨态的自由碳。

综上所述，在铁碳合金中一共有三种相，即铁素体、奥氏体和渗碳体，但奥氏体一般仅存在于高温下，所以室温下所有的铁碳合金中只有两种相——铁素体和渗碳体。由于铁素体中的碳的质量分数非常小，所以可以认为铁碳合金中的碳绝大部分存在于渗碳体中。铁素体、奥氏体和渗碳体的基本情况见表 4-1。

表 4-1　铁碳合金中的基本组成相

名称	符号	晶体结构	R_m/MPa	HBW	A（%）	KU_2/J
铁素体	F 或 α	体心立方晶格	280	80	50	160
奥氏体	A 或 γ	面心立方晶格	400	220	50	—
渗碳体	Fe_3C	复杂结构	30	800	0	0

第二节　Fe-Fe_3C 相图分析

由于纯铁具有同素异构性，并且 α-Fe 与 γ-Fe 的溶碳能力又各不相同，所以图 4-2 所示的 Fe-Fe_3C 相图就显得比较复杂。由于图中左上角包晶转变部分实用意义不大，为便于研究和分析，故予以省略简化，简化后的 Fe-Fe_3C 相图，如图 4-5 所示。

一、Fe-Fe_3C 相图中的点

Fe-Fe_3C 相图中各特性点的温度、碳的质量分数及意义见表 4-2。特性点的符号是国际通用的，不能随意更改。

二、Fe-Fe_3C 相图中的线

在简化后的 Fe-Fe_3C 相图中，*AC* 线和 *CD* 线均为液相线。液态合金冷却到 *AC* 线温度

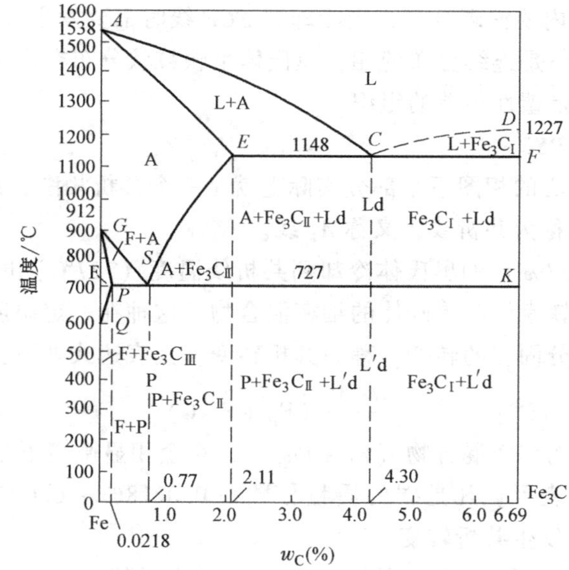

图 4-5 简化后的 Fe-Fe_3C 相图

时，开始结晶出奥氏体；液态合金冷却到 *CD* 线温度时，开始结晶出渗碳体。*AE* 线和 *ECF* 线为固相线，*AE* 线为奥氏体结晶终了线。

表 4-2 Fe-Fe_3C 相图中的各特性点

特性点	温度/℃	w_C（%）	意义
A	1538	0	纯铁的熔点
C	1148	4.3	共晶点
D	1227	6.69	渗碳体的熔点
E	1148	2.11	碳在奥氏体（γ-Fe）中的最大溶解度
F	1148	6.69	渗碳体的成分
G	912	0	同素异构转变温度，也称为 A_3 点
K	727	6.69	渗碳体的成分
P	727	0.0218	碳在铁素体（α-Fe）中的最大溶解度
S	727	0.77	共析点，也称 A_1 点
Q	600	0.0057	碳在铁素体中的溶解度

在 Fe-Fe_3C 相图中，最重要的线就是两条水平线，即 *ECF* 线和 *PSK* 线。这两条水平线将相图分成了上下两部分，上部为共晶转变部分，下部为共析转变部分。

1. 共晶转变线——*ECF*

以 *ECF* 水平线为中心的相图上半部分实际上就是一个共晶相图，共晶转变发生于 1148℃的恒温下，所以 *ECF* 线称为共晶线。

C 点成分（w_C=4.3%）的液态合金冷却到共晶线温度（1148℃）时发生共晶转变，从液相中同时结晶出奥氏体和渗碳体所组成的细密的混合物（共晶体），共晶转变的表达式为

$$L_C \xrightarrow{1148℃} (A_E + Fe_3C) \tag{4-1}$$

共晶转变后所获得的共晶体（A_E+Fe_3C）称为莱氏体，用 Ld 表示。凡是碳的质量分数在2.11%～6.69%范围内的铁碳合金，当冷却到 *ECF* 线时都要发生共晶转变。

在莱氏体中，渗碳体是连续分布的相，奥氏体呈颗粒状分布在渗碳体的基底上。由于渗碳体很脆，所以莱氏体是塑性很差的组织。

2. 共析转变线——*PSK*

以 *PSK* 水平线为中心的相图下半部分实际上就是一个共析相图，这个转变发生于727℃的恒温下，所以 *PSK* 线称为共析线，又称 A_1 线。

S 点成分（$w_C=0.77\%$）的奥氏体冷却到共析线温度（727℃）时发生共析转变。奥氏体将在恒温下同时析出铁素体和渗碳体的细密混合物。这种在一定温度下，由一定成分的固相同时析出两种不同成分固相的转变，称为共析转变。其表达式如下：

$$A_S \xrightarrow{727℃} (F_P+Fe_3C) \tag{4-2}$$

共析转变后所获得的细密混合物（F_P+Fe_3C），在金相显微镜下呈现珍珠般的光泽，故称为珠光体，用符号 P 表示。凡是碳的质量分数在0.0218%～6.69%范围内的铁碳合金，当冷却到 *PSK* 线时都要发生共析转变。

珠光体是铁碳合金中重要的组织，其性能介于两组成相性能之间，强韧性较好，见表4-3。

表4-3　珠光体的力学性能

符号	相组成	R_m/MPa	HBW	*A*（%）	KU_2/J
P	$F+Fe_3C$	750～900	180～280	20～25	24～32

应当指出，共析转变与共晶转变很相似，它们都是在恒温下，由一相转变成两相混合物，所不同的是共晶转变是从液相发生转变，而共析转变则是从固相发生转变。由于原子在固态下比液态时扩散较困难，因此共析转变产物比共晶转变产物更细密。

3. 三条重要的特性曲线

（1）*GS* 线　*GS* 线又称为 A_3 线，它是在冷却时由奥氏体转变成铁素体的开始线，或者说是加热时铁素体转变成奥氏体的终了线。*GS* 线是由 *G* 点演变而来的，随着碳的质量分数的增加，奥氏体向铁素体进行同素异构转变的温度下降，从而使 *G* 点变成了 *GS* 线。

（2）*ES* 线　*ES* 线又称为 A_{cm} 线，是碳在奥氏体中的固溶线。由于在1148℃时奥氏体中碳的质量分数最大可达2.11%，而在727℃时仅为0.77%，因此碳的质量分数大于0.77%的铁碳合金自1148℃冷却到727℃的过程中，将从奥氏体中析出渗碳体。析出的渗碳体称为二次渗碳体（Fe_3C_{II}）。*ES* 线即是从奥氏体中开始析出 Fe_3C_{II} 的临界温度线。

（3）*PQ* 线　*PQ* 线为碳在铁素体中的固溶线。碳在铁素体中的最大溶解度位于 *P* 点；随着温度下降，溶解度逐渐减小；室温时，铁素体中溶碳量几乎为零。因此，自727℃冷却到室温的过程中，将从铁素体中析出渗碳体，析出的渗碳体称为三次渗碳体（Fe_3C_{III}）。

三、$Fe\text{-}Fe_3C$ 相图中的区

想一想

共析转变点上和共晶转变点上分别存在哪三个相？

4 CHAPTER

简化后的 $Fe-Fe_3C$ 相图中有四个单相区：*ACD* 以上——液相区（L）；*AESG*——奥氏体相区（A）；*GPQ*——铁素体相区（F）；*DFK*——渗碳体（Fe_3C）相区。有五个两相区，这些两相区分别存在于相邻的两个单相区之间，它们是 L + A、L + Fe_3C、A + F、A + Fe_3C 和 F + Fe_3C。此外共晶转变点及共析转变点分别看作三相共存的“特区”。

第三节　典型合金的结晶过程及其组织

一、$Fe-Fe_3C$ 相图中铁碳合金的分类

$Fe-Fe_3C$ 相图中不同成分的铁碳合金，具有不同的显微组织和性能，根据相图中 *P* 点和 *E* 点，可将铁碳合金分为工业纯铁、钢和白口铸铁三大类。

1. 工业纯铁

成分为 *P* 点（$w_C=0.0218\%$）左边的铁碳合金，其室温组织为铁素体和极少量的三次渗碳体。

2. 钢

成分为 *P* 点与 *E* 点之间（$w_C=0.0218\% \sim 2.11\%$）的铁碳合金，其特点是高温固态组织为塑性很好的奥氏体，因而可进行热变形加工。根据相图中 *S* 点，钢又可分为以下三种。

（1）共析钢　成分为 *S* 点（$w_C=0.77\%$）的合金，其室温组织为珠光体。

资料卡

生铁与熟铁

我们通常说的“铁”分“生铁”和“熟铁”两种，包括“钢”在内，都是铁碳合金。人们通常把碳的质量分数为 0.2% 以下的叫熟铁；碳的质量分数为 0.2% ~1.70% 的叫钢；碳的质量分数为 2.0% ~6.69% 的叫生铁。

（2）亚共析钢　成分为 *S* 点左边（$w_C=0.0218\% \sim 0.77\%$）的合金，其室温组织是珠光体 + 铁素体。

（3）过共析钢　成分为 *S* 点右边（$w_C=0.77\% \sim 2.11\%$）的合金，其室温组织是珠光体 + 二次渗碳体。

3. 白口铸铁

成分为 *E* 点右边（$w_C=2.11\% \sim 6.69\%$）的铁碳合金，其特点是液态结晶时都有共晶转变，因而与钢相比有较好的铸造性能。但高温组织中硬脆的渗碳体量很多，故不能进行热变形加工。根据相图中 *C* 点，白口铸铁又可分为以下三种。

（1）共晶白口铸铁　成分为 *C* 点（$w_C=4.3\%$）的合金，其室温组织为变态莱氏体。

（2）亚共晶白口铸铁　成分为 *C* 点左边（$w_C=2.11\% \sim 4.3\%$）的合金，其室温组织为变态莱氏体 + 珠光体 + 二次渗碳体。

（3）过共晶白口铸铁　成分为 *C* 点右边（$w_C=4.3\% \sim 6.69\%$）的合金，其室温组织为变态莱氏体 + 一次渗碳体。

二、典型合金的结晶过程及其组织

为了进一步认识相图，现以上述几种典型铁碳合金为例，分析其平衡结晶过程和室温下的显微组织。

1. 共析钢的结晶过程及其组织

图 4-6 中合金Ⅰ为 $w_C=0.77\%$ 的共析钢，其结晶过程如图中冷却曲线Ⅰ所示。合金在 1 点以上为液态，冷却到成分线与液相线 AC 相交于 1 点的温度时，液相中开始结晶出奥氏体。随着温度下降，奥氏体的含量不断增加，其成分沿固相线 AE 改变，而剩余液相逐渐减少，其成分沿液相线 AC 改变。到 2 点温度时，液相全部结晶成与原合金成分相同的奥氏体。从 2 点到 3 点温度范围内，合金的组织不变。待冷却到 3 点（727℃）温度时，发生共析转变，即：$A_S \xrightarrow{727℃} (F_P+Fe_3C)$，形成珠光体。当温度继续下降时，铁素体的溶碳量逐渐减少，在铁素体晶界上逐渐析出三次渗碳体（$Fe_3C_{Ⅲ}$）。由于渗碳体的析出，铁素体的溶碳量沿 PQ 线向 Q 点变化。三次渗碳体通常与共析转变时形成的渗碳体连在一起，不易分辨，而且数量极少，可忽略不计，故共析钢的室温组织仍为珠光体，它是铁素体与渗碳体的层状细密混合物，其显微组织如图 4-7 所示。

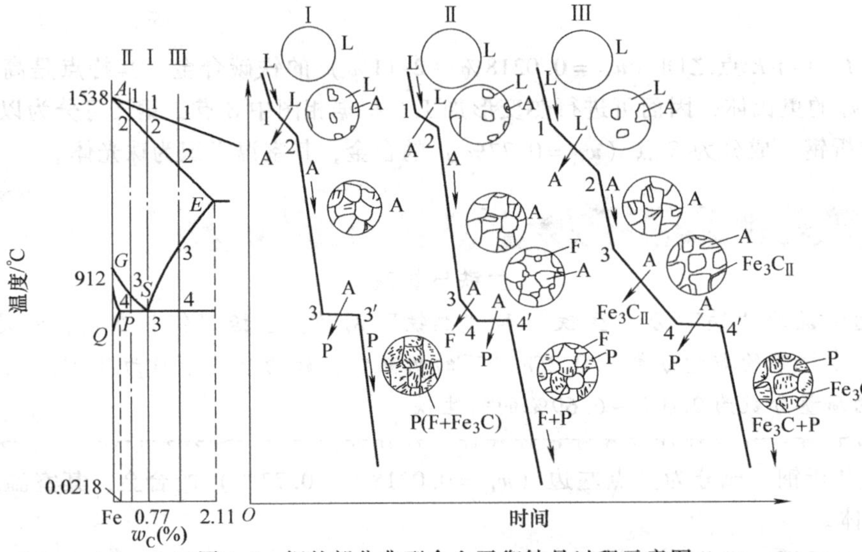

图 4-6　钢的部分典型合金平衡结晶过程示意图

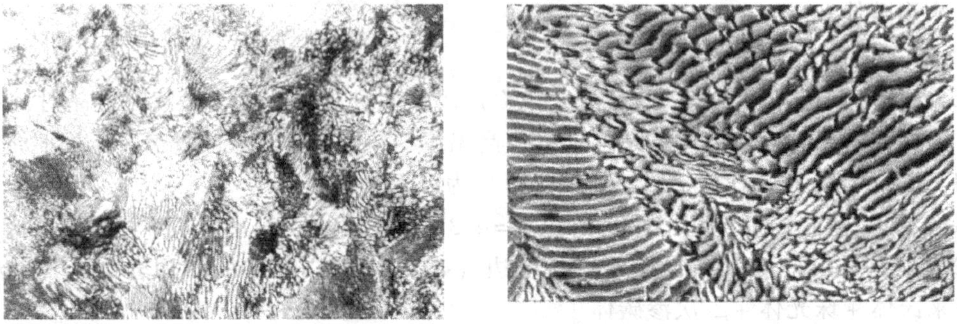

a)　　　　b)

图 4-7　共析钢显微组织

a)（500×）　b)（3000×）

珠光体中铁素体与渗碳体的相对量可用杠杆定律求得：

$$w_{F_P}=\frac{SK}{PK}=\frac{6.69-0.77}{6.69-0.0218}\times100\%\approx88.8\% \tag{4-3}$$

$$w_{Fe_3C}=\frac{PS}{PK}=\frac{0.77-0.0218}{6.69-0.0218}\times100\%\approx11.2\% \tag{4-4}$$

资料卡

铁路钢轨

铁路钢轨从内部组织分，有传统的珠光体和正在开发的贝氏体两种。珠光体在线热处理钢轨的强度极限为 1300MPa 左右。现今国外这种钢轨强度级别最高的是俄罗斯，为 1290MPa，其次是日本和美国轨，分别为 1280MPa 和 1250MPa，而我国攀钢生产的第四代珠光体钢轨——PG4 钢轨，强度级别≥1300MPa。

由于珠光体中渗碳体数量较铁素体少，因此层状珠光体中渗碳体的层片较铁素体的层片薄。在显微镜的放大倍数较低且分辨能力又小于渗碳体层片厚度时，由于渗碳体的边缘线无法分辨，结果只能看到白色基底的铁素体和黑色线条的渗碳体，如图 4-7a 所示。当显微镜的放大倍数足够大、分辨能力又较高时，就可以看到渗碳体是由黑色边缘围着的白色窄条，如图 4-7b 所示。

2. 亚共析钢的结晶过程及其组织

图 4-6 中合金Ⅱ为 $w_C=0.45\%$ 的亚共析钢，其结晶过程如图中冷却曲线 Ⅱ所示。合金在 1 点到 3 点温度间的结晶过程与共析钢的结晶过程相似。待合金冷却到与 *GS* 线相交的 3 点温度时，开始在奥氏体晶界上析出铁素体，称为先共析铁素体。随着温度的下降，先共析铁素体量不断增加，剩余奥氏体量逐渐减少。先共析铁素体成分沿 *GP* 线向 *P* 点变化，剩余奥氏体成分沿 *GS* 线向 *S* 点变化。待冷却到与共析线 *PSK* 相交的 4 点（727℃）温度时，先共析铁素体中碳的质量分数为 $w_C=0.0218\%$，而剩余奥氏体中碳的质量分数为 $w_C=0.77\%$，因此，剩余的奥氏体发生共析转变，形成珠光体。当温度继续下降时，铁素体中析出的三次渗碳体，同样可以忽略不计，所以合金Ⅱ（$w_C=0.45\%$）的室温组织为铁素体和珠光体。其中铁素体和珠光体的相对量，也就是共析转变前铁素体和奥氏体的相对量，可以用杠杆定律求得：

$$w_F=\frac{0.77-0.45}{0.77-0.0218}\times100\%=42.7\% \tag{4-5}$$

$$w_P=\frac{0.45-0.0218}{0.77-0.0218}\times100\%=57.3\% \tag{4-6}$$

所有亚共析钢的结晶过程均相似，它们在室温下的组织都是由铁素体和珠光体组成。其差别仅在于其中铁素体和珠光体的相对量有所不同。根据杠杆定律可知，凡距共析成分越近的亚共析钢，组织中珠光体相对量越多。图 4-8 所示为不同碳的质量分数的亚共析钢的显微组织，图中黑色部分为珠光体，这是因为放大倍数较低，无法分辨层片，故呈黑色；白亮部分为铁素体。

在显微组织分析中，可以根据铁素体和珠光体所占面积的相对量，来估算出亚共析钢中碳的质量分数 w_C，即

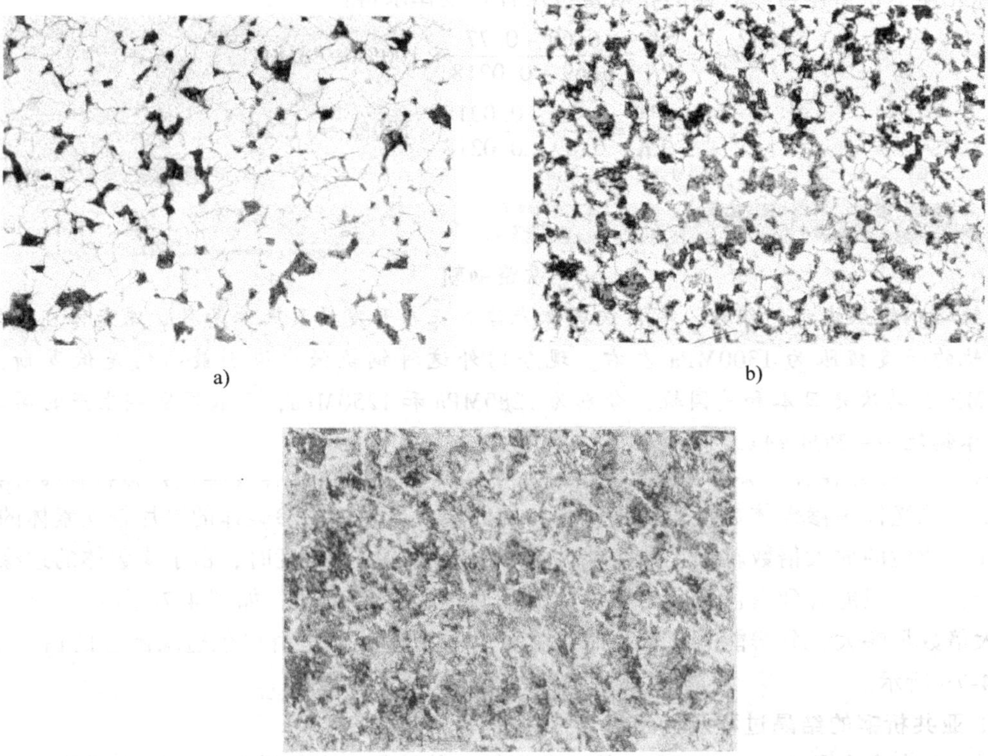

图 4-8 亚共析钢显微组织（600 ×）

a）$w_C = 0.20\%$ b）$w_C = 0.45\%$ c）$w_C = 0.65\%$

$$w_C = P \times 0.77\% \tag{4-7}$$

式中 P—— 珠光体在显微组织中所占的面积百分比。

3. 过共析钢的结晶过程及其组织

图 4-6 中合金Ⅲ为 $w_C = 1.2\%$ 的过共析钢，其结晶过程如图中冷却曲线Ⅲ所示。合金Ⅲ在 1 点到 3 点温度间的结晶过程与共析钢的结晶过程相同。待合金冷却到与 ES 线相交于 3 点的温度时，奥氏体中溶碳量达到饱和。当温度继续下降时，就开始析出二次渗碳体（$Fe_3C_{Ⅱ}$），又称为先析渗碳体，它是沿着奥氏体晶界析出的，成网状分布。随着温度的下降，析出的二次渗碳体量不断增加，剩余奥氏体中溶碳量沿 ES 线变化而逐渐减少。待冷却至与共析线 PSK 相交于 4 点的温度时，剩余奥氏体中碳的质量分数正好为共析成分（$w_C = 0.77\%$），因此就发生共析转变而形成珠光体。温度再继续下降时，合金组织基本不变，所以合金Ⅲ（$w_C = 1.2\%$）的室温组织为二次渗碳体和珠光体。其中二次渗碳体和珠光体的相对量，也就是共析转变前二次渗碳体和奥氏体的相对量，可以用杠杆定律求得：

$$w_{Fe_3C_{Ⅱ}} = \frac{1.2 - 0.77}{6.69 - 0.77} \times 100\% = 7.3\% \tag{4-8}$$

$$w_P = \frac{6.69 - 1.2}{6.69 - 0.77} \times 100\% = 92.7\% \tag{4-9}$$

所有过共析钢的结晶过程均相似，它们在室温下的组织都是由二次渗碳体和珠光体组成，如图 4-9 所示，其差别仅在于二次渗碳体和珠光体的相对量有所不同。根据杠杆定律可知，凡距共析成分越近的过共析钢，组织中珠光体相对量越多。当 $w_C=2.11\%$ 时，二次渗碳体量达到最多，其值可由杠杆定律求得：

$$w_{Fe_3C_{Ⅱ最多}}=\frac{2.11-0.77}{6.69-0.77}\times100\%=22.6\% \tag{4-10}$$

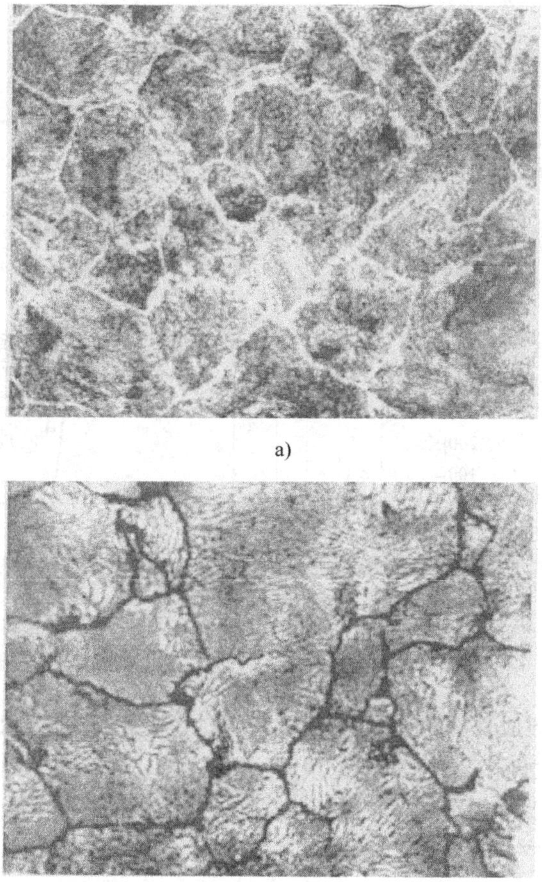

a)

b)

图 4-9　过共析钢显微组织（600×）

a）4%硝酸酒精侵蚀白色网状为二次渗碳体

b）碱性苦味酸侵蚀黑色网状为二次渗碳体

4. 共晶白口铸铁的结晶过程及其组织

图 4-10 中合金Ⅰ为共晶白口铸铁，其结晶过程如图中冷却曲线Ⅰ所示。当共晶白口铸铁冷却到图 4-10aⅠ中 1 点（共晶点）时，将发生共晶转变，即：$L_C \xrightarrow{1148℃} (A_E+Fe_3C)$，而形成了莱氏体（Ld）。这种由共晶转变而结晶出的奥氏体与渗碳体，分别称为共晶奥氏体与共晶渗碳体。随着温度的下降，奥氏体中的溶碳量沿 *ES* 线变化而不断降低，故从奥氏体中不断析出二次渗碳体。当温度下降到与共析线 *PSK* 相交于 2 点的温度时，奥氏体中碳的质量分数正好是 $w_C=0.77\%$，奥氏体发生共析转变而形成珠光体。因此，共晶白口铸铁的显微组织是由珠光体、二次渗碳体和共晶渗碳体组成的共晶体，即变态莱氏体（L′d），如图 4-11 所示。图中黑色部分为珠光体，白色基体为渗碳体（其中二次渗碳体和共晶渗碳体连在一起而难以分辨）。

5. 亚共晶白口铸铁的结晶过程及其组织

图 4-10 中合金Ⅱ为亚共晶白口铸铁。当亚共晶白口铸铁冷却到与液相线 *AC* 线相交于 1 点的温度时，液相中开始结晶出初晶奥氏体。随着温度的下降，奥氏体量不断增加，其成分沿固相线 *AE* 改变；而剩余液相量逐渐减少，其成分沿液相线 *AC* 改变。

当冷却到与共晶线 *ECF* 相交于 2 点的温度（1148℃）时，初晶奥氏体中碳的质量分数为 $w_C=2.11\%$，液相中碳的质量分数正好是共晶成分（$w_C=4.3\%$），因此，剩余液相发生共晶转变而形成莱氏体。

在 2 点到 3 点间冷却时，初晶奥氏体与共晶奥氏体中，均不断析出二次渗碳体；在 3 点的温度（727℃）时，这两种奥氏体中碳的质量分数正好是 $w_C=0.77\%$，故发生共析转变

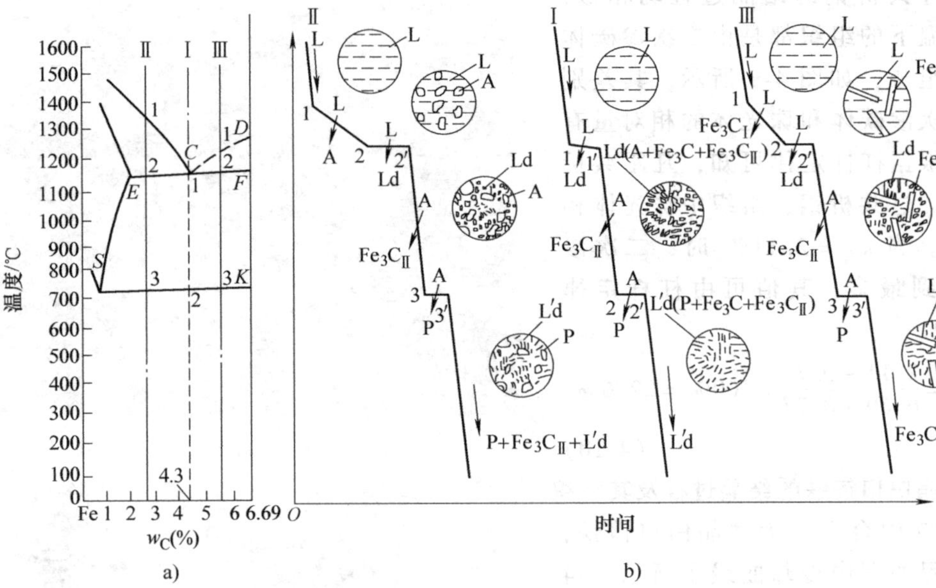

图 4-10 白口铸铁的结晶过程分析示意图

a）白口铸铁部分的相图 b）冷却曲线

而形成珠光体。所以亚共晶白口铸铁的室温组织为珠光体、二次渗碳体和变态莱氏体，如图 4-12 所示。图中黑色块状或树枝状分布的是由初晶奥氏体转变成的珠光体，基体是变态莱氏体。从初晶奥氏体及共晶奥氏体中析出的二次渗碳体，都与共晶渗碳体连在一起，在显微镜下无法分辨。

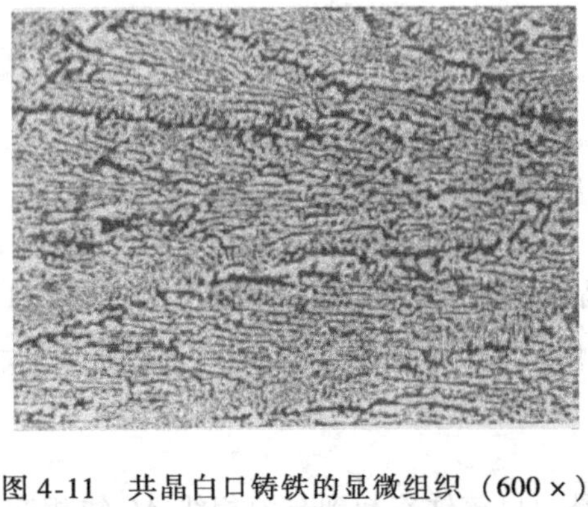

图 4-11 共晶白口铸铁的显微组织（600×）

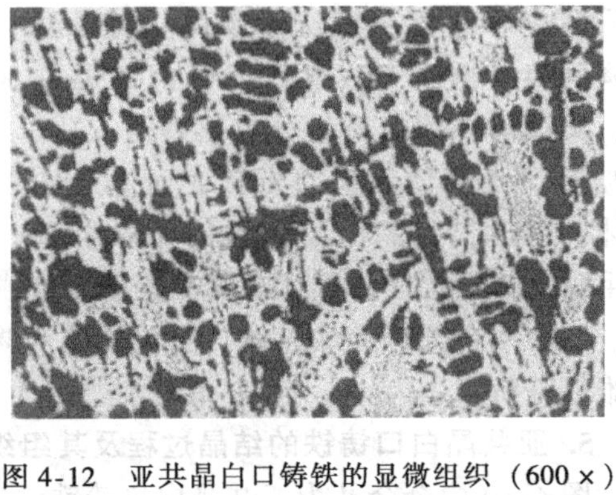

图 4-12 亚共晶白口铸铁的显微组织（600×）

所有亚共晶白口铸铁的结晶过程均相似。只是合金成分越接近共晶成分，室温组织中变态莱氏体量越多；反之，由初晶奥氏体转变成的珠光体量越多。

6. 过共晶白口铸铁的结晶过程及其组织

图 4-10 中合金Ⅲ为过共晶白口铸铁。当过共晶白口铸铁冷却到与液相线 *CD* 线相交于 1 点的温度时，液相中开始结晶出一次渗碳体。随着温度的下降，一次渗碳体量不断增加，剩余液相量逐渐减少，其成分沿液相线 *CD* 改变。

当冷却到与共晶线 *ECF* 相交于 2 点的温度（1148℃）时，液相中碳的质量分数正好是共晶成分（$w_C=4.3\%$），因此，剩余液相发生共晶转变而形成莱氏体。

在2点到3点间冷却时，奥氏体中同样要析出二次渗碳体；在3点的温度时，奥氏体发生共析转变而形成珠光体。故过共晶白口铸铁的室温组织为一次渗碳体和变态莱氏体，如图4-13所示。图中亮白色板条状的为一次渗碳体，基体为变态莱氏体。

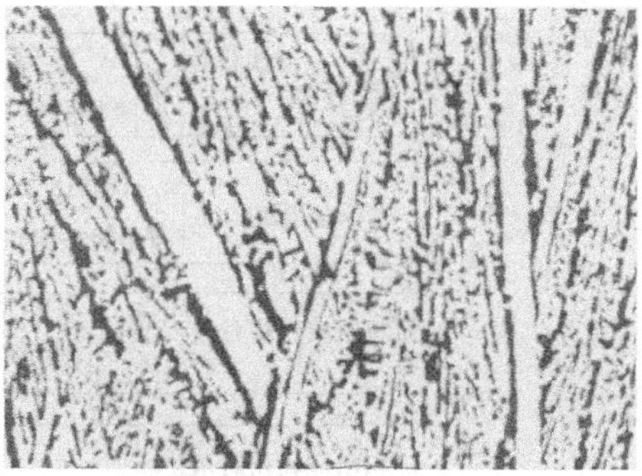

图4-13　过共晶白口铸铁的显微组织（600×）

所有过共晶白口铸铁的结晶过程均相似。只是合金成分越接近共晶成分，室温组织中变态莱氏体量越多；反之，一次渗碳体量就越多。

若将上述各类铁碳合金结晶后的组织填入 $Fe-Fe_3C$ 相图中，则得到按组织组分填写的 Fe_3-Fe_3C 相图，如图4-14所示。

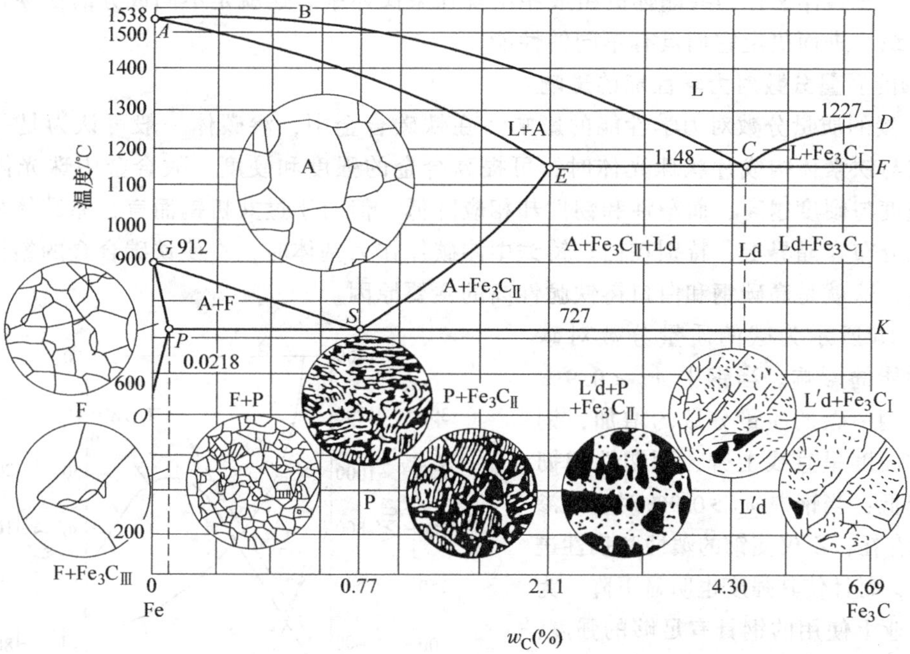

图4-14　按组织组分填写的 $Fe-Fe_3C$ 相图

三、铁碳合金的成分、组织及性能间的关系

1. 碳的质量分数对平衡组织的影响

从上面分析的结果可看出，不同种类的铁碳合金，其室温组织是不同的。运用杠杆定律可以求得碳的质量分数与铁碳合金缓冷后的组织组分及相组分间的定量关系，其关系如图4-15所示。

应当指出，铁碳合金中碳的质量分数增高时，不仅组织中渗碳体的相对量增加，而且渗碳体的大小、形态和分布也随之发生变化。当铁碳合金的碳的质量分数不大于共析钢的碳的

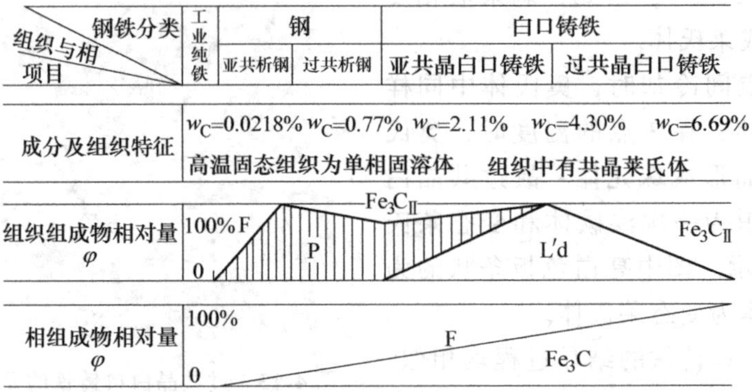

图 4-15 碳的质量分数与组织组分及相组分间的关系

质量分数时，渗碳体呈片层状分布在铁素体基体内（如珠光体）；当碳的质量分数高于共析钢的碳的质量分数时，二次渗碳体则可能呈网状分布在晶界上；当碳的质量分数高于2.11%时，渗碳体又作为共晶体的组成相出现在莱氏体中。这就是不同成分的铁碳合金具有不同的组织，进而决定它们具有不同的性能。

2. 碳的质量分数对力学性能的影响

（1）碳的质量分数对力学性能的影响　在铁碳合金中，渗碳体一般可认为是一种强化相。当它与铁素体构成片状珠光体时，可提高合金的强度和硬度，故合金中珠光体量越多时，其强度与硬度越高，而塑性和韧性却相应降低。但对于过共析钢而言，渗碳体如果明显地以网状分布在晶界上，特别在白口铸铁中渗碳体作为基体时，将使铁碳合金的塑性和韧性大大下降，这就是高碳钢和白口铸铁脆性高的主要原因。

图 4-16 所示为碳的质量分数对碳钢力学性能的影响。当钢中 $w_C<0.9\%$ 时，随着钢中碳的质量分数的增加，钢的强度和硬度呈直线上升，而塑性和韧性不断降低；当钢中 $w_C>0.9\%$ 时，因渗碳体网的存在，不仅使钢的塑性和韧性进一步降低，而且使其强度也明显下降。为了保证工业上使用的钢具有足够的强度，并具有一定的塑性和韧性，钢中碳的质量分数一般都不超过1.3%～1.4%。

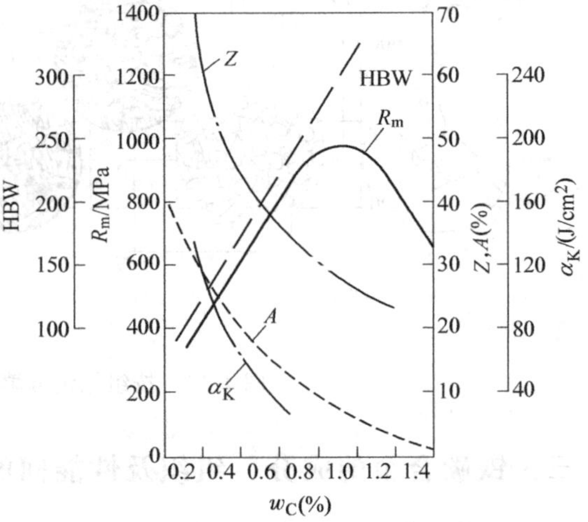

图 4-16 碳的质量分数对碳钢力学性能的影响

（2）碳的质量分数对可加工性的影响　金属的可加工性是指其经切削加工成工件的难易程度。它一般用切削抗力大小、加工后工件的表面粗糙度、加工时断屑与排屑的难易程度及对刃具磨损程度来衡量。

钢中碳的质量分数不同时，其可加工性也不同。低碳钢（$w_C<0.25\%$）中有大量铁素体，硬度低，塑性好，因而切削时产生的切削热较大，容易粘刀，而且不易断屑和排屑，影响工件的表面粗糙度，故可加工性较差。高碳钢（$w_C>0.60\%$）中渗碳体较多，当渗碳体呈片状或网状分布时，刃具容易磨损，可加工性也差。中碳钢（$w_C=0.25\%\sim0.60\%$）中铁素体与渗碳体的比例适当，硬度和塑性比较适中，可加工性较好。一般认为钢的硬度在160~230HBW时，可加工性最好。碳钢可通过热处理来改变渗碳体的形态与分布，从而改善其可加工性。

碳的质量分数 $w_C>2.11\%$ 的白口铸铁，由于组织中存在大量的渗碳体，性能特别硬脆，难以切削加工，因此白口铸铁一般在机械制造业中应用不多。

四、铁碳合金相图的应用

1. 在选材方面的应用

铁碳合金相图总结了合金组织及性能随成分变化的规律，这样就便于我们能根据零件的服役条件和性能要求来选择材料。

若需要塑性和韧性高的材料应选用低碳钢；需要强度、塑性及韧性都比较好的材料应选用中碳钢；需要硬度且耐磨性好的材料应选用高碳钢。一般低碳钢和中碳钢主要用来制造机器零件或建筑结构，高碳钢多用来制造各种工具和模具。形状复杂的箱体和机器底座等可先用熔点低且流动性好的铸铁来制造。当然，为了进一步提高钢和铸铁的性能，还需有相应的合理工艺与之配合。

白口铸铁具有很高的硬度和脆性，耐磨损能力高，可用来制造需要耐磨而不受冲击载荷的工件，如拔丝模、犁铧和球磨机的铁球等。

2. 在热加工工艺方面的应用

铁碳合金相图总结了不同成分的合金组织转变的规律，这为合理制订热加工热处理工艺提供了依据。图4-17所示给出了铁碳相图与几种热加工温度之间的关系。

（1）铸造方面　根据铁碳合金相图可以找出不同成分的钢和生铁的熔点，这为铸造工艺提供了基本数据，从而确定合适的浇注温度。另外，相图还告诉我们纯铁和共晶成分的铁碳合金凝固温度区间最小（为零），铸造性能好，而且共晶成分的铁碳合金结晶温度较低。因此，在铸造生产中接近共晶成分的铁碳合金得到了广泛的应用。

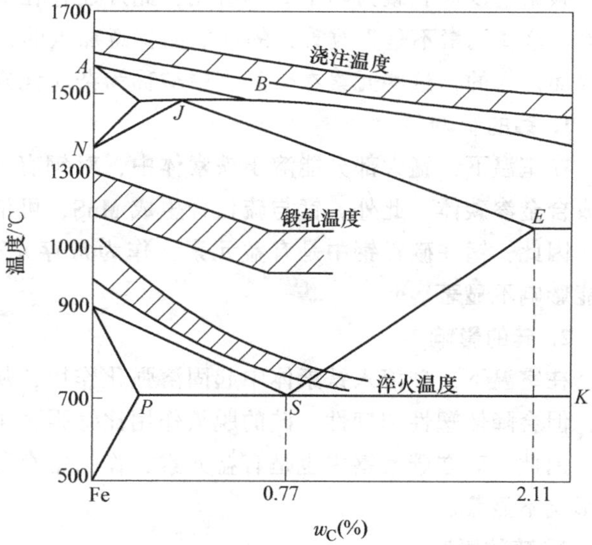

图4-17　铁碳相图与几种热加工温度之间的关系

（2）热塑性变形方面　钢处于奥氏体状态时，强度较低但塑性较好，便于变形加工。因此在进行锻造和热轧加工时要把坯料加热到奥氏体状态，一般始锻（轧）温度控制在固相线以下100~200℃范围，而终锻（轧）温度对于亚共析钢控制在稍高于*GS*线，对于过共析钢控制在稍高于*PSK*线。通常各种碳素钢的始锻（轧）温度为1150~1250℃，终锻（轧）温度为750~

850℃。

(3) 焊接方面 在铁碳合金中，钢都可以进行焊接，但钢中碳的质量分数越高，其焊接性越差，故焊接用钢主要是低碳钢和低碳合金钢。铸铁的焊接性差决定了焊接主要用于铸铁件的修复和焊补。

(4) 热处理方面 各种热处理方法的加热温度与相图有密切关系，$Fe-Fe_3C$ 相图是确定钢热处理加热温度的主要依据。

必须指出，使用 $Fe-Fe_3C$ 相图时还要考虑多种杂质或合金元素的影响。此外，$Fe-Fe_3C$ 相图不能说明快速加热或冷却时铁碳合金组织的变化规律。相图上各相的变化温度都是在平衡（即非常缓慢加热和冷却）条件下得到的，因此，在实际生产过程中，当钢铁材料冷却和加热速度较快时，不能完全用 $Fe-Fe_3C$ 合金相图来分析问题，还必须借助其他的理论知识。

第四节 碳素钢[⊖]

碳素钢（简称碳钢）属于非合金钢的范畴，易于冶炼，价格低廉，性能可以满足一般工程机械零件、工具及日常轻工业产品的使用要求，因此得到了广泛的应用。碳素钢产量约占工业用钢总产量的90%。

一、钢中的常存杂质元素及其作用

碳素钢以铁和碳为两个基本组元，此外还存在少量的其他元素，例如 Mn、Si、P、O 和 N 等。这些元素不是为改善钢的性能而特意加入的，而是冶炼过程无法去除，或是冶炼工艺需要而加入的，这些元素在碳素钢中被称为杂质元素。它们对钢的质量有较大的影响。

1. 锰的影响

在室温下，锰大部分能溶于铁素体中，对钢有一定的强化作用。锰也能溶于渗碳体中，形成合金渗碳体。此外，锰与硫化合生成 MnS，可消除硫的有害作用。

因此，锰在碳素钢中是有益元素，作为常存元素少量存在（$w_{Mn} \leqslant 0.8\%$）时，对钢的性能影响不显著。

2. 硅的影响

在室温下，硅溶入铁素体中起固溶强化作用，从而提高热轧钢材的强度、硬度和弹性极限，但会降低塑性和韧性。硅的脱氧作用比锰强，可以消除 FeO 夹杂对钢的有害作用。

因此，硅在碳素钢中也是有益元素，作为常存元素少量存在（$w_{Si} \leqslant 0.5\%$）时对钢的性能影响不显著。

3. 硫的影响

在固态下，硫在铁中的溶解度极小，主要以 FeS 形态存在于钢中。更严重的是，FeS 与 Fe 可形成低熔点（985℃）的 FeS-Fe 共晶体，分布在晶界上。当钢加热到约 1200℃ 进行热

⊖ 按 GB/T 13304—2008《钢分类》中的分类，碳素钢应称为非合金钢，考虑工程应用习惯此书沿用碳素钢。——编者注

变形加工时，低熔点的共晶体已经熔化，晶粒间结合被破坏，导致钢材在加工过程中沿晶界开裂，这种现象称为钢的热脆性。

为了消除硫的有害作用，必须增加钢中含锰量。Mn 与 S 可形成高熔点（1620℃）的 MnS，并呈粒状分布于晶粒内，它在高温下具有一定塑性，从而避免了热脆性。

硫对钢的焊接性能也产生不良影响，如导致焊缝产生热裂。此外，硫在焊接过程中容易生成 SO_2 气体，使焊缝产生气孔和疏松。

因此，通常情况下硫是有害元素，在钢中要严格限制硫的含量。但含硫量较多的钢，可形成较多的 MnS，在切削加工中，MnS 能起断屑作用，改善钢的可加工性，这是硫有利的一面。

资料卡

泰坦尼克号的钢板

20 世纪初期，当时的炼钢技术还不够先进，不能采取有效措施降低钢中硫和磷的含量，因此，对于泰坦尼克号来说，船体钢板的韧性较低，而且泰坦尼克号又在冰冷的海水中航行，撞上冰山后，很容易发生断裂，这是泰坦尼克号遭此厄运的原因之一。

4. 磷的影响

在一般情况下，钢中的磷能全部溶于铁素体中。磷有强烈的固溶强化作用，使钢的强度硬度增加，但塑性和韧性则显著降低，这种脆化现象在低温时更为严重，故称为冷脆性。磷在结晶过程中，由于容易产生晶内偏析，使局部含磷量偏高，导致韧脆转变温度升高，从而发生冷脆。冷脆对在高寒地带或其他低温条件下工作的结构件具有严重的危害性。此外，磷的偏析还使钢材在热轧后形成带状组织。

因此，在通常情况下，磷也是有害元素，在钢中也要严格控制磷的含量。但含磷量较多时，由于脆性较大，对制造炮弹用钢以及改善钢的可加工性则是有利的。

5. 非金属夹杂物的影响

在炼钢过程中，少量的炉渣、耐火材料以及冶炼中的反应物可能进入钢液，形成非金属夹杂物，如氧化物、硫化物、硅酸盐和氮化物等。它们都会降低钢的力学性能，特别是降低塑性、韧性及疲劳强度。严重时，会使钢在热加工和热处理时产生裂纹，或在使用时突然脆断。非金属夹杂物也促使钢形成热加工纤维组织与带状组织，使材料具有各向异性。严重时，横向塑性仅为纵向的一半，并使冲击韧度大为降低。因此，对重要用途的钢（如滚动轴承钢和弹簧钢等）要检查非金属夹杂物的数量、形状、大小与分布情况，并应按照相应的等级标准进行评级检验。

此外，钢在整个冶炼过程中，都与空气接触，因而钢液中总会吸收一些气体，如氮、氧和氢等，它们对钢的质量都会产生不良影响。尤其是氢对钢的危害性更大，它使钢变脆（称为氢脆），也可使钢中产生微裂纹（称为白点），严重影响钢的力学性能，使钢易于脆断。

二、碳素钢的分类

碳素钢分类的方法很多，归纳起来，主要有以下几种。

1. 按钢中碳的质量分数分类

（1）低碳钢　碳的质量分数 $w_C<0.25\%$。

（2）中碳钢　碳的质量分数 $w_C=0.25\%\sim0.60\%$。

（3）高碳钢　碳的质量分数 $w_C>0.6\%$。

2. 按钢的冶炼质量分类

根据钢中所含有害杂质硫和磷的多少，可分为：

（1）普通碳素钢　钢中硫和磷的质量分数分别为 $w_S\leqslant0.050\%$ 和 $w_P\leqslant0.045\%$。

（2）优质碳素钢　钢中硫和磷的质量分数分别为 $w_S\leqslant0.035\%$ 和 $w_P\leqslant0.035\%$。

（3）高级优质碳素钢　钢中硫和磷杂质较少，即硫和磷的质量分数分别为 $w_S\leqslant0.035\%$ 和 $w_P\leqslant0.030\%$。

（4）特级优质碳素钢　钢中硫和磷杂质最少，即硫和磷的质量分数分别为 $w_S<0.025\%$ 和 $w_P<0.020\%$。

3. 按钢的用途分类

（1）碳素结构钢　这类钢主要用于建筑行业（如建筑钢筋和钢板）和制造各种工程用结构构件（如桥梁、船舶和锅炉等），或机械制造用结构钢零件（如轴、螺钉、螺母、曲轴和连杆等），一般属于低碳钢或中碳钢。

（2）碳素工具钢　这类钢主要用于制造各类刀具、量具和模具。这类钢的碳的质量分数较高，属于高碳钢系列。

另外，还有其他分类方法，如按冶炼时的脱氧程度，将钢分为沸腾钢（脱氧不完全的）、镇静钢（脱氧比较完全的钢）和半镇静钢；或按组织转变分为亚共析钢、共析钢和过共析钢。

因此，在给钢的产品命名时，为了能充分反映它的本质属性，往往把用途、成分和质量这三种分类方法结合起来，从而将钢命名为碳素结构钢、优质碳素钢结构钢、碳素工具钢以及高级优质碳素工具钢等。

三、我国钢铁产品牌号表示方法及原则

我国钢铁产品的牌号采用汉语拼音字母、化学元素符号和阿拉伯数字相结合的方法来表示。为了便于国际交流和贸易的需要，也可采用英文字母或国际惯例表示符号。用汉语拼音字母或英文字母表示产品名称、用途、特性和工艺方法时，一般从产品名称中选取有代表性的汉字的汉语拼音的首位字母或英文单词的首位字母。当和另一个产品所选用的字母重复时，可改用第二个字母或第三个字母，或同时选取两个汉字或英文字母的首位字母，见表4-4。

表4-4　钢铁产品名称、用途、特性和工艺方法命名符号（摘自 GB/T 221—2008）

名　称	采用的汉字及其汉语拼音		采用符号	位　置
	汉字	汉语拼音		
铸造用生铁	铸	ZHU	Z	牌号头
冶钢用生铁	炼	LIAN	L	牌号头
碳素结构钢	屈	QU	Q	牌号头
低合金高强度钢	屈	QU	Q	牌号头

（续）

名　　称	采用的汉字及其汉语拼音		采用符号	位　　置
	汉字	汉语拼音		
耐候钢	耐候	NAI HOU	NH	牌号尾
保证淬透性钢	—	—	H	牌号尾
非调质机械结构钢	非	FEI	F	牌号头
易切削钢	易	YI	Y	牌号头
碳素工具钢	碳	TAN	T	牌号头
（滚珠）轴承钢	滚	GUN	G	牌号头
焊接用钢	焊	HAN	H	牌号头
压力容器用钢	容	RONG	R	牌号尾
沸腾钢	沸	FEI	F	牌号尾
半镇静钢	半	BAN	B	牌号尾
镇静钢	镇	ZHEN	Z	牌号尾
特殊镇静钢	特镇	TE ZHEN	TZ	牌号尾
质量等级	—	—	A、B、C、D、E	牌号尾

四、碳素钢的牌号、性能和用途

1. 碳素结构钢

碳素结构钢的牌号表示方法由代表屈服强度的字母（Q）、屈服强度数值、质量等级符号（A、B、C和D）及脱氧方法符号（F、Z和TZ）四个部分按顺序组成，如Q235AF。质量等级符号反映了碳素结构钢中有害元素（磷和硫）含量的多少，从A级到D级，钢中磷和硫含量依次减少。C和D级的碳素结构钢磷和硫含量低，质量好，可作重要焊接结构件。脱氧方法符号“F”、“Z”和“TZ”分别表示沸腾钢、镇静钢及特殊镇静钢。镇静钢和特殊镇静钢的牌号中脱氧方法符号可省略。

碳素钢结构钢的牌号和化学成分见表4-5。

表4-5　碳素结构钢的牌号和化学成分（摘自GB/T 700—2006）

牌号	统一数字代号	等级	厚度（或直径）/mm	脱氧方法	化学成分（质量分数，%），不大于				
					C	Si	Mn	P	S
Q195	U11952	—	—	F、Z	0.12	0.30	0.50	0.035	0.040
Q215	U12152	A	—	F、Z	0.15	0.35	1.20	0.045	0.050
	U12155	B							0.045
Q235	U12352	A	—	F、Z	0.22	0.35	1.40	0.045	0.050
	U12355	B			0.20				0.045
	U12358	C		Z	0.17			0.040	0.040
	U12359	D		TZ				0.035	0.035

（续）

牌号	统一数字代号	等级	厚度（或直径）/mm	脱氧方法	化学成分（质量分数，%），不大于				
					C	Si	Mn	P	S
Q275	U12752	A	—	F、Z	0.24	0.35	1.50	0.045	0.050
	U12755	B	≤40	Z	0.21			0.045	0.045
			>40		0.22				
	U12758	C	—	Z	0.20			0.040	0.040
	U12759	D		TZ				0.035	0.035

碳素结构钢一般以热轧空冷状态供应。其中Q195不分质量等级，Q215和Q235牌号的碳素结构钢，质量等级为“A”级和“B”级时，在保证力学性能要求下，化学成分可根据需方要求适当调整。

碳素结构钢的力学性能、特性和用途分别见表4-6和表4-7。

表4-6　碳素结构钢的力学性能（摘自GB/T 700—2006）

牌号	等级	屈服强度 R_{eH}/MPa，不小于						抗拉强度 R_m/MPa	断后伸长率 A(%)，不小于					冲击试验（V形缺口）	
		厚度（或直径）/mm							厚度（或直径）/mm					温度/℃	冲击吸收能量（纵向）/J 不小于
		≤16	>16~40	>40~60	>60~100	>100~150	>150~200		≤40	>40~60	>60~100	>100~150	>150~200		
Q195	—	195	185	—	—	—	—	315 ~ 430	33	—	—	—	—	—	—
Q215	A	215	205	195	185	175	165	335 ~ 450	31	30	29	27	26	—	—
	B													+20	27
Q235	A	235	225	215	215	195	185	370 ~ 500	26	25	24	22	21	—	—
	B													+20	27
	C													0	
	D													-20	
Q275	A	275	265	255	245	225	215	410 ~ 540	22	21	20	18	17	—	—
	B													+20	27
	C													0	
	D													-20	

表4-7　碳素结构钢的特性和用途

牌号	主要特性	应用举例
Q195 Q215	有高的塑性、韧性、焊接性能，良好的变形加工性能，但强度低	用于制造地脚螺栓、烟窗、屋板、铆钉、低碳钢丝、薄板、焊管、拉管、拉杆、吊钩、支架和焊接结构等
Q235	有良好的塑性、韧性、焊接性能、冲压性能，以及一定的强度和好的冷弯性能	用于一般要求的零件和焊接结构，如受力不大的拉杆、连杆、销、轴、螺钉、螺母、套圈、支架、机座、建筑结构和桥梁等
Q275	有较高的强度，较好的塑性、可加工性和一定的焊接性能	用于制造强度要求较高的零件，如齿轮、螺栓、螺母、键、轴、农机用型钢、链轮和链条等

2. 优质碳素结构钢

优质碳素结构钢所含硫、磷及非金属夹杂物都比碳素结构钢少，碳的质量分数波动范围也小，力学性能比较均匀，塑性和韧性都比较好，适用于机械零件用钢。

优质碳素结构钢牌号用两位阿拉伯数字表示，两位阿拉伯数字表示钢中平均碳的质量分数的万分数。例如，20 钢表示钢中平均 $w_C=0.20\%$；08 钢表示钢中平均 $w_C=0.08\%$。

优质碳素结构钢按含锰量不同，分为普通含锰量（$w_{Mn}=0.25\%\sim0.8\%$）和较高含锰量（$w_{Mn}=0.7\%\sim1.2\%$）两组。含锰量较高的一组，在其牌号数字后加“Mn”字，如 65Mn 钢。如果是沸腾钢，在其牌号数字后加“F”字，如 08F 钢。

优质碳素结构钢的牌号及化学成分，见表 4-8。

表 4-8 优质碳素结构的牌号及化学成分（摘自 GB/T 699—1999）

牌号	化学成分(质量分数,%)							
	C	Si	Mn	P	S	Ni	Cr	Cu
				不大于				
08F	0.05~0.11	≤0.03	0.25~0.50	0.035	0.035	0.30	0.10	0.25
10F	0.07~0.13	≤0.07	0.25~0.50	0.035	0.035	0.30	0.15	0.25
15F	0.12~0.18	≤0.07	0.25~0.50	0.035	0.035	0.30	0.25	0.25
08	0.05~0.11	0.17~0.37	0.35~0.65	0.035	0.035	0.30	0.10	0.25
10	0.07~0.13	0.17~0.37	0.35~0.65	0.035	0.035	0.30	0.15	0.25
15	0.12~0.18	0.17~0.37	0.35~0.65	0.035	0.035	0.30	0.25	0.25
20	0.17~0.23	0.17~0.37	0.35~0.65	0.035	0.035	0.30	0.25	0.25
25	0.22~0.29	0.17~0.37	0.50~0.80	0.035	0.035	0.30	0.25	0.25
30	0.27~0.34	0.17~0.37	0.50~0.80	0.035	0.035	0.30	0.25	0.25
35	0.32~0.39	0.17~0.37	0.50~0.80	0.035	0.035	0.30	0.25	0.25
40	0.37~0.44	0.17~0.37	0.50~0.80	0.035	0.035	0.30	0.25	0.25
45	0.42~0.50	0.17~0.37	0.50~0.80	0.035	0.035	0.30	0.25	0.25
50	0.47~0.55	0.17~0.37	0.50~0.80	0.035	0.035	0.30	0.25	0.25
55	0.52~0.60	0.17~0.37	0.50~0.80	0.035	0.035	0.30	0.25	0.25
60	0.57~0.65	0.17~0.37	0.50~0.80	0.035	0.035	0.30	0.25	0.25
65	0.62~0.70	0.17~0.37	0.50~0.80	0.035	0.035	0.30	0.25	0.25
70	0.67~0.75	0.17~0.37	0.50~0.80	0.035	0.035	0.30	0.25	0.25
75	0.72~0.80	0.17~0.37	0.50~0.80	0.035	0.035	0.30	0.25	0.25
80	0.77~0.85	0.17~0.37	0.50~0.80	0.035	0.035	0.30	0.25	0.25
85	0.82~0.90	0.17~0.37	0.50~0.80	0.035	0.035	0.30	0.25	0.25
15Mn	0.12~0.18	0.17~0.37	0.70~1.00	0.035	0.035	0.30	0.25	0.25
20Mn	0.17~0.23	0.17~0.37	0.70~1.00	0.035	0.035	0.30	0.25	0.25
25Mn	0.22~0.29	0.17~0.37	0.70~1.00	0.035	0.035	0.30	0.25	0.25

（续）

牌号	化学成分（质量分数，%）							
	C	Si	Mn	P	S	Ni	Cr	Cu
				不大于				
30Mn	0.27～0.34	0.17～0.37	0.70～1.00	0.035	0.035	0.30	0.25	0.25
35Mn	0.32～0.39	0.17～0.37	0.70～1.00	0.035	0.035	0.30	0.25	0.25
40Mn	0.37～0.44	0.17～0.37	0.70～1.00	0.035	0.035	0.30	0.25	0.25
45Mn	0.42～0.50	0.17～0.37	0.70～1.00	0.035	0.035	0.30	0.25	0.25
50Mn	0.48～0.56	0.17～0.37	0.70～1.00	0.035	0.035	0.30	0.25	0.25
60Mn	0.57～0.65	0.17～0.37	0.70～1.00	0.035	0.035	0.30	0.25	0.25
65Mn	0.62～0.70	0.17～0.37	0.90～1.20	0.035	0.035	0.30	0.25	0.25
70Mn	0.67～0.75	0.17～0.37	0.90～1.20	0.035	0.035	0.30	0.25	0.25

优质碳素结构钢的力学性能见表4-9。

表4-9　优质碳素结构钢的力学性能（摘自 GB/T 699—1999）

牌号	试样毛坯尺寸/mm	推荐热处理温度/℃			力学性能					钢材交货状态硬度 HBW	
		正火	淬火	回火	R_m/MPa	R_{eL}/MPa	A（%）	Z（%）	KU_2/J	不大于	
					不小于					未热处理钢	退火钢
08F	25	930			295	175	35	60		131	
10F	25	930			315	185	33	55		137	
15F	25	920			355	205	29	55		143	
08	25	930			325	195	33	60		131	
10	25	930			335	205	31	55		137	
15	25	920			375	225	27	55		143	
20	25	910			410	245	25	55		156	
25	25	900	870	600	450	275	23	50	71	170	
30	25	880	860	600	490	295	21	50	63	179	
35	25	870	850	600	530	315	20	45	55	197	
40	25	860	840	600	570	335	19	45	47	217	187
45	25	850	840	600	600	355	16	40	39	229	197
50	25	830	830	600	630	375	14	40	31	241	207
55	25	820	820	600	645	380	13	35		255	217
60	25	810			675	400	12	35		255	229
65	25	810			695	410	10	30		255	229

（续）

牌号	试样毛坯尺寸/mm	推荐热处理温度/℃			力学性能					钢材交货状态硬度 HBW	
		正火	淬火	回火	R_m/MPa	R_{eL}/MPa	A (%)	Z (%)	KU_2/J	不大于	
					不小于					未热处理钢	退火钢
70	25	790			715	420	9	30		269	229
75	试样		820	480	1080	880	7	30		285	241
80	试样		820	480	1080	930	6	30		285	241
85	试样		820	480	1130	980	6	30		302	255
15Mn	25	920			410	245	26	55		163	
20Mn	25	910			450	275	24	50		197	
25Mn	25	900	870	600	490	295	22	50	71	207	
30Mn	25	880	860	600	540	315	20	45	63	217	187
35Mn	25	870	850	600	560	335	18	45	55	229	197
40Mn	25	860	840	600	590	355	17	45	47	229	207
45Mn	25	850	840	600	620	375	15	40	39	241	217
50Mn	25	830	830	600	645	390	13	40	31	255	217
60Mn	25	810			695	410	11	35		269	229
65Mn	25	810			735	430	9	30		285	229
70Mn	25	790			785	450	8	30		285	229

优质碳素结构钢主要用于制造各种机械零件和弹簧。它的产量较大，价格便宜，广泛应用于机械产品中的构件。其中：

1）08、10钢。极软低碳钢，强度和硬度很低，塑性和韧性很好，具有优良的冲压、拉伸性能及焊接性能，淬透性和淬硬性差，不宜切削加工，因此它广泛用来制造冲压零件。它适宜轧制成薄板、薄带和冷变形材等，用于制造各种容器、仪表板、机器罩、摩擦片、深冲器皿、管子、垫圈与卡头等。

2）15、20钢。具有良好的冲压及焊接性能，常用来制造受力不大但韧性要求较高的中小结构件或零件，如容器、螺钉、螺母、杠杆和轴套等。

3）35、40、45、50钢。强度较高，综合力学性能良好，淬透性低，水淬易产生裂纹，小型件宜采用调质处理，大型件宜采用正火处理。经调质处理后，可获得良好的综合力学性能，用来制造齿轮、连杆和轴类等。在零件需要耐磨的部分，需要进行表面淬火。

4）60、70钢。经过适当的热处理后，常用来制造弹簧、弹簧垫圈、钢丝、低速车轮圈和轧辊等。

3. 碳素铸钢

铸钢是冶炼后直接铸造成形而不需锻轧成形的钢种。在实际生产中，一些形状复杂和综合力学性能要求较高的大型零件，难以用锻轧方法成形的，通常采用铸钢制造。随着铸造技术的进步，铸钢件在组织、性能、精度和表面粗糙度等方面都已接近锻钢件，可以不经切削加工或只需少量切削加工即可使用，能节约大量钢材和成本，因此铸钢得到了更广泛的应用。碳素铸钢的牌号、性能与用途见表4-10。

表4-10　碳素铸钢的牌号、性能与用途（摘自GB/T 11352—2009和GB/T 7659—2010）

种类与牌号		对应旧牌号	力学性能(≥)					应用举例
			R_m/MPa	R_{eH}/MPa	A(%)	Z(%)	KV_2/J	
一般工程用碳素铸钢	ZG200-400	ZG15	400	200	25	40	30	良好的塑性、韧性和焊接性能，用于受力不大但要求高韧性的零件
	ZG230-450	ZG25	450	230	22	32	25	一定的强度，较好的韧性和焊接性能，用于受力不大但要求高韧性的零件
	ZG270-500	ZG35	500	270	18	25	22	较高的强韧性，用于受力较大且有一定韧性要求的零件，如连杆和曲轴
	ZG310-570	ZG45	570	310	15	21	15	较高的强度和较低的韧性，用于载荷较高的零件，如大齿轮和制动轮
	ZG340-640	ZG55	640	340	10	18	10	高的强度、硬度和耐磨性，用于齿轮、棘轮、联轴器和叉头等
焊接结构用碳素铸钢	ZG200-400H		400	200	25	40	45	由于含碳量偏下限，故焊接性能优良，其用途基本同于ZG200-400、ZG230-450和ZG270-500
	ZG230-450H		450	230	22	35	45	
	ZG270-480H		480	270	20	35	40	

注：表中力学性能是在正火（或退火）＋回火状态下测定的。

铸钢的浇注温度高，而且冷却缓慢，容易形成粗大的奥氏体晶粒。奥氏体在冷却过程中，铁素体首先沿着奥氏体晶界呈网状析出，然后沿一定方向以片状生长，形成“魏氏组织”。魏氏组织的特点是铁素体沿晶界分布并呈针状插入珠光体内，使钢的塑性和韧性下降。铸钢要经过退火或正火处理，以细化晶粒，消除魏氏组织和铸造应力，改善力学性能。退火或正火后的组织为晶粒比较细小的珠光体和铁素体。

为了进一步提高碳素铸钢的综合力学性能，在碳素铸钢基础上，适当提高Mn和Si含量，以发挥其合金化的作用，还可添加低含量的Cr和Mo等合金元素，常用牌号有ZG40Cr1、ZG40Mn、ZG35Cr1Mo和ZG35CrMnSi等。低合金铸钢的综合力学性能明显优于碳素铸钢，大多用于承受较重载荷、冲击和摩擦的机械零件，如各种高强度齿轮、水压机工作缸和高速列车挂钩等。为充分发挥合金元素作用以提高低合金铸钢的性能，通常应对其进行热处理，如退火、正火、调质以及各种表面热处理。

4. 碳素工具钢

碳素工具钢中碳的质量分数在0.65%～1.35%范围之内，属高碳钢范畴。碳素工具钢的牌号以汉字“碳”的拼音首位字母“T”后面附加数字表示，数字表示碳的平均质量分数，以千分之一为计量单位，例如T8表示$w_C=0.8\%$（平均值）的碳素工具钢。较高含锰量的碳素工具钢，在工具钢符号“T”和阿拉伯数字后加锰的元素符号，如T8Mn；高级优质碳素工具钢则在牌号末端，再附加以“A”字，如T12A和T8MnA等。碳素工具钢的牌号及化学成分见表4-11。

4 CHAPTER

表 4-11 碳素工具钢的牌号及化学成分（摘自 GB/T 1298—2008）

牌号	化学成分(质量分数,%)				
	C	Mn	Si	S	P
			不大于		
T7	0.65～0.74	≤0.40	0.35	0.030	0.035
T8	0.75～0.84				
T8Mn	0.80～0.90	0.40～0.60			
T9	0.85～0.94	≤0.40			
T10	0.95～1.04				
T11	1.05～1.14				
T12	1.15～1.24				
T13	1.25～1.35				

所有碳素工具钢淬火后的硬度都相差不大，但随着钢中碳的质量分数增大，淬火组织中粒状渗碳体数量增多，从而使钢的耐磨性能增加，韧性下降。碳素工具钢的性能见表 4-12。

表 4-12 碳素工具钢的性能（摘自 GB/T 1298—2008）

牌 号	退火状态	试样淬火	
	硬度值 HBW,不大于	淬火温度/℃和冷却剂	硬度值 HRC,不小于
T7	187	800～820 水	62
T8		780～800 水	
T8Mn			
T9	192	770～790 水	
T10	197		
T11	207		
T12			
T13	217		

碳素工具钢的可加工性能好，价格低廉，热处理后的硬度可达 60HRC 以上，有较好的耐磨性。但由于碳素工具钢的热硬性差（刃部温度达到 250℃以上时，硬度及耐磨性迅速降低），淬透性低，淬火时容易变形开裂，因而碳素工具钢多用于制造手工用工具，低速、小切削用量的机用刀具，量具，模具以及其他各种工具等。碳素工具钢的特性和用途见表 4-13。

表 4-13 碳素工具钢的特性和用途

牌号	主要特性	应用举例
T7 T7A	属于亚共析成分的钢,其强度随碳的质量分数的增加而增加,有较高的强度和塑性配合,但可加工性较差	用于制造要求有较大塑性和一定硬度但可加工性要求不太高的工具,如錾子、冲子、小尺寸风动工具、木工用的锯和錾、锻模、压模、钳工工具、大锤、铁皮剪和钻头等

（续）

牌号	主要特性	应用举例
T8 T8A	属于共析成分的钢，淬火易于过热，变形大，强度和塑性较低，不宜制作受较大冲击的工具，但经过热处理后有较高的硬度和耐磨性	用于制造工作时不易受热的工具，如加工木材用的铣刀、埋头钻、斧、凿、冲子、手用锯、圆盘锯和压缩空气工具等
T8Mn T8MnA	性能近似 T8 和 T8A，但有较高的淬透性，能获得较深的淬硬层	除能用于制造 T8 和 T8A 所能制造的工具外，还能制造横纹锉刀、手锯条和打石錾子等截面较大的工具
T9 T9A	性能近似 T8 和 T8A	用于制造有韧性又有硬度的工具，如冲模、冲头和木工工具等，还能制造农机切割零件和刀片等
T10 T10A	属于过共析钢，在 700～800℃加热仍能保持细晶粒，不致过热。淬火后钢中含有未溶的过剩的碳化物，增加钢的耐磨性	用于制造受热工具、麻花钻、车刀、刨刀、扩孔刀具和钻硬质石材的钻头等
T11 T11A	具有较好的综合力学性能，如硬度高、韧性适中、耐磨性好等特点，对晶粒长大及形成碳化物网的敏感性小	用于制造工作时不易受热的工具，如丝锥、锉刀、刮刀、尺寸不大和截面变化不大的冲模以及木工工具等
T12 T12A	碳的质量分数高，淬火后有较多的过剩碳化物，因而硬度和耐磨性都高，但韧性低	适于制造切削速度不高和刃口不易受热的车刀、铣刀、钻头、铰刀、丝锥、板牙、量规、截面尺寸小的冷切边模和冲孔模以及金属锯条等不受冲击而需要硬度的工具
T13 T13A	属于碳素工具钢中碳的质量分数最高的钢种，硬度极高，碳化物增加且分布不均匀，力学性能较低，不能承受冲击	用于制造剃刀、切削刀具、车刀、刻刀、刮刀、拉丝工具、钻头和硬石加工工具等切削高硬度材料的工具

【综 合 训 练】

1. 分析一次渗碳体、二次渗碳体、三次渗碳体、共晶渗碳体和共析渗碳体的异同之处。

2. 合金中相组分与组织组分区别何在？指出亚共析钢与亚共晶白口铸铁中的相组分与组织组分。指出碳钢与白口铸铁在固态下相组分的异同之处。

3. 画出简化后的 $Fe\text{-}Fe_3C$ 相图，并标注出相图中空白区域的组织组分与相组分。

4. 分析亚共析钢的结晶过程及其在室温下组织组分与相组分的相对量。

5. 什么是共析转变和共晶转变？试以铁碳合金为例，说明这两种转变过程及其显微组织的特征。

6. 现有两种铁碳合金，其中一种合金的显微组织中珠光体量占 75%，铁素体量占 25%；另一种合金的显微组织中珠光体量占 92%，二次渗碳体量占 8%。问这两种合金各属于哪一类合金？其碳的质量分数各为多少？

7. 计算铁碳合金中二次渗碳体和三次渗碳体的最大的相对量。

8. 计算珠光体在共析温度和莱氏体在共晶温度时的相组分的相对量。

9. 已知铁素体硬度为 80HBW，渗碳体硬度为 800HBW。根据两相混合物的合金性能变化规律，计算珠光体的硬度。为什么实际测得的珠光体硬度都要比计算结果高？

10. 钢的铸造性能随钢中碳的质量分数的增加而降低，但铸铁中碳的质量分数远高于钢，为什么铸铁的铸造性能却比钢好？

11. 为什么绑扎物件一般用铁丝（镀锌低碳钢丝）？而起重机吊重物却用钢丝绳（用 60、65、70 和 75 等钢制成）？

第五章　钢的热处理

学习目标

通过本章的学习，明确钢热处理的作用；掌握钢在热处理加热和冷却时的组织转变规律；掌握正火、退火、淬火和回火的特点、工艺要点和应用；掌握表面热处理和化学热处理的原理、工艺、特点和应用。

第一节　热处理概述

一、热处理的作用

热处理是指采用适当的方式对金属材料进行加热、保温和冷却，以获得预期的组织与性能的工艺。

金属热处理与铸造、锻压、焊接、金属切削加工一样，是机械制造工程中的重要工艺。与其他工艺不同的是，热处理不改变工件的形状和整体化学成分，但是能够通过改变工件内部的组织，改善工件的使用性能。

热处理的目的是改善金属工件的工艺性能、力学性能和物理化学性能，充分发挥材料的性能潜力，提高产品的内在质量，延长产品的使用寿命。

钢铁材料是机械工业中应用最广的材料，其显微组织复杂多样，可以通过热处理予以调整和控制，所以钢铁材料的热处理是金属热处理的主要内容。另外，铝、铜、镁和钛等金属及其合金也都可以通过热处理改变其力学性能和物理化学性能，以获得不同的使用性能。

据初步统计，在机床制造中，约 60% ~70% 的零件要经过热处理，在汽车和拖拉机制造中，需要热处理的零件多达 70% ~80%，而工模具及滚动轴承，则必须进行热处理。总之，凡是重要的零件都必须进行适当的热处理才能使用。

二、热处理的分类

根据加热和冷却方式的不同以及组织和性能变化特点的不同，热处理可以分为下列几类。

（1）整体热处理　对工件整体进行穿透加热的热处理，包括退火、正火、淬火和回火，俗称“四把火”。

(2) 表面热处理　为改变工件表面的组织和性能，仅对其表面进行热处理的工艺，包括感应淬火、火焰淬火、接触电阻加热淬火、激光淬火和电子束淬火等。

(3) 化学热处理　将工件置于一定温度的活性介质中保温，使一种或几种元素渗入工件表层，以改变其表层化学成分、组织和性能的热处理，包括渗碳、渗氮和碳氮共渗等。

(4) 其他热处理　包括可控气氛热处理、真空热处理和形变热处理等。

按照热处理在零件生产过程中的位置和作用不同，热处理工艺还可分为预备热处理和最终热处理。预备热处理是零件加工过程中的一道中间工序，其目的是调整锻件、铸件和焊件组织，消除应力，为后续的机加工或进一步的热处理作准备。最终热处理是零件加工的最终工序，其目的是使零件达到所需要的使用性能。

热处理方法虽然很多，但任何一种热处理都是由加热、保温和冷却三个过程组成的，这三个过程称为热处理的三要素，这三大基本要素决定了材料热处理后的组织和性能，如图 5-1 所示就是最基本的热处理工艺曲线。

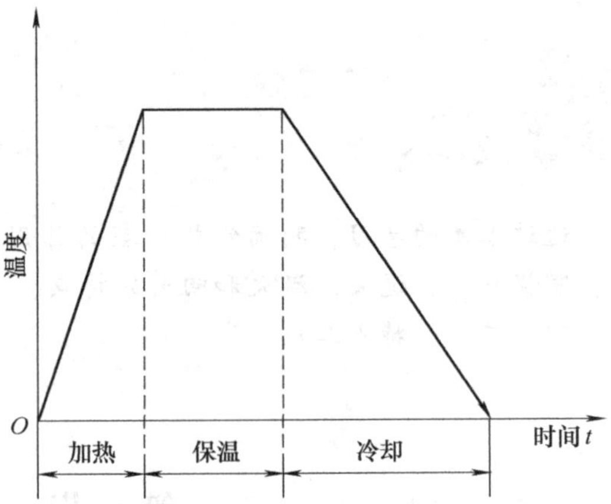

图 5-1　热处理工艺曲线

第二节　钢在加热时的转变

加热是热处理的第一道工序，在多数情况下，钢在热处理时需要先加热得到部分或全部奥氏体组织，然后采用适当的冷却方法，使奥氏体转变为不同的组织，从而使钢获得所需要的性能，因此钢在热处理时的加热过程就是奥氏体化过程。

一、钢热处理的临界温度

钢热处理时应加热到多少温度呢？铁碳相图中的 A_1 线、A_3 线和 A_{cm} 线是钢在平衡状态下发生组织转变的临界点。在实际热处理条件下，相变是在不平衡条件下进行的，其相变温度与相图中的相变温度有一些差异。由于过热和过冷现象的影响，加热时相变温度偏向高温，冷却时偏向低温。加热或冷却速度越快，这种现象越严重。图 5-2 所示为加热和冷却速度对碳钢临界温度的影响。通常把加热时的实际临界温度标以字母“c”，如 Ac_1、Ac_3、Ac_{cm}；而把冷却时的实际临界温度标以字母

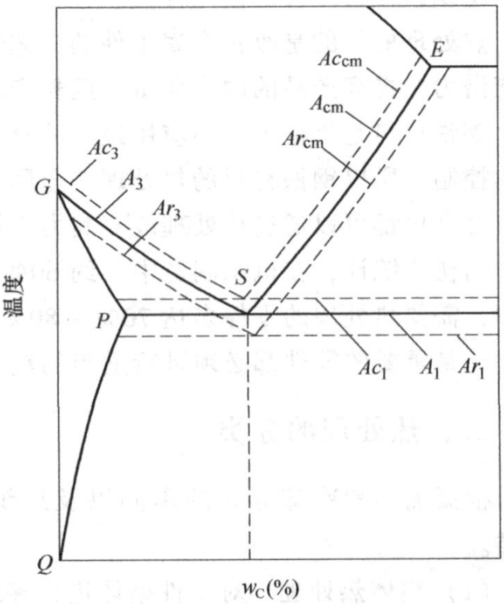

图 5-2　加热和冷却速度对碳钢临界温度的影响

"r"，如 Ar_1、Ar_3、Ar_{cm} 等。

因此，钢热处理时奥氏体化的最低温度是 Ac_1。

二、钢的奥氏体化过程

1. 共析钢的加热转变

共析钢加热前为珠光体组织。由 Fe-Fe_3C 相图可知，在 A_1 温度时铁素体中碳的质量分数为 0.0218%、渗碳体为 6.69%、奥氏体为 0.77%。在珠光体转变为奥氏体的过程中，体心立方晶格的铁素体改组为面心立方晶格的奥氏体，渗碳体溶入奥氏体中。所以，钢在热处理加热时的奥氏体化既有铁晶格的改组，又有铁原子与碳原子的扩散，其转变过程可分为下列三个阶段进行，如图 5-3 所示。

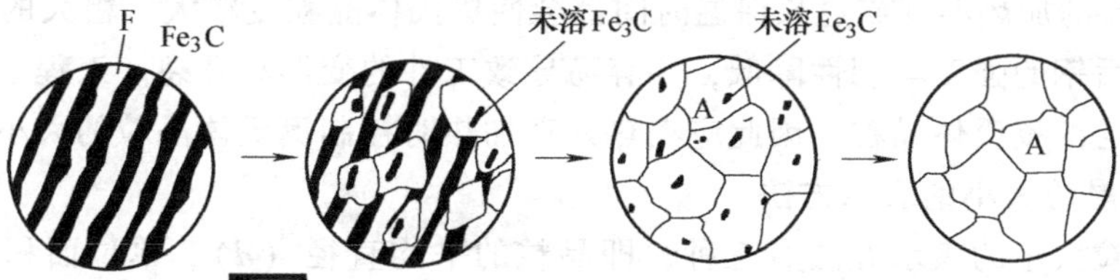

图 5-3　珠光体向奥氏体转变示意图

（1）奥氏体晶核的形成和长大　基于能量与成分条件，奥氏体晶核在珠光体中铁素体与渗碳体的相界面处产生，这两相交界面越多，奥氏体晶核越多。

奥氏体晶核形成后逐渐长大，由于它的一侧与渗碳体相接，另一侧与铁素体相接，所以奥氏体晶核的长大是其相界面不断向两侧的铁素体区及渗碳体区扩展的结果。铁素体晶格不断改组为面心立方晶格，同时渗碳体不断溶解，直至铁素体完全消失，奥氏体彼此相遇，形成全部的奥氏体晶粒。

（2）残留渗碳体的溶解　由于铁素体转变为奥氏体的速度远高于渗碳体的溶解速度，在铁素体完全转变之后尚有不少未溶解的"残留渗碳体"存在，还需一定时间保温，让渗碳体全部溶解。

（3）奥氏体成分的均匀化　即使渗碳体全部溶解，奥氏体内的成分也是不均匀的，在原铁素体区域碳的质量分数低，在原渗碳体区域碳的质量分数高，因此，需要保温足够时间，让碳原子充分扩散，奥氏体成分才可能均匀。

小知识

热处理的加热方法

（1）燃料燃烧加热法　常用的燃料有油、天然气和氧乙炔焰等。

（2）电加热方法　包括常用的电阻加热炉、感应加热设备和盐浴加热炉等。电加热时温度易于控制，无环境污染，热效率高，是最常用的热处理加热方法。

（3）高能量密度能源加热　以很大的功率密度加热工件表面，加热时间以毫秒计，功率密度可达 $10^6 \sim 10^8$ W/cm^2，采用的热源有太阳能、激光束和电子束等。

2. 非共析钢的加热转变

亚共析钢与过共析钢在热处理加热时的奥氏体化过程与共析钢相近，即加热到 Ac_1 温度以上时，珠光体都要转变为奥氏体。但不同的是，这两种钢在 Ac_1 温度以上进行的是不完全奥氏体化，亚共析钢还有铁素体需要转变，过共析钢还有渗碳体需要溶解。只有分别继续加热到 Ac_3 和 Ac_{cm} 以上，使先共析相充分转变或溶解，获得单相奥氏体，才能完全奥氏体化。

综上所述，钢在热处理加热时的奥氏体化需要温度和时间这两个条件。在实际生产中，常以一定的加热速度将工件连续加热到 Ac_1 温度以上，加热速度越快，则奥氏体化临界温度越高，奥氏体的形成与成分均匀化需要的时间越短；在一定的温度（高于 Ac_1）条件下，保温时间越长，奥氏体成分越均匀。

三、奥氏体晶粒的长大及控制

奥氏体形成后继续加热或保温，奥氏体晶粒将长大，这是一个自由能减小的自发过程。在 Ac_1 以上过高的加热温度或过长保温时间都会使奥氏体晶粒变粗大。粗大的奥氏体晶粒往往导致热处理后钢的强度与韧性降低，并容易导致工件的变形和开裂。工程上往往希望得到细小而成分均匀的奥氏体晶粒，因此应在热处理加热时控制奥氏体晶粒的大小。

1. 奥氏体晶粒大小的表示方法

奥氏体晶粒大小的表示方法有三种，即晶粒的平均直径（d）、单位面积内的晶粒数目（n）和晶粒度等级（N）。

按照国家标准，钢的奥氏体晶粒度分为 8 级，其中 1～4 级为粗晶粒，5 级以上为细晶粒，超过 8 级为超细晶粒。它是将在一定加热条件获得的奥氏体晶粒放大 100 倍后与标准晶粒度图比较得到的，如图 5-4 所示。

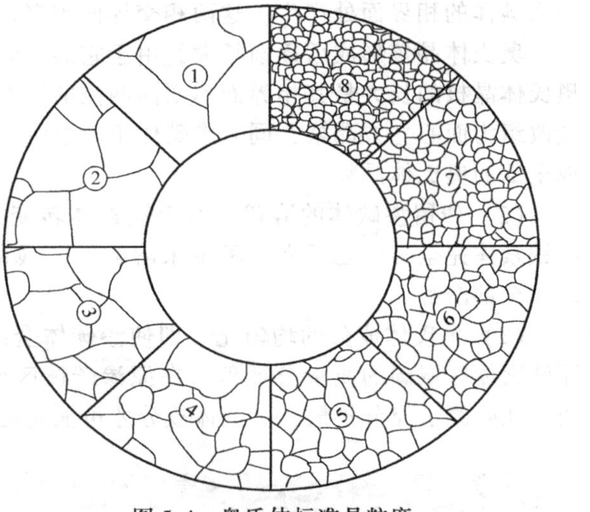

图 5-4　奥氏体标准晶粒度

晶粒度等级（N）与晶粒的数目有如下关系：

$$n = 2^{N-1}$$

式中 n 表示放大 100 倍时，$1in^2$（$645.16mm^2$）中的晶粒数。n 越大，晶粒越细，晶粒度等级越高。

2. 奥氏体晶粒大小的控制

（1）合理制订加热规范　加热温度越高，保温时间越长，奥氏体晶粒越粗大。因此，为了获得细小的奥氏体晶粒，热处理时必须制订合理的加热规范，如在保证奥氏体成分均匀的情况下尽量选择低的奥氏体化温度；快速加热到较高的温度经短暂保温，使形成的奥氏体来不及长大而冷却得到细小的晶粒。但对于高合金钢以及形状复杂的工件，过快的加热速度会导致工件的变形甚至开裂。

（2）选择奥氏体晶粒长大倾向小的钢种　钢中加入钛、钒、铌、锆和铝等元素时，其在热处理加热时奥氏体晶粒长大的倾向小，因为这些元素在钢中可以分别与碳和氮形成碳化物和氮化物，弥散分布在晶界上，有利于获得细小的奥氏体晶粒，能阻碍晶粒长大。这类钢称为本质细晶粒钢。锰（中碳时）和磷促进晶粒长大，钢中含锰、磷较多时，易形成粗大的奥氏体晶粒，这类钢称为本质粗晶粒钢。

第三节　钢在冷却时的转变

一、热处理冷却概述

冷却是热处理的最终工序，也是热处理最重要的工序，它决定了钢热处理后的组织和性能。在热处理生产中，常用的有等温冷却和连续冷却两种方式。等温冷却是将加热奥氏体化的钢迅速冷却到临界温度 Ar_1 以下的某一温度保温，进行等温转变，然后再冷到室温，如等温退火和等温淬火等，如图 5-5a 所示。连续冷却是将加热到奥氏体状态的钢，以不同的冷却速度连续冷却到室温，如水冷、空冷和炉冷等，如图5-5b所示。

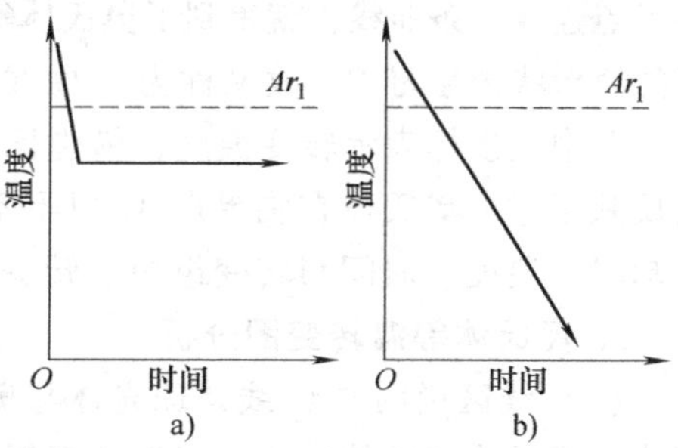

图 5-5　两种热处理冷却方式示意图

a）等温冷却　b）连续冷却

同一种钢加热到奥氏体状态后，冷却条件不同，奥氏体转变后的组织和性能有很大不同。45 钢在同样奥氏体化条件下，不同冷却速度对其力学性能的影响见表 5-1。

表 5-1　45 钢 840℃奥氏体化后，不同冷却速度时的力学性能

冷却方式	屈服强度 R_{eL}/MPa	抗拉强度 R_m/MPa	断后伸长率 A(%)	硬度　HRC
炉冷	280	530	32.5	15～18
空冷	340	670～720	15～18	18～24
油冷	620	900	18～20	40～50
水冷	720	1100	78	52～60

显然，上述结果的出现是由于奥氏体在不同的冷却速度下转变成了不同的组织产物，因此，为了控制钢热处理后的性能就必须研究奥氏体在冷却时的转变规律。由于 $Fe\text{-}Fe_3C$ 相图是在极其缓慢加热或冷却条件下建立的，它没有考虑冷却速度对相变的影响，不能再继续用其分析钢热处理冷却时奥氏体的转变，而要应用新的工具——奥氏体等温转变图和奥氏体连续冷却转变图。

二、奥氏体等温转变图

当温度在 A_1 以上时，奥氏体是稳定的；当温度降到 A_1 以下后，奥氏体即处于过冷状态，这种奥氏体称为过冷奥氏体。过冷奥氏体是不稳定的，会转变为其他的组织。钢在冷却时的转变，实质上是过冷奥氏体的转变，过冷奥氏体在不同温度的等温转变规律可用奥氏体等温转变图进行研究。

1. 奥氏体等温转变图的测定

因为共析钢的组织转变相对比较简单，下面就以共析钢为例说明奥氏体等温转变图的测定方法和分析方法。

把同样尺寸（ϕ15mm 的圆片）的共析钢试样分成若干组，加热使其奥氏体化后，把各

组试样分别投入 A_1 以下不同温度（如 650℃、600℃、500℃、350℃、230℃……）的等温盐浴炉中进行等温转变并计时，每隔一定时间取出其中一个并立即淬入水中；然后用显微镜观察它们的组织变化，测定过冷奥氏体在各个温度下组织转变的开始点与终了点；最后在温度-时间坐标系中，把各温度下某一组织转变的开始点连成一条曲线，再把各温度下某一组织转变的终了点连成一条曲线，就得到了奥氏体等温转变图（由于曲线形状像字母 C，故又称为 C 曲线），如图 5-6 所示。图中纵坐标表示转变温度，横坐标表示转变时间，它反映了过冷奥氏体在临界点 A_1 以下不同温度点等温冷却时，温度、时间与转变组织、转变量的关系。

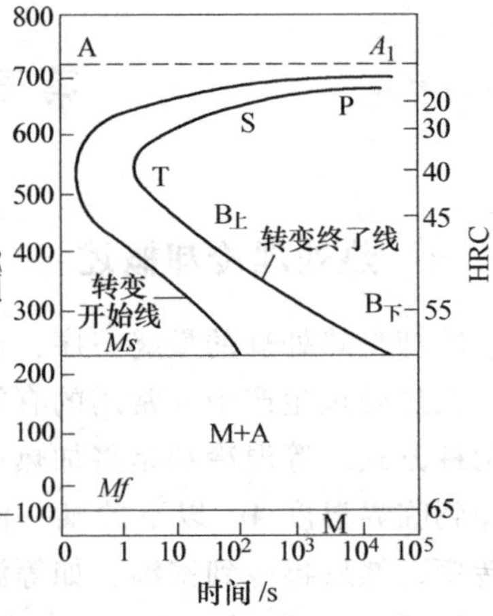

图 5-6 奥氏体等温转变图

2. 奥氏体等温转变图分析

（1）线区说明 A_1 线是珠光体与奥氏体平衡转变的临界温度，为 727℃。图 5-6 中左边的曲线是过冷奥氏体在不同温度等温时转变开始点的连线，称为转变开始线；右边的曲线是过冷奥氏体在不同温度等温时转变终了点的连线，称为转变终了线。*Ms* 线是马氏体转变开始温度；*Mf* 线是马氏体转变终了温度。

在 A_1 温度以上是奥氏体稳定区；A_1 至 *Ms* 之间以及转变开始线左边为过冷奥氏体区；转变终了线右边为转变产物区；在转变开始线与转变终了线之间为转变区；*Ms* 与 *Mf* 之间为马氏体转变区。

（2）孕育期 从奥氏体等温转变图可以看出，在 A_1 以下一定温度等温冷却时，过冷奥氏体并不是立即发生转变，而要经历一段时间的"等待"后才开始转变，这段"等待"的时间称为孕育期。在不同等温温度下，过冷奥氏体转变的孕育期长短差别很大，从不足 1s 至长达几天。孕育期越长，过冷奥氏体越稳定，反之则越不稳定。

对共析钢来讲，过冷奥氏体在 550℃附近等温时，孕育期最短，即过冷奥氏体最不稳定，易分解，转变速度最快，这里被形象地称为奥氏体等温转变图的"鼻尖"。在高于或低于"鼻尖"（550℃）时，孕育期由短变长，即过冷奥氏体稳定性增加，转变速度较慢。

奥氏体等温转变图上"鼻尖"的位置对钢热处理工艺性能有重要影响。

（3）转变产物 在 A_1 温度以下不同温度区间，过冷奥氏体可以发生三种不同的转变。

1）A_1 至奥氏体等温转变图"鼻尖"之间的高温转变，转变产物是珠光体，故称为珠光体转变。

2）奥氏体等温转变图"鼻尖"至 *Ms* 区间的中温转变，转变产物是贝氏体，故称为贝氏体转变。

3）在 *Ms* 以下的低温转变，转变产物是马氏体，故称为马氏体转变。需要指出的是，马氏体转变已经不是等温冷却转变了，而是连续冷却转变。

三、奥氏体等温转变的产物和性能

1. 珠光体转变及其组织

（1）珠光体转变过程 共析钢在 A_1 温度以下至"鼻尖"550℃区间进行等温冷却时，

过冷奥氏体转变为珠光体类型组织，即形成铁素体与渗碳体两相以层片状相间排列组成的机械混合物，称为珠光体转变，也称为高温转变。

奥氏体转变为珠光体的过程也是形核和长大的过程，如图5-7所示。当奥氏体过冷到A_1以下时，首先在奥氏体晶界上产生渗碳体晶核，通过原子扩散，渗碳体依靠其周围奥氏体不断地供应碳原子而长大。同时，由于渗碳体周围奥氏体中碳的质量分数不断降低，从而为铁素体形核创造了条件，使这部分奥氏体转变为铁素体。由于铁素体溶碳能力低（<0.0218%），所以又将过剩的碳排挤到相邻的奥氏体中，使相邻奥氏体中碳的质量分数增高，这又为产生新的渗碳体创造了条件。如此反复进行，奥氏体最终全部转变为铁素体和渗碳体片层相间的珠光体组织。因此，珠光体转变是一种扩散型转变，即铁原子和碳原子均进行扩散。

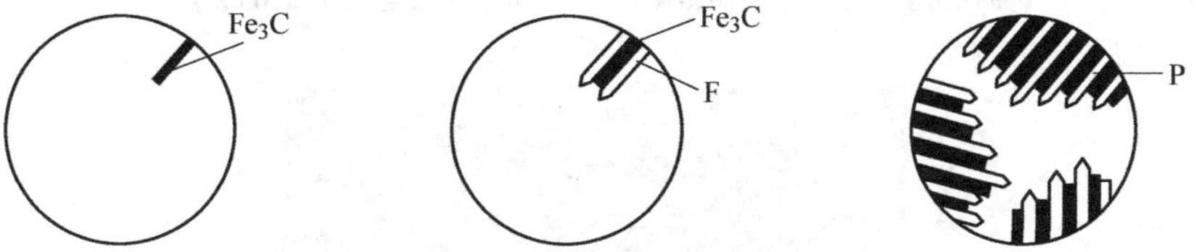

图5-7　珠光体的形成过程

（2）珠光体组织形态与性能　过冷奥氏体在A_1温度至“鼻尖”550℃左右等温冷却时，转变产物珠光体组织的片间距离随等温温度降低而依次减小。根据片层的厚薄不同，这类组织又可细分为三种，见表5-2。

表5-2　珠光体组织形态与性能

等温温度	组织名称	符号	片间距	可分辨显微镜倍数	硬度　HRC
650℃～A_1	珠光体	P	约0.3μm	500	10～20
600～650℃	索氏体	S	0.1～0.3μm	800～1000	20～30
550～600℃	托氏体	T	约0.1μm	>5000	30～40

实际上，这三种组织都是珠光体，其差别只是珠光体组织的片间距大小不同，形成温度越低，片间距越小。如图5-8～图5-10所示分别是珠光体、索氏体和托氏体的显微组织。片间距越小，珠光体类型组织的硬度越高，塑性和韧性也越好，如托氏体的硬度高于索氏体，更高于珠光体。图5-11所示为片间距对珠光体类型组织力学性能的影响。

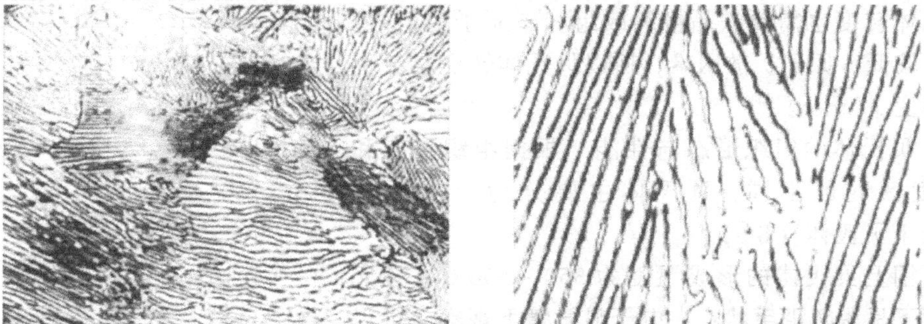

a)　　b)

图5-8　珠光体

a）光学显微组织（800×）　b）电子显微组织（8000×）

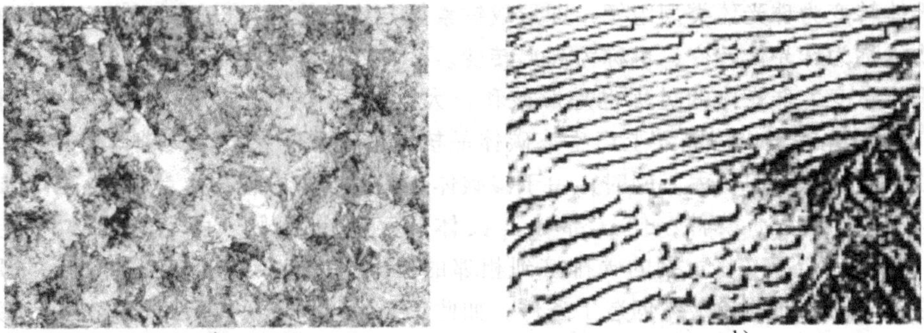

图 5-9 索氏体

a）光学显微组织（1000×） b）电子显微组织（19000×）

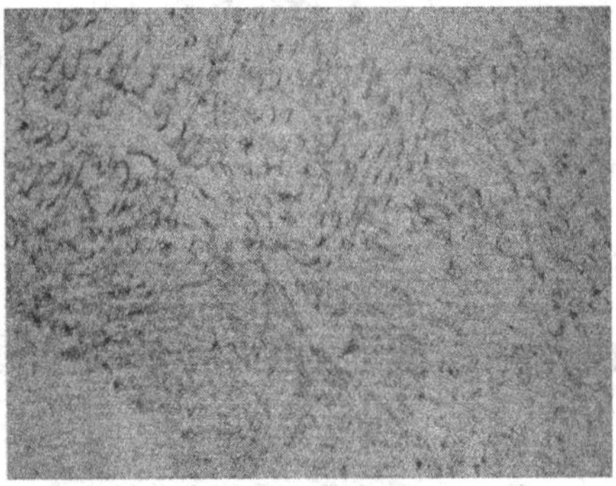

图 5-10 托氏体

电子显微组织（19000×）

2. 贝氏体转变及其组织

（1）贝氏体转变过程 在 550℃ ~ *Ms* 区间进行等温冷却时，过冷奥氏体转变为贝氏体组织，称为贝氏体转变，也称为中温转变。贝氏体是由含碳过饱和的铁素体与碳化物组成的非层片状的机械混合物，用符号“B”表示。

贝氏体转变也需要铁晶格的改组和碳原子的扩散。由于温度较低，原子扩散困难，所以贝氏体转变属于半扩散型相变。

（2）贝氏体的组织形态与性能 根据组织形态和形成温度区间的不同，贝氏体主要分为上贝氏体（$B_上$）与下贝氏体（$B_下$）。

共析钢上贝氏体的形成温度为 350 ~ 550℃，在光学显微镜下呈黑色羽毛状；在电子显微镜下观察，可以看见在过饱和碳的铁素体片间分布着断续的渗碳体，如图 5-12 所示。上贝氏体的力学性能很差，脆性很大，强度也很低，基本上没有实用价值。

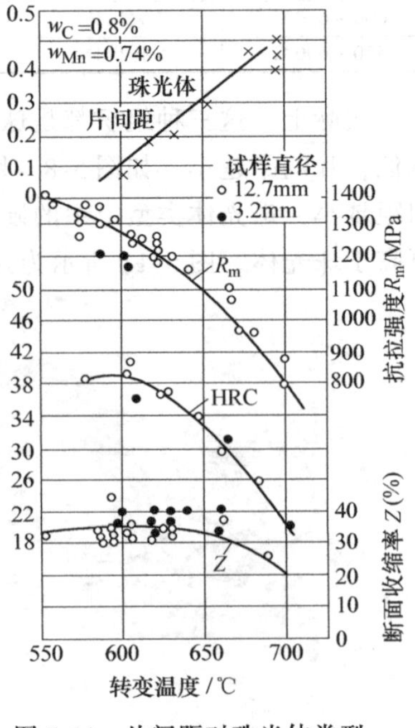

图 5-11 片间距对珠光体类型组织力学性能的影响

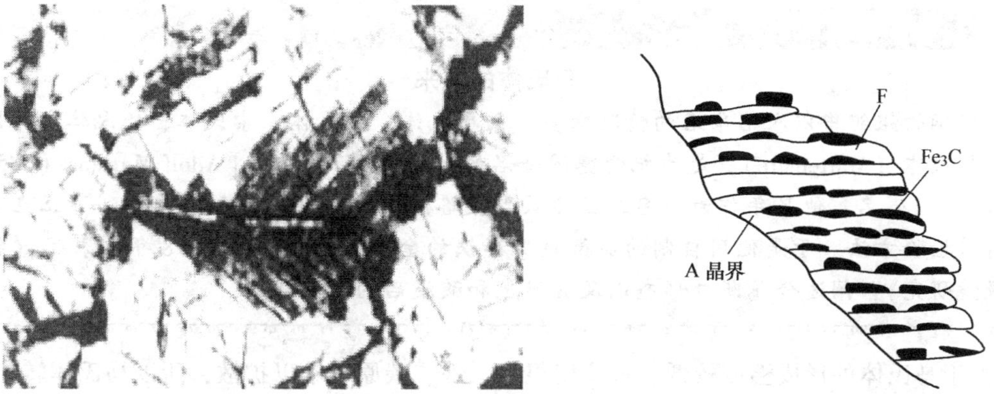

a)　　　　　　b)

图 5-12　上贝氏体

a）光学显微组织（600×）　b）组织结构示意图

共析钢下贝氏体的形成温度为350℃～*Ms*，在光学显微镜下呈黑色竹叶状；在电子显微镜下观察，可以看见在过饱和碳的铁素体片上分布着微细的碳化物，如图 5-13 所示。下贝氏体有较高的强度和硬度，还有良好的塑性和韧性，具有较优良的综合力学性能，是生产中常用的组织。

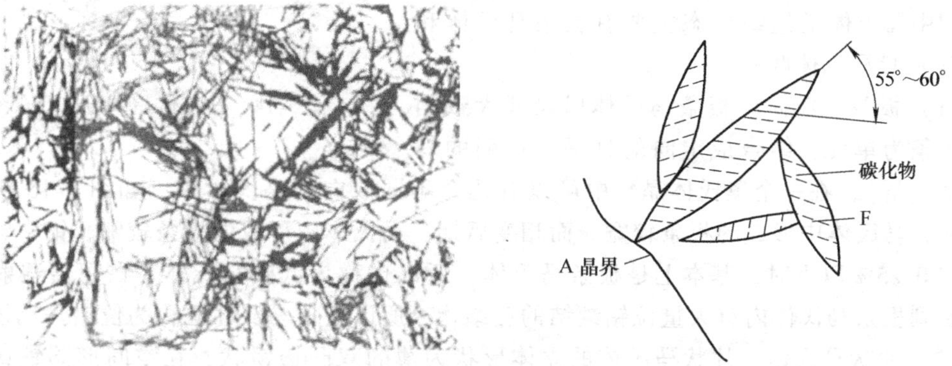

a)　　　　　　b)

图 5-13　下贝氏体

a）光学显微组织（500×）　b）组织结构示意图

通过调整钢的化学成分或热处理获得下贝氏体组织，是钢强韧化的有效途径之一。我国在 Mn-B 系贝氏体钢研究和应用方面居于世界前列。

四、马氏体转变

1. 马氏体转变

当以较快的速度将奥氏体过冷到 *Ms* 以下时，将转变为马氏体组织，称为马氏体转变。马氏体转变是强化钢铁材料的重要途径之一。

资料卡

马氏体的由来

在钢的组织中以人名命名的情况很多，如奥氏体、贝氏体、索氏体、托氏体和马氏体等。马氏体（Martensite），是为纪念德国著名的冶金学家马滕斯［Adolf Martens（1850～1914）］而得名。他早年作为一名工程师从事铁路桥梁的建设工作，并接触到了正在兴起的材料检验方法。于是他用自制的显微镜观察铁的金相组织，并在1878年发表了《铁的显微镜研究》，阐述金属断口形态以及其抛光和酸浸后的金相组织。

由于马氏体的形成温度较低，过冷度很大，铁、碳原子难以扩散，所以马氏体转变时只发生γ-Fe→α-Fe的晶格改组，是一种无扩散型转变。因此，马氏体与过冷奥氏体中碳的质量分数相等，晶格为体心立方晶格。故马氏体是碳在α-Fe中的过饱和固溶体，是单相的亚稳组织。

马氏体为体心正方晶格，由于过饱和的碳原子溶入，使其晶格常数 $a=b\neq c$，如图5-14所示。c/a 称为马氏体的正方度，马氏体中碳的质量分数越大，其正方度越大，晶格畸变越严重。

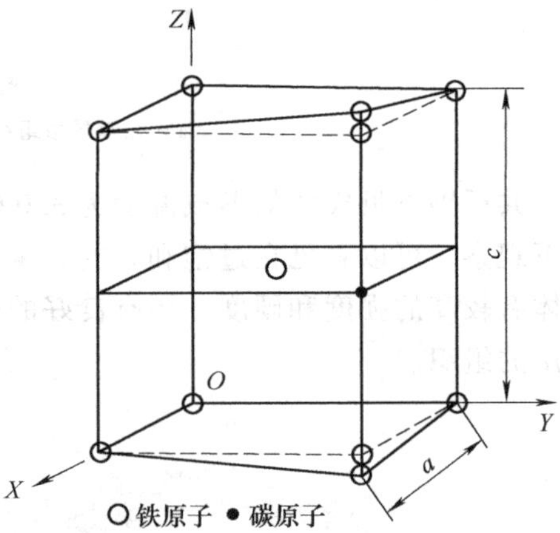

图5-14 马氏体晶体结构示意图

2. 马氏体组织形态

钢中马氏体的组织形态主要有板条马氏体和片（针）状马氏体两种。

（1）板条马氏体 板条马氏体以尺寸大致相同的板条为单元，结合成定向的且平行排列的马氏体束（群），在一个奥氏体晶粒中可以有几个不同取向的马氏体束，如图5-15所示。相变初期，马氏体中形成的板条较宽，而相变后期，马氏体中形成的板条较细。钢中碳的质量分数在0.25%以下时，基本上是板条马氏体，所以也称为低碳马氏体。在高倍透射电镜下可以看到板条马氏体内有大量位错缠结的亚结构，所以板条马氏体也称为位错马氏体。

（2）片状马氏体 片状马氏体的立体形状为薄的双凸透镜状，在空间形同铁饼。金相显微镜下看到的仅是其截面的形状，一般是交叉的针状或竹叶状，马氏体针之间形成一定角度（60°），如图5-16所示。当钢中碳的质量分数大于1.0%时，则大多数是片状马氏体，所

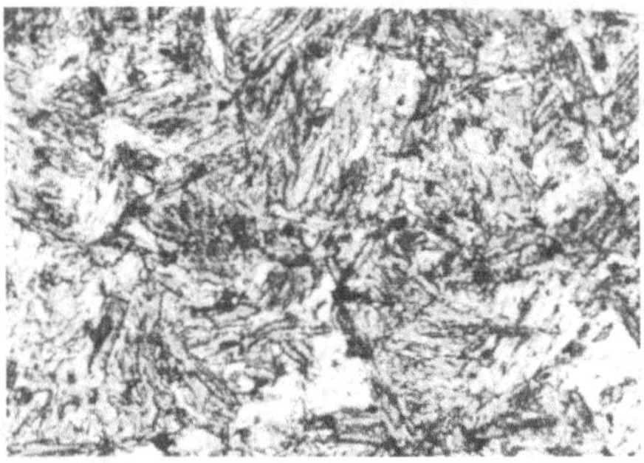

图5-15 板条马氏体（500×）

图5-16 片状马氏体（500×）

以也称为高碳马氏体。高倍透射电镜分析表明，片状马氏体内有大量孪晶，因此也称为孪晶马氏体。

片状马氏体在形成时，在奥氏体中往往首先形成一横穿晶粒的马氏体片，后续的马氏体片则在已形成的马氏体和奥氏体晶界之间连续分割奥氏体，已形成的马氏体提供了马氏体形核的部位并成为长大的障碍，如图 5-17 所示。因此，在同一奥氏体晶粒中，马氏体按形成的先后次序，其尺寸越来越小。当最大马氏体片细小到在光学显微镜下都无法分辨时，这种马氏体称为隐晶（针）马氏体。

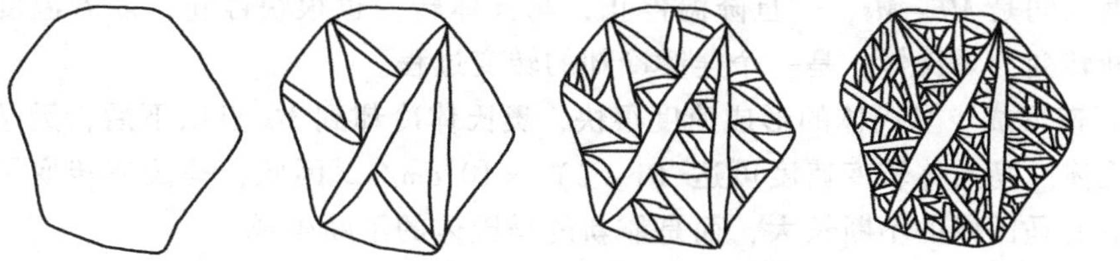

图 5-17　片状马氏体的形成过程示意图

钢中碳的质量分数在 0.25% ~1.0% 之间时，为板条马氏体和隐晶马氏体的混合组织，如 45 钢淬火后得到的马氏体组织。

3. 马氏体性能

（1）马氏体的强度和硬度　马氏体的强度和硬度主要取决于其中碳的质量分数。碳的质量分数越高，马氏体的强度和硬度越高，尤其是碳的质量分数较低时，这种关系非常明显，但当碳的质量分数大于 0.6% 时，就逐渐趋于平缓，如图 5-18 所示。

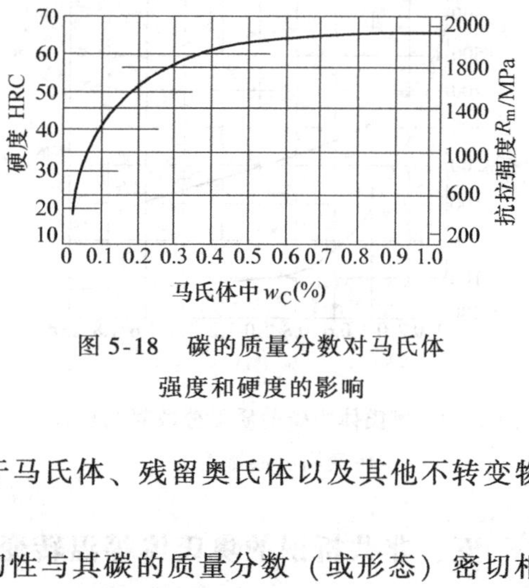

图 5-18　碳的质量分数对马氏体强度和硬度的影响

马氏体强度和硬度提高的原因是过饱和的碳原子使晶格正方畸变，产生了强烈的固溶强化。同时在马氏体中又存在大量的微细孪晶和位错，它们都会提高塑性变形的抗力，从而产生了相变强化。

需要指出的是，马氏体的硬度并不完全等于实际淬火钢的硬度，因为实际淬火钢的硬度取决于马氏体、残留奥氏体以及其他不转变物（铁素体或二次渗碳体）的含量。

（2）马氏体的塑性和韧性　马氏体的塑性和韧性与其碳的质量分数（或形态）密切相关。片状马氏体碳原子过饱和度大，内应力高，存在孪晶结构，并且后形成的马氏体片以很大的速度猛烈撞击已形成的硬而脆的马氏体片，常伴生有显微裂纹，这些显微裂纹是极其有害的，因此片状马氏体硬而脆，塑性和韧性也都较差。但晶粒细化得到的隐晶马氏体却有一定的韧性。

板条马氏体碳原子过饱和度小，内应力低且存在位错亚结构，彼此相互平行的马氏体板条不致产生撞击，因此，板条马氏体不但有较高的强度，而且有好的韧性和塑性，故近年来，生产中已日益广泛地采用低碳钢和低碳合金钢进行直接淬火的热处理工艺。

（3）马氏体的比体积　在钢的组织中，马氏体的比体积最大，奥氏体比体积最小，所以，当奥氏体转变为马氏体时，会因工件体积膨胀而产生内应力。马氏体中碳的质量分数越高，其正方度越大，比体积也越大，故产生的内应力也越大。这是高碳钢在淬火时容易出现变形和裂纹的原因之一。

4. 马氏体转变的特点

马氏体转变同样是一个形核和长大的过程，除了前面谈到的一些特点外，与珠光体转变和贝氏体转变相比，还有以下主要特点。

（1）在不断降温的过程中形成　马氏体转变是在 *Ms* 点以下不断冷却过程中进行的，其转变的温度区间是 *Mf*～*Ms*，一旦降温停止，马氏体转变也很快停止。随着温度下降，过冷奥氏体不断转变为马氏体，是一个连续冷却的转变过程。

（2）高速形成　马氏体的形成速度很快，奥氏体冷却到 *Ms* 点以下后，无孕育期，瞬时转变为马氏体。马氏体转变速度可达（1～2）$\times 10^5$cm/s。因此，马氏体转变量的增加不是靠已经形成的马氏体的不断长大，而是靠新的马氏体的不断生成。

（3）转变不彻底　马氏体转变是不彻底的，总要残留少量奥氏体，经冷却后未转变的奥氏体保留在钢中，称为残留奥氏体。

残留奥氏体的含量与 *Ms* 和 *Mf* 的位置有关。除 Al 和 Co 元素外，溶解到奥氏体中的元素均使 *Ms* 和 *Mf* 下降，奥氏体中碳的质量分数越高，则 *Ms* 和 *Mf* 越低，淬火后残留奥氏体含量越高，如图 5-19 和图 5-20 所示。只有钢中碳的质量分数小于 0.6% 时，残留奥氏体可忽略。

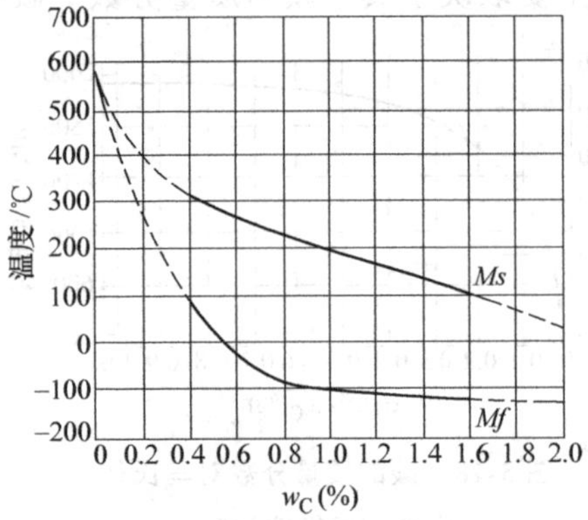

图 5-19　奥氏体中碳的质量分数对马氏体转变温度的影响

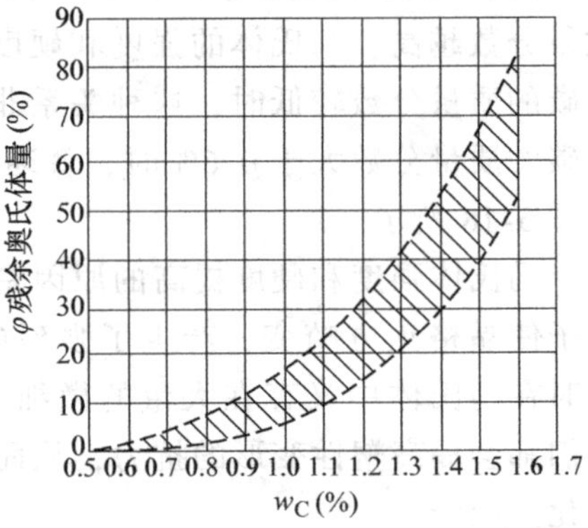

图 5-20　碳的质量分数对残留奥氏体量的影响

五、非共析钢的奥氏体等温转变

1. 亚共析钢的奥氏体等温转变

亚共析钢与共析钢的奥氏体等温转变图不同的是，在其上方多了一条奥氏体转变为铁素体的转变开始线，如图 5-21 所示 45 钢的等温转变图。亚共析钢随着碳的质量分数的增加，奥氏体等温转变图位置往右移，同时 *Ms* 和 *Mf* 线上移。

也就是说，在高温转变区，一部分过冷奥氏体先转变为铁素体，剩余的过冷奥氏体再转变为珠光体，亚共析钢的过冷奥氏体等温转变过程与共析钢类似。

2. 过共析钢奥氏体的等温转变

过共析钢与共析钢的奥氏体等温转变图不同的是，在其上方多了一条过冷奥氏体转变为渗碳体的转变开始线，也就是说过共析钢的过冷奥氏体在高温转变区，将先析出 Fe_3C_{II}，然后再转变为珠光体组织。图 5-22 所示为 T10 钢的奥氏体等温转变图。当加热温度为 Ac_1 以上 30～50℃时，过共析钢随着碳的质量分数的增加，奥氏体等温转变图位置向左移，同时 *Ms* 和 *Mf* 线往下移。

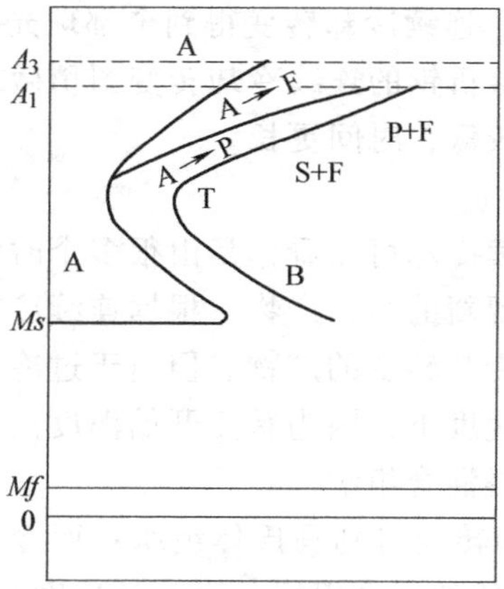

图 5-21　45 钢的奥氏体等温转变图

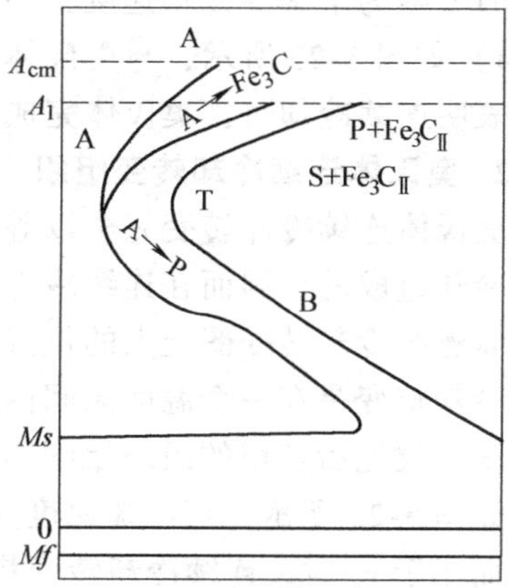

图 5-22　T10 钢的奥氏体等温转变图

六、奥氏体连续冷却转变图

在热处理生产中，常采用连续冷却方式，如水冷、油冷、空冷或炉冷。因此，研究过冷奥氏体连续冷却转变规律，更具有实际意义。

1. 奥氏体连续冷却转变图

奥氏体连续冷却转变图是通过实验测定的，通过连续冷却转变图可以了解冷却速度与过冷奥氏体转变组织的关系。图 5-23 所示为共析钢的奥氏体连续冷却转变图。与奥氏体等温转变图相比，奥氏体连续冷却转变图有以下特点。

1）连续冷却转变图中只有奥氏体等温转变图的上半部，而没有下半部。说明共析钢在连续冷却转变时只发生珠光体转变，而不发生贝氏体转变，所以共析钢过冷奥氏体在连续冷却转变时得不到贝氏体组织。

2）P_S 线为过冷奥氏体转变为珠光体的开始线，P_f 为转变终了线，两线之间为转变过渡区。*KK′*线为转变的中止线，当冷却曲线碰到此线时，过冷奥氏体将中止向珠光体组织转变，直到 *Ms* 点以下，才继续转变为马氏体。

3）与奥氏体连续冷却转变图“鼻尖”

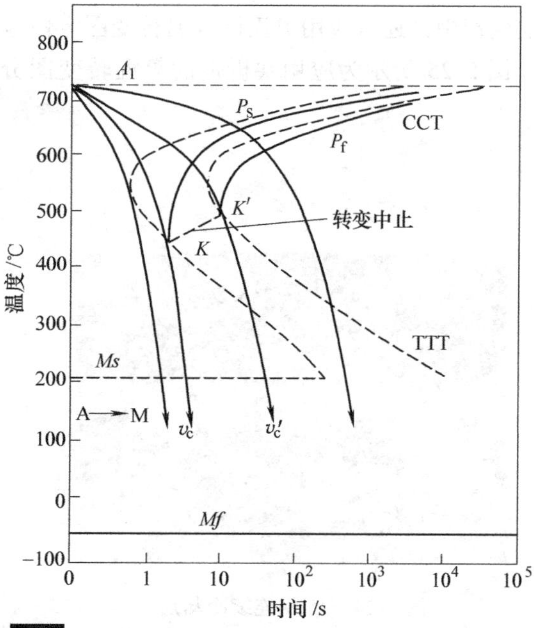

图 5-23　共析钢的奥氏体连续冷却转变图

相切的冷却速度称为马氏体临界冷却速度，也称为上临界冷却速度，用 v_c 表示。它是获得全部马氏体组织（实际还含有一小部分残留奥氏体）的最小冷却速度。马氏体临界冷却速度越小，过冷奥氏体越稳定，因而即使在较慢的冷却速度下也会得到马氏体，这对淬火操作具有十分重要的意义。

而 v_c' 称为下临界冷却速度，当冷却速度小于 v_c' 时，连续冷却转变得到全部珠光体组织。

4）如图 5-23 所示，与奥氏体等温转变图相比，共析钢的连续冷却转变图稍微靠右下一点，表明连续冷却时，奥氏体完成珠光体转变的温度较低，时间更长。

2. 奥氏体连续冷却转变组织

奥氏体连续冷却转变完全以等温转变为基础，连续冷却可以看作是由很多个时间很短的等温冷却组成的，因而在连续冷却转变过程中不会出现新的组织产物。根据连续冷却曲线与奥氏体连续冷却转变图交点的位置，就可以判断连续冷却转变的产物。但由于过冷奥氏体的连续冷却转变是在一个温度区间内进行，在同一冷却速度下，因为转变开始温度高于转变终了温度，故先后获得的组织粗细不均匀，有时还可获得混合组织。

如图 5-23 所示，当冷却速度大于 v_c 时，连续冷却转变得到马氏体组织；而冷却速度大于 v_c' 而小于 v_c 时，连续冷却转变将得到珠光体 + 马氏体的混合组织；当冷却速度小于 v_c' 时，连续冷却转变得到珠光体组织。

过共析钢的连续冷却转变图与共析钢的相比，除了多出一条先析渗碳体的析出线外，其他基本相似。但亚共析钢的连续冷却转变图与共析钢却大不相同，它除了多出一条先析铁素体的析出线外，还出现了贝氏体转变区，因此亚共析钢在连续冷却后，可以出现由更多产物组成的混合组织。图 5-24 所示为 45 钢奥氏体化后，经油冷而得到的铁素体 + 托氏体 + 贝氏体 + 马氏体的混合组织。

3. 奥氏体等温转变图在连续冷却中的应用

在热处理生产中，应尽量查找奥氏体连续冷却转变图以解决连续冷却问题。但奥氏体连续冷却转变图测定比较困难，有些使用较广泛的钢种的连续冷却转变图至今尚未被测出，所以目前生产中，还常应用奥氏体等温转变图定性地、近似地来分析奥氏体在连续冷却中的转变。

图 5-25 所示为应用共析钢的等温转变图分析奥氏体连续冷却时的转变情况。图中冷却

图 5-24 45 钢连续冷却后的混合组织（500×）

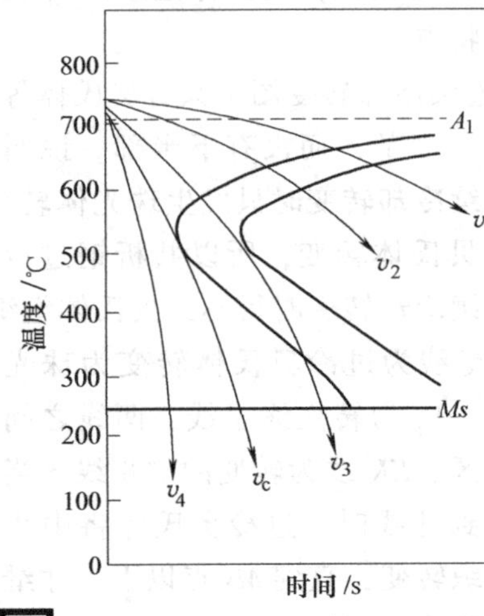

图 5-25 应用等温转变图分析奥氏体在连续冷却中的转变

速度 v_1，相当于炉冷的速度，根据它和奥氏体等温转变图相交的位置，可估计出奥氏体将转变为珠光体；冷却速度 v_2 相当于空冷的速度，根据它和奥氏体等温转变图相交的位置，可估计出它将转变为索氏体；冷却速度 v_3 相当于油冷，有一部分奥氏体先转变成托氏体，剩余的奥氏体冷却到 Ms 开始转变马氏体，最终获得托氏体 + 马氏体 + 残留奥氏体的混合组织；冷却速度 v_4 相当于水冷的速度，它不与奥氏体等温转变图相交，一直过冷到 Ms 以下发生马氏体转变，得到马氏体 + 残留奥氏体组织；冷却速度 v_c 与奥氏体等温转变图鼻尖相切，为该钢的马氏体临界冷却速度。

必须指出，用等温转变图来估计连续冷却转变过程，是很粗略的、不精确的。随着实验技术的发展，将有更多、更完善的连续冷却转变图被测定，用它来解决连续冷却转变问题才是合理的。

第四节　钢的退火和正火

钢的退火和正火主要用于铸件、锻件和焊件的预备热处理，去除内应力，以改善毛坯的可加工性，并为最终热处理做准备，也可用于性能要求不高的机械零件的最终热处理。

一、钢的退火

退火是将钢加热到 Ac_1 以上或以下适当温度，保温一段时间，然后缓慢冷却（一般炉冷）的一种热处理工艺。

除炉冷外，退火还可采用坑冷、埋砂冷却和灰冷等冷却方法，目的是使过冷奥氏体在等温转变图的上部区间进行转变，使金属内部组织达到或接近平衡状态，获得以珠光体（P）为主的组织。

退火的种类很多，常用的主要有如下几种类型。

1. 完全退火

完全退火又称重结晶退火，是把亚共析钢加热至 Ac_3 以上 30～50℃，保温一定时间后缓慢冷却（炉冷或埋入石灰或砂中冷却），以获得接近平衡组织的热处理工艺。完全退火一般用于亚共析钢的铸件、锻件和焊件。

完全退火的目的是使热加工造成的粗大、不均匀或非平衡的组织细化、均匀化或向平衡组织转变，降低硬度，改善可加工性。此外，由于完全退火冷却速度缓慢，还可消除内应力。

2. 等温退火

等温退火是将钢件加热到高于 Ac_3（或 Ac_1）的适当温度，保温适当时间后，较快地冷却到稍低于 Ar_1 的珠光体转变区的某一温度等温保持，使奥氏体等温转变为珠光体组织，然后在空气中冷却的热处理工艺。

等温退火的目的与完全退火相同，区别在于等温退火可大大缩短退火时间，尤其是对于大型铸锻件和高合金钢。图 5-26 所示为高速钢的等温退火与普通退火的对比。

3. 球化退火

球化退火是使钢中碳化物球状化而进行的退火工艺。目的是降低硬度，提高塑性，改善可加工性，并为以后的淬火做组织准备。球化退火主要用于共析钢和过共析钢等工模具钢。

过共析钢球化退火后的显微组织为在铁素体基体上分布着细小均匀的球状渗碳体，称为球状珠光体或粒状珠光体。球化退火的加热温度略高于 Ac_1，球化退火需要较长的保温时间来保证二次渗碳体的自发球化，保温后炉冷。图 5-27 所示为 T12 钢在 770℃保温 4h、炉冷至 700℃保温 4h，再炉冷至 550℃出炉后的显微组织。

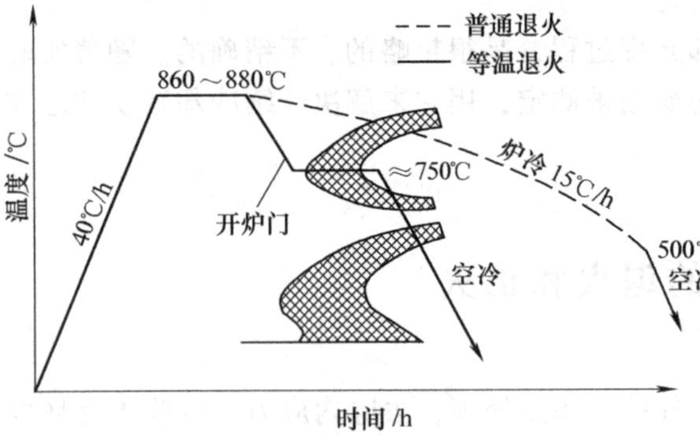

图 5-26 高速钢的等温退火与普通退火

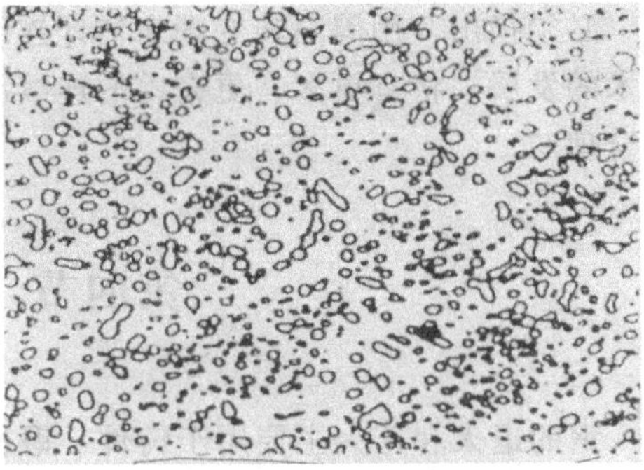

图 5-27 T12 钢球化退火显微组织（500×）

对于存在网状二次渗碳体的过共析钢，应在球化退火前进行正火，消除网状渗碳体，以利于球化。

4. 去应力退火

一些铸铁件、焊接件和冷变形加工件会残存很大的内应力，为了消除残余内应力而进行的退火称为去应力退火。

去应力退火是将钢件加热至低于 A_1 的某一温度（一般为 500～650℃），保温后炉冷到 500℃以下（大截面工件炉冷到 300℃以下）出炉空冷，这种处理可以消除约 50%～80% 的内应力，但不引起组织变化。

5. 均匀化退火（扩散退火）

为消除钢锭、铸件或锻造毛坯的偏析现象，将其加热到固相线以下 100～200℃，长时间保温（10～15h），通过原子扩散使成分均匀化，然后缓慢冷却至室温的热处理工艺，称为均匀化退火（扩散退火）。均匀化退火后钢的晶粒很粗大，因此一般需要再进行完全退火或正火处理。

二、钢的正火

1. 正火

将钢件加热到 Ac_3 或 Ac_{cm} 以上 30～50℃，保温适当时间后，在自由流通的空气中均匀冷却的热处理称为正火。一些大型钢件在炎热的夏天，也可采用吹风或喷雾冷却。

正火的目的是使钢的组织正常化，也称为常化处理。正火后的组织，亚共析钢为铁素体＋索氏体；当碳的质量分数大于 0.6% 时，钢正火后一般不出现先共析组织，为伪共析的珠光体或索氏体。

正火实质上是退火的一个特例，二者的主要区别在于冷却速度不同。正火冷却速度较大，得到的珠光体组织数量多，并且比较细小，因而强度和硬度也较高。图 5-28 所示为 45 钢退火和正火后的显微组织。40Cr 钢退火和正火后的力学性能见表 5-3。

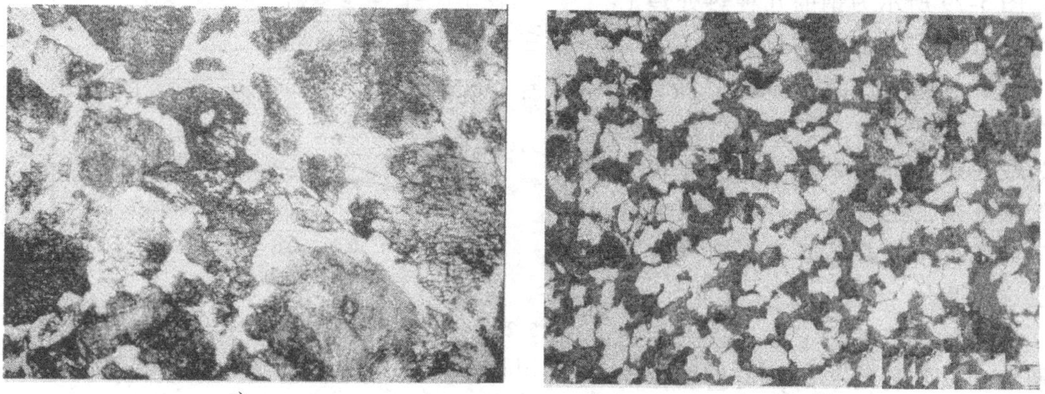

a)　　b)

图 5-28　45 钢退火和正火后的显微组织（500×）

a）退火组织　b）正火组织

表 5-3　40Cr 钢退火和正火后的力学性能

状态	屈服强度 R_{eL}/MPa	抗拉强度 R_m/MPa	断后伸长率 A(%)	断面收缩率 Z(%)	冲击吸收能量 KV_2/J
退火	357	643	21	53.5	43.9
正火	441	740	21	56.9	61.2

2. 正火的应用

（1）消除缺陷组织　所有的钢件均可通过正火使晶粒细化。截面较大的合金结构钢件，在淬火或调质处理（淬火＋高温回火）前常进行正火，以消除魏氏组织和带状组织，并获得细小而均匀的组织。而过共析钢，经正火处理后可消除对性能不利的网状二次渗碳体，以保证球化退火质量。

某些碳钢和低合金钢的淬火返修件，也可采用正火消除内应力并细化组织，以防止重新淬火时产生变形或开裂。

（2）作为最终热处理　正火可以细化晶粒，使组织均匀化，减少亚共析钢中铁素体含量，使珠光体含量增多并细化，从而提高钢的强度、硬度和韧性。对于力学性能要求不高的结构钢零件，经正火后所获得的性能即可满足使用要求，可用正火作为最终热处理。

（3）改善可加工性　对于低碳钢或低碳合金钢，由于退火组织中铁素体过多，硬度太低，一般在 170HBW 以下，切削加工容易“黏刀”。而用正火则可得到量多而细的珠光体组织，提高其硬度，从而改善可加工性。所以，对于低碳钢和低碳合金钢，通常采用正火来代替完全退火，作为预备热处理。

3. 退火与正火的选用原则

（1）从可加工性上考虑　金属的最佳切削硬度大约在 170～230HBW 范围内，进行切削加工的工件应尽量处于最佳切削硬度范围内。因此，低碳钢宜采用正火；中碳钢既可采用退火，也可采用正火，但从经济性上考虑，应选用正火；碳的质量分数为 0.45%～0.6% 的碳钢则必须采用完全退火；过共析钢用正火消除网状渗碳体后再进行球化退火。图5-29所示为钢的几种热处理工艺与合适的切削加工硬度范围的关系。

(2) 从使用性能上考虑　对于力学性能要求不高的工件，可以将正火作为最终热处理。如果工件尺寸较大或形状复杂，正火可能会导致较大的内应力和变形，甚至开裂，这种情况下应选择退火。

(3) 从经济性上考虑　正火生产周期短，设备利用率高，工艺操作简单，比较经济。因此，在条件允许的情况下，应尽量选择正火。各种退火和正火的加热温度和工艺曲线的示意图如图5-30所示。

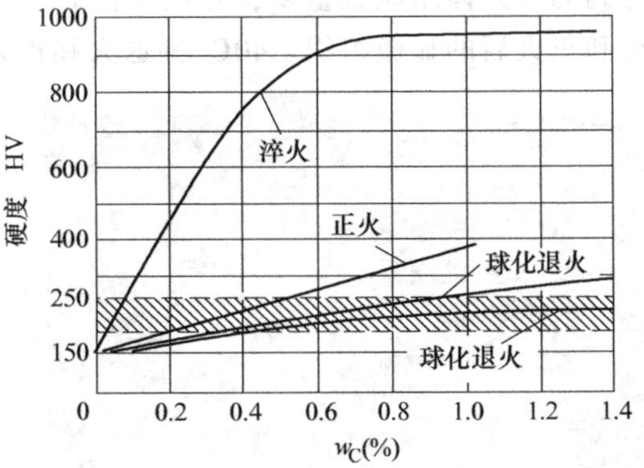

图5-29　钢的几种热处理工艺与合适的切削加工硬度范围的关系（阴影部分为合适的切削加工硬度范围）

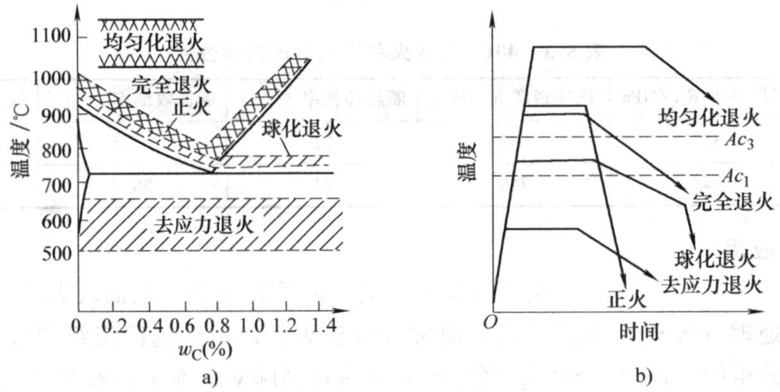

图5-30　各种退火和正火的加热温度和工艺曲线的示意图

a) 加热温度范围　b) 工艺曲线

第五节　钢的淬火

将钢加热到Ac_3或Ac_1以上适当温度，保温一段时间后，以大于v_c的速度进行快速冷却，使奥氏体转变为马氏体或下贝氏体的热处理工艺称为淬火。

小知识

"淬火"一词在行业中通读为"蘸火"，"蘸火"已成为专业口头交流的习惯用词，但文献中又看不到它的存在。也就是说，淬火是标准词，人们不读它；"蘸火"是常用词，人们却不写它，这是我国文字中不多见的现象。

马氏体强化是钢的主要强化手段，因此从组织上讲，淬火的目的就是为了获得马氏体或下贝氏体，提高钢的力学性能。淬火是钢的最重要的热处理工艺，也是热处理中应用最广的工艺方法。

一、淬火工艺参数

1. 淬火温度的确定

淬火温度即钢的奥氏体化温度，是淬火的主要工艺参数之一。选择淬火温度的原则是获得均匀细小的奥氏体组织。

图 5-31 所示为碳钢的淬火温度范围。亚共析钢的淬火温度一般为 Ac_3 以上 30～50℃，淬火后获得均匀细小的马氏体组织。如果温度过高，会因为奥氏体晶粒粗大而得到粗大的马氏体组织，使钢的力学性能恶化，特别是使塑性和韧性降低；如果淬火温度低于 Ac_3，淬火组织中会保留未溶铁素体，使钢的强度和硬度下降。

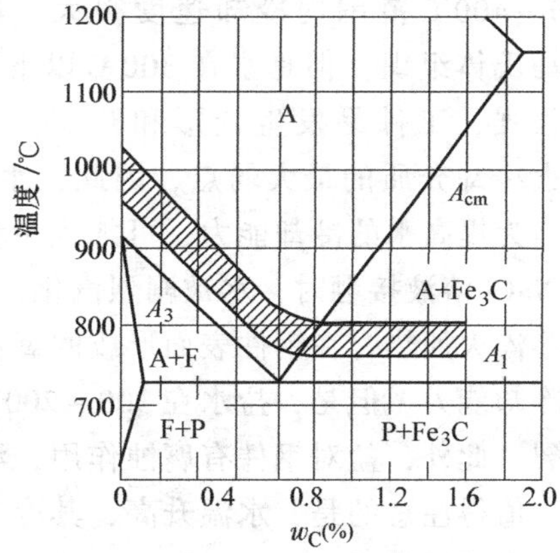

图 5-31 碳钢的淬火温度范围

对于共析钢和过共析钢，适宜的淬火温度为 Ac_1 +(30～50)℃，淬火后的组织为细小的马氏体和粒状渗碳体，使淬火钢具有较高的硬度和耐磨性；若采用 Ac_{cm} + (30～50)℃加热，必然使奥氏体晶粒长大，渗碳体全部溶解，奥氏体溶碳量增加，淬火组织为粗大马氏体和大量的残留奥氏体，这会降低钢的硬度、耐磨性以及韧性，使淬火钢件的淬火变形和开裂倾向加大；若淬火温度过低，得到非马氏体组织，钢的硬度达不到要求。

对于合金钢，由于合金元素对奥氏体的延缓作用，加热温度应适当高一些。

2. 加热时间的确定

加热时间由升温时间和保温时间组成。由工件入炉温度升至淬火温度所需的时间为升温时间，并以此作为保温时间的开始。保温时间是指工件透烧及完成奥氏体化过程所需要的时间。加热时间与工件的形状和尺寸、加热介质、装炉方式以及加热温度等多种因素有关，因此，要确切计算加热时间是比较复杂的。目前在生产中，常根据如下经验公式估算保温时间：

$$t = KD$$

式中 t——保温时间（min）；

K——加热系数（min/mm）；

D——工件有效厚度（mm）。

加热系数 K 表示工件单位有效厚度所需的保温时间，其大小与钢的化学成分、工件尺寸和加热介质有关，具体情况可查阅相关手册。

3. 淬火冷却介质

为了得到马氏体组织，淬火冷却速度必须大于临界冷却速度 v_c，但并非越快越好。冷却速度快必然产生较大的淬火内应力，这往往会引起工件变形或开裂。所以，淬火时在得到马氏体组织的前提下，应尽量缓冷。

根据钢等温转变图可知，在“鼻尖”温度附近必须快冷，躲开“鼻尖”，从而保证不产生非马氏体相变；而在 Ms 点附近又可以缓冷，以减轻马氏体转变时的相变应力。根据上述要求，理想的淬火冷却曲线如图 5-32 所示，但是到目前为止，还找不到完全理想的淬火冷却介质。

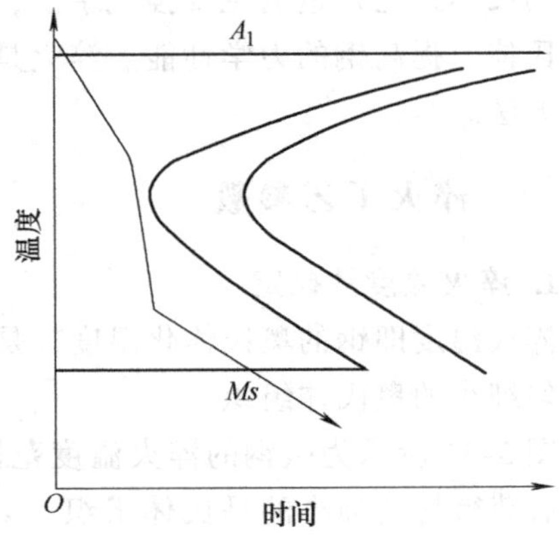

图 5-32　理想淬火冷却曲线示意图

实际生产中常用的淬火冷却介质有水、水溶性盐类和碱类、有机物水溶液、油、熔盐和空气等。

水是目前应用最广的淬火冷却介质，因为它价廉易得，使用安全，不燃烧且无腐蚀，在 650 ~ 400℃ 范围内冷却速度很大，保证工件获得马氏体组织。但是水在 300℃ 以下冷却能力仍然很强，工件易发生变形和开裂，这是水作为淬火冷却介质的最大弱点，因此，水一般用于形状简单碳钢件的淬火。

为提高水的冷却能力，可加入少量的盐或碱。如 5% ~ 10% 的 NaCl 溶液，当淬火钢件与 NaCl 溶液接触时，水被剧烈汽化，而盐微粒则依附于钢件表面并产生急剧爆裂，不仅能剥落淬火加热时在钢件表面形成的氧化皮，而且能有效地破坏包围在钢件周围的蒸汽膜，提高冷却能力。但是，盐水在 300 ~ 200℃ 时其冷却能力仍然很大，容易使钢件产生淬火变形开裂；此外，盐对钢件有腐蚀作用，淬火后的钢件应及时清洗。

值得注意的是，水温升高，其冷却能力下降。在生产中常采用循环冷却的方法使水温保持在合适的温度。

各种矿物油也是应用广泛的淬火冷却介质，目前常用的是 L-AN15 和 L-AN32（原 10#、20#机油）。油在 300 ~ 200℃ 温度范围内，冷却速度小于水，这可大大减小淬火钢件的变形和开裂倾向，但它在 650 ~ 550℃ “鼻尖”温度范围的冷却速度也比水小得多，因此，油常用作等温转变图靠右的合金钢的淬火冷却介质。油温升高，油的流动性更好且冷却能力提高，但油温过高则易着火，因此一般把油温控制在 60 ~ 80℃。由于油质易老化，生产成本高，用油淬火的钢件需要清洗。

近年来，高速淬火油、光亮淬火油、水玻璃-碱（或盐）水溶液、氯化锌-碱（盐）水溶液、过饱和硝盐水溶液和聚乙烯醇等一些新型淬火冷却介质，由于其冷却特性优于普通水和油，已在生产中获得应用。

资料卡

三国时蜀国的造刀能手蒲元为诸葛亮造刀 3000 口，刀能劈开装满铁砂的竹筒，被誉为神刀。其诀窍是蒲元能识别不同水质对淬火质量的影响，自言“汉水钝弱，不任淬用。蜀江爽烈，乃命人于成都取之。”北朝綦母怀文进一步用“五牲之溺”、“五牲之脂”作为淬火冷却介质。这表明古代对不同冷却介质对淬火后工件性能的影响已有一定经验。

二、淬火方法

选择适当的淬火方法和选用淬火冷却介质一样，可以保证在获得所要求的淬火组织和性能条件下，尽量减小淬火应力，减少工件变形和开裂倾向。

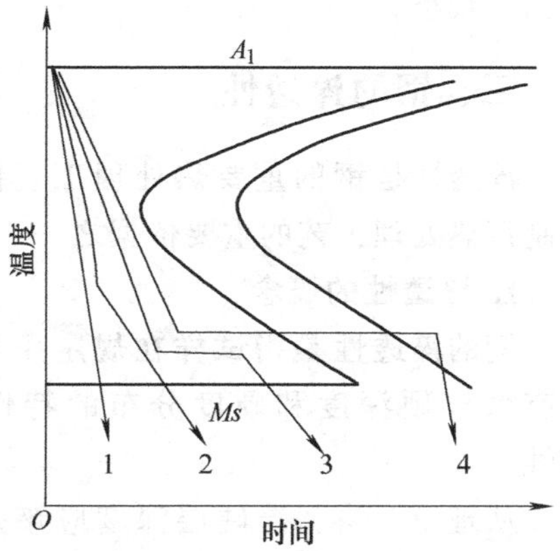

图 5-33　各种淬火方法示意图

1. 单液淬火

它是将奥氏体状态的工件放入一种淬火冷却介质中一直冷却到室温的淬火方法，如通常碳钢件采用水作为淬火冷却介质、合金钢件采用油作为淬火冷却介质的淬火方法。这种方法的优点是操作简单，易实现机械化与自动化，但水冷变形大，油冷难淬硬。因此，这种方法适用于形状简单的碳钢和合金钢工件，其工艺曲线如图 5-33 曲线 1 所示。

2. 双液淬火

它是将奥氏体状态的工件先浸入冷却能力强的淬火介质中，在组织即将发生马氏体转变时立即转入另一种冷却能力较弱的介质中冷却，使工件发生马氏体转变的淬火方法，如图 5-33 曲线 2 所示。常用的双液淬火有水淬油冷和油淬空冷。这种方法利用了两种介质的优点，克服了单液淬火的不足，获得了较理想的冷却条件，既能保证获得马氏体组织，又减小了淬火内应力和变形开裂倾向，主要用于形状复杂的高碳工具钢，如丝锥和板牙等。

但是这种方法必须准确掌握钢件由第一种介质转入第二种介质时的时机，如果温度过高，尚处于等温转变图“鼻尖”以上温度，取出缓冷时则可能发生奥氏体向珠光体组织的转变，从而达不到淬火的目的；如果温度已低于 *Ms* 温度，则已发生了马氏体转变，就失去了双液淬火的作用。在生产中，保证双液淬火的效果主要靠经验，所以，双液淬火法的缺点是操作困难。

3. 马氏体分级淬火

它是将奥氏体状态的工件先浸入略高或稍低于 *Ms* 点的盐浴或碱浴中保持适当时间，在工件整体达到介质温度后再取出空冷，以获得马氏体组织的淬火方法，如图 5-33 曲线 3 所示。这种方法的优点是比双液淬火进一步减少了应力和变形，操作容易，但由于盐浴和碱浴的冷却能力较小，故只适用于形状较复杂和尺寸较小的工件。

4. 贝氏体等温淬火

它是将奥氏体状态的工件快冷到下贝氏体转变温度区间等温，使奥氏体转变为下贝氏体的淬火方法，如图 5-33 曲线 4 所示。等温的温度和时间由该钢等温转变图确定。

等温淬火得到的下贝氏体组织强度硬度较高，韧性比马氏体好；而且由于淬火内应力很小，能有效地防止工件的变形和开裂。但此法缺点是生产周期较长又要一定设备，常用于薄、细、形状复杂、尺寸要求精确并且强韧性要求高的工件，如成形刀具和模具等。

5. 局部淬火

局部淬火法只对钢件需要硬化的部位进行淬火，如图 5-34 所示为 T10A 钢卡规的局部淬火。局部淬火法只对钢件局部淬火，变

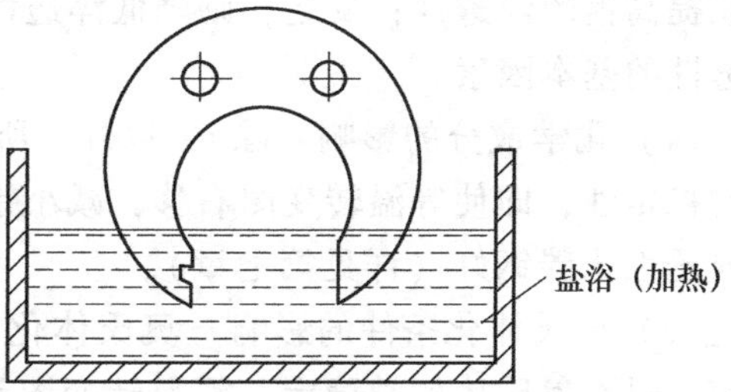

图 5-34　T10A 钢卡规的局部淬火

形相对较小。

三、钢的淬透性

淬透性是钢的重要热处理工艺性能，也是选材和制订热处理工艺的重要依据之一。

1. 淬透性的概念

钢的淬透性是指试样在规定条件下淬火时，获得有效淬硬深度和硬度分布的特性，是钢的固有属性。

从理论上讲，淬硬层深度应该是工件全部淬成马氏体的深度，但实际上在淬火组织中总会有数量不等的非马氏体组织，采用显微组织观察和硬度测量都很难分辨。因此，一般规定由钢件表面到半马氏体区（马氏体和珠光体类型组织各占50%）处的距离作为有效淬硬深度。不同成分的钢，其半马氏体区硬度是不同的，它取决于钢中碳的质量分数，如图5-35所示。

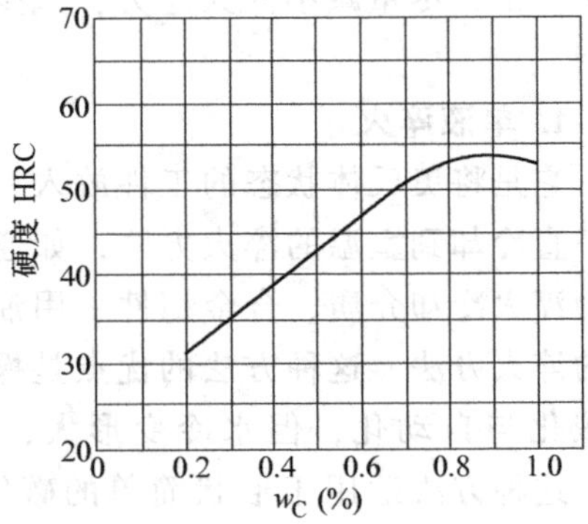

图5-35 半马氏体硬度与钢中碳的质量分数的关系

钢的淬透性直接影响其热处理后的力学性能。图5-36所示为两种淬透性不同的钢制成相同的试样经调质处理（淬火＋高温回火）后力学性能的比较。

淬透性高的钢，整个截面都被淬透，其力学性能沿截面分布是均匀的；而淬透性低的钢，未能淬透，其力学性能沿截面分布是不均匀的，越靠近心部，力学性能越差，尤其是韧性相差更明显。这是因为淬透性高的钢调质后，其组织由表及里均为回火索氏体，其中渗碳体呈粒状分布，具有较高的韧性；而未淬透的钢，经调质后，心部组织为片状索氏体，所以韧性较差。

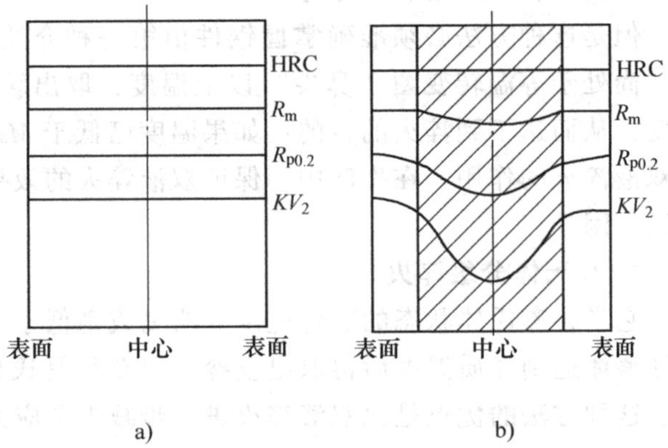

图5-36 淬透性对调质后钢的力学性能的影响

a）已淬透 b）未淬透

2. 影响淬透性的因素

凡能增加过冷奥氏体稳定性，即使等温转变图右移，减小钢的临界冷却速度 v_c 的因素，都能提高钢的淬透性；反之，则降低淬透性。因此，钢的化学成分和奥氏体化条件是影响其淬透性的基本因素。

（1）化学成分的影响　除Co以外，所有溶于奥氏体中的合金元素，都能增加过冷奥氏体的稳定性，即使等温转变图右移，减小钢的临界冷却速度 v_c，提高淬透性，因此，合金钢的淬透性比碳钢好（详见第七章）。

（2）奥氏体化条件的影响　奥氏体化温度越高，保温时间越长，晶粒越粗大，成分越均匀，过冷奥氏体就越稳定，等温转变图越向右移，钢的临界冷却速度 v_c 值越小，钢的淬透性也就越好。

3. 淬透性的测定及其表示方法

淬透性的测定方法很多，目前应用得最广泛的是“末端淬火法”，简称为端淬试验。试验时，先将标准试样加热至奥氏体化温度，停留35min，然后迅速放在端淬试验台上喷水冷却，如图5-37a所示。由于试样末端受水最多，冷却最快，越往上冷却越慢。因此，沿试样长度方向便能测出各种冷却速度下的组织和硬度值，然后将硬度值随距水冷端距离的变化绘成曲线，这种曲线称为淬透性曲线。

图5-37b所示为45钢和40Cr钢的淬透性曲线。由图可知，随着距水冷端距离的增加，45钢比40Cr钢的硬度下降要快，故40Cr钢的淬透性比45钢的好。

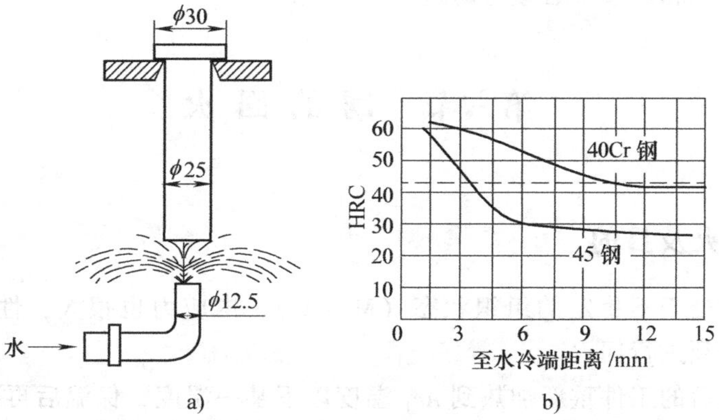

图5-37　末端淬火试验测定钢的淬透性曲线

a）端淬试验示意图　b）淬透性曲线

在生产和科研中还常使用临界直径表示钢的淬透性，这是一种直观衡量淬透性的方法。所谓临界直径是指钢在某种介质中淬火后，心部能得到全部马氏体或50%马氏体组织的最大直径，用d_c表示。显然，在冷却能力大的介质中比冷却能力小的介质中所淬透的直径要大。在同一介质中，钢的临界直径越大，其淬透性越高。表5-4列出了几种常用钢的临界直径。

表5-4　几种常用钢的临界直径

牌号	临界直径/mm		牌号	临界直径/mm	
淬火冷却介质	水	油	淬火冷却介质	水	油
45	13～16.5	5～9.5	35CrMo	36～42	20～28
60	11～17	6～12	60Si2Mn	55～62	32～46
T10	10～15	<8	50CrV	55～62	32～40
65Mn	25～30	17～25	38CrMoAlA	100	80
20Cr	12～19	6～12	20CrMnTi	22～35	15～24
40Cr	30～38	19～28	30CrMnSi	40～50	32～40
35SiMn	40～46	25～34	40MnB	50～55	28～40

4. 淬透性的应用

力学性能是机械设计中的主要依据，而钢的淬透性又会直接影响钢热处理后的力学性能，因此，在选材时必须对钢的淬透性有所了解。

对于截面尺寸较大和形状较复杂的重要零件，以及载荷较大而要求截面力学性能均匀的零件，应选用高淬透性的钢制造，例如，受拉伸、压缩及冲击载荷的零件，这些零件中的应力分布是均匀的，因此要淬透；对于受弯曲和扭转的零件，由于应力主要分布于表层，因此淬透层深度一般为零件半径或厚度的1/3~1/2即可；对于切削刀具一般要淬透。

对于焊接结构件，不应选用淬透性较高的钢材，因为淬透性高的钢在焊后空冷时，在焊缝和热影响区容易出现马氏体组织，诱发焊接冷裂纹。

由于钢件的淬透层深度受其截面尺寸的影响，钢件的热处理强化效果也受其截面尺寸的影响。因此，在设计和制造中必须考虑这种尺寸效应。

第六节　钢的回火

一、钢的回火及目的

淬火后的工件处于不稳定的组织状态（M+A′），内应力也很大，性能表现为硬而脆，不能直接使用，必须进行回火。

回火是将淬火后的工件重新加热到 Ac_1 温度以下某一温度，保温后再冷却到室温的一种热处理工艺。为了不致产生新的应力，回火冷却一般采取空冷。

回火目的有三个方面：一是降低或消除内应力，以防止工件开裂和变形；二是使淬火后的组织由不稳定向稳定方向转变，以稳定工件尺寸；三是调整工件的性能，以满足工件的使用要求。

二、淬火钢在回火时的转变

1. 淬火钢在回火时的组织转变

虽然回火的加热温度不高，冷却也不剧烈，但组织转变却非常复杂。总的趋势是，马氏体中的过饱和碳逐渐析出，残留奥氏体不断转变，淬火后的组织由不稳定状态向稳定状态转变。其组织转变过程主要取决于回火加热温度，随着加热温度的升高，淬火钢的组织大致发生以下四个方面的变化。

（1）马氏体分解　在100℃以下回火时，钢的组织无明显变化，只发生碳在马氏体中的偏聚。马氏体分解主要发生在100~200℃，此时马氏体中的碳以ε-碳化物（$Fe_{2.4}C$）的形式析出，使马氏体的过饱和度降低，析出的碳化物以极细小的片状分布在马氏体的基体上，这种组织叫回火马氏体，用 $M_{回}$ 表示。回火马氏体比淬火马氏体容易被腐蚀，故在光学显微镜下呈黑色，如图5-38所示。

马氏体分解一直要进行到350℃，此时α相中碳的质量分数接近平衡成分，但仍保持马氏体的组织形态。马氏体中碳的质量分数越高，析出的碳化物就越多。对于碳的质量分数小于0.2%的低碳马氏体，在这一阶段不析出碳化物，只发生碳原子在位错附近的偏聚。

（2）残留奥氏体的分解　残留奥氏体的分解主要发生在200~300℃，由于马氏体的分解，正方度降低，减轻了对残留奥氏体的压力，因而残留奥氏体就分解为碳化物和过饱和的

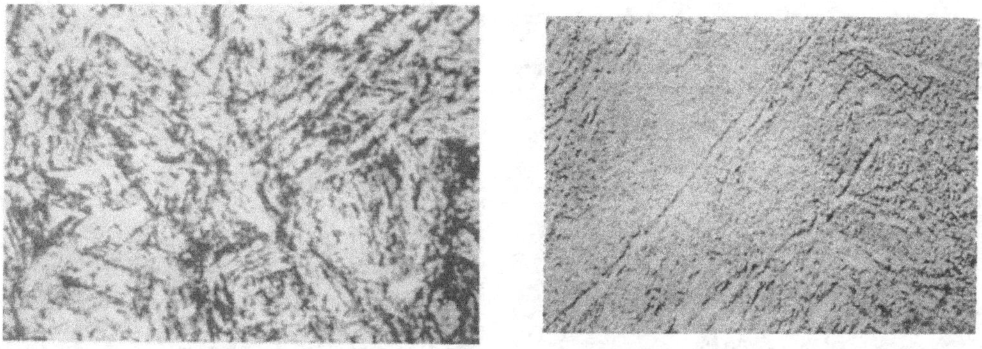

a)　　　　　　　　　　b)

图 5-38　45 钢的回火马氏体

a）光学显微组织（500×）　b）电子显微组织（7500×）

α 相，其组织与同温度下马氏体的回火产物一样，同样是回火马氏体。应当指出，只有碳的质量分数大于 0.5% 的碳钢及合金钢淬火后才有明显的残留奥氏体。

（3）碳化物的转变　碳化物的转变主要发生在 250～400℃，此时介稳定的 ε-碳化物（$Fe_{2.4}C$）重新溶入 α 相中，同时从 α 相中析出 Fe_3C。到 350℃左右，马氏体中碳的质量分数基本降到铁素体的平衡成分，同时内应力基本消除，此时回火马氏体转变为马氏体形态的铁素体基体上分布着极其细小的渗碳体颗粒，这种组织称为回火托氏体，用 $T_{回}$ 表示。回火托氏体容易被腐蚀，在光学显微镜下呈黑色，只有在电子显微镜下，才能分辨出渗碳体颗粒，如图 5-39 所示。

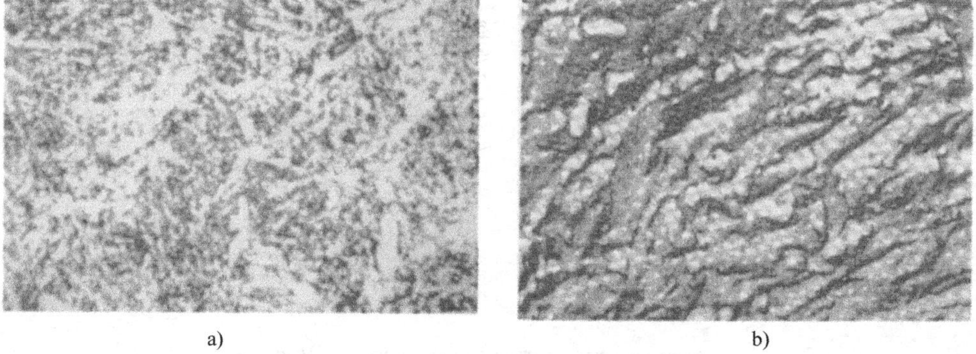

a)　　　　　　　　　　b)

图 5-39　45 钢的回火托氏体

a）光学显微组织（500×）　b）电子显微组织（7500×）

（4）铁素体再结晶与渗碳体的聚集长大　铁素体再结晶与渗碳体的聚集长大主要发生在 400℃以上，随着回火温度的升高，渗碳体将逐渐聚集长大，回火温度越高，渗碳体颗粒也越大。在 450℃以上，铁素体开始发生再结晶，由原来马氏体组织形态变成为多边形晶粒。这种由颗粒状渗碳体与多边形铁素体组成的组织称为回火索氏体，用 $S_{回}$ 表示。回火索氏体中的渗碳体因聚集长大，渗碳体颗粒尺寸较大，弥散度较小，在光学显微镜下就可以分辨，如图 5-40 所示。

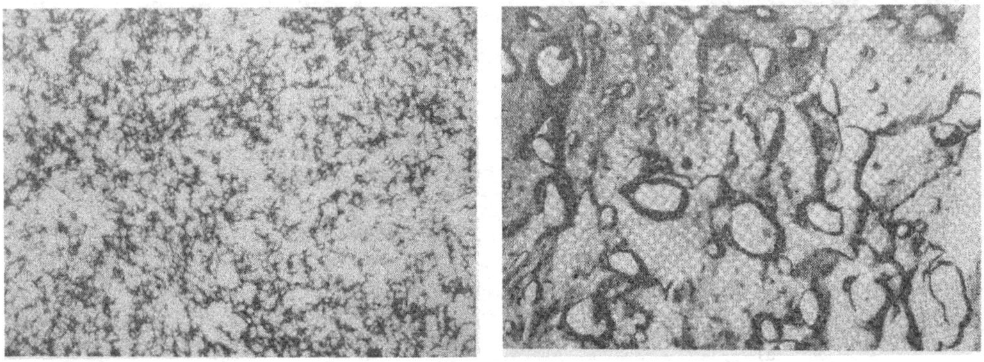

a)　　　　　　b)

图 5-40　45 钢的回火索氏体

a）光学显微组织（500×）　b）电子显微组织（7500×）

2. 淬火钢在回火后性能的变化

淬火钢在不同温度回火后，获得了不同的组织，因而其力学性能也将有明显的变化。总的规律是，随回火温度升高，钢的强度和硬度下降，塑性和韧性上升。图 5-41 所示为两种不同成分的淬火钢的力学性能与回火温度的关系。

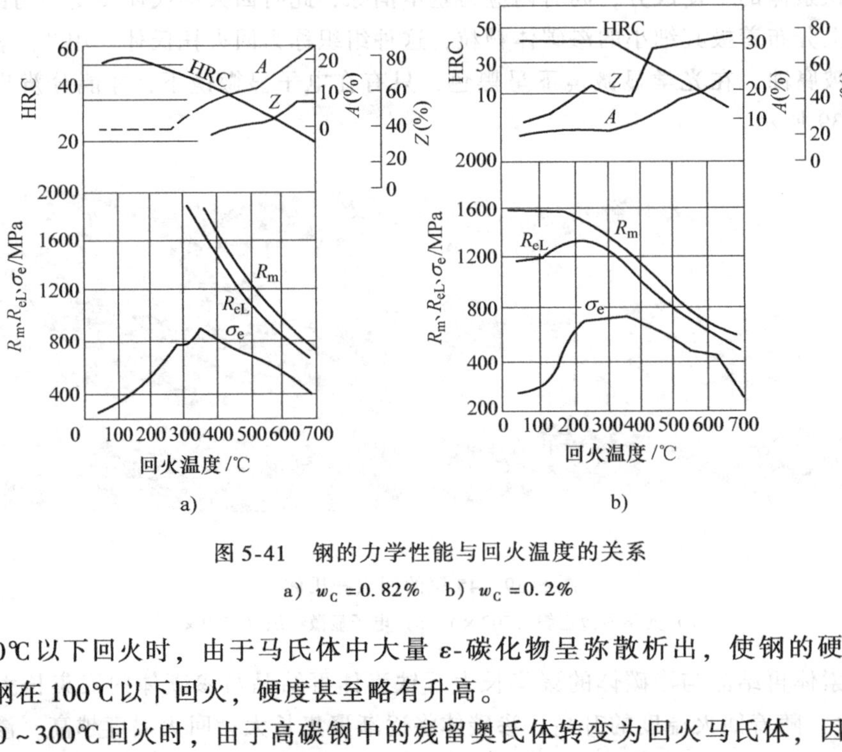

a)　　　　　　b)

图 5-41　钢的力学性能与回火温度的关系

a）w_C =0.82%　b）w_C =0.2%

在 200℃以下回火时，由于马氏体中大量 ε-碳化物呈弥散析出，使钢的硬度下降不明显，高碳钢在 100℃以下回火，硬度甚至略有升高。

在 200～300℃回火时，由于高碳钢中的残留奥氏体转变为回火马氏体，因此会减慢硬度下降的速度。对于低、中碳钢，由于残留奥氏体量较少，因此硬度开始逐渐下降。

300℃以上回火时，由于渗碳体粗化以及马氏体中碳的质量分数已降至 0.1% 以下，使钢的硬度直线下降。

回火得到的回火托氏体、回火索氏体与过冷奥氏体直接分解得到的层片状托氏体、索氏体的力学性能有显著区别。当硬度相同时，两类组织的强度基本相同，但回火组织的塑性和韧性比层片状组织高。因此，重要零件都要进行淬火 + 回火处理。

三、回火的种类

根据回火温度不同，可将回火分为三种。

1. 低温回火

低温回火的温度为 150～250℃，回火后的组织为回火马氏体。低温回火主要是为了降低钢的淬火内应力和脆性，而保持高的硬度（一般为 58～64HRC）和耐磨性，常用于处理各种工具、模具、滚动轴承、渗碳淬火件和表面淬火件。

2. 中温回火

中温回火的温度为 350～500℃，回火后的组织为回火托氏体。这种组织具有较高的弹性极限和屈服强度，并具有一定的韧性，硬度一般为 35～45HRC，主要用于弹簧和要求具有较高弹性的零件。

资料卡

碳钢的回火色

光亮的工件表面经加热后发生氧化，温度不同，生成的氧化膜厚度不同，从而呈现的颜色不同，这就是所谓的“回火色”。

碳钢回火温度与回火色对照表如下，回火色要在 2～3min 内快速辨认。

回火温度/℃	回　火　色	回火温度/℃	回　火　色
220	亮黄	275	绛红
240	草黄	285	紫色
255	棕黄	295	浅蓝
265	棕红	315	深蓝

3. 高温回火

高温回火的温度为 500～650℃，回火后的组织为回火索氏体。这种组织具有良好的综合力学性能，即在保持较高的强度的同时，又具有良好的塑性和韧性。习惯上将淬火与高温回火相结合的热处理称为调质处理，简称调质。调质广泛用于各种重要的结构零件，如轴、齿轮、连杆和螺栓等，也可作为精密零件和量具等的预备热处理，调质后硬度一般为 210～300HBW。

四、回火脆性

在一般情况下，淬火钢的冲击韧度随着回火温度的升高而增加，但在某些温度范围内回火时，钢的冲击韧度明显下降，这种现象称为回火脆性。回火时的这种脆性分为第一类回火脆性和第二类回火脆性两种。

1. 第一类回火脆性

淬火钢在 250～350℃范围内回火时出现的脆性叫作第一类回火脆性。几乎所有的钢都存在这类脆性，而且是一种不可逆回火脆性，这可能与在这一温度范围内沿马氏体晶界析出碳化物的薄片有关。目前尚无有效办法完全消除这类回火脆性，所以一般都尽量避免在 250～350℃这个温度范围内回火。

2. 第二类回火脆性

淬火钢在500～650℃范围内回火时出现的脆性称为第二类回火脆性。这种脆性主要发生在含Cr、Ni、Si和Mn等合金元素以及P和As等杂质元素的结构钢中。这种脆性与加热、冷却条件有关，并且是可逆的。加热至600℃以上后，以缓慢的冷却速度通过500～650℃脆化温度区时，出现脆性；快速通过500～650℃脆化温度区时，则不出现脆性，如图5-42所示。因此，很多合金结构钢在高温回火后应快速冷却。

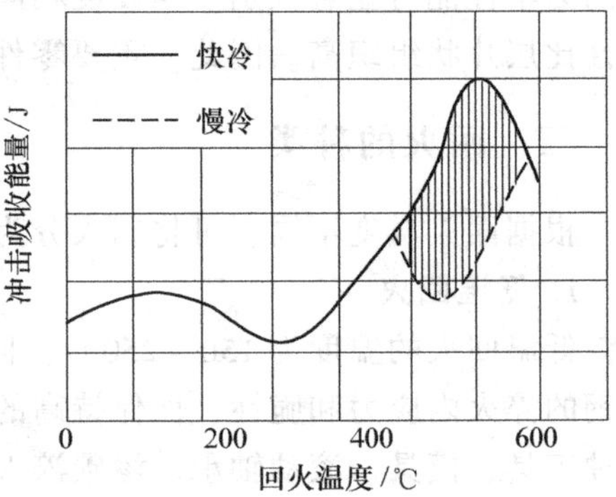

图5-42　第二类回火脆性

除回火后采取快冷外，在钢中加入W（约1%）、Mo（约0.5%）等合金元素也可有效地抑制第二类回火脆性的产生。

第七节　表面热处理

在生产中，有不少零件（如齿轮和曲轴等）是在弯曲和扭转等交变载荷、冲击载荷及摩擦条件下工作的，零件表层承受着比心部高得多的应力，而且表面还要不断地被磨损，因此零件表层必须进行强化处理，使其具有高的强度、硬度、耐磨性和疲劳强度，而心部为了能承受冲击，应保持足够塑性与韧性。此时若单从钢材的选择入手和采用整体热处理方法，很难满足其要求，解决办法是对零件进行表面热处理或化学热处理。

表面热处理是一种不改变金属表层化学成分，仅对零件表层进行热处理以改变其组织和性能的局部热处理工艺，也称为表面淬火。它是通过快速加热，使钢的表层奥氏体化，在热量尚未充分传至中心时立即淬火冷却，使表层获得硬而耐磨的马氏体组织，而心部仍保持着原来塑性和韧性较好的正火或调质组织。

根据加热方式的不同，表面热处理可分为感应淬火、火焰淬火、接触电阻加热淬火、激光淬火和电子束淬火等，最常用的是前两种。

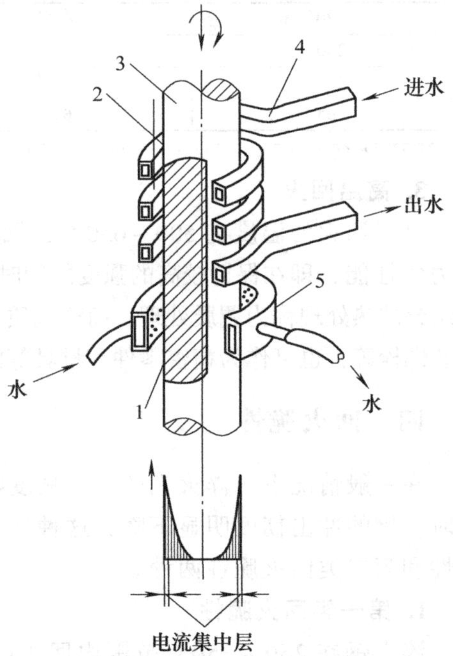

图5-43　感应淬火的原理

1—加热淬火层　2—间隙　3—工件　4—加热感应线圈　5—淬火喷水套

一、感应淬火

1. 感应淬火的原理

感应淬火的原理如图5-43所示。在纯铜制成的感应线圈中通入一定频率的交流电时，即在其内部和周围产生交变磁场。若把工件置于磁场中，则在工件内部产生频率相同但方向相反的感应电流，感应电流在工件内部自成回路，故称“涡流”。由于交流电的趋肤效应，靠近工件面的电流密度大，而中心几乎为零。由于工件自身电阻，工件表面温度快速升高到相变点以上，而心部温度仍在相变点以下。感应加热后，随即采用水、乳化液或聚乙烯醇水溶液喷射淬火，使工件表面形成马氏体组织，而心部组织保持不变，达到表面淬火的目的。

通过感应线圈的电流频率越高，感应电流的趋肤效应越强烈，故电流透入深度越薄，淬火后工件淬硬层也就越薄。

2. 感应淬火用钢及其应用

用作表面淬火最适宜的钢种是中碳钢和中碳合金钢，如 45 钢、40Cr 钢等。因为碳的质量分数过高，会增加淬硬层脆性，降低心部塑性和韧性，并增加淬火开裂倾向；碳的质量分数过低，会降低零件表面淬硬层的硬度和耐磨性。在某些情况下，感应淬火也应用于高碳工具钢、低合金工具钢及铸铁等工件。

根据工件对表面淬火深度的要求，应选择不同的电流频率和感应加热设备。目前在生产中常用的感应淬火有四种，见表 5-5。

表 5-5 常用的感应淬火方法

名　　称	频率/kHz	淬硬深度/mm	适用零件
高频感应淬火	100～1000(常用 200～300)	0.5～2	中小型,如小模数齿轮,直径较小的圆柱形零件
中频感应淬火	0.5～10(常用 2.5、8)	2～10	中大型,如直径较大的轴,大中模数的齿轮
超音频感应淬火	20～70	2.5～2.9	模数为 3～6 的齿轮,也适用于链轮、花键轴和凸轮等零件的表面淬火
工频感应淬火	0.05	>10～15	大直径钢材的穿透加热和要求淬硬层深的大直径零件(如直径大于 300mm 轧辊和火车车轮等)的表面淬火

感应淬火对工件的原始组织有一定要求，一般钢件应预先进行正火或调质处理，铸铁件的组织应是珠光体基体和细小均匀分布的石墨。

感应淬火后需进行低温回火，以降低内应力。回火方法有炉中加热回火、感应加热回火和利用工件内部的余热对表面进行自热回火（自回火）。

3. 感应淬火的特点

与普通加热淬火相比，感应淬火有以下几方面的特点。

1）感应加热速度极快，一般只要几秒到几十秒的时间就可使工件达到淬火温度。因此，使相变温度升高，感应淬火的淬火温度要比普通炉内加热淬火高几十度。

2）感应加热速度快、时间短，使奥氏体晶粒细小而均匀，淬火后可在表面获得细针状马氏体或隐针马氏体，使工件表层硬度较普通淬火的硬度高出 2～3HRC，且具有较低的脆性。

3）由于工件表层存在残余压应力，它能部分抵消在交变载荷作用下产生的拉应力，从而提高了疲劳极限。

4）工件表面不易氧化和脱碳，耐磨性好；工件变形小。

5）生产率高，适用于大批量生产，而且容易实现机械化和自动化操作，可置于生产流水线进行程序自动控制。

但感应加热设备较贵，维修和调整比较困难，且形状复杂工件的感应器不易制造。

二、火焰淬火

将高温火焰喷向工件表面，使其迅速加热到淬火温度，然后以一定的淬火冷却介质喷射于加热表面或将工件浸入冷却介质中进行冷却的淬火称为火焰淬火。火焰淬火常用氧乙炔或氧煤气等火焰加热工件表面进行淬火。图 5-44 所示为火焰淬火的示意图。

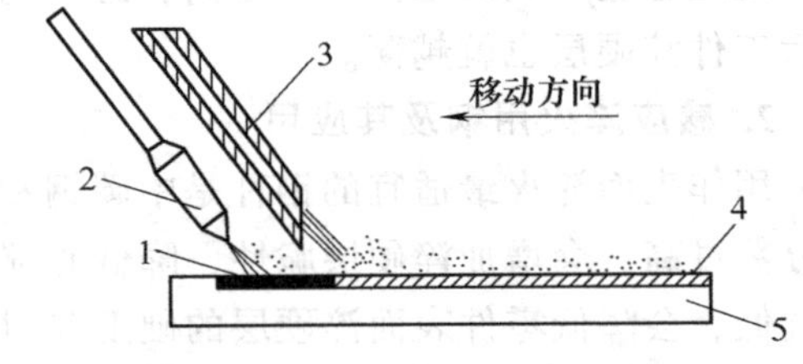

图 5-44　火焰淬火的示意图

1—加热层　2—喷嘴　3—喷水管　4—淬硬层　5—工件

火焰淬火是应用历史最长的表面淬火技术，和高频感应淬火相比，具有设备简单，成本低等优点，可对大型零件局部实现表面淬火。近年来，随着自动控温技术的不断进步，使传统的火焰表面淬火技术呈现出新的活力，各种自动化和半自动化火焰淬火机床在工业中得到越来越广泛的应用。图 5-45 所示为几种典型工件火焰淬火的示意图。

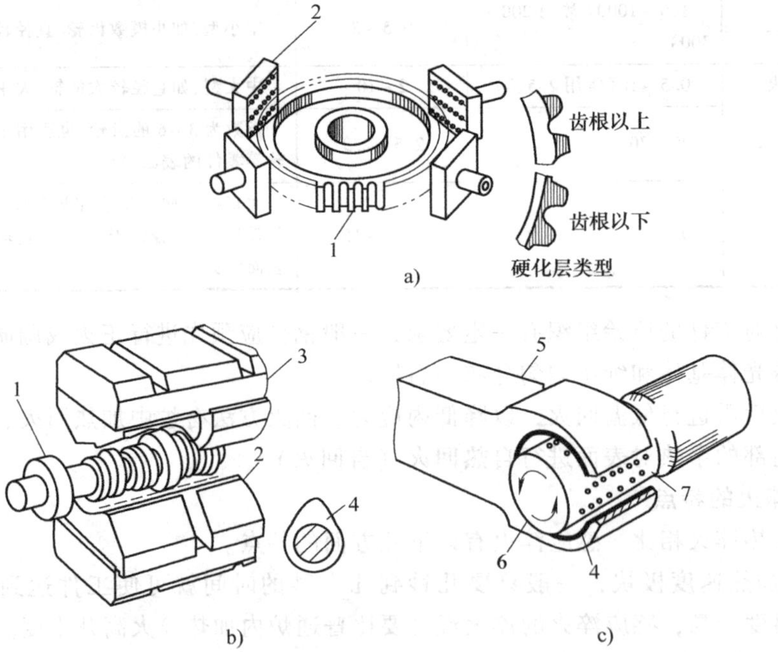

图 5-45　典型工件火焰淬火的示意图

1—旋转的工件　2—固定火焰喷嘴　3—导气管　4—硬化层

5—工件　6—旋转水冷喷嘴　7—火焰喷嘴

火焰淬火的缺点是生产率低，工件表面容易产生过热，淬硬层的均匀性远不如感应淬火，质量控制也比较困难。因此主要适用于单件、小批量生产及大型零件（如大型齿轮、轴、轧辊和导轨等）的表面淬火。

第八节　化学热处理

化学热处理是将工件置于适当的活性介质中加热和保温，使一种或几种元素渗入其表层，以改变其表面化学成分、组织和性能的热处理工艺。和其他热处理方法相比，其特点是不仅有组织的变化，而且工件表层化学成分也发生了变化。

化学热处理的作用主要有以下两个方面，一方面是提高工件表层的某些力学性能，如表层硬度、耐磨性和疲劳极限等；另一方面是保护工件表面，提高工件表层的物理性能和化学性能，如耐高温和耐蚀性等。

按渗入的元素不同，化学热处理可分为渗碳、渗氮、碳氮共渗、渗硼和渗金属等。尽管各种化学热处理的工艺不尽相同，但它们的基本过程大致相同，主要可分为以下三个阶段。

（1）分解　介质分解出渗入元素的活性原子。

（2）吸收　工件表面吸收活性原子，也就是活性原子由钢的表面进入铁的晶格而形成固溶体，或形成特殊化合物。

（3）扩散　被工件吸收的原子，在一定温度下，由表面向内部扩散，形成一定厚度的扩散层。

一、钢的渗碳

1. 渗碳的目的和应用范围

为提高工件表层碳的质量分数并获得一定的碳浓度梯度，将工件在渗碳介质中加热和保温，使碳原子渗入到钢表层的化学热处理工艺称为渗碳。渗碳的目的是提高工件表面的硬度、耐磨性和疲劳极限。常用渗碳的钢一般是碳的质量分数为0.10%～0.25%的低碳钢和低碳合金钢，如20钢、20Cr钢、20CrMnTi钢、20CrMnMo钢和18Cr2Ni4W钢等。

在机器制造业中，有许多重要零件，如汽车变速器齿轮、活塞销和摩擦片等，都是在交变载荷、冲击载荷、很大接触应力和严重磨损条件下工作的，因此零件表面必须具有高的硬度、耐磨性及疲劳极限，而心部具有较高的强度和韧性。为了满足上述零件使用性能要求，经渗碳和淬火＋低温回火后，可在零件的表层和心部分别获得高碳和低碳组织，使高碳钢和低碳钢的不同性能结合在一个零件上，从而满足了零件的使用性能要求。

2. 渗碳方法

根据渗碳剂的不同，渗碳方法可分为固体渗碳、液体渗碳和气体渗碳。气体渗碳法的生产率高，渗碳过程容易控制，渗碳层质量好，且易实现机械化与自动化，应用最广。

气体渗碳法由分解、吸收与扩散三个基本过程组成。首先是渗碳气氛在高温下分解出活性碳原子，即

$$CH_4 = 2H_2 + [C]$$

$$2CO = CO_2 + [C]$$

$$CO + H_2 = H_2O + [C]$$

随后，活性碳原子被钢表面吸收而溶于高温奥氏体中，并向钢内部扩散而形成一定深度的渗碳层。渗碳层深度主要取决于保温时间，在一定的渗碳温度下，保温时间越长，渗碳层越厚。如用井式气体渗碳炉加热到930℃渗碳，渗碳时间与渗碳层深度的大体关系见表5-6。在生产中，常采用随炉试样检查渗碳层深度的方法，来确定工件出炉时间。

表5-6　930℃渗碳时渗碳层深度与时间的关系

渗碳时间/h	3	4	5	6	7
渗碳层深度/mm	0.4～0.6	0.6～0.8	0.8～1.2	1～1.4	1.2～1.6

滴注气体渗碳法是把工件置于密封的井式气体渗碳炉中，通入渗碳剂，并加热到渗碳温度900～950℃（常用930℃），使工件在高温的气氛中进行渗碳。炉内的渗碳气氛主要由滴入炉内的煤油、丙酮、甲苯及甲醇等有机液体在高温下分解而成，主要由CO、H_2、CH_4及少量CO_2等组成。图5-46所示为气体渗碳法示意图。

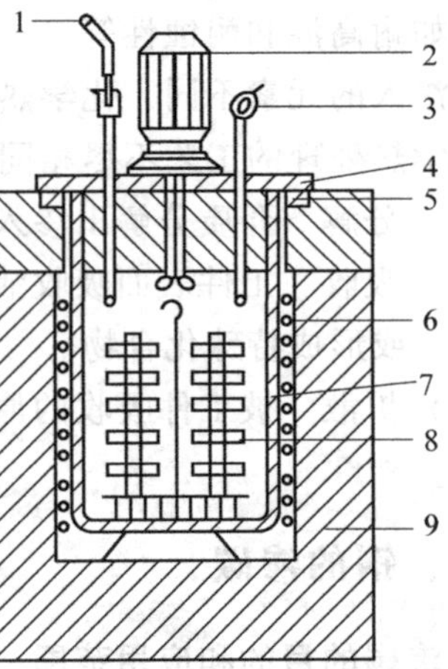

图5-46　气体渗碳法示意图

1—渗碳剂滴入管　2—风扇电动机　3—废气火焰　4—炉盖　5—砂封　6—电炉丝　7—炉罐　8—工件　9—炉体

3. 渗碳件的技术要求

实践证明，渗碳层中碳的质量分数、渗碳层的深度与组织是决定渗碳质量的主要指标，对渗碳件的使用寿命起着极其重要的作用。

（1）渗碳层的碳的质量分数和深度　渗碳层表面的碳的质量分数最好在0.85%～1.05%范围内，表面碳的质量分数过低，淬火+低温回火后得到碳的质量分数较低的马氏体，硬度低、耐磨性差、疲劳极限也低；但表面碳的质量分数过高，渗碳层中会出现大量块状或网状渗碳体，使渗碳层变脆，易剥落，同时由于表面淬火组织中残留奥氏体的过度增加，使表面硬度和耐磨性下降，以及表层残余压应力减小，导致疲劳极限显著降低。

在一定的渗碳层深度范围内，随着渗碳层深度的增加，渗碳件的疲劳极限、抗弯强度及耐磨性都将增加；但渗碳层超过一定限度后，疲劳极限反而随着渗碳层深度的增加而降低，而且渗碳层过深，渗碳件的冲击韧度也会降低。因此，渗碳件所要求的渗碳层深度δ，应根据其具体尺寸及工作条件来确定。表5-7所列数据可供参考。零件在工作条件下磨损较小时，δ值取小些；磨损较大时，δ值取大些。

表5-7　典型零件渗碳层深度确定方法

零件种类	渗碳层深度δ/mm	备　注
轴类	$(0.1～0.2)R$	R——半径/mm
齿轮	$(0.2～0.3)m$	m——模数
薄片件	$(0.2～0.3)t$	t——厚度/mm

5 CHAPTER

钢经渗碳后，碳的质量分数从表层到心部逐渐减小，到心部为原来低碳钢的原始碳的质量分数。低碳钢渗碳缓冷到室温的组织如图 5-47 所示，最外层是过共析组织，往里是共析组织，再往里是亚共析组织的过渡层，最里面是心部的原始组织。

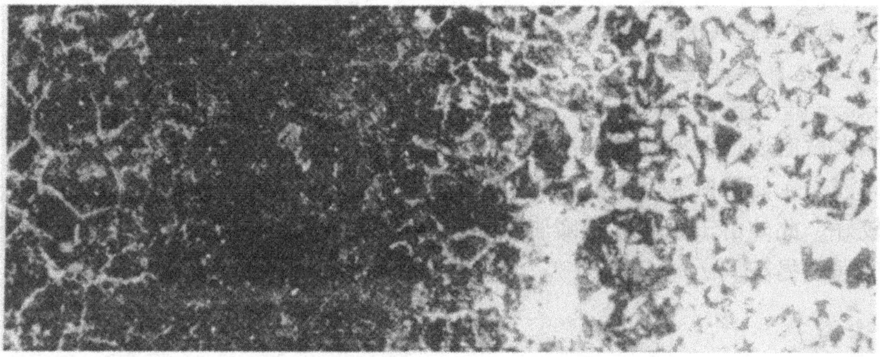

图 5-47　低碳钢渗碳缓冷后的显微组织

（2）渗碳件的热处理　钢渗碳以后必须进行热处理才能达到预期目的，常用的热处理方法是淬火 + 低温回火。

渗碳后可直接淬火，但由于渗碳温度高，奥氏体晶粒长大，淬火后马氏体较粗，残留奥氏体也较多，因此耐磨性较低，变形较大。为了减少淬火时的变形，渗碳后常将工件预冷到 830 ~ 880℃ 后淬火。

在渗碳缓慢冷却到室温之后，重新加热到临界温度以上淬火的方法称为一次淬火。心部组织要求高时，一次淬火的加热温度应略高于 Ac_3；对于受载不大但表面性能要求较高的零件，淬火温度应选用 Ac_1 以上 30 ~ 50℃，使表层晶粒细化，而心部组织无大的改善，性能略差一些。

对于力学性能要求很高或本质粗晶粒钢，应采用二次淬火。第一次淬火是为了改善心部组织，加热温度为 Ac_3 以上 30 ~ 50℃；第二次淬火是为了细化表层组织，获得细马氏体和均匀分布的粒状二次渗碳体，加热温度为 Ac_1 以上 30 ~ 50℃。

图 5-48 所示为渗碳后三种淬火的示意图。

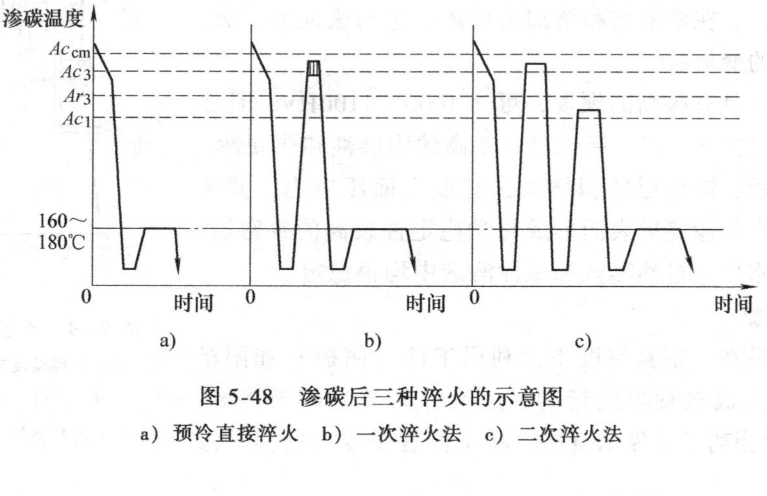

图 5-48　渗碳后三种淬火的示意图

a）预冷直接淬火　b）一次淬火法　c）二次淬火法

想一想

我国赫哲族在近代仍用传统方法制作鱼钩。其步骤是：先将铁丝弯制加工成钩，和木炭、火硝一同装入陶罐加热，趁热打碎陶罐，使钩落入水中；再在铁锅中用油和小米翻炒。这样做成的鱼钩具有很好的强度和韧性，可以钓起百斤重的大鱼。

请说一说这样做的道理。

渗碳淬火后应进行低温（160～180℃）回火，以消除淬火应力和提高韧性。

钢渗碳淬火＋低温回火后表面硬度高可达58～64HRC以上，耐磨性较好；心部硬度较低，韧性较好。此外由于表层体积膨胀大，心部体积膨胀小，结果在表层中造成压应力，使零件的疲劳强度提高。

二、渗氮

渗氮是在一定温度下于一定的介质中使活性氮原子渗入工件表层的化学热处理工艺。渗氮的目的在于提高钢件表面的硬度和耐磨性，提高疲劳极限和耐蚀性。

常用的渗氮钢一般含有Cr、Mo和Al等元素，因为这些元素可以形成各种氮化物，目前应用的渗氮方法主要有气体渗氮和离子渗氮。

1. 气体渗氮

气体渗氮是在预先已排除了空气的井式炉内进行的。它是把已脱脂净化的工件放在密封的炉内加热，并通入氨气，氨气在380℃以上就能按下式分解出活性氮原子。

$$2NH_3 \rightarrow 3H_2 + 2\,[N]$$

活性氮原子被钢的表面吸收，形成固溶体和氮化物（AlN）。随着渗氮时间的增长，氮原子逐渐往里扩散，从而获得一定深度的渗氮层。

渗氮温度一般为510～520℃，采用二段渗氮工艺时，强渗阶段的渗氮温度为560℃。渗氮时间较长，一般为20～50h，渗氮层深度为0.4～0.6mm。

零件在渗氮前一般须经调质处理，目的是获得均匀的回火索氏体组织，保证较高的强度和韧性。对于形状复杂或精度要求高的零件，在渗氮前和精加工后还要进行去应力退火，以减少渗氮时的变形。

钢件渗氮后具有很高的硬度，可达1000～1100HV，且在600～650℃下保持不下降，所以具有很高的耐磨性和热硬性。

钢件渗氮后，渗氮层体积增大，造成表面压应力，使疲劳强度大大提高；渗氮后表面形成化学稳定性较高的致密层，耐蚀性好，在水中、过热蒸汽和碱性溶液中均很稳定。

2. 离子渗氮

离子渗氮是在一定真空度下，利用工件（阴极）和阳极之间产生的辉光放电现象进行的，故又称为辉光离子渗氮，如图5-49所示为离子渗氮示意图。将工件置于专门的离子渗

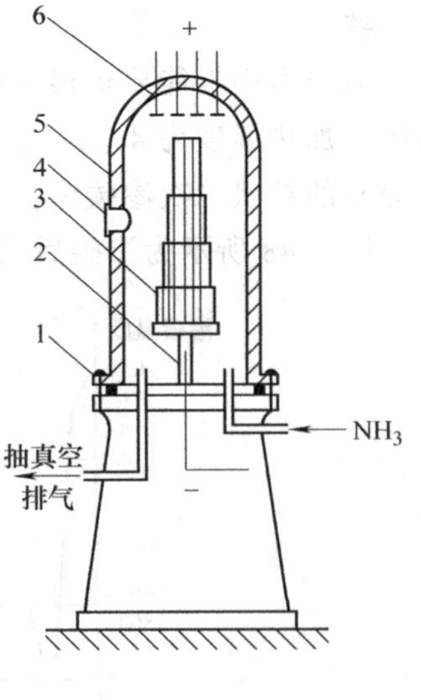

图5-49 离子渗氮示意图
1—密封橡皮棒 2—阴极
3—工件 4—观察孔
5—真空室外壳 6—阳极

氮炉内，在渗氮时，先把炉内真空度抽到1.333～13.33Pa，慢慢通入氨气使气压维持在133.3～1333Pa之间，并以需要渗氮的工件为阴极，以炉壁为阳极（或另设置一个与工件外形相仿的专门阳极），通过高压（400～750V）直流电，氨气被电离成氮和氢的正离子和电子，这时阴极（工件）表面形成一层紫色辉光。具有高能量的氮离子以很大的速度轰击工件表面，由动能化为热能，使工件表面温度升高到所需的渗氮温度（450～650℃）；同时氮离子在阴极上夺取电子后，还原成氮原子而渗入工件表面，并向内层扩散形成渗氮层。此外，氮离子轰击工件表面时，还能产生阴极溅射效应而溅射出铁离子，这些铁离子与氮离子化合，形成含氮量很高的氮化铁（FeN），氮化铁又重新附着在工件表面上，依次分解为Fe_2N、Fe_3N和Fe_4N等，并放出氮原子向工件内部扩散，于是在工件表面形成渗氮层。随时间的增加，渗氮层逐渐加深。

离子渗氮的速度是气体渗氮的3～4倍，渗氮层具有一定的韧性；处理后工件变形小，表面呈银白色，质量好；离子渗氮能量消耗低，渗剂消耗少且对环境几乎无污染；对材料的适应性强，碳钢、铸铁和合金钢都可进行离子渗氮。离子渗氮可用于轻载和高速条件下工作的需要耐磨、耐蚀的零件及精度要求较高的细长杆类零件，如镗床主轴，精密机床丝杠、阀杆和阀门等。

三、氮碳共渗和碳氮共渗

氮碳共渗和碳氮共渗是在金属工件表层同时渗入氮和碳两种元素的化学热处理工艺。前者以渗氮为主，后者则以渗碳为主。

1. 氮碳共渗

氮碳共渗是以渗氮为主的共渗工艺，生产中应用最广的是低温气体氮碳共渗工艺。与一般气体渗氮相比，共渗层硬度低、脆性小。

气体氮碳共渗是在含有活性氮和碳原子的气氛中进行低温氮碳共渗，常用的共渗介质有氨加醇类液体（甲醇、乙醇）、尿素和甲酰胺等。它们在氮碳共渗温度下发生分解反应，产生活性氮原子和碳原子，活性氮原子和碳原子被工件表面吸收，通过扩散渗入工件表层，从而获得以渗氮为主的氮碳共渗层。常用温度为560～570℃，时间2～3h，因为在该温度与时间下的共渗层硬度最高。

气体氮碳共渗后一般采用油冷或水冷，以获得N在α-Fe中的过饱和固溶体，使工件表面产生残余压应力，疲劳强度可明显提高。

气体氮碳共渗的工艺温度低，时间短，工件变形小。碳钢、低合金钢、工具钢、不锈钢、铸铁及铁基粉末冶金材料均可进行气体氮碳共渗处理。气体氮碳共渗还能显著地提高工件的疲劳强度、耐磨性和耐蚀性。在干摩擦条件下，还具有抗磨伤和抗咬合性能，同时共渗层比较硬且具有一定的韧性，不容易剥落。

因此，目前生产中气体氮碳共渗已广泛应用于模具、量具、高速钢刀具和齿轮等耐磨工件的处理。但气体氮碳共渗目前存在一些问题，如表层中化合物层较薄（0.01～0.02mm），且共渗层硬度陡然降低，故不宜在重载条件下工作。

2. 碳氮共渗

碳氮共渗是以渗碳为主的共渗工艺，生产中应用最广的是中温气体碳氮共渗。这种工艺采用的共渗介质实际上就是渗碳和渗氮的混合气体，目前我国在生产中最常用的是在井式气体渗碳炉中滴入煤油、甲苯或丙酮等，使其热分解出渗碳气体，同时往炉中通入渗氮所需的氨气。在共渗温度下，煤油与氨气除了单独进行前述的渗碳和渗氮作用外，相互之间还可能发生化学反应而产生活性碳原子和氮原子，它们被工件表面吸收，并逐渐向内部扩散，从而获得一定深度的碳氮共渗层。

气体碳氮共渗的钢种大多为低碳或中碳的碳钢和合金钢，共渗温度常采用820～880℃范围。碳氮共渗时间，取决于共渗层深度、共渗温度以及所用的共渗介质。一般低碳钢和低合金结构钢采用850℃碳氮共渗时，共渗时间与共渗层深度的关系见表5-8。

表5-8　850℃碳氮共渗时间与共渗层深度的关系

共渗时间/h	1～1.5	2～3	4～5	7～9
渗层深度/mm	0.2～0.3	0.4～0.5	0.6～0.7	0.8～1.0

注：介质为（70%～80%）渗碳气体+（20%～30%）氨气。

气体碳氮共渗层的深度一般为0.3～0.8mm；共渗层中碳的质量分数约为0.7%～0.9%，氮的质量分数约为0.25%～0.4%，故工件经共渗后还需要淬火和低温回火，才能提高表面硬度与心部强度。在一般情况下，由于碳氮共渗温度比渗碳温度低，因此共渗后就可直接淬火，然后再低温回火。热处理后表层组织为含碳和氮的回火马氏体与残留奥氏体以及少量的碳氮化合物。

气体碳氮共渗兼有渗碳层和渗氮层的优点。与渗碳相比，它具有温度低，时间短，变形小，速度快，生产效率高，共渗层硬度、耐磨性、疲劳强度较高，又有一定的耐蚀性等优点。与渗氮层相比，共渗层的深度比渗氮层深，表面脆性小，抗压强度较高。但由于气体碳氮共渗的渗层深度一般不超过0.8mm，所以不能满足承受很高压强和要求厚渗层的零件。目前生产中，常用来处理汽车和机床上的各种齿轮、蜗轮、蜗杆和轴类零件等。

第九节　热处理质量控制

热处理时钢件要经历加热和冷却两个相反的热过程，尤其是有些淬火操作，冷却速度很大，非常容易出现一些质量问题，甚至一些其他冷、热加工过程造成的缺陷，也在热处理中表现出来了。因此，热处理的质量控制具有十分重要的实际意义。

影响热处理质量的因素很多，如材料的化学成分、工件的结构和尺寸、热处理工艺规范以及各种冷、热加工工序在加工路线中的位置等，其中最主要的是热处理工艺因素和工件的结构因素。

一、钢在热处理时的加热缺陷

1. 钢中常见的加热缺陷

（1）氧化　在空气中加热或加热气氛中含有氧化性气体（如O_2、CO_2和H_2O等）时，就会在工件表面形成FeO、Fe_2O_3和Fe_3O_4等氧化物。在560℃以下，主要形成Fe_3O_4这类比较致密的氧化物，它可使钢表面与氧化性气氛隔离，阻止钢表面进一步氧化。但钢的奥氏体化温度多在560℃以上，钢制工件表面形成以FeO为主的疏松的氧化物层，随着加热温度的升高或加热时间的延长，其氧化物层深度增加，不仅导致钢的烧损加大，而且使零件尺寸变小，表面粗糙，甚至还严重影响热处理的质量。

（2）脱碳　脱碳即钢中的碳向加热介质中扩散，使钢表面碳的质量分数降低的现象。伴随氧化常发生脱碳，氧化性气氛也是脱碳的气氛。一般钢中碳的质量分数越高，在同样的脱碳气氛中脱碳越严重。由于脱碳使钢件表面碳的质量分数下降，导致工件强度下降，特别是工件的疲劳强度下降，耐磨损性能降低。因此，在对高碳钢热处理加热时应采取适当的保护措施，如在加热炉中放置铁屑和木炭等。

（3）过热　过热是指加热温度偏高或保温时间过长，使奥氏体晶粒粗大的现象。过热会使钢的力学性能降低，同时工件热处理后变形加大，甚至可能导致热处理开裂，从而使工件报废。过热的工件一般可以在正常正火温度下进行正火，使奥氏体晶粒细化，予以补救。

（4）过烧　过烧是指由于加热温度太高，奥氏体晶界或部分晶界发生氧化甚至熔化的现象。过烧的工件只能报废，无法挽救，因而是致命性的。

2. 加热缺陷的防止办法

（1）合理制订并严格执行加热规范　热处理的加热缺陷大多是由于加热温度过高或保温时间过长引起的，因此，热处理时必须根据材料的化学成分和热处理工艺要求制订合理的加热规范，并严格执行。在条件允许的情况下，应尽量选择低的加热温度和短的保温时间。

（2）真空加热　工件在真空中（低于 1×10^{5}Pa）加热是防止氧化脱碳的最有效措施，是热处理工艺的发展方向之一，在发达国家得到普遍的应用，但是，真空加热用的设备投资大，工艺成本较高。

（3）可控气氛加热　工件加热过程中向炉内充入一定保护性气氛，保证钢在不脱碳、不增碳和不氧化的气氛下加热。实践证明它是行之有效且可靠的方法，也是发达国家普遍应用的工艺，是现代热处理工艺的发展方向之一。但需要一套制取可控气氛的发生装置，因此，成本较高，同时原材料来源不广泛限制了它的应用。

（4）盐浴加热　工件置于熔化的中性盐中加热称为盐浴加热。盐浴具有加热速度快，加热均匀，热变形小，表面氧化脱碳现象轻，便于实现局部加热以及操作简便等优点。但盐浴的钢件，淬火后必须及时清洗钢件表面附着的盐，否则表面会被腐蚀。盐浴对环境易产生污染，此外操作过程中盐浴遇水易炸，易使人体灼伤，要十分注意安全。

二、淬火回火的工艺缺陷

1. 淬火回火的缺陷

在热处理工艺中，因淬火和回火工艺不当造成的产品质量不合格时有发生。常见的工艺缺陷有以下几种情况。

（1）硬度不足　硬度不足一般是由于淬火加热温度低、表面脱碳、冷却速度不够（发生珠光体转变）、钢材淬透性低、淬火钢中残留奥氏体过多或者是回火温度过高等原因造成的。

要解决硬度不足的缺陷，首先应查清原因，然后采取相应的措施加以解决。

（2）硬度不均匀　淬火钢件硬度不均匀主要表现在钢件表面硬度有明显的忽高忽低现象。这种缺陷可能是由于原始组织粗大且不均匀或冷却不均匀等原因造成的，可以通过正火后重新淬火来消除。

(3) 淬火变形和开裂　变形和开裂是淬火生产中经常出现的工艺缺陷，也是最棘手的问题。引起变形和开裂的原因主要是淬火时产生的内应力，它包括热应力和组织应力两种。热应力是指在加热和冷却过程中，由于钢件表面和心部的温差引起的体积胀缩不均匀而产生的内应力。组织应力是指快速冷却时，由于钢件表层与心部相变不同时，或相变前后相的比体积不同而产生的内应力。

当钢件内的淬火应力超过材料的屈服强度时就会导致变形，当其超过抗拉强度时便会导致开裂。除此之外，淬火后工件的变形和开裂还可能与淬火前的冷热加工工艺有关。

2. 淬火变形和开裂的防止措施

防止淬火变形和开裂除了从选材和热处理工艺本身方面入手外，还要注意到零件的结构工艺性。在实际生产中，有时只注意了零件的结构、形状及尺寸适合部件机构的需要，而往往忽视了零件因结构和加工工艺不合理给热处理工艺带来的障碍，以致引起淬火变形甚至开裂，使零件报废。因此，在设计时，必须充分考虑淬火零件的结构、形状、尺寸以及加工工艺与热处理工艺性的关系。

(1) 正确选材　在考虑到材料的力学性能、工艺性能及成本的同时，应尽量选择淬透性高、变形开裂倾向小的材料。同时，要严格按标准取用钢材，特别要注意其中的化学成分以及硫、磷含量和非金属夹杂等级是否符合标准。

(2) 合理进行结构设计　在设计淬火零件的结构、形状及尺寸时，应掌握以下原则。

1) 在零件设计过程中，要在尖角和棱角地方倒角，如图 5-50 所示。因为尖角和棱角部分是淬火时应力最为集中的地方，往往成为淬火裂纹的起点。

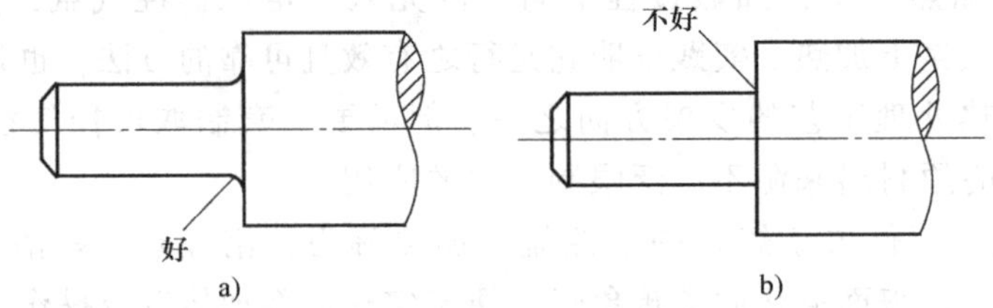

图 5-50　阶梯轴过渡处设计成圆角

2) 设计时尽量减少零件截面厚薄悬殊，避免在零件上出现薄边和尖角，如图 5-51 所示，使淬火后薄处变形增大。设计时还要考虑零件对称，如图 5-52 所示零件形状不对称，淬火后零件圆度误差变大，为此开一个工艺孔可减少圆度误差。

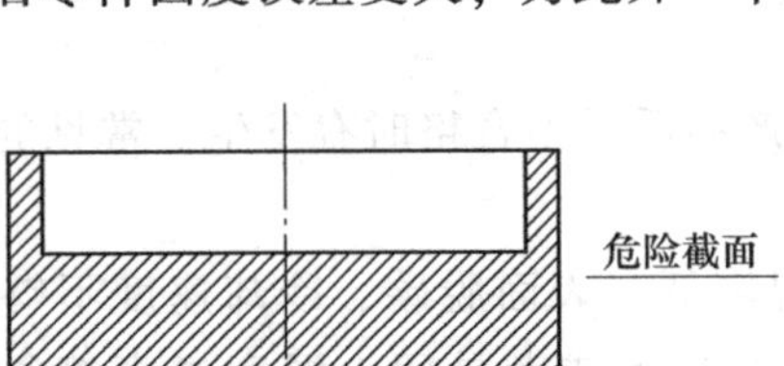

图 5-51　零件存在危险截面应加厚薄壁

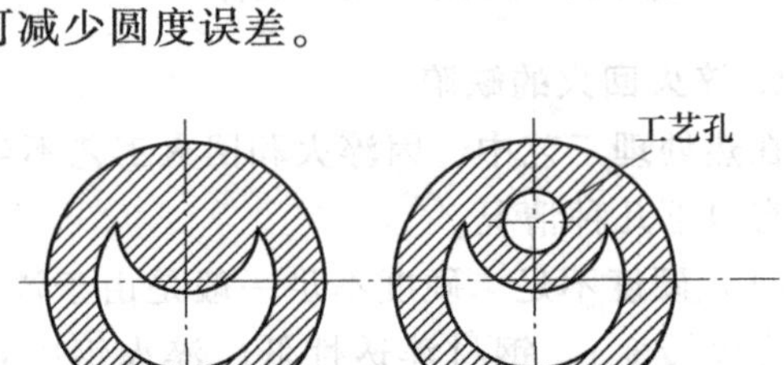

图 5-52　开工艺孔避免淬火变形和开裂

3) 前序的冷加工及热加工不要留下表面及内部裂纹及深的刀痕。

(3) 合理制订热处理工艺规范　在能满足性能要求的情况下，不应提出过高的技术指标，正确确定加热温度、加热速度和冷却方式等。正确安排零件制造的工艺路线，做到冷、热加工合理配合。通过淬火之前的预备热处理（退火和正火等）将组织调整到正常组织，内应力予以消除，特别是要使组织细化。

(4) 淬火后应及时回火，以便消除内应力 根据前人试验积累的资料，对一定材质、一定形状的零件在一定的淬火加热工艺下的变形规律是有一定了解的，因此淬火前零件预留足够的加工余量。零件淬火变形后可通过机械方法校直，减少变形量，但仍恢复不到要求的公差，因此需要通过切削或磨削的办法消除变形，为此淬火之前必须留足加工余量。

三、热处理工艺实例

1. 钳工用扁锉

扁锉是钳工常用的工具，用于锉削其他金属，采用T12钢制造，其表面刃部要求硬度为64～67HRC，柄部要求硬度小于35HRC。它的加工工艺路线：

热轧钢板（带）下料→锻（轧）柄部→正火→球化退火→机加工→淬火→低温回火。

T12钢锻造后正火的加热温度为870℃，保温1h后空冷，主要目的是消除组织中的二次渗碳体，以保证球化退火的质量。

球化退火的目的是使组织中的片状渗碳体球粒化，获得粒状珠光体（球状珠光体），降低钢的硬度，提高其塑性，改善可加工性，并为淬火回火作准备，使最终成品组织中含有细小的碳化物颗粒，提高钢的耐磨性。采用等温球化退火工艺，其工艺参数为加热至770℃保温4h，然后炉冷至700℃再保温4h，最后炉冷至550℃出炉，处理后组织为球状珠光体，硬度为180～200HBW。

T12钢的淬火加热温度为780℃，可用盐浴炉加热或在保护气氛炉中加热，以防止表面脱碳和氧化。也可采用高频感应淬火，加热后在水中冷却。由于锉刀柄部硬度要求较低，在淬火时先将齿部放在水中冷却，待柄部颜色变成暗红色时再全部浸入水中。当锉刀冷却到150～200℃时，提出水面，淬火后齿部组织为马氏体+粒状渗碳体+残留奥氏体，其主要目的是使锉刀满足硬度要求。若锉刀有弯曲变形，可用木锤将其校直。

T12钢锉刀淬火后采用低温回火，回火温度为160～180℃，时间45～60min，作用是保留淬火后的高硬度，降低脆性，消除淬火内应力。若柄部硬度太高，可将柄部浸入500℃的浴盐中进行回火，或用高频感应加热回火，降低柄部硬度。

2. 机车柴油机曲轴

某机车柴油机曲轴选用42CrMo钢制造，心部要求具有良好的综合力学性能（200～300HBW），表面要求硬而耐磨（54～58HRC）。它的加工工艺路线为：

下料→锻造成毛坯→退火→粗车机加工→调质→精加工→中频感应淬火→低温回火→研磨→入库。

曲轴制作过程中有两道预备热处理工序，锻造之后毛坯件采用完全退火，目的是消除锻造应力，均匀成分，消除带状组织，细化晶粒，调整硬度以便切削。

精加工之前的调质处理只能安排在粗加工之后，绝不能安排在粗加工之前，否则达不到调质目的。这里的调质有两个重要目的，一是赋予曲轴较好的综合力学性能，这个目的是中频感应淬火达不到的；二是调整好表层组织，为中频感应淬火作组织准备。中频感应淬火+低温回火，属于最终热处理，赋予曲轴的抗磨损性能。

3. 汽车齿轮

某汽车齿轮采用20CrMnTi钢制造，要求心部具有较高的韧性，而表面具有较高的硬度和耐磨性。它的加工工艺路线为：

下料→锻造成圆饼→退火→粗车并铣齿成形→精铣齿轮→渗碳淬火→低温回火→研磨→入库。

退火是预备热处理，目的是降低锻造应力，降低锻造硬化，细火晶粒和均匀化学成分。

渗碳淬火+低温回火是最终热处理，目的是增强齿轮的抗磨损性能。

【综合训练】

一、名词解释

过冷奥氏体、残留奥氏体、索氏体、贝氏体、马氏体、回火马氏体、退火、正火、淬火、回火、调质、渗碳、淬透性、淬硬性、临界冷却速度、表面淬火、淬火临界直径

二、填空

1. 钢奥氏体晶粒度分________，其中________称为粗晶粒钢，________称为细晶粒钢。

2. 下贝氏体是由________和碳化物组成的机械混合物，在光学显微镜下________。

3. 奥氏体等温转变图通常呈________，所以又称为________。

4. 常用的淬火方法________、________、________、________和________等。

5. 中温回火主要用于处理________，回火后得到________。

6. 为了改善碳素工具钢的可加工性，常用的热处理方法是________。

7. 20钢、45钢、T12钢正常淬火后，硬度由大到小排列顺序是________。

8. 随回火温度升高，淬火钢回火后的强度、硬度________。

9. T12钢的正常淬火温度是________℃，淬火后的组织是________。

10. 珠光体、索氏体和托氏体的力学性能从大到小排列为________。

11. 感应淬火时，电流频率越高，加热层深度越________，淬火后的工件淬硬层也就越________。

12. 用作表面淬火最适宜的钢种是________，其预备热处理一般为________。

13. 化学热处理一般包括三个过程，即________、________和________。

14. 根据渗碳剂的不同，渗碳方法可分为________、________和________。

15. 渗碳层表面碳的质量分数最好在________范围内，渗碳后采取________的热处理方法。

16. 离子渗氮是在一定真空度下，利用工件（阴极）和阳极之间产生的________进行的，故又称为________。

三、简答

1. 什么是钢的热处理？热处理的目的是什么？它有哪些基本类型？

2. 热处理的实质是什么？什么样的材料才能热处理？

3. 指出 Ac_1、Ac_3 和 Ac_{cm} 等符号的含义？

4. 热处理加热的目的是什么？为什么要控制适当的加热温度和保温时间？

5. 试以共析钢为例，说明奥氏体等温转变图中各线、区的含义。

6. 简述过冷奥氏体在 $A_1 \sim Ms$ 之间不同温度下等温转变时，转变产物的名称和性能。

7. 马氏体有几种形态？马氏体转变有哪些特点？马氏体的硬度主要取决于什么？

8. 退火和正火有什么区别？在实际生产中如何选择？

9. 说明下列零件的淬火及回火温度，并说明回火后获得的组织和硬度。

1）45 钢小轴（要求有较好的综合力学性能）。

2）60 钢弹簧。

3）T12 钢锉刀。

10. 将直径为 8mm 的 45 钢分别加热到 700℃、760℃和 840℃后水冷，问分别得到什么组织？

11. 分析以下几种说法是否正确。

1）马氏体硬而脆。

2）过冷奥氏体的冷却速度越快，冷却后钢的硬度越高。

3）钢中合金元素的含量越高，淬火后的硬度也越高。

4）同一钢材在相同加热条件下，总是水淬比油淬的淬透性好；小件比大件淬透性好。

12. 钢的淬透性对钢的热处理有什么影响？影响淬透性的因素有哪些？

13. 淬火加热温度如何选择？试确定 20 钢、45 钢、T8 钢和 T12 钢的淬火温度。

14. 理想的淬火冷却介质应具有什么样的冷却特性？

15. 淬火内应力是如何产生的？有什么危害性？

16. 为什么钢淬火后一般要进行回火？回火的目的是什么？

17. 淬火钢在回火时组织发生哪几个阶段的转变？分别得到什么组织？

18. 某 45 钢制齿轮要求整体具有综合力学性能，齿面要求耐磨，其加工工艺路线为

锻造→预备热处理→切削→最终热处理→磨齿→检验装配。

1）说明各道热处理工艺的目的。

2）确定各道热处理的工艺类型及热处理后的组织。

19. 某齿轮采用 20 钢制造，心部要求有较好的塑性和韧性，齿面要求耐磨，其加工工艺路线为

锻造→预备热处理→切削→最终热处理→磨齿→检验装配。

1）说明各道热处理工艺的目的。

2）确定各道热处理的工艺类型及热处理后的组织。

20. ϕ20mm 的 20 钢制造的小轴，经 930℃、5h 渗碳后，表面碳的质量分数增加至 1.2%，分析经下列热处理后表面及心部的组织。

1）渗碳后缓冷到室温。

2）渗碳后直接淬火，低温回火。

四、实践

同学们在钳工实习时肯定磨过小锤子，这些小锤子如果不进行热处理，硬度会较低，使用性能不佳。查阅一下实习笔记或向有关老师咨询，弄清小锤所用材料的化学成分，制订出小锤子的热处理工艺，对其进行淬火，并比较一下小锤热处理前后的硬度。

第六章　金属的塑性变形与再结晶

学习目标

通过本章的学习，了解金属的塑性变形过程及其机理；掌握变形后金属的组织和结构性能的变化规律；熟练掌握加热对变形后金属组织和性能的影响；明确金属冷、热变形加工的区别；学会合理利用热变形加工纤维组织。

塑性是金属的重要特性。利用金属的塑性可把金属加工成各种制品，如图 6-1 所示。轧制、挤压、拉拔、锻造与冲压等成形加工工艺都是金属塑性变形的过程。

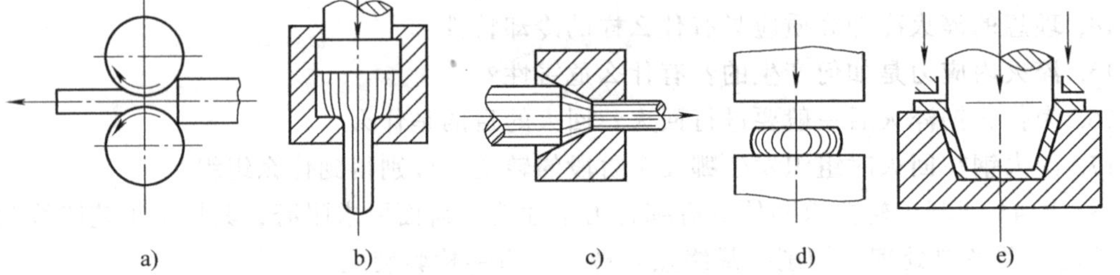

图 6-1　压力加工方法示意图

a) 轧制　b) 挤压　c) 拉拔　d) 锻造　e) 冲压

塑性变形不仅可以使金属获得一定的形状和尺寸，而且还会使金属内部组织与结构发生变化，使铸态金属的组织与性能得到一定的改善。因此，研究金属的塑性变形过程及其机理，变形后金属的组织和结构性能的变化规律，以及加热对变形后金属的影响，将对改进材料加工工艺，提高产品质量和合理使用金属材料等方面都具有重要意义。

第一节　金属的塑性变形

在一般情况下，实际金属都是多晶体。多晶体的变形是与其中各个晶粒的变形行为有关的。为了便于研究，有必要先通过单晶体的塑性变形来了解塑性变形的基本规律。

一、单晶体的塑性变形

实验证明，晶体只有在切应力作用下才会发生塑性变形。在室温下，单晶体的塑性变形主要有两种方式，即滑移和孪生。

1. 滑移

（1）滑移带和滑移线　将表面经过抛光的纯金属试样进行拉伸，当产生一定的塑性变形后，在显微镜下观察，可看到表面有许多互相平行的线条，称为滑移带。图 6-2 所示为铜变形后的滑移带。用电子显微镜作高倍观察时，滑移带都是由许多密集且相互平行的更细的滑移线和小台阶所构成，如图 6-3 所示。

图 6-2　铜变形后的滑移带（500×）

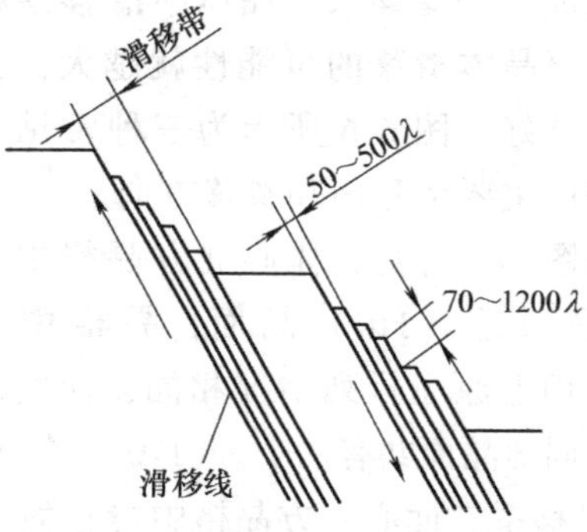

图 6-3　滑移带与滑移线示意图

显然，在晶体的塑性变形过程中，所产生的滑移线和滑移带是在切应力作用下，晶体一部分相对另一部分发生滑动的结果。

在切应力作用下，晶体的一部分沿着某一晶面相对于另一部分的滑动，称为滑移。滑移是金属塑性变形的主要方式。图 6-4 所示为晶体在切应力 τ 作用下产生滑移的变形过程。单晶体在不受外力时，原子处于平衡位置，如图 6-4a 所示。当切应力较小时，晶格发生弹性剪切变形，如图 6-4b 所示。但当切应力增大到超过了受剪晶面的滑移抗力时，则晶面两侧的晶体产生相对滑移，如图 6-4c 所示。滑移的距离为原子间距的整数倍。因此，滑移后原子可在新位置上重新处于平衡状态。这时，即使除去外力，使晶格弹性歪扭消失，处于新的平衡位置上原子也不能回到原始位置。这样，就产生了塑性变形，如图 6-4d 所示。晶体还可以在另外一些与此相平行的晶面上滑移，这种在许多互相平行的晶面上发生滑移的结果，就形成了如图 6-5 所示的滑移线与滑移带。

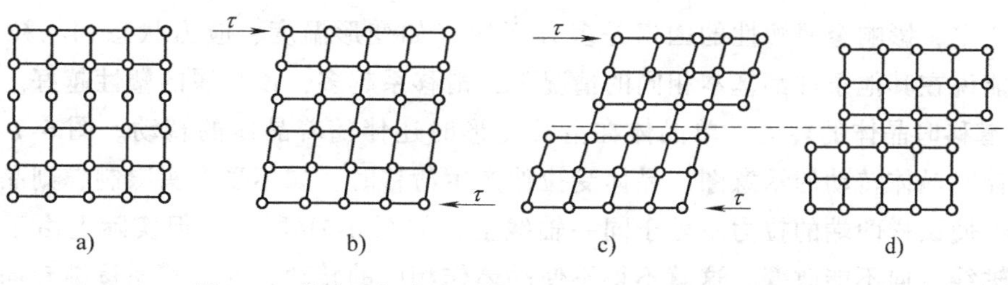

图 6-4　晶体在切应力 τ 作用下产生滑移的变形过程

（2）滑移系　滑移通常是沿晶体中一定晶面和该晶面上一定晶向发生的。这些能够产生滑移的晶面和晶向，分别称为滑移面和滑移方向。滑移面和滑移方向大多是原子排列最密的晶面和晶向。如图 6-5 所示，A 晶面是原子排列最密的晶面，晶面间的距离最大（$a/\sqrt{2}$），即面与面之间的结合力最弱，故在切应力作用下，沿该晶面滑移比较容易；反之，B 晶面是一个原子排列较疏的晶面，面与面之间距离则较小（$a/2$），面间结合力较强，故不宜沿此面滑移。同样也可应用上述道理来解释滑移为什么总是沿滑移面上原子排列密度最大的方向进行。

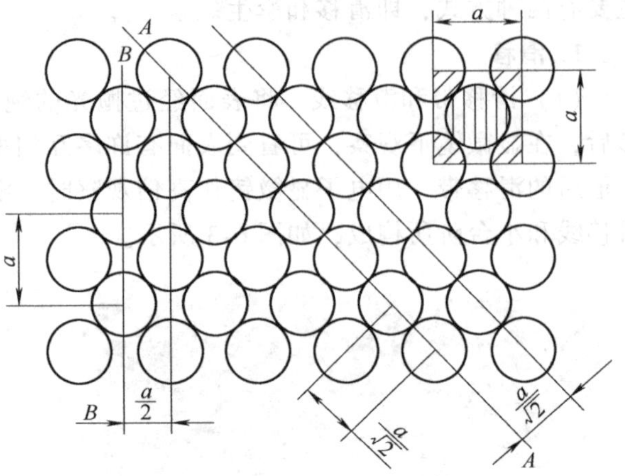

图 6-5 滑移面示意图

由一个滑移面和该面上的一个滑移方向组成一个滑移系。晶体中滑移系越多，金属晶体滑移的可能性就越大，其塑性就越好。图 6-6 所示为三种常见金属晶格的主要滑移面和滑移方向。

由图 6-6 可见，体心立方晶格中主要滑移面是（110）晶面，晶格中与（110）面上原子排列情况相同，而空间位向不同的晶面共有六个。（110）晶面上的滑移方向共有两个，故体心立方晶格共有 $6\times2=12$ 个滑移系。面心立方晶格中滑移面是（111）晶面，晶格中与（111）面上原子排列情况相同，而空间位向不同的晶面共有四个。（111）晶面上的滑移方向共有三个，故面心立方晶格共有 $4\times3=12$ 个滑移系。密排六方晶格中滑移面是晶格的底面，而在该面上的滑移方向有三个，故密排六方晶格共有 $1\times3=3$ 个滑移系。

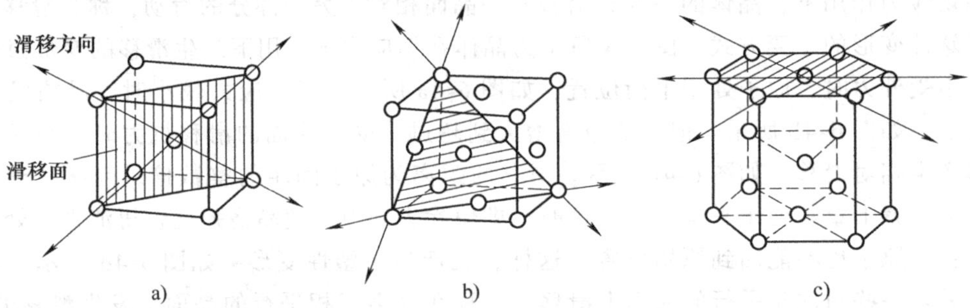

图 6-6 三种常见金属晶格的主要滑移面和滑移方向

必须指出，影响金属塑性的因素是多方面的（如变形温度、应力状态和晶粒大小等）。因此，只能说在其他条件都基本相同的情况下，滑移系越多，该金属的塑性越好。

（3）滑移时晶体的转动 单晶体在滑移变形时还伴随着晶体的转动。图 6-7 所示为单晶体受拉伸时晶体转动的示意图。晶体受拉伸产生滑移时，如不受夹头限制，则晶体轴线将逐渐偏移，使试样两端的拉力不处于同一轴线上，如图 6-7b 所示。但实际上由于夹头的限制，拉力轴线方向不能改变，这就不得不使晶体作相应的转动，使滑移系逐渐趋向与拉力轴线平行（$\phi'>\phi$），保持晶体轴线与拉力轴线在滑移过程中始终重合，如图 6-7c 所示。

由材料力学得知，与拉力成 45°角的截面上的分切应力最大。因此，与拉力成 45°角位向的滑移系最有利于滑移。但由于滑移过程中晶体的转动，使原来有利于滑移位向的滑移系逐渐转到不利于滑移位向而停止滑移，而原来处于不利于滑移位向的滑移系，则逐渐转到有利于滑移位向而参与滑移。这样，不同位向的滑移系交替进行滑移，结果使晶体发生均匀的

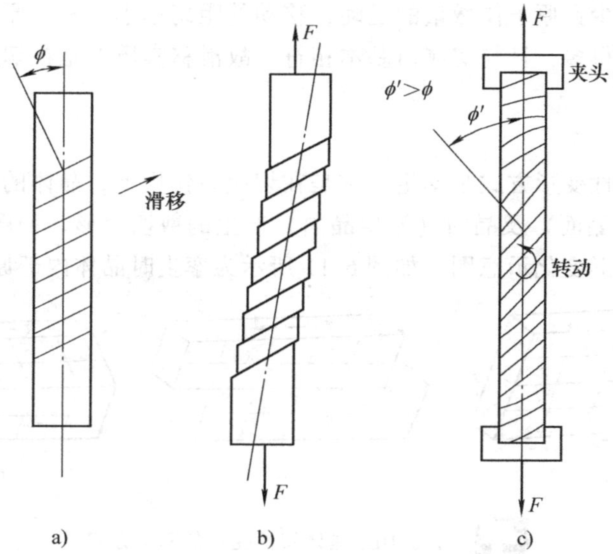

图 6-7　单晶体受拉伸时晶体转动的示意图

变形。但在实际拉伸过程中，晶体两端有夹头固定，只有试样的中间部分才能转动，故靠两端部分因受夹头限制而产生不均匀变形。

（4）滑移机理　如图 6-4 所示，滑移是晶体的一部分相对于晶体的另一部分沿滑移面作整体滑动，即滑移面上每一个原子都同时移到与其相邻的另一个平衡位置上，这种滑移称为刚性滑移。由计算得出的刚性滑移晶体开始滑移所需的切应力值，都比实测结果大几百倍到几千倍。这说明刚性滑移与实际情况不符。数十年来，大量的理论与实验证明，由于实际晶体中存在位错，滑移不是按刚性滑移进行，而是按如图 6-8 所示那样，由位错的移动来实现的。即具有位错的晶体，在切应力的作用下，位错线上面的两列原子向右作微量位移，到达虚线位置；位错线下面的一列原子向左作微量位移，到达虚线位置，这样就可使位错向右移动一个原子间距。在切应力作用下，如位错线继续向右移动到晶体表面时，就形成了一个原子间距的滑移量，如图 6-9 所示就产生了塑性变形。

图 6-8　位错的移动

由此可知，晶体通过位错移动而产生滑移时，并不需要整个滑移面上全部的原子同时移

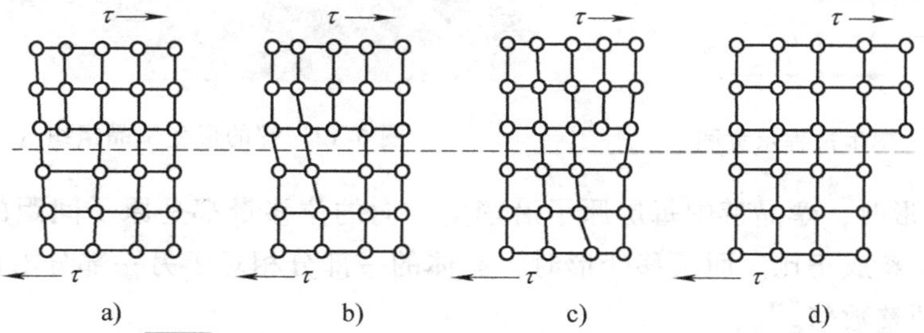

图 6-9　刃型位错移动产生滑移的示意图

动，只需位错附近的少数原子作微量的运动，移动的距离远小于一个原子间距，因而位错移动所需的切应力就小得多，且与实测值基本相符。故滑移实质上是在切应力作用下，位错沿滑移面的运动。

2. 孪生

晶体的另一种塑性变形方式是孪生。它是在切应力作用下，晶体的一部分相对于另一部分以一定的晶面（孪晶面）及晶向（孪生晶向）产生的剪切变形。如图 6-10 所示为单晶体滑移后与孪生后的外形变化示意图。如图 6-11 所示为孪生时晶体内部原子的位移情况。

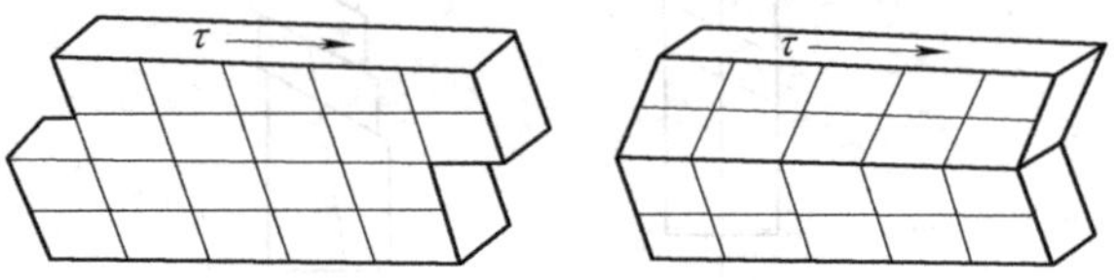

图 6-10　晶体塑性变形的基本方式

a）未变形　b）滑移　c）孪生

由图 6-10 和图 6-11 可见，孪生与滑移的主要区别有：

1）孪生变形使一部分晶体发生均匀的切应变（发生孪生变形的部分称为孪晶带），而滑移变形则集中在一些滑移面上。

2）孪生使晶体变形部分（孪晶带）的位向发生了改变，并与未变形部分的位向形成了镜面对称关系，构成了以孪晶面为对称面的一对晶体，成为孪晶（或双晶）。而滑移变形后，晶体各部分的相对位向不发生改变。

由于孪晶带与未变形部分的位向不同，故发生孪生的晶体经抛光腐蚀后，在显微镜下很容易观察到孪晶带。图 6-12 所示为锌的形变孪晶组织。

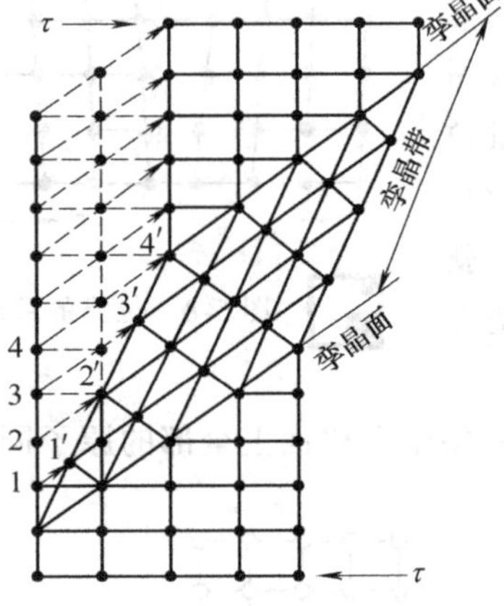

图 6-11　孪生过程示意图

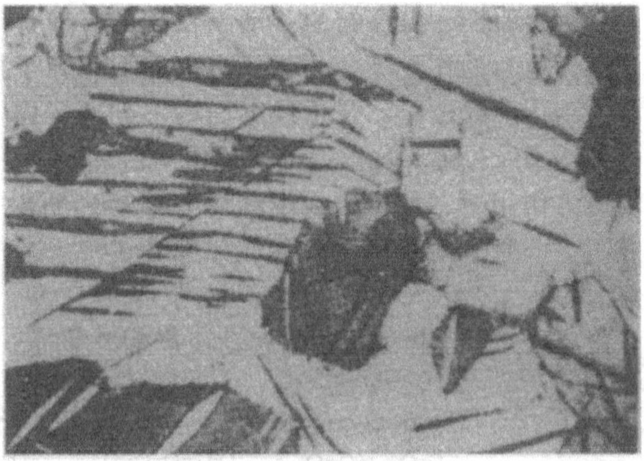

图 6-12　锌的形变孪晶组织（100×）

3）孪生变形时，孪晶带中每层原子沿孪生方向的位移量都是原子间距的分数值，并且和距孪晶面的距离成正比。而滑移变形时，晶体的一部分相对于另一部分沿滑移方向的位移量为原子间距的整数倍。

4）孪生变形所需的切应力比滑移变形大得多，故只有在滑移很难进行的条件下才发生孪生。如六方晶格的金属因滑移系较少，孪生就比较容易发生；体心立方晶格的金属因滑移系较多，只有在低温或受到冲击时，才产生孪生变形；面心立方晶格的金属一般不发生孪生变形。

孪生对变形过程的直接作用不大，但是在孪生变形后，晶体转至新位向，将产生有利于滑移位向的新滑移系，因而提高了晶体的塑性变形能力。

二、多晶体的塑性变形

1. 多晶体的塑性变形特点

实际使用的金属材料一般是多晶体。在室温下，它的塑性变形与单晶体基本相似，即每个晶粒的塑性变形仍是以滑移与孪生这两种基本方式进行的。但因多晶体是由许多形状、大小和位向都不同的晶粒组成，故每个晶粒在塑性变形时，都会受到周围位向不同的晶粒及晶界的影响与约束，即每个晶粒都不是处于独立的自由变形状态。图 6-13 所示为多晶体的塑性变形。晶粒变形时既要克服晶界的阻碍，又需要其周围晶粒同时发生相适应的变形来协调配合，以保持晶粒间的结合和晶体的连续性，否则将导致晶体破裂。因此多晶体的塑性变形要比单晶体的塑性变形复杂得多。

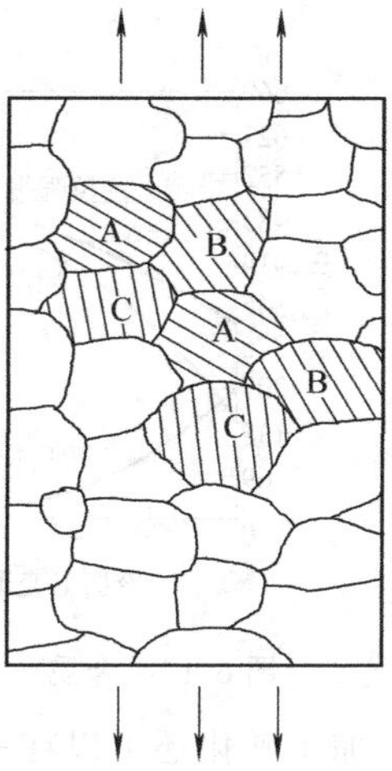

图 6-13　多晶体的塑性变形

2. 晶界及晶粒位向的影响

1）多晶体中，由于晶界上原子排列不很规则，阻碍位错的运动，使变形抗力增大。金属晶粒越细，晶界越多，变形抗力越大，金属的强度就越大。

2）多晶体中，每个晶粒位向不一致，一些晶粒的滑移面和滑移方向接近于最大切应力方向（称晶粒处于软位向），而另一些晶粒的滑移面和滑移方向与最大切应力方向相差较大（称晶粒处于硬位向）。在发生滑移时，软位向晶粒先开始发生滑移；当位错在晶界受阻逐渐堆积时，其他晶粒发生滑移。因此多晶体变形时晶粒分批地逐步地变形，变形分散在材料各处。晶粒越细，金属的变形越分散，即可减少应力集中，推迟裂纹的形成和发展，使金属在断裂之前可以发生较大的塑性变形，因此使金属的塑性越高。由于细晶粒金属的强度较高，塑性较好，所以断裂时需要消耗较大的功，因而韧性也较好。因此，生产中一般总是设法获得细小均匀的晶粒，使金属材料具有较好的综合力学性能。

第二节　冷塑性变形对金属性能和组织的影响

一、冷塑性变形对金属性能的影响

塑性变形对金属性能的主要影响是产生加工硬化。塑性变形过程中，随着变形程度的增加，金属的强度和硬度增加，而塑性和韧性降低，这一现象称为加工硬化或形变强化，如图 6-14 所示。

加工硬化在工程技术中具有重要的意义。首先可以利用加工硬化来强化金属，提高金属的强度、硬度和耐磨性。特别是纯金属、某些铜合金、铬镍不锈钢和高锰钢等不能用热处理强化的材料，加工硬化几乎是唯一的强化方法。冶金厂出厂的“硬”或“半硬”状态供应的某些金属材料，就是经过冷轧或冷拉等方法，使之产生加工硬化的产品。

此外，加工硬化也是工件能够用塑性变形方法成形的重要因素。例如，金属薄板在拉延过程中，如图 6-15 所示，弯角处变形最严重，首先产生加工硬化，因此该处变形到一定程度后，随后的变形就转移到其他部分，这样便可得到厚薄均匀的冲压件。

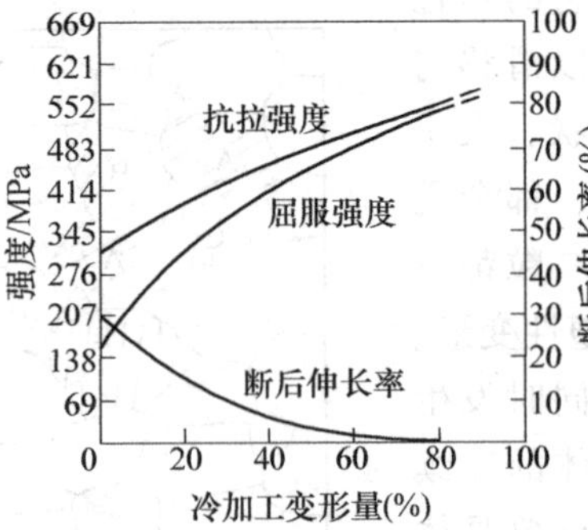

图 6-14 金属的加工硬化现象

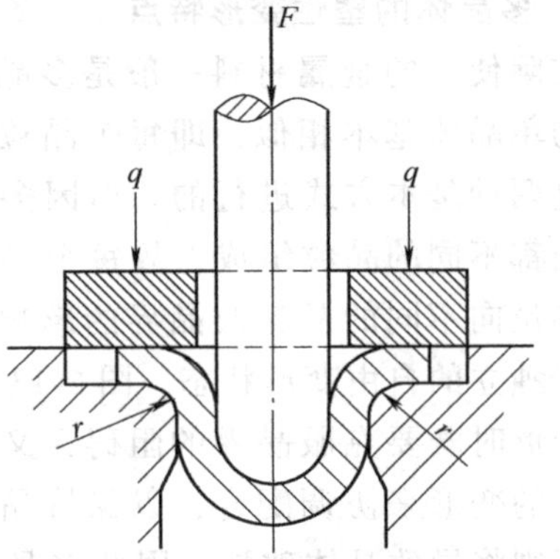

图 6-15 拉延时金属的变形

加工硬化还可以在一定程度上提高构件在使用过程中的安全性。因为构件在使用过程中，不可避免地会在某些部位（如孔、键槽、螺纹以及截面过渡处）出现应力集中和过载现象。在这种情况下，由于金属存在加工硬化，局部过载部位在产生少量塑性变形后屈服强度提高，并与所承受的应力达到平衡，使变形不再继续发展，从而在一定程度上提高了构件的安全性。

想一想

如果我们手中没有钳子，让你弄断一根 ϕ4mm 的细铁丝，你如何做？

加工硬化也会给材料的生产和使用带来麻烦。因为金属冷变形到一定程度后，变形抗力增加，进一步变形就必须加大设备功率，增加动力消耗。此外，金属经加工硬化后，塑性大为降低，继续变形就容易开裂。为消除这种硬化现象，以便继续进行冷变形加工，中间需要进行退火（再结晶退火）处理。

还需指出，塑性变形还会使金属的物理性能和化学性能发生明显变化，如导电性和耐蚀性下降等。

二、冷塑性变形对金属组织和结构的影响

金属与合金经塑性变形后，不仅材料外形会发生变化，而且其内部组织和结构也会发生变化。

1. 形成纤维组织

金属塑性变形时，随着外形的变化，金属内部各晶粒的形状也会发生相应的变化。图 6-16

所示为工业纯铁不同变形程度时的显微组织。随着变形程度的增大，晶粒的形状由原来的等轴晶粒（图6-16a）变为沿变形方向延伸的晶粒，同时晶粒内部出现了滑移带（图6-16b）。当变形量增加到一定程度时，晶粒被拉长呈纤维状，如图6-16c、d所示。这种呈纤维状的组织称为冷变形加工纤维组织。

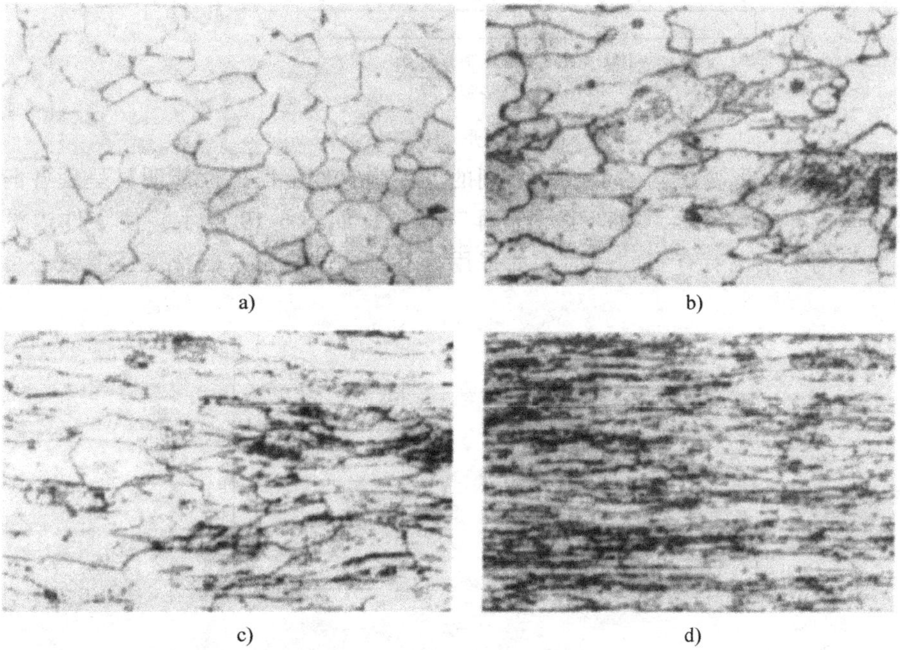

图6-16　工业纯铁不同变形程度时的显微组织（100×）

a）未变形　b）变形度20%　c）变形度50%　d）变形度70%

金属形成纤维组织后，使金属的性能具有明显的各向异性，如沿纤维方向（纵向）的强度和塑性明显高于垂直方向（横向）。

2. 亚组织的细化

金属塑性变形过程中，在晶粒的形状发生变化的同时，晶粒内部存在的亚晶粒也会细化，形成变形亚组织，如图6-17所示。

因为亚晶界是由刃型位错组成的小角度晶界（图2-12），随着塑性变形程度的增大，变形亚组织逐步增多并细化，使亚晶界数量显著增多。亚晶界数量越多，位错密度越大。这种在亚晶界处大量堆积的位错以及它们之间的相互干扰作用造成位错运动阻力的增大，使滑移困难，增加了金属塑性变形抗力。

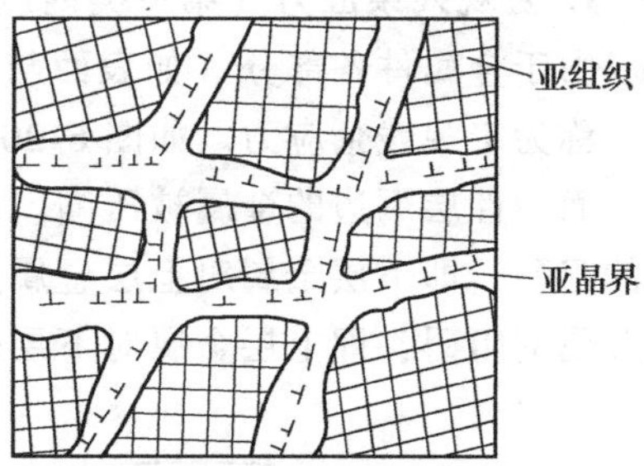

图6-17　变形亚组织示意图

因此，冷塑性变形导致金属亚组织细化和位错密度增加是产生加工硬化的主要原因。变形程度越大，亚组织细化程度和位错密度也越高，加工硬化现象越显著。

3. 产生形变织构

金属发生塑性变形时，由于晶体在滑移过程中要按一定方向转动，当变形量很大

(70%以上)时，原来位向不同的各晶粒的位向趋近于一致，如图6-18所示，这种现象称为择优取向。具有择优取向的结构叫作形变织构。

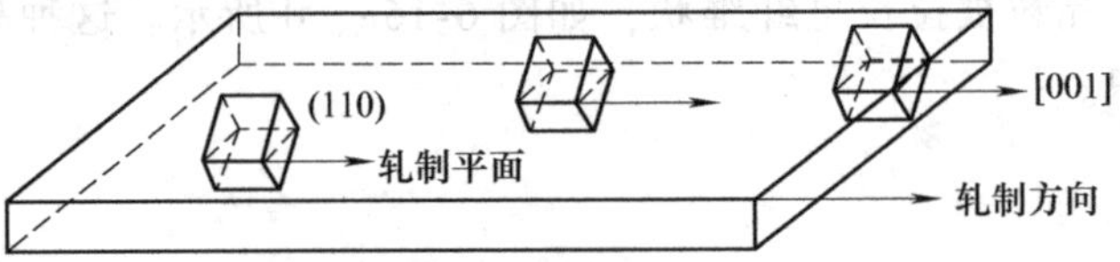

图6-18　形变织构示意图

在多数情况下，形变织构的形成是不利的，因为它使金属的性能明显呈现各向异性。例如，在深冲薄板杯状零件时，易产生“制耳”现象，如图6-19所示，使零件边沿不齐，厚薄不均。但织构现象也有有利的一面，如采用具有织构的硅钢片制作变压器铁心可显著提高磁导率。

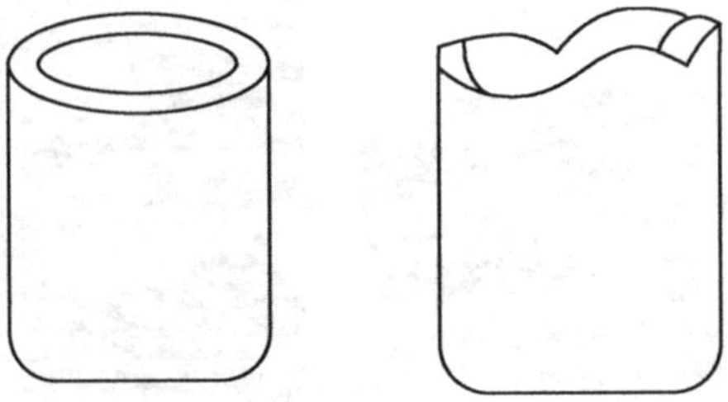

图6-19　“制耳”现象

a）无形变织构　b）有形变织构

三、残余应力

残余应力，是指外力去除后，残留在金属内部的应力。产生残余应力的主要原因是金属在外力的作用下，内部变形不均匀。残余内应力是一种弹性应力，它在金属材料内部处于自平衡的状态。按照残余应力作用的范围，将其分为三类。

1. 宏观残余应力（第一类内应力）

由于金属件各部分（如表面与心部）变形不均匀而产生在宏观范围内自平衡的残余应力，称为宏观残余应力。如图6-20所示，金属杆产生弯曲变形时其中性层上边的金属被拉长，而中性层下边的金属被压缩。由于金属要保持整体性，上层金属的伸长必然受到下层金属的阻碍，即下层金属对上层金属产生了附加压应力；反之，下层金属的缩短也必然受到上层金属的阻碍，即上层金属对下层金属产生了附加拉应力。这种附加的拉应力与附加的压应

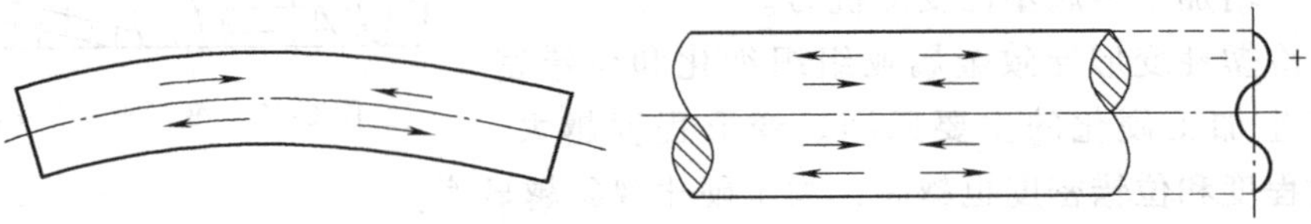

图6-20　宏观残余应力

力存在于金属杆整体范围内，并相互平衡，属于宏观残余应力。

当宏观残余应力与工作应力方向一致时，会明显降低工件的承载能力。此外，在工件的加工和使用中，由于破坏了残余应力原先处于的自相平衡状态，工件会发生形状与尺寸的变化。但生产中也常有意控制残余应力的分布，使其与工作应力方向相反，以提高构件的承载能力。例如，工件经表面淬火、化学热处理、喷丸或滚压等方法处理后，因其表面具有残余压应力，故疲劳极限显著提高，如图1-17所示。

2. 微观残余应力（第二类内应力）

由于多晶体中各晶粒位向不同，相邻各晶粒或亚晶粒间（或晶粒不同部位）变形不均匀，从而产生相互平衡的残余应力，称为微观残余应力。

在总的残余应力中，微观残余应力占的比例不大，但其数值很高，可造成显微裂纹，甚至使工件破裂。同时，它又使晶体处于高能状态，导致金属易与周围介质发生化学反应而降低耐蚀性。因此，它也是金属产生应力腐蚀的重要原因。

3. 晶格畸变应力（第三类内应力）

金属在塑性变形后，增加了位错及空位等晶体缺陷，使晶体中一部分原子偏离其平衡位置而造成晶格畸变，这种由于晶格畸变而产生的残余应力，称为晶格畸变应力。晶格畸变应力在部分原子范围内（几百个到几千个原子）相互平衡，是存在于变形金属中最主要的残余应力。

晶格畸变使金属的强度和硬度升高，塑形和耐蚀性降低，是变形金属强化的主要原因。同时，晶格畸变又提高了变形金属内部的能量，使之处于热力学不稳定状态，故变形金属有着自发地向变形前的稳定状态变化的趋势。

第三节　冷塑性变形金属在加热时的组织与性能变化

金属经塑性变形后，组织结构和性能发生了很大的变化。如果对变形后的金属进行加热，金属的组织结构和性能又会发生变化。随着加热温度的升高，变形金属将相继发生回复、再结晶和晶粒长大过程，如图6-21所示。

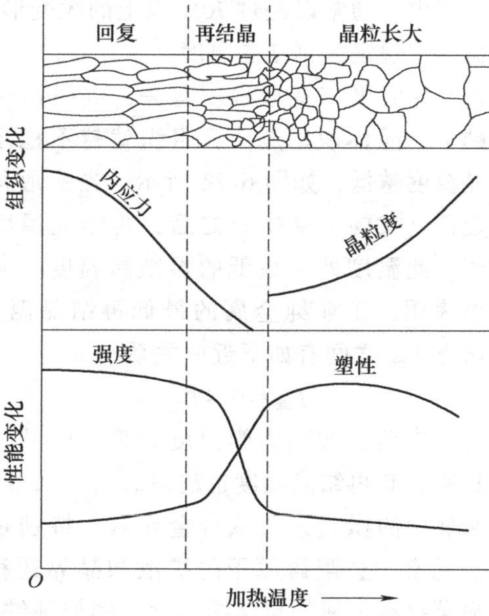

图6-21　变形金属加热时组织和性能变化示意图

一、回复

当加热温度较低时，冷变形金属的显微组织无明显变化，力学性能变化也不大，但残余应力显著降低，物理性能和化学性能部分地恢复到变形前的情况，这一阶段称为回复。

由于回复阶段加热的温度较低，晶格中的原子仅能作短距离扩散，使空位与间隙原子合并，空位与位错相互作用而消失。总之，点缺陷明显减少，晶格畸变减轻，故残余应力显著下降。但因为亚组织的尺寸没有明显改变，空位密度没有显著减少，即造成加工硬化的主要原因没有消除，所以力学性能在回复阶段变化不大。

生产中将回复这种处理工艺称为低温退火（或去应力退火）。它既保留了加工硬化效果，又降低了内应力，稳定了组织。例如，弹簧钢丝冷卷后即要进行一次250～300℃的去应力退火，使其定形；经拉延制成的黄铜弹壳于280℃左右进行去应力退火，以消除残余应力，避免变形和应力腐蚀开裂。

二、再结晶

1. 再结晶过程

当冷塑性变形后的金属在回复后继续升温时，由于原子扩散能力增大，金属的显微组织将发生明显的变化，由破碎、被拉长或压扁的晶粒变为新的均匀细小的等轴晶粒，这一过程称为再结晶。

再结晶过程也是通过形核与长大方式进行的。加热温度升高，原子的扩散能力增大，首先在晶格畸变严重的破碎晶粒中形成无畸变的小晶块，随着这种小晶块的增多与长大，逐渐取代了畸变严重的破碎晶粒，变成新的均匀细小的等轴晶。需要指出的是，再结晶只是改变了晶粒的外形及消除了因变形而产生的某些晶体缺陷，而新、旧晶粒的晶格类型是完全相同的，所以再结晶不是一个相变过程，没有恒定的转变温度，没有晶格类型的变化。

2. 再结晶温度

再结晶不是一个恒温过程，而是自某一温度开始，随温度升高而连续进行的形核和长大过程。所谓再结晶温度是指在规定时间内，能够完成再结晶或达到规定程度的最低温度。在工业生产中，通常以经过70%以上的大变形量的冷变形加工金属，经1h退火能完全再结晶的最低温度规定为再结晶温度。

再结晶温度与变形程度有关，金属预先变形程度越大，晶体缺陷越多，组织就越不稳定，其再结晶温度越低，如图6-22所示。当变形程度达到一定值（70%～80%）之后，再结晶温度趋于一定值，此温度即为最低的再结晶温度。大量实验结果表明，工业纯金属的最低再结晶温度$T_{再}$与其熔点$T_{熔}$之间有如下近似关系

$$T_{再} \approx 0.4T_{熔}$$

式中各温度值，按热力学温度计算。可见金属的熔点越高，其再结晶温度也越高。

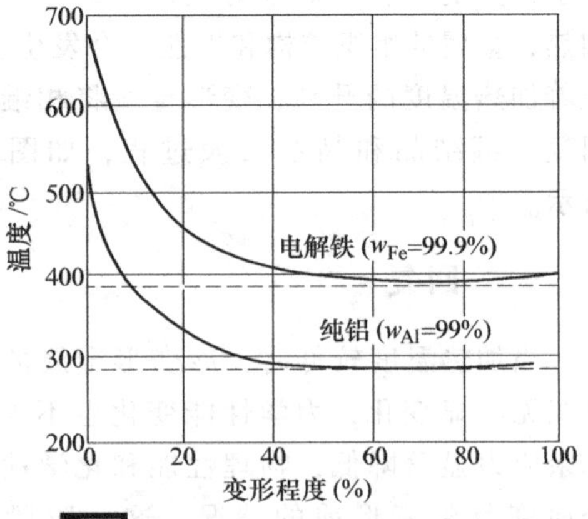

图6-22　金属再结晶温度与变形程度的关系

金属中的微量杂质或合金元素，特别是那些高熔点元素，会阻碍原子的扩散和晶界迁移，从而可显著提高金属的再结晶温度，例如纯铁的$T_{再}$约为450℃，而加入少量碳的低碳钢其$T_{再}$提高至540℃左右。加热速度低或原始晶粒细小均会使$T_{再}$降低。

3. 再结晶退火

冷塑性变形后的金属再结晶转变后，金属的强度和硬度显著下降，而塑性和韧性大大提高，所有力学性能和物理性能全部恢复到它变形之前的数值，残余应力完全消除。

把冷塑性变形后的金属加热到再结晶温度以上，使其发生再结晶的热处理工艺称为再结晶退火。工业生产中采用再结晶退火来消除冷变形产品的加工硬化，提高塑性和韧性；也常作为冷变形加工过程的中间退火，恢复金属材料塑性变形的能力，以便于继续加工。例如，生产铁铬铝电阻丝时，在冷拔到一定的变形度后，要进行氢气保护的再结晶退火，以便继续冷拔获得更细的丝材。考虑到影响再结晶的诸多因素，同时为了缩短退火周期，再结晶退火温度一般比计算的再结晶温度高 100～200℃。常用金属材料的再结晶退火温度与去应力退火的加热温度见表 6-1。

表 6-1　金属材料的再结晶退火与去应力退火的加热温度

金属材料		去应力退火/℃	再结晶退火/℃
钢	碳素结构钢及合金结构钢	500～650	680～720
	碳素弹簧钢丝	280～300	—
铝及铝合金	工业纯铝	≈100	350～420
	普通硬铝合金	≈100	350～370
铜合金(黄铜)		270～300	600～700

三、再结晶后的晶粒长大

冷塑性变形后的金属在再结晶转变后，一般为均匀细小的等轴晶粒。但是如果继续升高加热温度或延长保温时间，再结晶后形成的新晶粒又会逐渐长大，如图 6-21 所示。

由于晶粒长大可使晶界减少，晶界表面能量降低，使组织处于更为稳定的状态，所以晶粒长大是一个自发过程。晶粒长大过程实质上是一个晶粒的边界向另一个晶粒中迁移，把另一个晶粒中晶格的位向逐步改变成为与这个晶粒相同的位向，于是，另一个晶粒便逐步地被这个晶粒“吞并”而合成一个大晶粒，如图 6-23 所示。

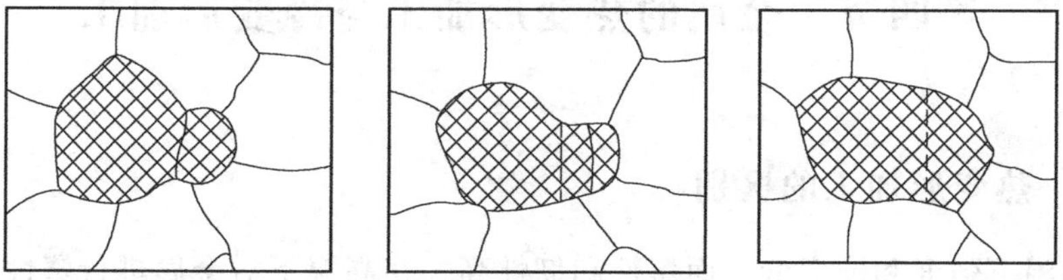

a)　　b)　　c)

图 6-23　晶粒长大示意图

冷塑性变形金属再结晶转变后晶粒大小对金属的强度、塑性和韧性影响很大。

影响再结晶退火后晶粒大小的主要因素是加热温度和预先冷变形程度。此外保温时间、晶粒的原始尺寸以及杂质的分布等因素对晶粒的大小也有一定的影响。

1. 加热温度和保温时间的影响

加热温度越高，保温时间越长，金属的晶粒越粗大。其中，加热温度的影响尤为显著。图 6-24 所示为加热温度对晶粒大小影响的示意图。

2. 预先冷变形程度的影响

在其他条件相同时，再结晶后晶粒大小与冷变形程度之间的关系如图6-25所示。

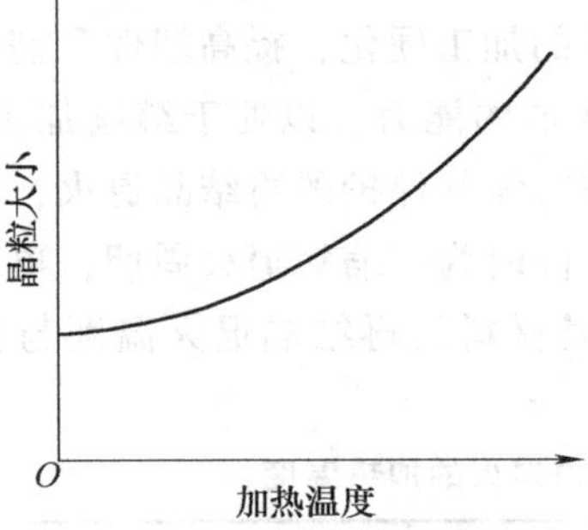

图6-24　加热温度对晶粒大小的影响

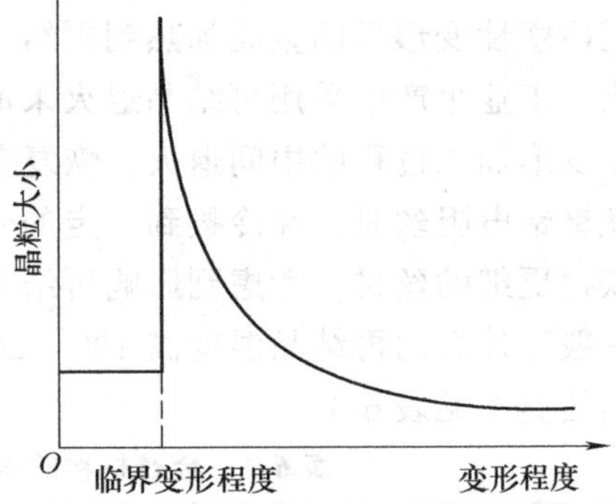

图6-25　冷变形程度对再结晶后晶粒大小的影响

当变形程度很小（小于2%）时，由于金属晶格畸变很小，不足以引起再结晶，因而晶粒仍保持原状。当变形程度达2%～10%时，金属中只有部分晶粒变形，变形极不均匀，再结晶使晶粒大小相差悬殊，晶粒容易相互吞并长大，因而再结晶后晶粒特别粗大。这种产生异常粗大晶粒的变形程度，称为临界变形程度。图6-26所示为临界变形程度下形成的异常粗大晶粒。生产中应尽量避开临界变形程度。当变形程度超过临界变形程度后，随变形程度增加，再结晶时形核量增大，使再结晶后晶粒细小而均匀。

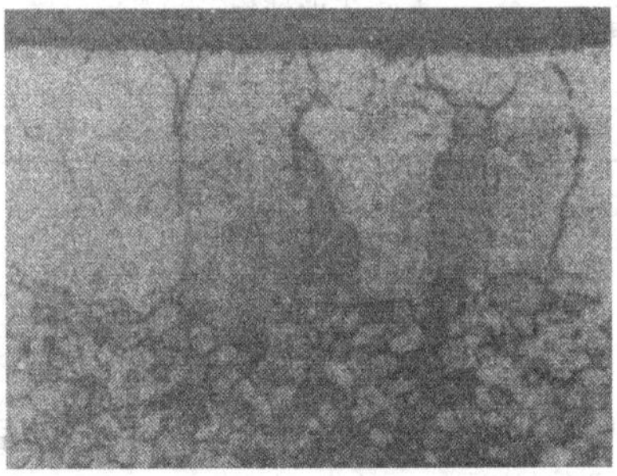

图6-26　临界变形程度下形成的异常粗大晶粒

第四节　金属的热变形加工与冷变形加工

一、冷、热变形加工的区别

金属在高温下强度和硬度低，而塑性和韧性高，在高温下对金属进行塑性变形加工比在低温下容易，生产上有热变形加工与冷变形加工之分。

把在再结晶温度以上的变形加工称为热变形加工，而把在再结晶温度以下的变形加工称为冷变形加工。例如，铅的再结晶温度为－33℃，那么即使它在室温下的塑性变形也应属于热变形加工；而钨的再结晶温度为1200℃，即便是它在1100℃的塑性变形也属于冷变形加工。

金属材料冷变形加工后晶粒被拉长，在变形过程中不发生再结晶，金属将保留加工硬化效应。而金属材料的热变形加工是在再结晶温度以上的变形加工，其特征是在变形过程中产生的变形晶粒及加工硬化，在同时进行着的再结晶过程中被消除，故金属将不显示加工硬化效应。例如，钢在热轧时处于单相奥氏体状态，其轧制前、后组织的变化如图6-27所示。

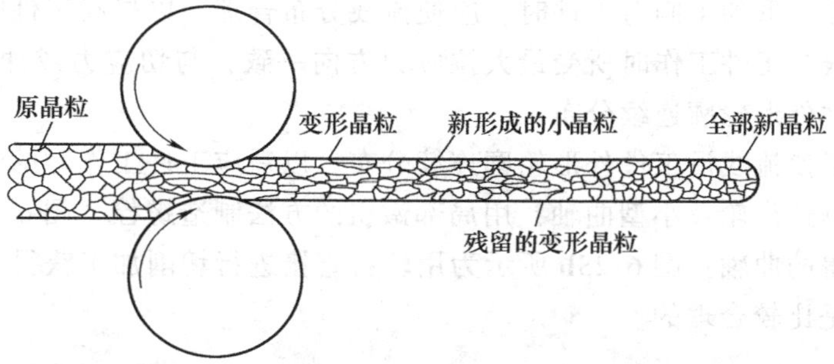

图 6-27　钢在热轧时奥氏体的变形和再结晶

二、热变形加工对金属组织和性能的影响

热变形加工不仅能改变金属坯料形状使之满足使用要求，而且能使金属材料的组织和性能发生一系列的显著变化。

1. 消除铸态金属的某些缺陷并提高力学性能

通过热变形加工，金属铸锭中的气孔、疏松和微裂纹能够发生焊合，粗大的柱状晶粒与枝晶变为细小均匀的等轴晶粒，而且热变形加工还可以消除部分枝晶偏析并改善夹杂物、碳化物的形态、大小和分布，提高金属的致密度。因此，正确的热变形加工可细化晶粒、提高金属的致密度和力学性能。表 6-2 列出了中碳钢（$w_C=0.3\%$）铸态和锻态时的力学性能比较。

表 6-2　中碳钢（$w_C=0.3\%$）铸态和锻态时的力学性能比较

状　态	R_m/MPa	R_{eL}/MPa	A(%)	Z(%)	KV_2/J
铸造	500	280	15	27	28
锻造	530	310	20	45	56

可见，经热变形加工后，钢的强度、塑性和韧性等均较铸态的高。故工程上凡是受力复杂、承受载荷较大的工件（如齿轮、轴、刃具和模具等）大多都要通过热变形加工来制造。

2. 形成热变形纤维组织（流线）

热变形加工时，铸态金属中的粗大枝晶偏析及各种夹杂物，都要沿变形方向伸长，并逐渐形成纤维状。这些夹杂物在再结晶时不会改变其纤维状分布的特点，故对热变形加工后的金属材料进行宏观分析（即金属磨面经侵蚀后，用肉眼或放大 20 倍以下观察）时，可见到沿变形方向呈现出一条条细线，这就是热变形纤维组织，通常称为“流线”。

热变形纤维组织使金属材料的力学性能呈现各向异性，沿纤维方向（纵向）的强度、塑性与韧性明显高于垂直方向（横向）。表 6-3 列出了碳钢（$w_C=0.45\%$）的力学性能与纤维方向间的关系。

表 6-3　碳钢（$w_C=0.45\%$）的力学性能与纤维方向间的关系

性能 / 取样	R_m/MPa	R_{eL}/MPa	A(%)	Z(%)	KV_2/J
横向	675	440	10	31	24
纵向	715	470	17.5	62.8	49.6

因此，采用热变形加工制造工件时，应使流线分布合理，以提高工件的使用性能。一般情况下，应使流线与工件工作时所受最大拉应力方向一致；与切应力或冲击力方向相垂直；尽量使流线沿工件外形轮廓连续分布。

生产中，为了使流线沿工件外形轮廓连续分布，以适应工件工作时的受力情况，广泛采用模型锻造方法制造齿轮及小型曲轴，用局部镦粗的方法制造螺栓。图6-28a所示为用模型锻造加工方法获得的曲轴；图6-28b所示为用轧材直接进行切削加工获得的曲轴，显然锻造毛坯的流线分布是比较合理的。

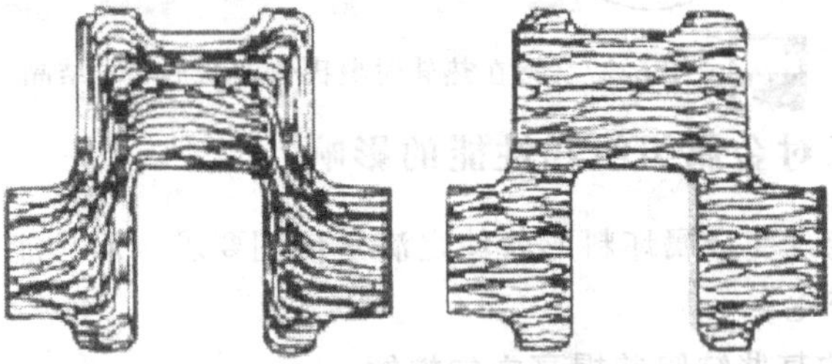

a)　　b)

图6-28　工件中流线分布示意图

a）模锻法制造的曲轴　b）轧材切削加工的曲轴

3. 形成带状组织

亚共析钢经热变形加工后，珠光体和铁素体常沿变形方向呈带状或层状分布，称为带状组织，如图6-29所示。这种组织是由于铸态金属中存在的枝晶偏析或夹杂物，在加工中沿变形方向被延伸拉长。当热变形加工后冷却时，先析铁素体往往在被拉长的杂质上优先析出，形成铁素体带，而铁素体带两侧的富碳奥氏体则随后转变为珠光体带，从而形成了带状组织。

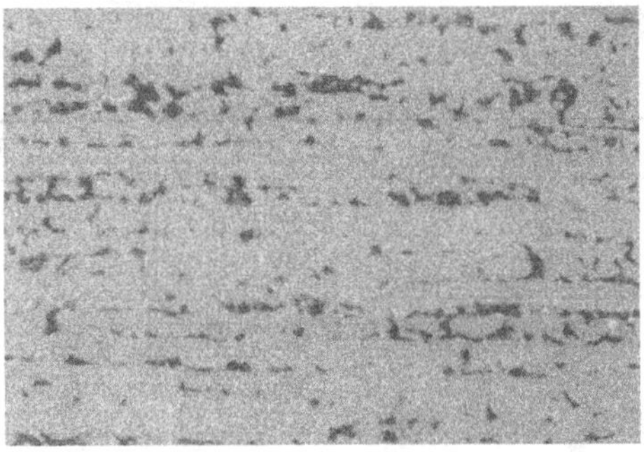

图6-29　亚共析钢的带状组织（100×）

带状组织使钢材的力学性能呈现各向异性，特别是横向的塑形和韧性明显下降。生产中常采用均匀化退火或多重正火方法消除带状组织。

【综 合 训 练】

1. 名词辨析

1）再结晶与结晶、重结晶。

2）滑移与孪生。

3）冷变形加工与热变形加工。

4）应力退火与再结晶退火。

2. 金属塑性变形的基本方式有哪两种？主要方式是哪一种？试描述这种方式变形的特点是什么？

3. 在常温下，为什么细晶粒金属强度高，且塑性、韧性也好？试用多晶体塑性变形的特点予以解释。

4. 说明下列现象产生的原因。

1）滑移面是原子密度最大的晶面，滑移方向是原子密度最大的晶向。

2）晶界处滑移的阻力最大。

3）实际测得的晶体滑移所需要的临界分切应力比理论计算值小。

4）Zn、α-Fe、Al 的塑性不同。

5. 金属铸件能否通过再结晶退火达到细化晶粒的目的？

6. 钨在 1100℃ 加工，锡在室温下变形，它们各为何种加工类型？（已知钨的熔点 = 3410℃，锡的熔点 = 232℃）。

7. 制造某承受中载及冲击载荷的传动齿轮，应优先采用下列哪种工艺方法？请说明原因。

1）由原钢胚料切下圆饼后，再加工成齿轮。

2）由厚钢板切下圆饼后，再加工成齿轮。

3）用圆钢坯料锻造成圆饼后，再加工成齿轮。

8. 何谓临界变形程度？为什么在冷、热变形加工时都要避开临界变形程度？

9. 为什么经热变形加工后的金属材料的力学性能要比铸造状态的金属材料的力学性能好？

第七章 低合金钢与合金钢[㊀]

学习目标

通过本章的学习，了解合金元素在钢中的作用；掌握低合金钢与合金钢的分类、化学成分特点、性能和应用。焊接专业应重点掌握在工程中广泛使用的低合金钢、船体结构钢和不锈钢。

第一节 低合金钢与合金钢概述

一、低合金钢和合金钢的定义

随着科学技术和工业的发展，对材料提出了更高的要求，如更高的强度、更高的耐高温性、耐低温性、耐蚀性、耐磨性以及其他特殊物理、化学性能的要求。

资料卡

稀土不是土

稀土不是土，也不稀少。稀土包括镧系15种元素和钪、钇，共17种元素，用RE表示。中国稀土储量、产量都是世界第一，约占世界的80%，位于内蒙古自治区的白云鄂博是我国稀土资源最为富集的地区，现已探明的稀土储量约占全国总储量的98%，相当于世界各国稀土总储量的4倍，有“世界稀土宝库”的美誉。

稀土在钢中有净化钢液、使夹杂物变性和微合金化作用。因此钢中加微量稀土就可大幅度提高钢的强度、韧性、耐磨性和抗氧化能力，被誉为工业“维生素”。

碳钢虽然具有较好的力学性能和工艺性能，并且产量大和价格低，在机械工程上应用十分广泛，但其存在强度级别低、淬透性较差、耐回火性差等不足。

为了改善或提高钢的性能，在碳钢的基础上，有意添加某些合金元素的钢称为低合金钢和合金钢。在低合金钢与合金钢中，常用的合金元素有硅（Si）、锰（Mn）、铬（Cr）、镍（Ni）、钼（Mo）、钨（W）、钒（V）、钛（Ti）、铌（Nb）、锆（Zr）、钴（Co）、铝（Al）、铜（Cu）、硼（B）和稀土（RE）等。

㊀ GB/T 13304.1—2009《钢分类》中按照化学成分将钢分为三类：非合金钢、低合金钢和合金钢。而国际标准和欧洲标准及一些国外标准按化学成分将钢分为两类：非合金钢和合金钢。——编者注

与碳钢相比，低合金钢和合金钢种类多，有较好的性能，工程意义很大。但其生产和加工工艺比碳钢复杂，成本也较高。因此，在应用碳钢能够满足要求时，一般不使用低合金钢和合金钢。

二、低合金钢和合金钢的分类

低合金钢和合金钢的种类繁多，为了便于生产和使用，按照合金元素含量、用途和金相组织等对其进行分类。

1. 按合金元素分类

低合金钢和合金钢按合金元素的含量分为低合金钢（合金元素总量 $<5\%$）、中合金钢（合金元素总量为 $5\% \sim 10\%$）和高合金钢（合金元素总量 $>10\%$）三类。

低合金钢和合金钢按主要合金元素的种类可分为锰钢、铬钢、硼钢、铬镍钢和硅锰钢等。

2. 按用途分类

低合金钢和合金钢按用途分为合金结构钢、合金工具钢和特殊性能钢三大类。

合金结构钢又分为工程构件用钢和机器零件用钢两部分。工程构件用钢包括建筑工程用钢、桥梁工程用钢、船舶工程用钢和车辆工程用钢；机器零件用钢包括调质钢、弹簧钢、滚动轴承钢、渗碳和渗氮钢以及耐磨钢等。这类钢一般属于低、中合金钢。

合金工具钢分为刃具钢、量具钢和模具钢，主要用于制造各种刃具、模具和量具。这类钢除模具钢中包含中碳合金钢外，一般多属于高碳钢和高合金钢。

特殊性能钢分为不锈钢、耐热钢和耐磨钢等。这类钢主要用于各种特殊要求的场合，如化学工业用的不锈耐酸钢和核电站用的耐热钢等。

3. 按金相组织分类

按钢退火态的金相组织可分为亚共析钢、共析钢和过共析钢三种。

按钢正火态的金相组织可分为珠光体钢、贝氏体钢、马氏体钢和奥氏体钢四种。

第二节　合金元素在钢中的作用

合金元素提高钢的力学性能，改善钢的工艺性能，并赋予钢某些特殊的物理化学性能，其根本原因是合金元素与钢的基本组元铁或碳发生相互作用，改变了钢的组织结构，并影响钢热处理时加热、冷却过程中的组织转变。

合金元素在钢中的作用十分复杂，尤其是几种元素同时加入时，很难做出精确的预测，但是，人们在长期的生产和科学实践中总结出了很多重要的规律。

一、合金元素与铁、碳的作用

铁和碳是钢中两种基本元素，二者形成碳钢中的三个基本相，即铁素体、奥氏体和渗碳体。所以，合金元素与铁碳之间的作用是合金内部组织结构变化的基础。

1. 合金元素与铁的作用

几乎所有的合金元素（除铅外）都可溶入铁中，形成合金铁素体或合金奥氏体。其中原子直径较小的合金元素（如氮和硼）与铁形成间隙固溶体；原子直径较大的合金元素（如锰、镍和钴等）与铁形成置换固溶体。

当合金元素可溶于铁素体时，由于与铁的晶格类型和原子半径不同而造成晶格畸变；此外，合金元素易分布于位错线附近，对位错线的移动起牵制作用，降低位错的易动性，从而提高塑性变形抗力，产生固溶强化效果，使钢的强度和硬度提高，但塑性和韧性下降。图7-1和图7-2分别所示为几种合金元素对铁素体硬度和韧性的影响。

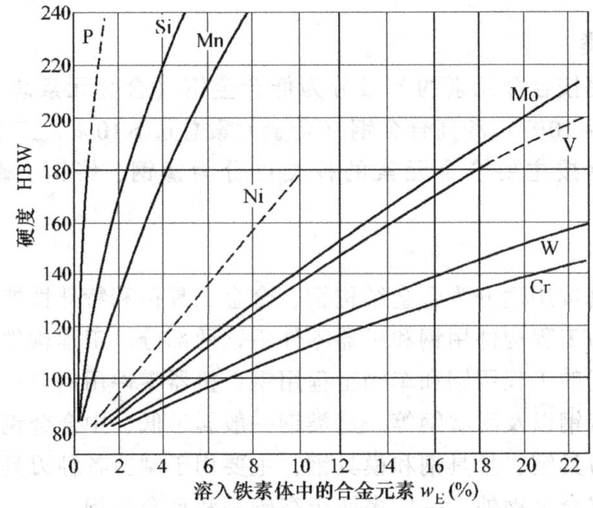

图 7-1　合金元素对铁素体硬度的影响

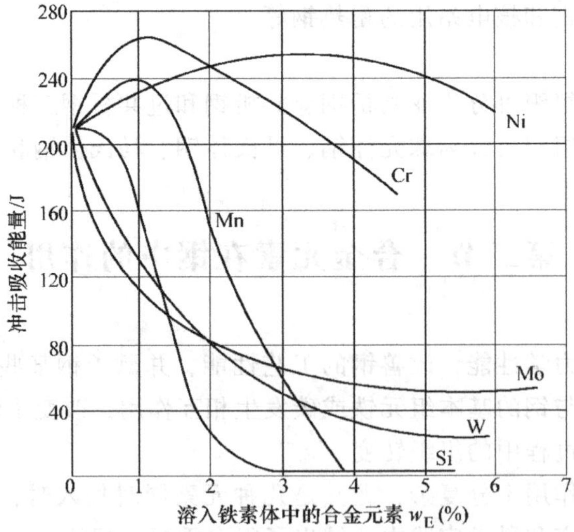

图 7-2　合金元素对铁素体韧性的影响

2. 合金元素与碳的作用

在一般的合金化理论中，按与碳结合力的大小，可将合金元素分为碳化物形成元素与非碳化物形成元素两大类。

凡是在化学元素周期表中排在铁（第26号）右侧的合金元素，它们与碳的结合力小于铁，都是非碳化物形成元素，它们是 Ni、Co、Cu、Si、Al、N 和 B 等。由于不能形成碳化物，除了在极少数高合金钢中可形成金属间化合物外，这些元素几乎都溶解在铁素体或奥氏体中。

凡是在化学元素周期表中排在铁左侧的合金元素，它们与碳的结合力大于铁，都是碳化物形成元素，而且离铁越远，越易形成比 Fe_3C 更稳定的碳化物。按它们与碳结合的能力，由弱到强为：Mn、Cr、Mo、W、V、Nb、Zr 和 Ti。

碳化物形成元素中，有些元素（如 Mn）与碳的结合力较弱，除少量可溶于渗碳体中形成合金渗碳体外，大部分仍溶于铁素体或奥氏体中。而与碳结合力较强的一些元素（如 Cr、Mo 和 W 等），当其含量较少时，多半溶于渗碳体中，形成合金渗碳体；当其含量较高时，则可能形成新的特殊的合金碳化物，如 $Cr_{23}C_6$。与碳结合力很强的碳化物形成元素（如 Nb、Ti 和 Zr 等），几乎总是与碳形成特殊的碳化物，仅在缺碳或高温的条件下，才以原子状态进入固溶体中。

碳化物是钢中的重要相之一，碳化物的类型、数量、大小、形状及分布对钢的性能有很重要的影响。

合金渗碳体是渗碳体中一部分铁被碳化物形成元素置换后所得到的产物，其晶体结构与渗碳体相同，可表达为 $(Fe, Me)_3C$（Me 代表合金元素）。渗碳体中溶入碳化物形成元素后，硬度有明显增加，因而可提高钢的耐磨性。同时它们在加热时也较难溶于奥氏体中，因此热处理时加热温度应该高一些。

由强碳化物形成元素生成的各种合金碳化物（如 W_2C、VC 和 TiC 等）熔点和硬度高，加热时很难溶于奥氏体中。因此，对钢的力学性能及工艺性能有很大影响，尤其是对于刃具钢和模具钢意义重大。

二、合金元素对铁碳相图的影响

合金元素对碳钢中的相平衡关系有很大影响，加入合金元素后，将使铁碳相图发生变化。

1. 对奥氏体相区的影响

按照对奥氏体相区的影响，合金元素可分为扩大奥氏体相区元素和缩小奥氏体相区元素两类，如图 7-3 所示。

（1）扩大奥氏体相区元素　扩大奥氏体相区的元素有镍、锰、钴、碳、氮和铜等，这些元素使 A_1 和 A_3 温度降低，使 S 点和 E 点向左下方移动，从而使奥氏体区域扩大。图 7-3a 所示为锰对奥氏体区域位置的影响。其中可与 γ-Fe 无限互溶的元素镍或锰的含量较多时，使钢在室温下获得单相奥氏体组织，成为奥氏体钢。

（2）缩小奥氏体相区的元素　缩小奥氏体相区的元素有铬、钼、硅和钨等，使 A_1 和 A_3 温度升高，使 S 点和 E 点向左上方移动，从而使奥氏体区域缩小。图 7-3b 所示为铬对奥氏体区域位置的影响。当加入的元素超过一定含量后，奥氏体可能完全消失，使钢在包括室温在内的较大温度范围内获得单相铁素体，成为铁素体钢。

2. 合金元素对 S 点和 E 点的影响

如图 7-3 所示，凡能扩大奥氏体相区的元素，都使 S 点和 E 点向左下方移动；凡能缩小奥氏体相区的元素，都使 S 点和 E 点向左上方移动。因此，大多数合金元素均使 S 点和 E 点左移，如图 7-4 所示。而 S 点向上或向下移动，则直接影响了共析转变温度（A_1 温度），如图 7-5 所示。

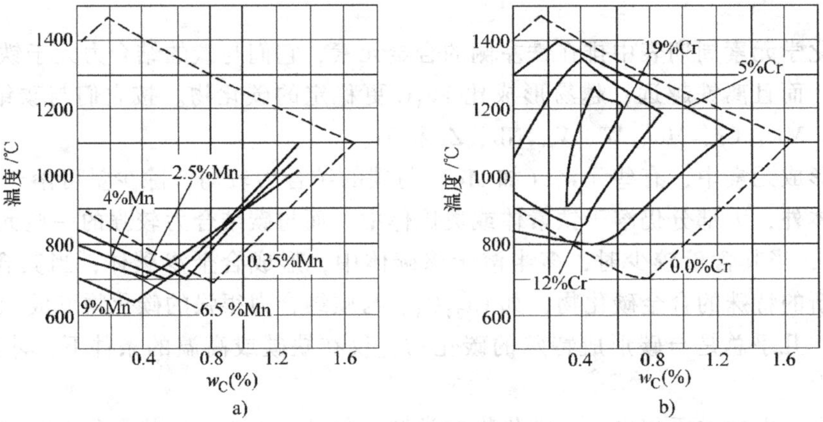

图 7-3 合金元素对铁碳相图中奥氏体相区的影响

a) Mn—扩大奥氏体相区元素 b) Cr—缩小奥氏体相区元素

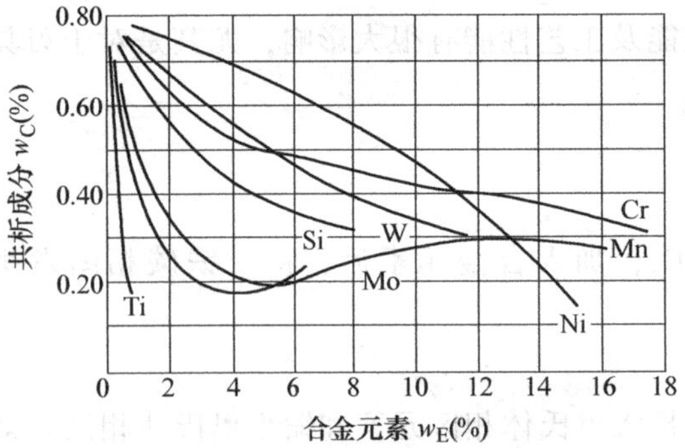

图 7-4 合金元素对共析成分（S 点）的影响

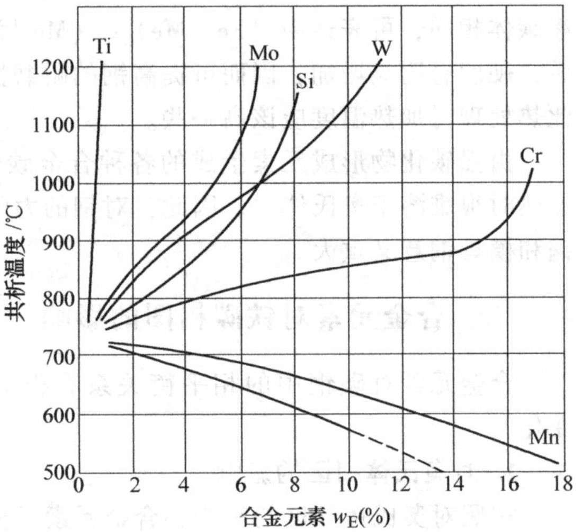

图 7-5 合金元素对共析转变温度（A_1）的影响

S 点向左移动，意味着共析成分降低，与同样碳的质量分数的亚共析钢相比，合金钢组织中的珠光体数量增加，使钢得到强化。*E* 点向左移，会使发生共晶转变的碳的质量分数降低。当碳的质量分数较低时，钢具有莱氏体组织，如在高速钢中，虽然碳的质量分数只有 0.7% ~0.8%，但是由于 *E* 点的左移，在铸态下会得到莱氏体组织，成为莱氏体钢。

共析温度降低或升高会直接地影响热处理加热的温度，所以锰钢和镍钢的淬火温度低于碳钢，在热处理加热时容易出现过热现象；而含有缩小奥氏体相区元素的钢，其淬火温度就需要相应地进行提高了。

三、合金元素对热处理的影响

合金元素的作用，大多要通过热处理才能发挥出来，除低合金钢外，合金钢一般都是经过热处理后使用的。

1. **合金元素对加热转变的影响**

合金元素对热处理加热转变的影响实际上就是对奥氏体化过程的影响，主要体现在以下两个方面。

1）大多数合金元素（除镍和钴以外）都延缓钢的奥氏体化过程。含有碳化物形成元素的钢，由于碳化物不易分解，使奥氏体化过程大大减缓。因此，合金钢在热处理时，要相应地提高加热温度或延长保温时间，才能保证奥氏体化过程的充分进行。

2）大部分合金元素都能阻止奥氏体晶粒的长大，细化晶粒。尤其是中、强碳化物形成元素，如钛、矾、钼、钨、铌和锆等，它们在钢中形成的碳化物非常稳定，如TiC、VC和MoC等，在加热时很难溶解，能强烈地阻碍奥氏体晶粒的长大。此外，一些晶粒细化剂，如AlN等在钢中可形成弥散质点分布于奥氏体晶界上，阻止奥氏体晶粒的长大，细化晶粒。所以，与相应的碳钢相比，在同样加热条件下，合金钢的组织较细，力学性能更高。

镍对热处理加热奥氏体晶粒细化作用不明显，而锰在中碳时则有促进奥氏体晶粒长大的倾向。

2. **合金元素对冷却转变的影响**

合金元素对热处理冷却过程的影响就是对奥氏体等温转变图的影响。大多数合金元素（除钴以外）都能提高过冷奥氏体的稳定性，使奥氏体等温转变图位置右移，临界冷却速度减小，从而提高钢的淬透性。所以对于合金钢就可以采用冷却能力较低的淬火冷却介质进行淬火，如采用油淬或空冷，以减小零件的淬火变形和开裂倾向。

对于非碳化物形成元素和弱碳化物形成元素，如镍、锰和硅等，仅会使奥氏体等温转变图右移，如图7-6a所示。而对中强和强碳化物形成元素，如铬、钨、钼和矾等，溶于奥氏体后，不仅使奥氏体等温转变图右移，提高钢的淬透性，而且把珠光体转变与贝氏体转变明显地分为两个独立的区域，改变了奥氏体等温转变图的形状，使其出现两个鼻尖，如图7-6b所示。

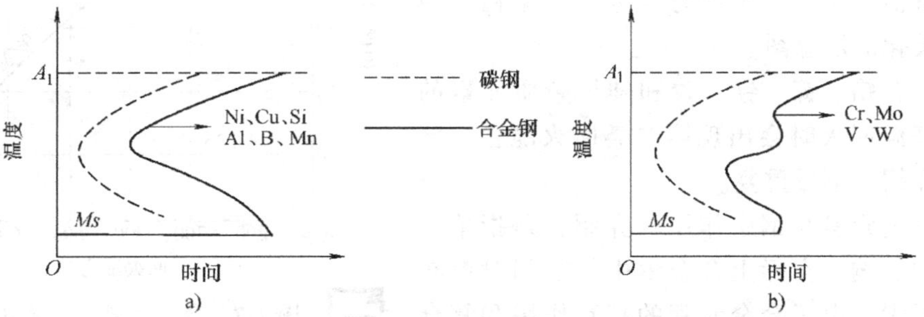

图7-6 合金元素对C曲线的影响

a）一个鼻尖的C曲线 b）两个鼻尖的C曲线

钢中常用的提高淬透性的合金元素有铬、锰、钼、钨、镍、硅和硼等。通过复合元素，采用多元少量的合金化原则，对提高钢的淬透性会更有效，如铬-镍、铬-锰和硅-锰等组合。硼是显著影响淬透性的元素，合金钢中即使只含十万分之一的硼，也能显著提高钢的淬透性，但硼的这种影响仅对低、中碳钢有效，对高碳钢完全无效。

必须指出，加入的合金元素只有完全溶于奥氏体时，才能提高淬透性。如果未完全溶解，则碳化物会成为珠光体的核心，反而降低钢的淬透性。

除钴和铝外，多数合金元素溶入奥氏体后，使马氏体转变温度 *Ms* 和 *Mf* 点下降。钢的 *Ms* 点越低，*Ms* 点至室温的温度间隔就越小，在相同冷却条件下转变成马氏体的量越少。因此，凡是降低 *Ms* 点的元素都会使淬火后钢中残留奥氏体的含量增加。而钢中残留奥氏体量的多少，对钢的硬度、尺寸稳定性和淬火变形均有较大影响。

3. 合金元素对淬火钢回火转变的影响

（1）对淬火钢耐回火性的影响　淬火钢在回火过程中抵抗硬度下降的能力称为耐回火性。由于合金元素阻碍马氏体分解和碳化物的聚集长大，使回火的硬度降低的过程变缓，从而提高钢的耐回火性。对合金钢的耐回火性影响比较显著的元素有钒、钨、钛、铬、钼、钴和硅等；影响不明显的元素有铝、锰和镍等。可以看出，碳化物形成元素，对耐回火性的提高作用特别显著。钴和硅虽属非碳化物形成元素，但它们对渗碳体晶核的形成和长大有强烈的延迟作用，因此，也有提高耐回火性的作用。

由于合金钢的耐回火性比碳钢高，若要求得到同样的回火硬度时，则合金钢的回火温度就比同样碳的质量分数的碳钢要高，回火的时间也长，因此，内应力消除得好，钢的塑性和韧性指标也高。所以，当回火温度相同时，合金钢的强度和硬度就比碳钢高。

（2）二次硬化　一些高合金钢在一次或多次回火后硬度上升的现象称为二次硬化。造成二次硬化的原因主要有两点：一是含有铬、钨、钼和钒等碳化物形成元素的钢，在 500～600℃ 回火时，从马氏体中析出细的特殊碳化物，发挥了第二相的弥散强化作用，使硬度提高，这是造成二次硬化的主要原因；二是某些高合金钢淬火后组织中存在较多的残留奥氏体，在回火加热保温过程中，残留奥氏体析出合金碳化物使得 *Ms* 点和 *Mf* 点上升，在随后的冷却过程中就有部分残留奥氏体转变为马氏体，使钢的硬度提高。

二次硬化现象对需要较高热硬性的合金工具钢有很大价值。图 7-7 所示为合金元素钼在钢中造成二次硬化的示意图。

此外，含铬、镍、锰、磷和砷等杂质元素的合金钢在高温回火时会出现第二类回火脆性，已在第五章介绍，不再重复。

上述合金元素在钢中作用的介绍，是指单一合金元素的影响。实际上合金钢中往往同时存在几种合金元素，由于合金元素的相互作用和复合影响，作用效果要复杂得多。

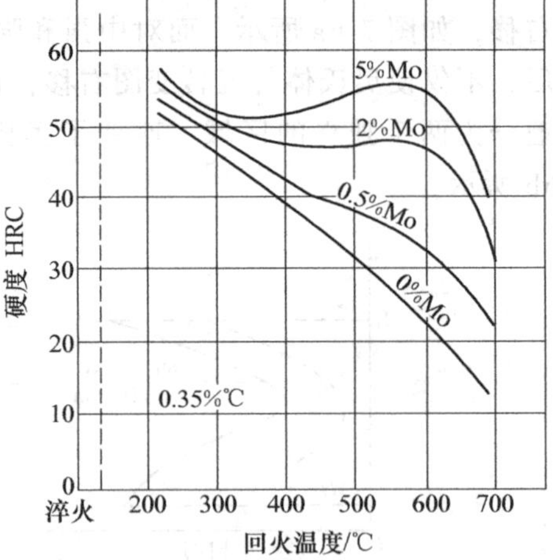

图 7-7　合金元素钼在钢中造成二次硬化的示意图

第三节　低合金钢与合金钢的牌号

低合金钢与合金钢品种繁多，为了管理和使用的方便，每一种钢都应该有一个简明的牌号。

我国的钢材牌号是采用国际化学元素符号和汉语拼音字母并用的原则。产品名称、用途和浇注方法等则采用汉语拼音字母表示，放在牌号头或牌号尾，见表4-4。用数字表明碳的质量分数，化学元素符号表明钢中含有的合金元素，化学元素后面的数字表明合金元素的大致含量。牌号中的化学元素采用国际化学元素符号表示，如Si、Mn、Cr和W等。其中只有稀土元素是用“RE”来表示的，这是由于其含量不多，种类不少，不易一一分析出来。

一、低合金钢的牌号

低合金高强度结构钢的牌号表示方法与碳素结构钢相同，也是以屈服强度级别为标准编号，用“Q+数字+字母+字母”表示。其中，“Q”字是钢材的屈服强度的“屈”字的汉语拼音字首，紧跟后面的是屈服强度值，再其后分别是质量等级符号和脱氧方法。例如，Q345C表示$R_{eL}\geqslant 345MPa$、质量等级为C级的低合金高强度钢。

牌号中规定了A、B、C、D、E五种质量等级，A级质量等级最低，E级质量等级最高。

二、合金结构钢和特殊性能钢的牌号

合金结构钢牌号是以“两位数字+元素+数字+……”的方法表示。牌号的前两位数字表示碳的平均质量分数的万分之几，合金元素以化学元素符号表示，合金元素后面的数字则表示该元素的质量分数，一般以百分之几表示。凡合金元素的平均质量分数小于1.5%时，牌号中一般只标明元素符号而不标明其质量分数。如果平均质量分数不小于1.5%、2.5%、3.5%…时，则相应地在元素符号后面标以2、3、4…。如果为高级优质钢，则在其牌号后加“高”或“A”。钢中的V、Ti、Al、B和RE等合金元素的含量虽然很低，但在钢中能起相当重要的作用，故仍应在牌号中标出。如20CrMnTi表示碳的平均质量分数为0.20%，主要合金元素Cr的Mn的质量分数均低于1.5%，并含有微量Ti的合金结构钢。

特殊性能钢的牌号和合金结构钢的表示类似，如不锈钢20Cr13表示碳的质量分数为0.20%，铬的质量分数为12.0%~14.0%。

GB/T 221—2008中规定了不锈钢牌号新的表示方法，用两位或三位阿拉伯数字表示碳质量分数的最佳控制值（以万分之几或十万分之几计），合金元素的表示方法与合金结构钢相同。当碳的质量分数上限不大于0.10%时，以其上限的3/4表示碳的质量分数；当碳的质量分数上限大于0.10%时，以其上限的4/5表示碳的质量分数。若碳的质量分数上限为0.08%，则碳的质量分数以06表示；若碳的质量分数上限为0.20%，则碳的质量分数以16表示；若碳的质量分数上限为0.15%，则碳的质量分数以12表示；若碳的质量分数上限为0.030%时，则碳的质量分数以022表示。

三、合金工具钢的牌号

合金工具钢的牌号以“一位数字（或没有数字）+元素+数字+……”表示，其编号方法与合金结构钢大体相同，区别在于碳的质量分数的表示方法。当碳的质量分数<1.0%时，则在牌号前以千分之几表示它的碳的平均质量分数；而当碳的质量分数≥1.0%时，则不予标出。如9SiCr钢，碳的平均质量分数为0.90%，主要合金元素为硅和铬，质量分数均小于1.5%；又如Cr12MoV钢，碳的质量分数为1.45%~1.70%（大于1.0%），主要合金

元素为铬，铬的质量分数为12%，而钼和钒的质量分数均小于1.5%。

对于铬的质量分数低的钢，其中铬的质量分数以千分之几表示，并在数字前加“0”，以示区别，如铬的平均质量分数为0.6%的低铬工具钢的牌号为“Cr06”。

四、专用钢的牌号

1. 锅炉和压力容器用钢板

用大写字母R在牌号尾表示，表示“容”。牌号可用屈服强度、碳的质量分数或所含合金元素表示，如Q345R，再如12Cr2MoR、14CrMoR和15CrMoR等均用碳的质量分数和所含合金元素来表示。

2. 焊接气瓶用钢板

用大写字母HP在牌号尾表示，意为“焊瓶”。牌号可以用屈服强度表示，如Q345HP。

3. 桥梁用钢板

用“桥”拼音的第一个字母q在牌号尾表示，如Q420q、Q345q和Q370q等。

4. 焊接结构用耐候钢

用“耐候”的汉语拼音字母NH在牌号尾表示，在牌号后加上质量等级代号（C、D和E），如Q345NHC和Q460NHD。

5. 滚珠轴承钢

用“滚”字拼音的第一个字母G在牌号首表示，其后为铬（Cr）+数字，数字表示铬的质量分数的千分之几，如GCr15，读为“滚铬15”。这里应注意，牌号中铬元素后面的数字是表示铬的质量分数为1.5%，其他元素仍按百分之几表示，如GCr15SiMn表示铬的质量分数为1.5%，Si和Mn均小于1.5%的滚动轴承钢。

6. 易切削钢

用“易”字拼音的第一个字母Y在牌号首表示，如Y40Mn表示碳的质量分数约0.4%，锰的质量分数小于1.5%的易切削钢。

第四节　低合金钢

低合金钢是指含有少量合金元素，具有较好力学性能和工艺性能，用于各种工程构件的钢种。我国曾经称之为低合金钢、低合金结构钢、普通低合金钢和低合金高强度钢等。

一、低合金钢及其分类

1. 按主要质量等级分

低合金钢按主要质量等级分为普通质量低合金钢、优质低合金钢和特殊质量低合金钢三类。

（1）普通质量低合金钢　普通质量低合金钢是指在生产过程中不需要特别控制质量要求、供作一般用途的低合金钢。普通质量低合金钢主要包括一般用途低合金结构钢、低合金钢筋钢、铁道用一般低合金钢和矿用一般低合金钢等。

（2）优质低合金钢　优质低合金钢是指除普通质量低合金钢和特殊质量低合金钢以外

的低合金钢。优质低合金钢主要包括造船用低合金钢、汽车用低合金钢、桥梁用低合金钢和输油输气管线用低合金钢等。

(3) 特殊质量低合金钢　特殊质量低合金钢是指在生产过程中需要特别严格控制质量和性能（特别是严格限制硫、磷等杂质含量和控制纯洁度）的低合金钢。特殊质量低合金钢主要包括低合金高强度钢、铁道用低合金钢、低温压力容器用低合金钢和兵器用低合金钢等。

2. 按主要性能和使用特性分

低合金钢按主要性能及使用特性分类如下：可焊接低合金高强度结构钢、低合金耐候钢、低合金钢筋钢、铁道用低合金钢、矿用低合金钢和其他低合金钢等。

二、低合金高强度结构钢

低合金高强度结构钢是在碳素结构钢的基础上添加少量合金元素（3%以下），屈服强度在275MPa以上，主要用于工程构件的钢种。

低合金高强度结构钢作为近几十年发展快、性能好、产量大和应用范围广的钢种，受到了世界各国的重视，各发达工业国家的低合金高强度钢产量约占钢产量的10%。

1. 化学成分特点

(1) 碳的质量分数　低合金高强度结构钢以低碳和低硫为主要特征。由于塑性、韧性、焊接性和冷变形加工性能的要求，其碳的质量分数不超过0.20%。

(2) 合金化思想　在低合金高强度结构钢中常用的合金元素有Mn、Si、Mo、Cu、Nb、Ti、Zr、B、P和N等，总量一般在3%以下。

这种钢中主加元素为锰（Mn），主要作用是通过Mn溶入铁素体中而达到固溶强化的目的；此外，Mn还通过细化晶粒来改善塑性和韧性。Mn是一种固溶强化效果显著又比较便宜的元素，不过，为保证钢的塑性和韧性，Mn的质量分数不应超过1.8%。铌、钛或钒等为辅加元素，少量的铌、钛或钒在钢中形成细碳化物或碳氮化物，一方面在热轧时阻止奥氏体晶粒长大；另一方面在冷却过程中析出碳氮化物，进一步提高钢的强度和韧性。此外，加入少量铜（$w_{Cu} \leq 0.4\%$）和磷（w_P为0.1%左右）等，可提高耐大气腐蚀性能。

加入少量稀土元素，可以脱硫去气，使钢材净化，改善韧性和工艺性能。

2. 性能特点

低合金高强度钢强度高，一般屈服强度在300MPa以上，低合金高强度结构钢塑性和韧性好，具有良好的焊接性能和冷变形加工性能，并且韧脆转变温度低，耐大气腐蚀性高。

这类钢一般在热轧空冷状态下使用，采用焊接工艺成形，不需要进行专门的热处理，使用状态下的显微组织一般为铁素体+珠光体（索氏体），有时也可淬火成低碳马氏体状态。

3. 常用钢种

在GB/T 1591—2008中，低合金高强度结构钢有Q345、Q390、Q420、Q460、Q500、Q550、Q620、Q690八个牌号。由于质量不同，分为A，B，C，D，E五个等级，其中A级质量等级最低，E级质量等级最高。低合金高强度结构钢的力学性能见表7-1。

表 7-1　低合金高强度结构钢的力学性能（摘自 GB/T 1591—2008）

牌号	质量等级	下屈服强度 R_{el}/MPa，≥						抗拉强度 R_m/MPa（公称厚度、直径、边长≤40mm）	断后伸长率 A(%)，≥		冲击吸收能量		180℃弯曲试验 d/mm [a=试样厚度(直径)]	
		公称厚度(直径边长)/mm							公称厚度(直径、边长)/mm		温度/℃	KV_2/J 公称厚度(直径、边长) 12~150mm	≤16mm	>16~100mm
		≤16	>16~40	>40~63	>63~80	>80~100	>100~150		≤40	>40~63				
Q345	A	345	335	325	315	305	285	470~630	20	19	—	≥34	2a	3a
	B										20			
	C								21	20	0			
	D										-20			
	E										-40			
Q390	A	390	370	350	330	330	310	490~650	20	19	—	≥34	2a	3a
	B										20			
	C										0			
	D										-20			
	E										-40			
Q420	A	420	400	380	360	360	340	520~680	19	18	—	≥34	2a	3a
	B										20			
	C										0			
	D										-20			
	E										-40			
Q460	C	460	440	420	400	400	380	550~720	17	16	0	≥34	2a	3a
	D										-20			
	E										-40			
Q500	C	500	480	470	450	440	—	610~770	17	17	0	≥55	—	—
	D										-20	≥47		
	E										-40	≥31		
Q550	C	550	530	520	500	490	—	670~830	16	16	0	≥55	—	—
	D										-20	≥47		
	E										-40	≥31		
Q620	C	620	600	590	570	—	—	710~880	15	15	0	≥55	—	—
	D										-20	≥47		
	E										-40	≥31		
Q690	C	690	670	660	640	—	—	770~940	14	14	0	≥55	—	—
	D										-20	≥47		
	E										-40	≥31		

在较低级别的钢中，Q345 最具有代表性。Q345 是 20 世纪 30 年代发展起来的世界上第一种低合金高强度结构钢，目前，它是我国用量最多，产量最大的一种低合金高强度结构钢，使用状态的组织为细晶粒的铁素体-珠光体，与碳素结构钢 Q235 相比，强度高 20% ~ 30%，耐大气腐蚀性能高 20% ~38%，这类钢多用于船舶、车辆和桥梁等大型钢结构。目前，在其基础上已经发展出了多种派生牌号和专用钢种。南京长江大桥采用 Q345 比用碳素结构钢节约钢材 15% 以上，又如我国的载重汽车大梁采用 Q345 后，使载重比由 1.05 提高到 1.25。

资料卡

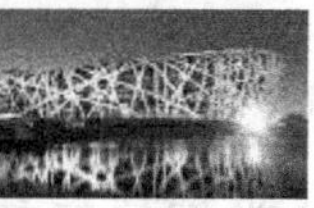

2008 年北京奥运会主体育场“鸟巢”结构设计奇特新颖，用于搭建其外部巨大钢结构的就是 Q460 钢，这是国内在建筑结构上首次使用 Q460 钢，而且钢板厚度达到 110mm，也是以前绝无仅有的。

Q420 钢含 V、Ti 和 Nb，能细化晶粒，产生第二相弥散强化，使屈服强度提高，是中等级别强度钢中使用最多的钢种。Q420 强度较高，且韧性、焊接性及低温韧性也较好，广泛用于制造桥梁、锅炉、船舶和中等压力的容器。

强度级别超过 450MPa 后，铁素体和珠光体组织难以满足要求，于是发展了低碳贝氏体钢。加入 Cr、Mo、Mn 和 B 等元素，有利于空冷条件下得到贝氏体组织，使强度更高，塑性和焊接性能也较好，多用于高压锅炉和高压容器等，如 Q460 钢。

资料卡

新中国成立后，在自力更生思想指导下，我国桥梁用钢的发展取得了很大的成就。1957 年建成通车的武汉长江大桥采用的是碳素钢，而且是在前苏联专家的帮助下设计建造的。1968 年建成通车的南京长江大桥，是长江上第一座由我国自行设计建造的公铁两用桥，主体钢梁采用的是由鞍钢生产的 16Mn（新牌号 Q345），当年被称为“争气钢”。1993 年建成通车的九江长江大桥采用的是鞍钢生产的 15MnVTi 钢。而 2000 年建成通车的芜湖长江大桥采用的则是由武钢生产的 14MnNb 钢，其屈服强度高于日本、德国同类桥梁，新钢种的开发利用，完善了中国桥梁钢系列。

第五节　合金结构钢

合金结构钢是指用于制造各种机器零件，如轴类零件、齿轮、弹簧和轴承等所用的钢种，也称为机器零件用钢。

合金结构钢对力学性能的要求是多方面的，不但要求钢材具有高的强度、塑性和韧性，而且要求钢材具有良好的疲劳强度和耐磨性。合金结构钢一般都经过热处理后使用。此外，合金结构钢还要求具有良好的工艺性能，主要指可加工性和热处理工艺性能。合金结构钢按用途不同，可分为合金渗碳钢、合金调质钢、合金弹簧钢和滚动轴承钢等。

一、合金渗碳钢

许多零件是在受冲击和磨损条件下工作的，如汽车和拖拉机上的变速齿轮、内燃机上的凸轮和活塞销等，要求表面硬且耐磨，而零件心部则要求有较高的韧性和强度以承受冲击。为满足上述要求，常选用合金渗碳钢。合金渗碳钢属于表面硬化合金结构钢。

1. 化学成分

为了满足“外硬内韧”的要求，这类钢一般都采用低碳钢，碳的质量分数为 0.1% ~ 0.20%，使零件心部有足够的塑性和韧性。主加合金元素的目的是提高淬透性，常加入 Cr、Ni、Mn 和 B 等，保证钢在渗碳淬火后心部能得到低碳马氏体，以提高强度和韧性。加入少量强碳化物形成元素 Ti、V、W 和 Mo 等，形成稳定的合金碳化物，阻碍奥氏体晶粒长大，细化晶粒。

2. 热处理特点

合金渗碳钢的热处理规范一般是渗碳后进行直接淬火、一次淬火或二次淬火，而后低温回火。低合金渗碳钢经常采用直接淬火或一次淬火，而后低温回火；高合金渗碳钢则采用二次淬火和低温回火处理。

热处理零件表面组织为回火马氏体 + 碳化物 + 少量残留奥氏体，硬度达 58 ~ 62HRC，满足耐磨的要求，而心部的组织是低碳马氏体，保持较高的韧性，满足承受冲击载荷的要求。对于大尺寸的零件，由于淬透性不足，零件的心部淬不透，仍保持原来的珠光体 + 铁素体组织。

下面以应用广泛的 20CrMnTi 钢为例，分析其热处理工艺规范。20CrMnTi 钢齿轮的加工工艺路线为下料→锻造→正火→加工齿形→渗碳→预冷淬火→低温回火→磨齿。20CrMnTi 钢齿轮的热处理工艺曲线如图 7-8 所示。

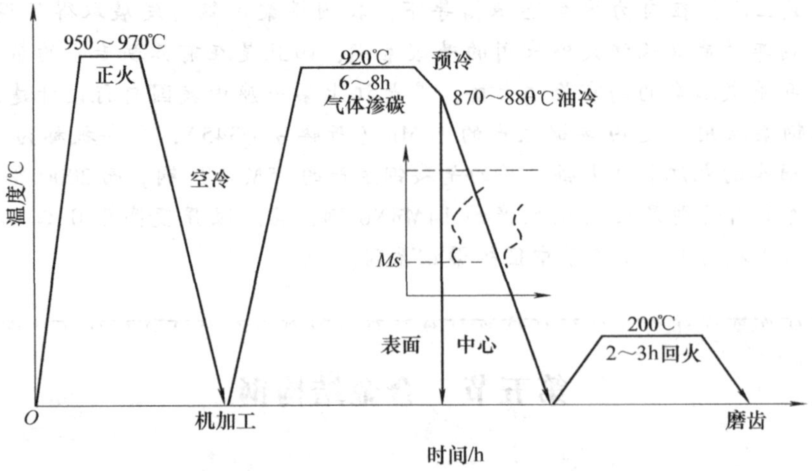

图 7-8　20CrMnTi 钢齿轮的热处理工艺曲线

正火作为预备热处理其目的是改善锻造组织，调整硬度（170～210HBW），便于机加工，正火后的组织为索氏体＋铁素体。最终热处理为渗碳后预冷到875℃直接淬火＋低温回火，预冷的目的在于减少淬火变形，同时在预冷过程中，渗层中可以析出二次渗碳体，在淬火后减少残留奥氏体量。最终热处理后其组织由表面往心部依次为回火马氏体＋颗粒状碳化物＋残留奥氏体→回火马氏体＋残留奥氏体→……。而心部的组织分为两种情况，在淬透时为低碳马氏体＋铁素体；未淬透时为索氏体＋铁素体。20CrMnTi钢经上述处理后可获得高耐磨性渗层，心部有较高的强度和良好的韧性，适宜制造承受高速中载并且抗冲击和耐磨损的零件，如汽车、拖拉机的后桥和变速箱齿轮、离合器轴、锥齿轮和一些重要的轴类零件。

3. 常用钢种

按照钢的淬透性大小，合金渗碳钢可分为三类。

（1）低淬透性渗碳钢　典型钢种为20Cr。这类钢合金元素含量少，淬透性较低，水淬临界直径＜25mm，渗碳淬火后，心部强韧性较低，只适于制造受冲击载荷较小的耐磨零件，如活塞销、凸轮、滑块和小齿轮等。

（2）中淬透性渗碳钢　典型钢种为20CrMnTi。这类钢淬透性较高，油淬临界直径约为25～60mm；过热敏感性较小，渗碳过渡层比较均匀，具有良好的力学性能和工艺性能，主要用于制造承受中等载荷、要求足够冲击韧度和耐磨性的汽车、拖拉机齿轮等零件。

（3）高淬透性渗碳钢　典型钢种为18Cr2Ni4WA和20Cr2Ni4A。这类钢含有较多的Cr和Ni等元素，淬透性很高，钢的油淬临界直径＞100mm，具有很好的韧性和低温冲击韧度，主要用于制造大截面、高载荷的重要耐磨件，如飞机、坦克中的曲轴和大模数齿轮等。

常用的渗碳钢牌号、热处理工艺、力学性能及用途见表7-2。

表7-2　常用的渗碳钢牌号、热处理工艺、力学性能及用途（摘自GB/T 3077—1999）

类别	牌号	热处理工艺			力学性能(≥)			用途
		渗碳/℃	淬火/℃	回火/℃	R_m/MPa	R_{eL}/MPa	A(%)	
低淬透性	20Mn2	930	850 水、油	200	785	590	10	小齿轮、小轴和活塞销等
	20Cr	930	880 水、油	200	835	540	10	齿轮、小轴和活塞销等
	20MnV	930	880 水、油	200	785	590	10	同上，也用作锅炉和高压容器管道等
中淬透性	20CrMn	930	850 油	200	930	735	10	齿轮、轴、蜗杆、活塞销和摩擦轮
	20CrMnTi	930	880 油	200	1080	850	10	汽车、拖拉机上的变速器齿轮
	20Mn2TiB	930	860 油	200	1130	930	10	代20CrMnTi
高淬透性	18Cr2Ni4WA	930	850 空	200	1180	835	10	大型渗碳齿轮和轴类零件
	20Cr2Ni4A	930	780 油	200	1180	1080	10	同上

二、合金调质钢

采用调质处理，即淬火＋高温回火后使用的合金结构钢，统称为合金调质钢。调质后得到回火索氏体组织，综合力学性能好，用于受力较复杂的重要结构零件，如汽车后桥半轴、连杆、螺栓以及各种轴类零件。与碳素调质钢相比，合金调质钢更能满足截面尺寸大和淬透性要求高的零件需要。

1. 化学成分特点

合金调质钢中碳的质量分数为0.30% ~ 0.50%，属中碳钢。碳的质量分数在这一范围内可保证钢的综合性能，碳的质量分数过低，则影响钢的强度指标，碳的质量分数过高则韧性显得不足。对于合金调质钢，随合金元素的增加，碳的质量分数趋于下限。

主加合金元素为Cr、Mn、Ni、Si和B等，主要目的是提高淬透性。除硼（B）外，这些合金元素除了提高淬透性外，还能形成合金铁素体，提高钢的强度，如调质处理后的40Cr钢的性能比45钢高很多。

加入少量强碳化物形成元素Ti、V、W和Mo等，形成稳定的合金碳化物，阻碍奥氏体晶粒长大，细化晶粒和提高耐回火性。其中W和Mo还可以防止第二类回火脆性，其适宜含量为：Mo的质量分数为0.15% ~0.30%，W的质量分数为0.8% ~1.2%。

2. 热处理特点

合金调质钢预备热处理的目的是为了改善热加工造成的晶粒粗大和带状组织，获得便于切削加工的组织和性能。对于珠光体型调质钢，在800℃左右进行一次退火代替正火，可细化晶粒，改善可加工性。对马氏体型调质钢，正火后可能得到马氏体组织，因此必须在 Ac_1 以下再次进行高温回火，使其组织转变为粒状珠光体。回火后硬度可由380 ~ 550HBW降至207 ~ 240HBW，此时可顺利进行切削加工。

合金调质钢的最终热处理是淬火加高温回火（调质处理）。合金调质钢淬透性较高，一般都用油淬，淬透性特别大时甚至可以空冷，这能减少热处理缺陷。

合金调质钢的最终性能决定于回火温度，一般采用500 ~ 650℃回火。通过选择回火温度，可以获得所要求的性能（具体可查热处理手册中有关钢的回火曲线）。为防止第二类回火脆性，回火后快冷（水冷或油冷），有利于韧性的提高。当要求零件具有特别高的强度（R_m =1600 ~ 1800MPa）时，采用200℃左右回火，得到中碳马氏体组织。这也是发展超高强度钢的重要方向之一。

合金调质钢常规热处理后的组织是回火索氏体。对于表面要求耐磨的零件（如齿轮和主轴），再进行表面感应淬火及低温回火，表面组织为回火马氏体，表面硬度可达55 ~ 58HRC。

合金调质钢淬透调质后的屈服强度约为800MPa，冲击韧度在80J/cm²，心部硬度可达22 ~ 25HRC。若截面尺寸大而未淬透时，性能显著降低。

现以40Cr钢为例，分析其热处理工艺规范。40Cr作为拖拉机上的连杆和螺栓，其工艺路线为下料→锻造→退火→粗机加工→调质→精机加工→装配。热处理工艺曲线如图7-9所示。在工艺路线中，预备热处理采用退火（或正火），其目的是改善锻造组织，消除缺陷，细化晶粒，调整硬度，便于切削加工，为淬火做好组织准备。调质工艺采用840℃加热，油淬后，得到马氏体组织，然后在540℃回火，为防止第二类回火脆性，在回火的冷却过程中采用水冷，最终使用时的组织状态为回火索氏体。

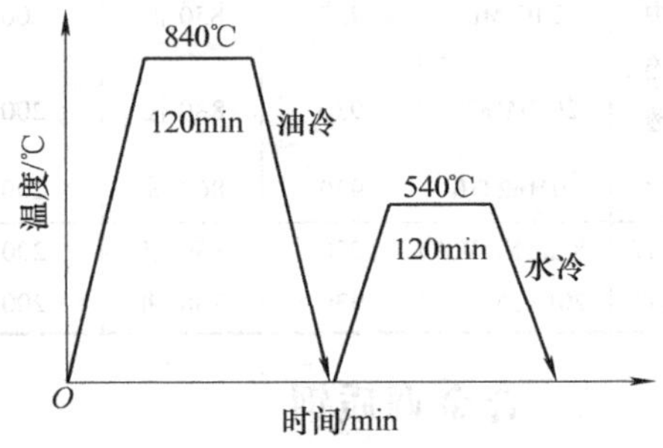

图7-9　40Cr钢制造连杆和螺栓的热处理工艺曲线

7 CHAPTER

3. 常用钢种

按淬透性的高低，合金调质钢大致可以分为三类。

（1）低淬透性调质钢　这类钢的油淬临界直径最大为30～40mm，广泛用于制造一般尺寸的重要零件，如轴、齿轮、连杆和螺栓等。典型钢种是40Cr、35SiMn和40MnB，其中后两者是为节约铬而发展的代用钢种。表7-3列出了常用低淬透性合金调质钢的牌号、化学成分、热处理工艺、力学性能及用途。

表7-3　常用低淬透性合金调质钢的牌号、化学成分、热处理工艺、力学性能及用途

（摘自GB/T 3077—1999）

牌号		35SiMn	40MnB	40MnVB	40Cr
化学成分（质量分数，%）	C	0.32～0.40	0.37～0.44	0.37～0.44	0.37～0.44
	Mn	1.10～1.40	1.10～1.40	1.10～1.40	0.50～0.80
	Si	1.10～1.40	0.17～0.37	0.17～0.37	0.17～0.37
	Cr				0.80～1.10
	其他		B:0.0005～0.0035	V:0.05～0.10 B:0.0005～0.0035	
热处理工艺	淬火/℃	900水	850油	850油	850油
	回火/℃	570水、油	500水、油	520水、油	520水、油
力学性能≥	R_m/MPa	885	980	980	980
	R_{eL}/MPa	735	785	785	785
	A(%)	15	10	10	9
	KU_2/J	47	47	47	47
用途		除要低温（-20℃以下）韧性很高的情况外，可全面代替40Cr作调质件	代替40Cr	可代替40Cr及部分代替40CrNi作重要零件，也可代替38CrSi作重要销钉	用于重要调质件如轴类件、连杆、螺栓、进气阀和重要齿轮等

（2）中淬透性调质钢　这类钢的油淬临界直径最大为40～60mm，含有较多的合金元素，用于制造截面较大和承受较重载荷的零件，如曲轴和连杆等。典型钢种为40CrNi、35CrMo和40CrMn。表7-4列出了常用中淬透性合金调质钢的牌号、化学成分、热处理工艺、力学性能及用途。

表7-4　常用中淬透性合金调质钢的牌号、化学成分、热处理工艺、力学性能及用途

（摘自GB/T 3077—1999）

牌号		38CrSi	30CrMnSi	40CrNi	35CrMo
化学成分（质量分数，%）	C	0.35～0.43	0.27～0.34	0.37～0.44	0.32～0.40
	Mn	0.30～0.60	0.80～1.10	0.50～0.80	0.40～0.70
	Si	1.00～1.30	0.90～1.20	0.17～0.37	0.17～0.37
	Cr	1.30～1.60	0.80～1.10	0.45～0.75	0.80～1.10
	其他			Ni:1.00～1.40	Mo:0.15～0.25
热处理工艺	淬火/℃	900油	880油	820油	850油
	回火/℃	600水、油	520水、油	500水、油	550水、油

（续）

牌　号		38CrSi	30CrMnSi	40CrNi	35CrMo
力学性能≥	R_m/MPa	980	1080	980	980
	R_{eL}/MPa	835	885	785	835
	A(%)	12	10	10	12
	KU_2/J	55	39	55	63
用途		作载荷大的轴类件及车辆上的重要调质件	高强度钢，用于高速载荷砂轮轴和车辆上内外摩擦片等	汽车、拖拉机、机床、柴油机的轴、齿轮和螺栓等	重要调质件，如曲轴、连杆及代40CrNi作大截面轴

（3）高淬透性调质钢　这类钢的油淬临界直径为60～100mm，多半为铬镍钢。铬和镍的适当配合，可大大提高淬透性，并能获得比较优良的综合力学性能。这类钢用于制造大截面且承受重负荷的重要零件，如汽轮机主轴、压力机曲轴和航空发动机曲轴等。常用钢种为40CrNiMoA、37CrNi3和25Cr2Ni4WA。

常用高淬透性合金调质钢的牌号、化学成分、热处理工艺、力学性能及用途见表7-5。

表7-5　常用高淬透性合金调质钢的牌号、化学成分、热处理工艺、力学性能及用途

（摘自GB/T 3077—1999）

牌　号		38CrMoAl	37CrNi3	40CrMnMo	25Cr2Ni4WA	40CrNiMoA
化学成分（质量分数，%）	C	0.35～0.42	0.34～0.41	0.37～0.45	0.21～0.28	0.37～0.44
	Mn	0.30～0.60	0.30～0.60	0.90～1.20	0.30～0.60	0.50～0.80
	Si	0.20～0.45	0.17～0.37	0.17～0.37	0.17～0.37	0.17～0.37
	Cr	1.35～1.65	1.20～1.60	0.90～1.20	1.35～1.65	0.60～0.90
	其他	Mo:0.15～0.25 Al:0.70～1.10	Ni:3.00～3.50	Mo:0.20～0.30	Ni:4.00～4.50 W:0.80～1.20	Ni:1.25～1.65 Mo:0.15～0.25
热处理工艺	淬火/℃	940水、油	820油	850油	850油	850油
	回火/℃	640水、油	500水、油	600水、油	550水、油	600水、油
力学性能≥	R_m/MPa	980	1130	980	1080	980
	R_{eL}/MPa	835	980	785	930	835
	A(%)	14	10	10	11	12
	KU_2/J	71	47	63	71	78
用途		作渗氮零件，如高压阀门、缸套等	作大截面并要求高强度、高韧性的零件	相当于40CrNiMoA的高级调质钢	用于力学性能要求很高的大截面零件	作高强度零件，如航空发动机轴和在<500℃工作的喷气发动机承载零件

三、合金弹簧钢

1. 性能要求

弹簧是各种机器和仪表中的重要零件。它是利用弹性变形吸收能量以缓和振动和冲击，或依靠弹性储存能量来起驱动作用。因此，要求合金弹簧钢具有高的弹性极限 σ_e，尤其是高的屈强比 R_{eL}/R_m，以保证弹簧有足够高的弹性变形能力和较大的承载能力；具有高的疲劳强度 R_{-1}，以防止在振动和交变应力作用下产生疲劳断裂；具有足够的韧性，以免受冲击时脆断。

此外，合金弹簧钢还要求有较好的淬透性，不易脱碳和过热，容易绕卷成形等。一些特殊合金弹簧钢还要求耐热性和耐蚀性等。

2. 成分特点和钢种

合金弹簧钢中碳的质量分数一般为 0.45% ~0.70%。碳的质量分数过高，塑性和韧性降低，疲劳极限也下降。可加入的合金元素有锰、硅、铬、矾和钨等。加入硅、锰主要是提高淬透性，同时也提高屈强比，其中硅的作用更为突出。硅、锰元素的不足之处是硅会促使钢材表面在加热时脱碳，锰则使钢易于过热。因此，重要用途的合金弹簧钢必须加入铬、矾和钨等，不仅使钢材有更高的淬透性，不易脱碳和过热，而且有更高的高温强度和韧性。

此外，弹簧的冶金质量对疲劳强度有很大的影响，所以合金弹簧钢均为优质钢或高级优质钢。

60Si2Mn 是以 Si 和 Mn 为主要合金元素的合金弹簧钢。这类钢的价格便宜，淬透性明显优于碳素弹簧钢，Si 和 Mn 的复合合金化，性能比只用 Mn 好得多。这类钢主要用于汽车、拖拉机上的板簧和螺旋弹簧。

50CrVA 是含 Cr、V 和 W 等元素的合金弹簧钢 。Cr 和 V 复合合金化，不仅大大提高钢的淬透性，而且还提高钢的高温强度、韧性和热处理工艺性能。这类钢可制作在 350 ~ 400℃温度下承受重载的较大弹簧。

常用弹簧钢的牌号、化学成分、热处理工艺、力学性能及用途见表 7-6。

表 7-6 常用弹簧钢的牌号、化学成分、热处理工艺、力学性能及用途（摘自 GB/T 1222—2007）

牌号		65Mn	60Si2Mn	55SiMnVB	60Si2CrVA	50CrVA
化学成分（质量分数，%）	C	0.62 ~ 0.70	0.56 ~ 0.64	0.52 ~ 0.60	0.56 ~ 0.64	0.46 ~ 0.54
	Mn	0.90 ~ 1.20	0.70 ~ 1.00	1.00 ~ 1.30	0.40 ~ 0.70	0.50 ~ 0.80
	Si	0.17 ~ 0.37	1.50 ~ 2.00	0.70 ~ 1.00	1.40 ~ 1.80	0.17 ~ 0.37
	其他	Cr：≤0.25	Cr：≤0.35	B：0.0005 ~ 0.035 V：0.08 ~ 0.16 Cr：≤0.35	Cr：0.90 ~ 1.20 V：0.10 ~ 0.20	Cr：0.80 ~ 1.10 V：0.10 ~ 0.20
热处理工艺	淬火/℃	830 油	870 油	880 油	850 油	850 油
	回火/℃	540	480	460	410	500
力学性能 ≥	R_m/MPa	980	1275	1375	1860	1275
	R_{eL}/MPa	785	1180	1225	1665	1130
	$A_{11.3}$(%)	8	5	5	6(A)	10(A)
	Z/%	30	25	30	20	40
用途		截面 ≤ 25mm 的弹簧，如车厢板簧和弹簧发条等	截面为 25 ~ 30mm 的弹簧，如汽车板簧、机车螺旋弹簧；还可用于工作温度小于 250℃ 的耐热弹簧	代替 60Si2Mn 制造重型、中型、小型汽车的板簧，其他中等截面的板簧和螺旋弹簧	截面 ≤ 50mm 的承受高载荷及工作温度低于 350℃ 的重要弹簧，如调速器弹簧、汽轮机汽封弹簧等	截面为 30 ~ 50mm 的承受高载荷的重要弹簧及工作温度低于 400℃ 的阀门弹簧、活塞弹簧和安全弹簧等

3. 热处理

根据合金弹簧钢的生产方式，可分为热成形弹簧和冷成形弹簧两类，所以其热处理工艺也分为两类。

对于热成形弹簧，一般可在淬火加热时成形，然后淬火＋中温回火，获得回火托氏体组织，具有很高的屈服强度和弹性极限，并有一定的塑性和韧性。如在汽车钢板弹簧的生产中，首先采用中频感应设备将钢板加热到适当温度，然后热压成形，并随之在油中淬火，使成形与热处理结合起来，实现了形变热处理，取得了良好效果。

对于冷成形弹簧，通过冷拔（或冷拉）、冷卷成形。冷卷后的弹簧不必进行淬火处理，只需要进行一次消除内应力和稳定尺寸的定型处理，即加热到250～300℃，保温一段时间，从炉内取出空冷即可使用。钢丝的直径越小，强化效果越好，强度越高，强度极限可达1600MPa以上，而且表面质量很好。

如果弹簧钢丝直径太大，如 $\phi > 15mm$，板材厚度 $h > 8mm$，会出现淬不透现象，导致弹性极限下降，疲劳强度降低，所以弹簧钢材的淬透性必须和弹簧选材直径尺寸相适应。

弹簧的弯曲应力和扭应力在表面处最高，因而它的表面状态非常重要。热处理时的氧化脱碳是最忌讳的，加热时要严格控制炉气，尽量缩短加热时间。

弹簧经热处理后，一般进行喷丸处理，使表面强化并在表面产生残余压应力，以提高疲劳强度。

四、滚动轴承钢

1. 性能要求

主要用来制造滚动轴承的滚动体（滚珠、滚柱和滚针）和内外套圈的钢称为滚动轴承钢，属专用结构钢，如图7-10所示。

滚动轴承是一种高速转动的零件，工作时接触面积很小，不仅有滚动摩擦，而且有滑动摩擦，承受高且集中的周期性交变载荷，所以常常会发生接触疲劳破坏。因此要求滚动轴承钢具有高而均匀的硬度，高的弹性极限和接触疲劳强度，足够的韧性和淬透性以及一定的耐蚀性。

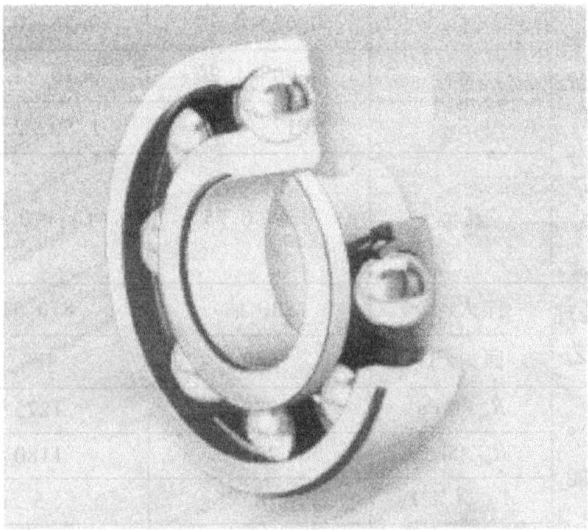
图7-10 滚动轴承

2. 成分特点和钢种

滚动轴承钢是一种高碳低铬钢，碳的质量分数一般为0.95%～1.10%，以保证其具有高硬度、高耐磨性和高强度。铬为基本合金元素，铬的质量分数为0.40%～1.65%，可提高淬透性，使零件淬火、回火后整个截面上获得较均匀的组织；形成的合金渗碳体 $(Fe, Cr)_3C$ 细密、均匀分布，可提高钢的耐磨性，特别是疲劳强度；铬溶入奥氏体中，又可提高马氏体的耐回火性。加入硅、锰和钒等元素可进一步提高淬透性，便于制造大型轴承。钒部分溶于奥氏体中，部分形成碳化物VC，提高钢的耐磨性并防止过热。

滚动轴承钢中非金属夹杂和碳化物的不均匀性对钢的性能尤其是接触疲劳强度影响很

大。因此，滚动轴承钢一般采用电炉冶炼和真空去气处理。

铬轴承钢最常用的是 GCr15，使用量占轴承钢的绝大部分。添加 Mn、Si、Mo 和 V 的轴承钢淬透性较高，可制造大型轴承，如 GCr15SiMn 和 GCr15SiMnMoV 等。为了节省铬元素，加入 Mo 和 V 可得到无铬轴承钢，如 GSiMnMoV 和 GSiMnMoVRE 等，其性能与 GCr15 相近。

常用滚动轴承钢的牌号、化学成分、热处理工艺、力学性能及用途见表 7-7。

表 7-7　常用滚动轴承钢的牌号、化学成分、热处理工艺、力学性能及用途（摘自 YB/T 1—1981㊀）

牌　号	化学成分(质量分数,%)				淬火/℃	回火/℃	回火后硬度HRC	用　途
	C	Cr	Si	Mn				
GCr6	1.05 ~ 1.15	0.40 ~ 0.70	0.15 ~ 0.35	0.20 ~ 0.40	800 ~ 820	150 ~ 170	62 ~ 66	<10mm 的滚珠、滚柱和滚针
GCr9	1.0 ~ 1.10	0.9 ~ 1.2	0.15 ~ 0.35	0.20 ~ 0.40	800 ~ 820	150 ~ 160	62 ~ 66	20mm 以内的各种滚动轴承
GCr9SiMn	1.0 ~ 1.10	0.9 ~ 1.2	0.40 ~ 0.70	0.90 ~ 1.20	810 ~ 830	150 ~ 200	61 ~ 65	壁厚 <14mm、外径 <250mm 的轴承套,25 ~ 50mm 的钢球
GCr15	0.95 ~ 1.05	1.40 ~ 1.65	0.15 ~ 0.35	0.20 ~ 0.40	820 ~ 840	150 ~ 160	62 ~ 66	与 GCr9SiMn 同
GCr15SiMn	0.95 ~ 1.05	1.40 ~ 1.65	0.40 ~ 0.65	0.90 ~ 1.20	820 ~ 840	170 ~ 200	>62	壁厚≥14mm、外径为 250mm 的轴承套,20 ~ 200mm 的钢球,其他同 GCr15

从化学成分看，滚动轴承钢属于工具钢范畴，所以这类钢也经常用于制造各种精密量具和冲模具等。

3. 热处理

滚动轴承钢的预备热处理是球化退火，钢经下料和锻造后的组织是索氏体 + 少量粒状二次渗碳体，硬度为 255 ~ 340HBW，采用球化退火的目的在于获得粒状珠光体组织，调整硬度至 207 ~ 229HBW，以便于切削加工及得到高质量的表面。一般加热到 790 ~ 810℃ 烧透后再降低至 710 ~ 720℃ 保温 3 ~ 4h，使碳化物全部球化。

滚动轴承钢的最终热处理为淬火 + 低温回火，淬火切忌过热，淬火后应立即回火，在 150 ~ 160℃ 回火 2 ~ 4h，以去除应力，提高韧性和稳定性。滚动轴承钢淬火 + 回火后得到极细的回火马氏体、分布均匀细小的粒状碳化物（质量分数为 5% ~ 10%）以及少量残留奥氏体（质量分数为 5% ~ 10%），硬度为 62 ~ 66HRC。

生产精密轴承或量具时，由于低温回火不能彻底消除内应力和残留奥氏体，在长期保存及使用过程中，零件因应力释放、奥氏体转变等原因造成尺寸变化。所以淬火后立即进行一次冷处理，并在回火及磨削后，于 120 ~ 130℃ 进行 10 ~ 20h 的尺寸稳定化处理。

第六节　合金工具钢

用来制造刀具、模具和量具的合金钢称为合金工具钢，相应称为合金刃具钢、合金模具钢和量具钢，但实际应用界限并不十分严格。

㊀ 此标准已经作废，但未有新标准颁布。

一、低合金刃具钢

刃具钢主要用来制造各种金属切削刃具，如车刀、铣刀和钻头等。刃具切削时受工件的压力，刃部与切屑之间产生强烈的摩擦，由于切削发热，刃部温度可达 500～600℃；切削时刃部还承受一定的冲击和振动。合金刃具钢应具有高硬度和高耐磨性，金属切削刀具的硬度一般在 60HRC 以上；高热硬性，即在高温下保持高硬度的能力；足够的塑性和韧性，以防刃具受冲击振动时折断和崩刃。

常用的合金刃具钢有低合金刃具钢和高速工具钢两种。

1. 低合金刃具钢的成分特点

为了克服碳素工具钢淬透性差、易变形和开裂及热硬性差等缺点，在碳素工具钢的基础上加入少量的合金元素的刃具钢称为低合金刃具钢。低合金刃具钢中碳的质量分数一般为 0.75%～1.50%，高的碳的质量分数可保证钢的高硬度及形成足够的合金碳化物，提高耐磨性。

合金元素的作用主要是为了保证钢具有足够的淬透性和热硬性。钢中常加入的合金元素有硅、锰、铬、钼、钨和钒等。其中，硅、锰、铬和钼提高淬透性作用显著，还可强化铁素体；铬、钼、钨和钒可细化晶粒使钢进一步强化，提高钢的强度；作为碳化物形成元素铬、钼、钨和钒等在钢中形成合金渗碳体和特殊碳化物，从而提高钢的硬度、耐磨性和热硬性。

硅虽然是非碳化物形成元素，但能在 400℃以下提高耐回火性，使钢在 250～300℃仍能保持 60HRC 以上。锰能使过冷奥氏体稳定性增加，淬火后获得较多的残留奥氏体，减小刃具在淬火时的变形量。

2. 常用低合金刃具钢

低合金刃具钢中常用的有 9SiCr、9Mn2V 和 CrWMn 等。9SiCr 钢有较高的淬透性和耐回火性，且碳化物均匀细小，油淬直径可达 40～50mm，热硬性可达 250～300℃，耐磨性高，不易崩刃。9SiCr 在过冷奥氏体中温转变区的孕育期较长，可采用分级或等温淬火，以减少变形，因而常用于制作形状复杂的且要求变形小的刀具，如用于制作丝锥和板牙等。

CrWMn 钢中碳的质量分数为 0.90%～1.05%，同时加入铬、钨、锰，使钢具有更高的硬度（64～66HRC）和耐磨性，但热硬性不如 9CrSi。但 CrWMn 钢热处理后变形小，故称微变形钢，主要用来制造较精密的低速刀具，如长铰刀、拉刀等。

常用的低合金刃具钢牌号、化学成分、热处理工艺、力学性能及用途见表 7-8。

表 7-8　常用低合金刃具钢牌号、化学成分、热处理工艺、力学性能及用途

牌号	化学成分(质量分数,%)						热处理工艺及力学性能			应用
	C	Si	Mn	Cr	W	V	淬火温度/℃	硬度HRC	回火温度/℃	
9SiCr	0.85～0.95	1.20～1.60	0.30～0.60	0.95～1.25			820～860 油	≥62	180～200	制作板牙、丝锥、铰刀、钻头、齿轮铣刀和拉刀等，也可制作冲模和冷轧辊等

（续）

<table>
<tr><th rowspan="2">牌号</th><th colspan="6">化学成分(质量分数,%)</th><th colspan="3">热处理工艺及力学性能</th><th rowspan="2">应用</th></tr>
<tr><th>C</th><th>Si</th><th>Mn</th><th>Cr</th><th>W</th><th>V</th><th>淬火温度/℃</th><th>硬度HRC</th><th>回火温度/℃</th></tr>
<tr><td>Cr06</td><td>1.30～1.45</td><td>≤0.40</td><td>≤0.40</td><td>0.50～0.70</td><td></td><td></td><td>780～810 水</td><td>≥64</td><td></td><td>制作刮刀、锉刀、剃刀、外科手术刀和刻刀等</td></tr>
<tr><td>9Mn2V</td><td>0.85～0.95</td><td>≤0.40</td><td>1.70～2.00</td><td></td><td></td><td>0.10～0.25</td><td>780～810 油</td><td>≥62</td><td>150～200</td><td>小冲模、冷压模、雕刻模、各种变形小的量规、丝锥、板牙和铰刀等</td></tr>
<tr><td>CrWMn</td><td>0.90～1.05</td><td>≤0.40</td><td>0.80～1.10</td><td>0.90～1.20</td><td>1.20～1.60</td><td></td><td>800～830 油</td><td>≥62</td><td>140～160</td><td>板牙、拉刀、量规和形状复杂高精度的冲模等</td></tr>
</table>

3. 低合金刃具钢的热处理

低合金刃具钢的热处理工艺是先进行球化退火，最终热处理为淬火 + 低温回火，其组织为回火马氏体 + 未溶碳化物 + 残留奥氏体，硬度为 60～65HRC。图 7-11 所示为 9SiCr 钢制板牙的热处理工艺曲线。

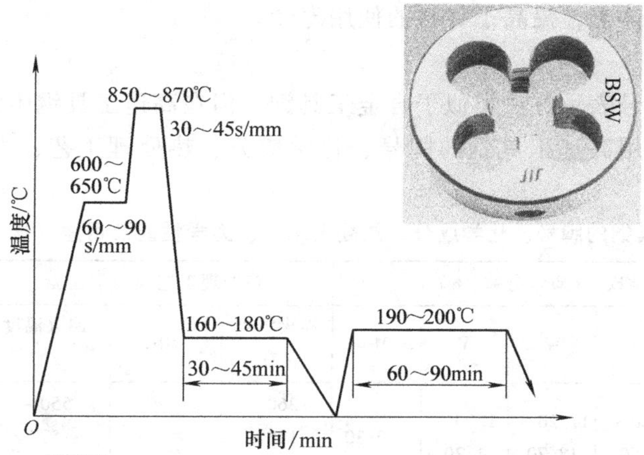

图 7-11　9SiCr 钢制板牙的热处理工艺曲线

二、高速工具钢

高速工具钢是高速切削用钢的简称，因为用它制作的刀具能够承受高的切削速度而得名，又名风钢或锋钢，意思是淬火时即使在空气中冷却也能硬化，并且很锋利。

1. 成分特点

高速工具钢是一种成分复杂的合金钢，含有钨、钼、铬和钒等碳化物形成元素，合金元素质量分数达 10%～25%。

1）高速工具钢中碳的质量分数为 0.7%～1.65%，其作用是既保证淬火后有足够的硬度，又保证能够与合金元素形成足够多的碳化物。

2）高速工具钢中的主要合金元素是钨，它是提高钢热硬性的主要元素。钨与钢中的碳形成钨的碳化物，在淬火加热时，一部分碳化物溶入奥氏体，淬火后存在于马氏体中，在随后的 560℃ 回火时，形成 W_2C 弥散分布，造成二次硬化，这种碳化物在 500～600℃ 温度范围内非常稳定，从而使钢具有良好的热硬性。在淬火加热时未溶的碳化物能阻止晶粒长大。在高速工具钢中常加入钼和钴来代替一部分钨，以节省稀缺的钨。

3）铬在高速工具钢中的作用是提高钢的淬透性，并能形成碳化物强化相。Cr 在高温下可形成 $Cr_{23}C_6$，能起到钝化膜的保护作用。一般认为 Cr 的质量分数在 4% 左右为宜，当大于 4% 时，马氏体转变温度 *Ms* 下降，淬火后会造成残留奥氏体量增多。

小知识

《水浒传》里有“杨志卖刀”的故事，说杨志的那把祖传宝刀，能够“砍铜剁铁，刀口不卷；吹毛得过；杀人刀上没血”。这固然有些夸张，但我国古代宝刀、宝剑的锋利，确实是有名的。经现代化学分析表明，这些锋利无比的宝刀，大多数含有钨元素。

4）钒在高速工具钢中的作用提高耐磨性。V 与 C 形成的碳化物（VC）非常稳定，即使淬火温度在 1260～1280℃时，VC 也不会全部溶于奥氏体中，在高温多次回火过程中 VC 呈弥散相析出，进一步提高了高速钢的硬度、强度和耐磨性。

为了提高高速工具钢的某些方面的性能，还可以加入适量的 Al、Co 和 N 等合金元素。

高速工具钢通常采用电炉生产，近来也采用粉末冶金方法生产，使碳化物呈极细小的颗粒且均匀地分布在基体上，提高了材料的使用寿命。

2. 常用钢种

高速工具钢的牌号表示方法类似于合金工具钢，但在高速工具钢中无论碳的质量分数是多少，一律不标。常用高速工具钢的牌号、化学成分、热处理工艺、力学性能及用途见表 7-9。

表 7-9 常用高速工具钢的牌号、化学成分、热处理工艺、力学性能及用途（摘自 GB/T 9943—2008）

牌号	化学成分(质量分数,%)					热处理工艺及力学性能			用途
	C	Cr	W	V	Mo	淬火温度/℃	HRC	回火温度/℃	
W18Cr4V	0.73～0.83	3.80～4.50	17.20～18.70	1.00～1.20	≤0.30	1260～1280 油	≥63	550～570（两次）	制作中速切削用车刀、刨刀、钻头和铣刀等
W6Mo5Cr4V2	0.80～0.90	3.80～4.40	5.50～6.75	1.75～2.20	4.50～5.50	1210～1230 油	≥64	540～560（两次）	制作要求耐磨性和韧性相配合的中速切削刀具，如丝锥和钻头等
W6Mo5Cr4V3	1.15～1.25	3.80～4.50	5.90～6.70	2.70～3.20	4.70～5.20	1200～1220 油	≥64	540～560（两次）	制造要求耐磨性和热硬性较高的，耐磨性和韧性很好配合的，形状稍微复杂的刀具
W9Mo3Cr4V	0.77～0.87	3.80～4.40	8.50～9.50	1.30～1.70	2.70～3.30	1220～1240 油	≥64	540～560（两次）	通用型高速钢

在我国，最常用的高速工具钢是 W18Cr4V 和 W6Mo5Cr4V2，通常简称为 18-4-1 和 6-5-4-2。前者的过热敏感性小，热处理硬度可达 63～66HRC，抗弯强度可达 3500MPa，磨削性能好，但由于热塑性差，通常适于制造一般高速切削刀具，如车刀、铣刀和铰刀等；后者具有细小分布均匀的碳化物，故耐磨性高，成本低，韧性及热塑性比 W18Cr4V 提高 50%，只是它的脱碳敏感性稍强，适于制造耐磨性和韧性很好配合的高速刀具，如丝锥、齿轮铣刀和插齿刀等，如图 7-12 所示。

图 7-12　高速工具钢制作的金属切削刀具

W9Mo3Cr4V 是我国近几年发展起来的新品种，其强度及热塑性略高于 W6Mo5Cr4V2，硬度为 63～64HRC，与韧性相配合，容易轧制和锻造，热处理工艺范围宽，脱碳敏感性小，成本更低。

3. 铸态组织与锻造

由于高速工具钢的合金元素含量多，使 Fe-Fe_3C 相图中的 E 点左移，这样在高速工具钢铸态组织中出现大量的共晶莱氏体组织、鱼骨状的莱氏体及大量分布不均匀的大块碳化物，使得铸态高速工具钢既脆又硬，无法直接使用，如图 7-13 所示。

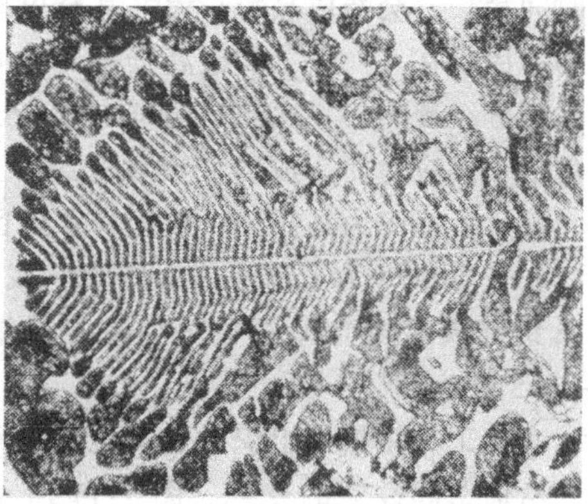

图 7-13　W18Cr4V 钢的铸态组织（400×）

高速工具钢铸造后的组织，不能用热处理消除，必须借助锻造或轧制等热变形加工方法，将粗大的共晶碳化物和二次碳化物破碎，并使它们均匀分布在基体中。碳化物分布的均匀程度影响着高速工具钢的工艺性能和力学性能。锻造或轧制后，钢锭要缓慢冷却，以防止产生过高应力甚至开裂。

4. 热处理

高速工具钢的热处理工艺较为复杂，必须经过退火、淬火和回火等一系列过程。W18Cr4V 钢的热处理工艺曲线如图 7-14 所示。

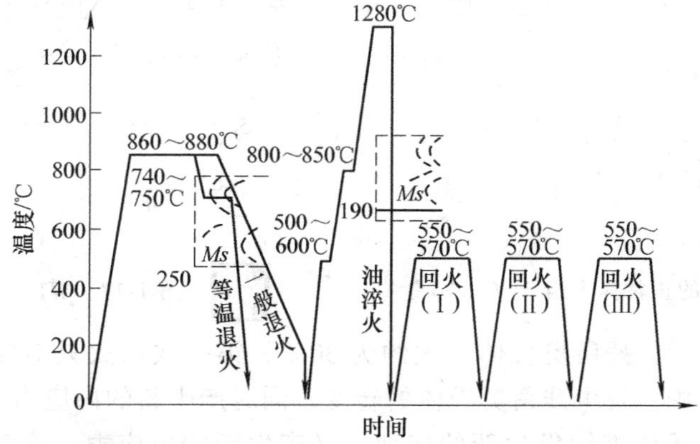

图 7-14　W18Cr4V 钢的热处理工艺曲线

(1) 退火　高速工具钢锻造后必须进行退火，目的在于消除应力，降低硬度，使显微组织均匀，便于淬火。具体工艺可采用等温退火，加热到860～880℃保温，然后冷却到720～750℃保温，炉冷至550℃以下出炉。硬度为207～225HBW，组织为索氏体+碳化物，如图7-15所示。

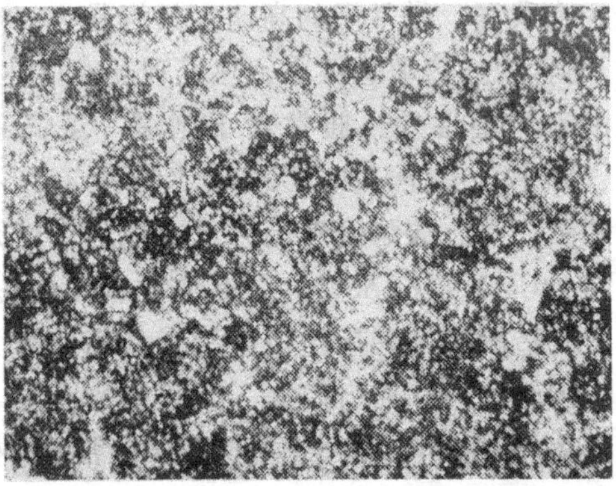

图7-15　W18Cr4V钢的退火组织（400×）

(2) 淬火　高速工具钢的淬火加热温度很高，一般为1220～1280℃，目的是使较多的W和V（提高刀具热硬性的元素）溶入奥氏体中。在1000℃以上加热淬火，W和V在奥氏体中的溶解度急速增加；在1300℃左右加热淬火，各合金元素在奥氏体中的溶解度也大为增加。但时间稍长，会造成晶粒长大，甚至出现晶界溶化，这也正是淬火温度和加热时间需精确掌握的原因所在。此外，高碳高合金元素的存在使高速工具钢的导热性很差，所以淬火加热时应采用分级预热，一次预热温度600～650℃，二次预热在800～850℃，这样的加热工艺可避免由于热应力而造成的变形和开裂，工厂均采用盐炉加热。淬火冷却采用油中分级淬火法。淬火后组织为马氏体+碳化物+残留奥氏体（25%～30%），如图7-16所示。

(3) 回火　为了消除淬火应力，减少残留奥氏体量，稳定组织，达到性能要求，高速工具钢淬火后要立即回火。高速工具钢的回火，一般进行三次，回火温度560℃，每次1～1.5h。

高速工具钢淬火组织中的碳化物在回火时不发生变化，只有马氏体和残留奥氏体发生转变，从而引起性能的变化，图7-17所示为W18Cr4V钢的回火曲线。由图可知，在550～570℃回火时，碳化物析出量增多，产生二次硬化现象，硬度最高。所以，高速工具钢多采用在560℃回火。

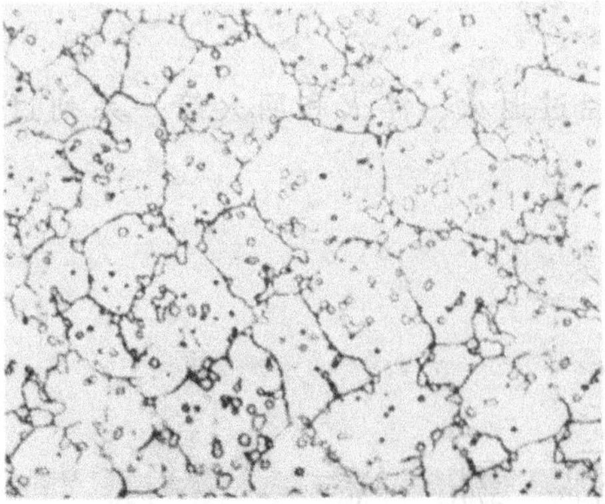

图7-16　W18Cr4V钢的正常淬火组织（400×）

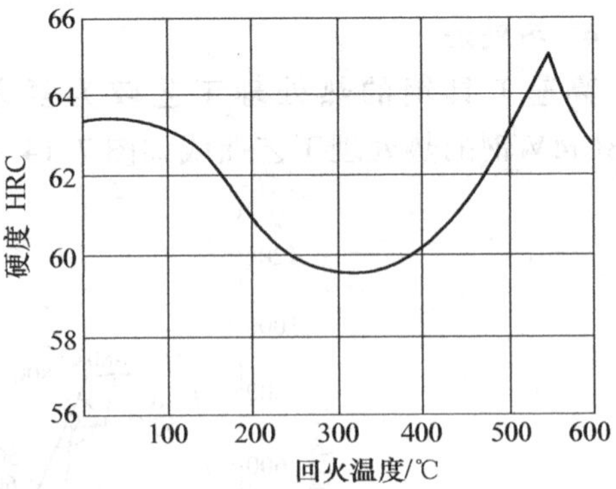

图7-17　W18Cr4V钢的回火曲线

高速工具钢淬火后，残留奥氏体量大约为30%，第一次回火只对淬火马氏体起回火作用，在回火冷却过程中，发生残留奥氏体的转变，同时产生新的内应力。经第二次回火，没有彻底转变的残留奥氏体继续发生新的转变，又产生新的内应力。这就需要进行第三次回火，三次回火后仍保留有1%～3%（体积分数）的残留奥氏体。

为了减少回火次数，也可在淬火后立即进行冷处理（－80～－60℃），将残留奥氏体量减少到最低程度，然后再进行一次560℃回火。

高速工具钢正常淬火＋回火后的组织应是极细的回火马氏体和粒状碳化物等，如图7-18所示。

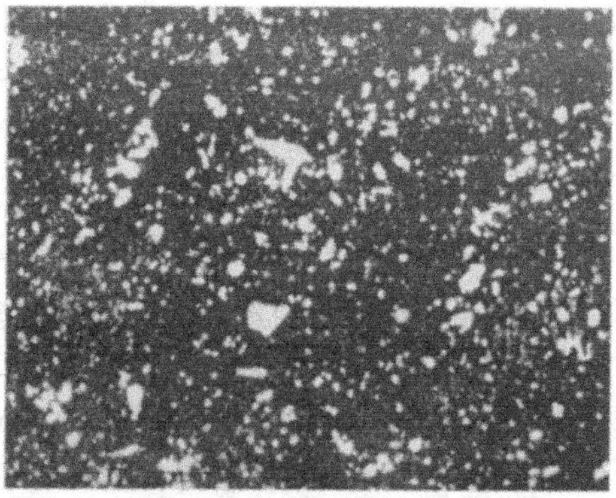

图7-18　W18Cr4V钢的回火组织（400×）

为了进一步提高高速工具钢的切削性能与使用寿命，可在淬火＋回火后再进行某些化学热处理，如低温气体氮碳共渗、硫氮共渗（共渗层具有减摩、抗咬合性能、高硬度和高耐磨性）、蒸汽处理（加热到500℃左右通入蒸汽，使表面形成Fe_3O_4氧化膜，有防锈、吸油和降低摩擦因数的作用）及表面气相沉积等。

各种高速工具钢由于具有比其他刃具用钢高得多的热硬性、耐磨性及较高的强度与韧性，不仅可制作切削速度较高的刀具，也可制造承受大载荷、形状复杂和贵重的切削刀具（如拉刀和齿轮铣刀等）。此外，高速工具钢还可用于制造冲模、冷挤压模及某些要求耐磨性高的零件，但应根据具体工件的使用要求，选用与上述刃具不同的热处理工艺。

三、合金模具钢

根据工作条件的不同，合金模具钢又可分为使金属在冷态下成形的冷作模具钢、在热态下成形的热作模具钢和塑料模具用钢。

1. 冷作模具钢

冷作模具钢主要用于制造使金属在冷态下变形的模具，如冲模、冷镦模和拉丝模等，工作温度不超过200～300℃。图7-19所示为金属冲模。冷作模具工作时承受很大的压力、弯曲力、冲击载荷和摩擦。主要失效形式是磨损，也常出现崩刃、断裂和变形等失效现象。因此，冷作模具钢应具有以下基本性能。

1）高的硬度和耐磨性。在冷态下冲制螺钉、螺母、硅钢片和面盆等，被加工的金属在模具中产生很大的塑性变形，模具的工作部分承受很大的压力和强烈的摩擦，要求有高的硬度和耐磨性，通常要求硬度为58～62HRC，以保证模具的几何尺寸和使用寿命。

2）较高的强度和韧性。冷作模具在工作时，承受很大的冲击和负荷，甚至有较大的应力集中，因此要求其工作部分有较高的强度和韧性，以保证尺寸的精度并防止崩刃。

图7-19　金属冲模

3）良好的工艺性。要求热处理的变形小，淬透性高。

（1）成分特点和常用钢种　冷作模具钢中碳的质量分数较高，多在1.0%以上，个别甚至达到2.0%，目的是保证高的硬度和高耐磨性。加入Cr、Mo、W和V等合金元素形成难熔碳化物，提高耐磨性，尤其是Cr。

对于尺寸小、形状简单且工作负荷不大的模具可采用碳素工具钢或低合金刃具钢，钢种有T8A、T10A、T12A、Cr2、9Mn2V、9SiCr和CrWMn等。这类钢的优点是价格便宜，可加工性好，能基本上满足模具的工作要求；缺点是淬透性差，热处理变形大，耐磨性较差、使用寿命较低。

目前最常用的冷作模具钢属于高碳高铬模具钢，即Cr12型冷作模具钢。这类钢中碳的质量分数为1.4%～2.3%，铬的质量分数为11%～12%。碳的质量分数高是为了保证与铬形成碳化物，在淬火加热时，其中一部分溶于奥氏体中，以保证淬火后钢有足够的硬度，而未溶的碳化物作为第二相，起到细化晶粒的作用，在使用状态下起到提高耐磨性的作用。铬的质量分数高，其主要作用是提高淬透性和细化晶粒，截面尺寸为200～300mm时，在油中可以淬透；形成铬的碳化物，提高钢的耐磨性。铬的质量分数一般为12%，铬的质量分数过高会使碳化物分布不均。钼和钒的加入，能进一步提高淬透性，细化晶粒，其中钒可形成VC，因而可进一步提高耐磨性和韧性，钼和钒的加入，可适当降低钢中碳的质量分数，以减少碳化物的不均匀性，所以Cr12MoV钢较Cr12钢的碳化物分布均匀，强度和韧性高，淬透性高，用于制作截面大、负荷大的冲模、挤压模和滚丝模等。

这类钢由于淬透性好，淬火变形小，耐磨性好，广泛地用于制造负荷大、尺寸大和形状复杂的模具，如Cr12和Cr12MoV等。

常用的冷作模具钢的牌号、化学成分、热处理工艺及用途见表7-10。

表7-10　常用的冷作模具钢的牌号、化学成分、热处理工艺及用途（摘自GB/T 1299—2000）

牌号		9Mn2V	9CrWMn	Cr12	Cr12MoV
化学成分（质量分数，%）	C	0.85～0.95	0.85～0.95	2.00～2.30	1.45～1.70
	Si	≤0.40	≤0.40	≤0.40	≤0.40
	Mn	1.70～2.00	0.90～1.20	≤0.40	≤0.40
	Cr	—	0.50～0.80	11.50～13.50	11.00～12.50
	Mo	—	—	—	0.40～0.60
	W	—	0.50～0.80	—	—
	V	0.10～0.25	—	—	0.15～0.30
退火	温度/℃	750～770	760～790	870～900	850～870
	硬度　HBW	≤229	190～230	207～255	207～255
淬火	温度/℃	780～810	800～830	950～1000	950～1000
	冷却介质	油	油	油	油
回火	温度/℃	150～200	150～260	200～450	150～425
	硬度　HRC	60～62	57～62	58～64	55～63
用途		滚丝模、冲模、冷压模和塑料模	冲模、塑料模	冲模、拉延模、压印模和滚丝模	冲模、压印模、冷镦模和冷挤压模

（2）热处理　Cr12型钢的预备热处理是球化退火。球化退火的目的是消除应力、降低硬度、便于切削加工，退火后硬度为207～255HBW，退火组织为球状珠光体+均匀分布的碳化物。

Cr12型钢的最终热处理有两种方案可选。

1）一次硬化法。在较低温度（950～1000℃）下淬火，然后低温（150～180℃）回火，硬度可达61～64HRC，使钢具有较好的耐磨性和韧性，适用于重载模具。

2）二次硬化法。在较高温度（1100～1150℃）下淬火，然后于510～520℃多次（一般为三次）回火，产生二次硬化，使硬度达60～62HRC，热硬性和耐磨性都较高（但韧性较差），适用于在400～450℃温度下工作的模具。Cr12型钢热处理后组织为回火马氏体、碳化物和残留奥氏体。

2. 热作模具钢

热作模具用于热态金属的成形加工，如热锻模、压铸模和热挤压模等。图7-20所示为汽车连杆热锻模。热作模具工作时受到比较高的冲击载荷，同时模腔表面要与炽热金属接触并发生摩擦，局部温度可达500℃以上，并且还要不断反复受热与冷却，常因热疲劳而使模腔表面龟裂，故要求热作模具钢在高温下具有较高的综合力学性能，如高的热硬性、高温耐磨性、高的耐氧化性能、高的热强性和足够的韧性，尤其是受冲击较大的热作模具钢必须具有高的热疲劳抗力，以防止龟裂破坏。此外，由于热作模具一般较大，因此，热作模具钢还必须有高的淬透性和良好的导热性。

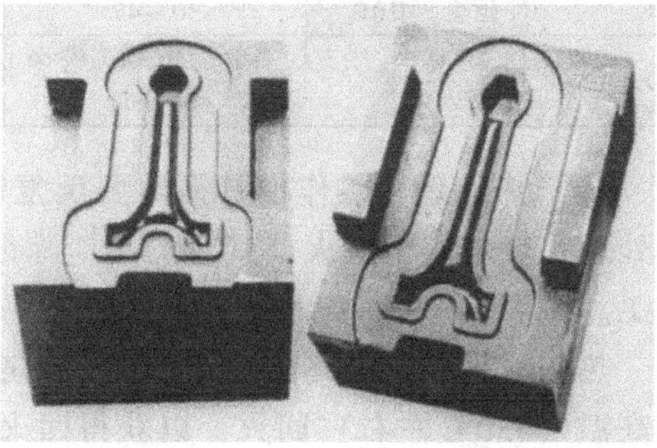

图7-20 汽车连杆热锻模

（1）成分特点和常用钢种　热作模具钢中碳的质量分数一般为0.3%～0.6%，对于压铸模为0.30%，为中碳钢，以保证高强度、高韧性、较高的硬度（35～52HRC）和较高的热疲劳抗力，获得良好的综合力学性能。

合金元素有Cr、Mn、Ni、Mo、W、Si和V等，其中Cr、Mn和Ni主要作用是提高淬透性，使模具表里的硬度趋于一致。Mo、W和V等元素能产生二次硬化，提高高温强度和耐回火性。Mo还能防止第二类回火脆性，Cr、W、Mo和Si通过提高共析温度，使模具在反复加热和冷却过程中不发生相变，提高钢的耐热疲劳性。

5CrMnMo和5CrNiMo是最常用的热锻模具钢，其中5CrMnMo常用来制造中小型热锻模，5CrNiMo常用于制造大中型热锻模；对于受静压力作用的模具（如压铸模和挤压模等），应选用3Cr2W8V或4Cr5W2VSi钢。

常用热作模具钢的牌号、化学成分、热处理及用途见表7-11。

表7-11　常用热作模具钢的牌号、化学成分、热处理及用途（摘自GB/T 1299—2000）

牌　号		5CrMnMo	5CrNiMo	3Cr2W8V	4Cr5MoSiV
化学成分（质量分数，%）	C	0.50～0.60	0.50～0.60	0.30～0.40	0.33～0.43
	Si	0.25～0.60	≤0.40	≤0.40	0.80～1.20
	Mn	1.20～1.60	0.50～0.80	≤0.40	0.20～0.50
	Cr	0.60～0.90	0.50～0.80	2.20～2.70	4.75～5.50
	Mo	0.15～0.30	0.15～0.30		1.10～1.60
	W			7.50～9.00	
	V			0.20～0.50	0.30～0.60
	Ni		1.40～1.80		

（续）

牌　号		5CrMnMo	5CrNiMo	3Cr2W8V	4Cr5MoSiV
退火	温度/℃	780～800	780～800	830～850	840～900
	硬度　HBW	197～241	197～241	207～255	109～229
淬火	温度/℃	820～850	830～860	1075～1125	1000～1010
	冷却介质	油	油	油	油
回火	温度/℃	490～640	490～660	600～620	540～650
	硬度　HRC	30～47	30～47	50～54	40～54
用途		中型锻模（模高275～400mm）	大型锻模（模高>400mm）	压铸模、精锻或高速锻模和热挤压模	热镦模、压铸模、热挤压模和精锻模

(2) 热处理　热作模具钢需要反复锻造，其目的是使碳化物均匀分布。锻造后的预备热处理一般是完全退火，其目的是消除锻造应力、降低硬度（197～241HBW），以便于切削加工。

热作模具钢的最终热处理根据其用途有所不同，热锻模钢的热处理和调质钢相似，淬火后高温（550℃左右）回火，以获得回火索氏体或回火托氏体组织；热压模钢淬火后在略高于二次硬化峰值的温度（600℃左右）下回火，组织为回火马氏体、粒状碳化物和少量残留奥氏体，与高速工具钢类似。

为了保证热硬性，热作模具钢需要进行多次回火。

3. 塑料模具钢

与金属加工模具相比，塑料模具所受的应力和磨损较小，工作温度不超过200℃，主要失效形式为模具表面质量下降，因此应具备以下性能。

1）良好的可加工性，在较高预硬硬度（28～35HRC）下便于进行切削加工或电火花加工，易于蚀刻各种图案、文字和符号。

2）良好的抛光性，模具抛光后表面达到高镜面度（一般 Ra 值为 0.1～0.012μm）。

3）较高的硬度（热处理后硬度应超过45～55HRC），良好的耐磨性，足够的强度和韧性。

4）热处理变形小（保证精度）和良好的焊接性（便于进行模具焊补）等。

由于塑料模具对力学性能的要求不高，所以材料选择有较大的机动性。目前常用的塑料模具钢主要为3Cr2Mo，这是我国自行研制的专用塑料模具钢，广泛应用于中型模具。碳的质量分数为0.3%，可保证热处理后获得良好的强韧配合及较好的硬度和耐磨性；加入铬可提高钢的淬透性，并能与碳形成合金碳化物，提高模具的耐磨性；少量的钼可细化晶粒、减少变形、防止第二类回火脆性。

常用塑料模具钢的种类、牌号、性能及用途见表7-12。表中所列牌号大多为国产塑料模具牌号，现阶段仍有许多塑料模具钢采用国外牌号（如日本、美国、德国和瑞典等）或根据国外牌号生产的改良钢种。

表 7-12　常用塑料模具钢的种类、牌号、性能及用途

种　类	牌　号	性能及用途
预硬型[①]	3Cr2Mo 3Cr2MnNiMo	工艺性能优良，可加工性和电火花加工性良好，镜面抛光性好，表面粗糙度 Ra 值可达 0.025μm，可渗碳、渗硼、渗氮和镀铬，耐蚀性和耐磨性好，具备了塑料模具钢的综合性能，是目前国内外应用最广的塑料模具钢之一，主要用于制造形状复杂、精密、大型模具，各种塑料模具和低熔点金属压铸模

（续）

种　类	牌　号	性能及用途
非合金型	45、50	用于形状简单的小型塑料模具或精度要求不高、使用寿命不需要很长的塑料模具
	T7、T8、T10、T11、T12	用于形状较简单的、小型的热固性塑料模具，要求较高的耐磨性的塑料模具
整体淬硬型	9Mn2V、CrWMn、9CrWMn、Cr12、Cr12MoV、5CrNiMo、5CrMnMo	用于压制热固性塑料、复合强化塑料产品的模具以及生产批量很大，要求模具使用寿命很长的塑料模具
渗碳型	20、12CrMo、20Cr	较高的强度，而且心部具有较好的韧性，表面具有高硬度、高耐磨性、良好的抛光性能，塑性好，可以采用冷挤压成型法制造模具。缺点是模具热处理工艺较复杂、变形大。用于受较大摩擦、较大动载荷、生产批量大的塑料模具
耐腐蚀型	95Cr18、40Cr13、14Cr17Ni2	用于在成形过程中产生腐蚀性气体的聚苯乙烯等塑料制品和含有卤族元素、福尔马林、氨等腐蚀介质的塑料制品的塑料模具

① 为 GB/T 1299—2000《合金工具钢》中的列出的塑料模具钢种。

四、量具钢

量具钢是用于制造量具的钢，如游标卡尺、千分尺、量块和塞尺等，如图 7-21 所示。

1. 性能要求

量具在使用过程中主要是受到磨损，因此对量具钢的主要性能要求是，工作部分有高的硬度和耐磨性，以防止在使用过程中因磨损而失效；要求组织稳定性高，在使用过程中尺寸不变，以保证高的尺寸精度；还要求有良好的磨削加工性，使量具能达到很小的粗糙度值；形状复杂的量具还要求淬火变形小。

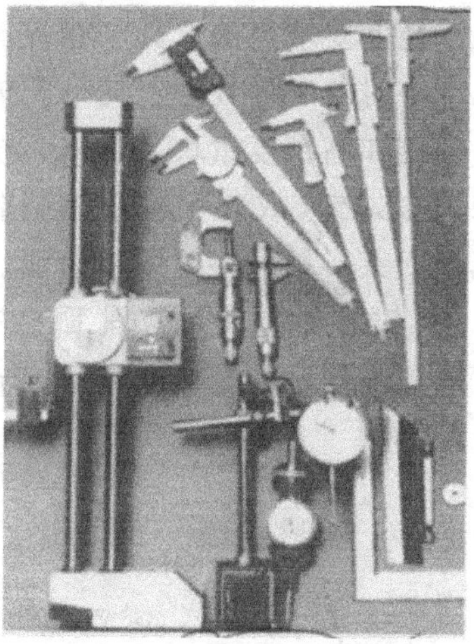

图 7-21　常用的部分量具

2. 常用钢种

为了满足上述高硬度和高耐磨性的要求，量具钢的成分与低合金刃具钢相同，即为高碳（0.9% ~1.5%）和加入提高淬透性的元素 Cr、W 和 Mn 等，通过淬火得到马氏体。碳素工具钢、低合金刃具钢和滚动轴承钢等都可用来制作各种量具。

碳素工具钢由于采用水淬火，淬透性低，变形大，因此常用于制作尺寸小，形状简单和精度要求低的量具。

低合金刃具钢和滚动轴承钢由于加入少量的合金元素，提高了淬透性，淬火时用油作为冷却介质，变形小。另外，合金元素在钢中还形成合金碳化物，也提高钢的耐磨性。在这类钢中 GCr15 用得最多，这是由于滚动轴承钢本身也比较纯净，钢的耐磨性和尺寸稳定性都较好。

还可采用低变形钢，如铬锰钢和铬钨锰钢等。这种钢由于含锰，可使 *Ms* 点降低，因此淬火后的残留奥氏体增加，因而造成钢的淬火变形减少，所以有低变形钢之称。

常用的量具钢牌号和应用实例见表 7-13。

表 7-13　常用的量具钢牌号和应用实例

量　　具	牌　　号
平样板或卡板	10、20 或 50、55、60、60Mn、65Mn
一般量规与量块	T10A、T12A、9SiCr
高精度量规与量块	Cr(刃具钢)、CrZ、CrMn、GCr15
高精度且形状复杂的量规与量块	CrWMn(低变形钢)
耐蚀量具	40Cr13、95Cr18(不锈钢)

3. 热处理

量具钢的热处理与刃具钢基本相同，先进行球化退火，然后进行淬火 + 低温回火，为保证量具的硬度和耐磨性，其回火温度应略低一些。

量具热处理的关键在于减少热处理变形和提高其尺寸稳定性，这是一个很复杂的问题，必须正确选材和采用正确的热处理工艺。

最终淬火前进行调质处理，得回火索氏体。由于马氏体与回火索氏体之间的体积差小，因此淬火后的变形较小。

量具在使用过程中尺寸变化的重要因素是残留奥氏体转变为马氏体、马氏体的正方度（c/a）降低、残余内应力的重新分布和降低等。所以在保证硬度的前提下，尽量降低淬火温度，以减少残留奥氏体；淬火后立即进行 -80 ~ -70℃的冷处理，使残留奥氏体尽可能地转变为马氏体，然后进行低温回火。

精度要求高的量具，在淬火、冷处理和低温回火后，尚需进行 120 ~ 130℃，几小时至几十小时的时效处理，使马氏体正方度降低、残留奥氏体稳定和消除残余应力。

例如高精度量块，是作为校正其他量具的长度标准，要求有极好的尺寸稳定性。因此常采用 GCr15（或 CrWMn）钢制造，其工艺路线为锻造→球化退火→机械加工→粗磨→淬火 + 低温回火→精磨→时效→涂油。

GCr15 钢量块热处理工艺曲线，如图 7-22 所示。经过处理的量块，一年内每 10mm 长度的尺寸变量不超过 0.1 ~ 0.2μm。

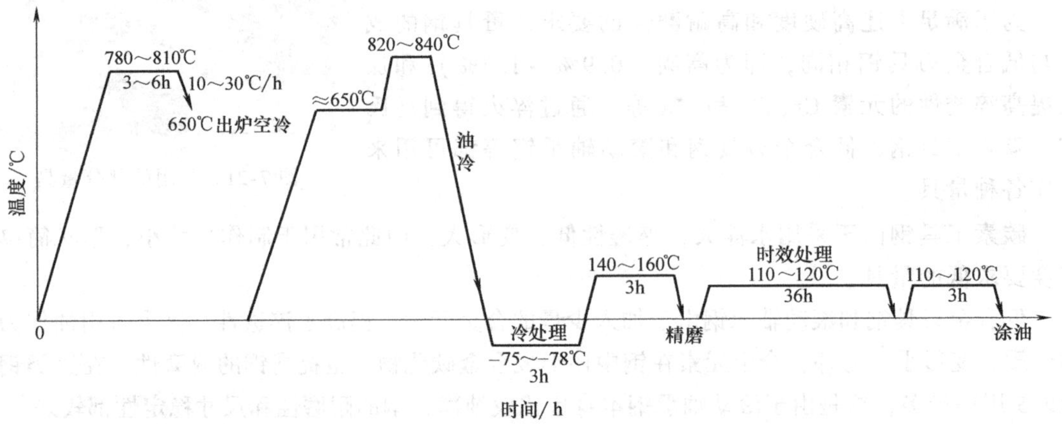

图 7-22　GCr15 钢量块热处理工艺曲线

此外，有时也用渗碳钢经渗碳淬火或渗氮处理后制作精度不高、耐冲击的量具；有时也用冷作模具钢制作要求精密的量具；在腐蚀介质中使用的量具则用不锈钢制作。

第七节 特殊性能钢

特殊性能钢是指具有特殊的物理性能和化学性能的钢，用来制造除要求具有一定力学性能外，还要求具有特殊性能的零件。它的种类很多，并且正在迅速发展，其中最主要的是不锈钢、耐热钢和耐磨钢。

一、不锈钢

不锈钢包括不锈钢和耐酸钢。耐大气腐蚀的钢称为不锈钢；而在一些酸、碱和盐等化学介质中能耐腐蚀的钢，称为耐酸钢；但习惯上将这两种钢合称为不锈钢。

1. 金属的腐蚀

不锈钢为什么会不锈？要回答这个问题，首先应了解金属腐蚀的机理。

金属表面与外界介质不断作用而逐渐受到破坏的现象称为腐蚀。腐蚀是导致材料失效的三大因素之一，世界每年因腐蚀而报废的钢材约占钢材年产量的1/4，所以金属的防腐是一个重要课题。腐蚀通常可分为化学腐蚀和电化学腐蚀两种类型。

（1）化学腐蚀 化学腐蚀是金属在干燥气体或非电解质溶液中的腐蚀，腐蚀过程不产生电流，腐蚀的产物一般覆盖在金属的表面。钢在高温下的氧化属于典型的化学腐蚀。

防止这种腐蚀发生的方法是在金属表面形成一层钝化膜，隔绝金属和腐蚀介质，如油漆、电镀和发蓝等。但对不锈钢来讲，最根本的是通过材料本身形成这层钝化膜，加入Cr、Al和Si等。

（2）电化学腐蚀 电化学腐蚀是金属与电解质溶液接触时所发生的腐蚀，腐蚀过程中有电流产生，钢在室温下的锈蚀主要属于电化学腐蚀。

大部分金属的腐蚀都属于电化学腐蚀，电化学腐蚀实际是微电池作用。当两种互相接触的金属放入电解质溶液时，由于两种金属的电极电位不同，彼此之间就形成一个微电池，并有电流产生。电极电位低的金属为阳极，电极电位高的金属为阴极。阳极的金属将不断被溶解，而阴极金属就不被腐蚀。对于同一种合金，由于组成合金的相或组织不同，也会形成微电池，造成电化学腐蚀。例如钢组织中的珠光体，是由铁素体（F）和渗碳体（Fe_3C）两相组成的，在电解质溶液中就会形成微电池，由于铁素体的电极电位低，为阳极，就被腐蚀，而渗碳体的电极电位高，为阴极而不被腐蚀，如图7-23所示。在观察碳钢的显微组织时，要把抛光的试样磨面放在硝酸酒精溶液中浸蚀，使铁素体腐蚀后，才能在显微镜下观察到珠光体的组织，这就是利用电化学腐蚀的原理实现的。

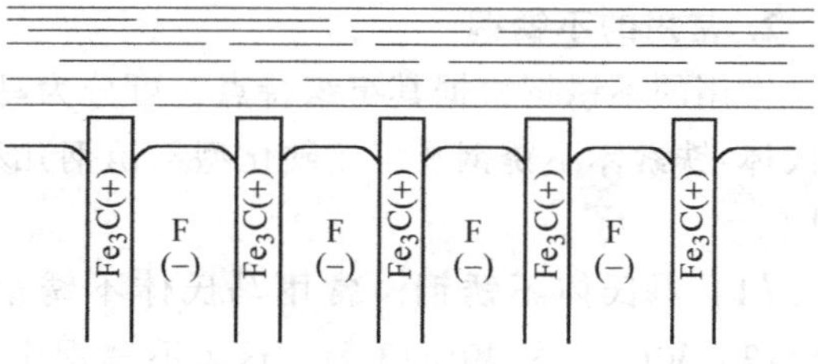

图7-23 片状珠光体电化学腐蚀示意图

（3）提高钢耐蚀性的途径 由电化学腐蚀的基本原理不难看出，电化学作用是金属被腐蚀的主要原因。为此，应采取以下措施提高金属的耐电化学腐蚀能力。

1）尽量使金属在获得均匀的单相组织条件下使用，这样金属在电解质溶液中只有一个极，使微电池难以形成。例如，在钢中加入大量的 Cr 或 Ni，会使钢在常温下获得单相的铁素体或奥氏体组织。

2）加入合金元素提高金属基体的电极电位。例如，在钢中加入质量分数大于 13% 的 Cr，则铁素体的电极电位由 -0.56V 提高到 0.2V，从而使金属的耐蚀性提高。

铬是不锈钢合金化的主要元素。钢中加入铬，提高电极电位，从而提高钢的耐蚀性。当含铬量达 $n/8$ 原子分数值（$n=1$、2、3、…），即达到 1/8、2/8、3/8、…（也即 12.5%、25%、37.5%、…）原子分数时，电极电位（V）呈台阶式跃增，而腐蚀（ΔW）呈台阶式下降，称之为 $n/8$ 规律，如图 7-24 所示。所以铬钢中的含铬量只有超过台阶值（如 $n=1$，换成质量百分数则为 $12.5\% \times (52/55.8) = 11.7\%$）时，钢的耐蚀性才明显提高。

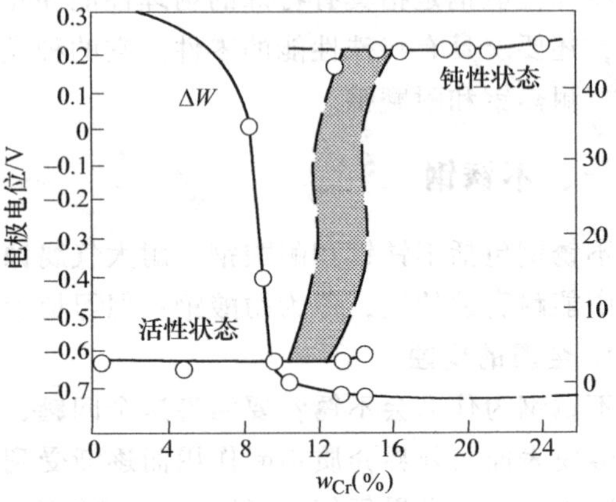

图 7-24　铁铬合金电极电位与含铬量的关系（大气条件）

此外，铬在氧化性介质（如水蒸气、大气、海水和氧化性酸等）中极易钝化，生成致密的氧化膜，使钢的耐蚀性大大提高。

3）加入合金元素，在金属表面形成一层致密的氧化膜，又称钝化膜，把金属与介质分隔开，从而防止进一步的腐蚀。

4）为防止碳与铬形成碳化物，保证钢的耐蚀性，不锈钢中碳的质量分数较低，大多数不锈钢中碳的质量分数为 0.1% ~0.2%。当要求提高碳的质量分数时（可达 0.85% ~ 0.95%），应相应地提高铬的质量分数。

2. 常用的不锈钢

常用的不锈钢根据其组织特点，可分为马氏体不锈钢、铁素体不锈钢和奥氏体不锈钢、奥氏体-铁素体不锈钢及沉淀硬化型不锈钢几种类型。不锈钢牌号的表示方法与合金结构钢相同。

（1）马氏体不锈钢　常用马氏体不锈钢就是指 Cr13 型不锈钢，典型牌号有 12Cr13、20Cr13、30Cr13 和 40Cr13 等。这类不锈钢中碳的质量分数为 0.1% ~0.45%，铬的质量分数为 12% ~14%，属于铬不锈钢，这类钢一般用来制作既能承受载荷又需要耐蚀性的各种阀、机泵等零件以及一些不锈钢工具等。

马氏体不锈钢中碳的质量分数都控制在很低的含量范围，一般不超过 0.4%，因为碳具有双重性。碳的质量分数越低，钢的耐蚀性就越好；而碳的质量分数越高，基体中碳的质量分数就越高，则钢的强度和硬度就越高；碳的质量分数越高，形成铬的碳化物量也就越多，其耐蚀性就变得越差。由此不难看出，40Cr13 的强度和硬度指标优于 12Cr13，但其耐蚀性却不如 12Cr13。

马氏体不锈钢只用铬进行合金化，它们只在氧化性介质中耐蚀，在非氧化性介质中不能达到良好的钝化，耐蚀性很低。加入 Mo 和 Cu 等元素，可提高钢在非氧化性酸中的耐蚀性。

12Cr13 和 20Cr13 具有耐大气和蒸汽等介质腐蚀的能力，常作为耐蚀的结构钢使用。为了获得良好的综合性能，常采用淬火 + 高温回火（600 ~ 750℃），得到回火索氏体，来制造汽轮机叶片和锅炉管附件等。而 30Cr13 和 40Cr13 钢，由于碳的质量分数高一些，耐蚀性就相对差一些，通过淬火 + 低温回火（200 ~ 300℃），得到回火马氏体，具有较高的强度和硬度（ > 50HRC），因此常作为工具钢使用，制造医疗器械、刀具和热油泵轴等。

Cr13 型不锈钢的不足是硬度低和耐磨性差，这就是一些家用刀具容易钝的原因。近来一些厂家使用 68Cr17 取得了成功。

（2）铁素体不锈钢　常用的铁素体不锈钢中碳的质量分数低于 0.15%，铬的质量分数为 12% ~ 30%，也属于铬不锈钢，典型牌号有 06Cr13Al、10Cr17、10Cr17Mo 和 022Cr18Ti 等。由于铬是缩小奥氏体相区元素，所以这种钢从室温加热到高温（960 ~ 1100℃），其显微组织始终是单相铁素体组织，其耐蚀性、塑性和焊接性均优于马氏体不锈钢。对于高铬铁素体不锈钢，其耐氧化性介质腐蚀的能力较强，随着含铬量的增加，其耐蚀性进一步提高。

这类钢在退火或正火状态下使用，强度较低但塑性很好，可用形变强化提高强度，主要用作耐蚀性要求很高而强度要求不高的构件，广泛用于硝酸和氮肥工业中，也可用于家用餐具和建筑装饰件等。

近年来铁素体不锈钢在轿车上的用量正逐渐增加，如活塞环和排气管等。

常用的马氏体不锈钢和铁素体不锈钢见表 7-14。

表 7-14　常用的马氏体不锈钢和铁素体不锈钢

类别		马氏体型			铁素体型		
统一数字代号		S41010	S42020	S42030	S11348	S11710	S11790
新牌号		12Cr13	20Cr13	30Cr13	06Cr13Al	10Cr17	10Cr17Mo
旧牌号		1Cr13	2Cr13	3Cr13	0Cr13Al	1Cr17	1Cr17Mo
化学成分（质量分数，%）	C	0.15	0.16 ~ 0.25	0.26 ~ 0.35	0.08	0.12	0.12
	Cr	11.50 ~ 13.50	12.00 ~ 14.00	12.00 ~ 14.00	11.50 ~ 14.50	16.00 ~ 18.00	16.00 ~ 18.00
	Mo	—	—	—	—	—	0.75 ~ 1.25
	Si	—	—	—	1.00	1.00	1.00
	其他元素	—	—	—	Al:0.10 ~ 0.30		
热处理工艺		950 ~ 1050℃ 油淬 700 ~ 750℃，快冷	920 ~ 980℃ 油淬 600 ~ 750℃，快冷	920 ~ 980℃ 油淬 600 ~ 750℃，快冷	780 ~ 830℃ 空冷或缓冷	750 ~ 800℃ 空冷或缓冷	1010 ~ 1070℃，油淬 100 ~ 180℃，回火
力学性能 ≥	$R_{p0.2}$/MPa	345	440	540	175	205	205
	R_m/MPa	540	640	735	410	450	450
	A(%)	22	20	12	20	22	22
	Z(%)	55	50	40	60	50	60
用途		制作能耐弱腐蚀性介质、承受冲击载荷的零件，如汽轮机叶片、水压机阀、结构架、螺栓和螺母等		制作具有较高硬度和耐磨性的医疗工具、量具和滚珠轴承等	制作汽轮机材料、淬火用部件、复合钢材	制作建筑内装饰、重油燃烧器部件、家庭用具、家用电器部件	制作汽车外装材料

（3）奥氏体不锈钢 当钢中含有17%～19%Cr和8%～11%Ni，便可得到稳定的奥氏体组织，这就是奥氏体不锈钢，常称为18-8型不锈钢，如12Cr18Ni9是最典型的牌号。这类钢由于镍的加入，扩大了奥氏体区域，从而在室温下就能得到亚稳的单相奥氏体组织。由于含有较高的铬和镍，并呈单相的奥氏体组织，因而具有比铬不锈钢更高的化学稳定性和更好的耐蚀性，是目前应用最多的一类不锈钢。

小知识

有人认为不锈钢都是没有磁性的，所以在购买不锈钢制品时常用磁铁试验，当发现有磁性的就认为是假的。这是不正确的，并不是所有的不锈钢都没有磁性，马氏体不锈钢和铁素体不锈钢都是有磁性的，而只有奥氏体不锈钢才没有磁性。

18-8型不锈钢在退火状态下呈现奥氏体+碳化物的组织，碳化物的存在，对钢的耐蚀性有很大影响，故通常采用固溶处理方法，即把钢加热到1100℃后水冷，使碳化物溶解在高温下所得到的奥氏体中，再通过快冷，就在室温下获得单相的奥氏体组织。

奥氏体不锈钢在450～850℃加热，或在焊接后冷却时缓慢通过该温度区间，由于在晶界析出铬的碳化物（$Cr_{23}C_6$），使晶界附近的含铬量降低，引起晶间腐蚀。因此常在钢中加入稳定碳化物元素钛和铌等，使之优先与碳结合形成稳定性高的TiC或NbC，使铬保留在基体中，避免晶界贫铬，从而减轻钢的晶界腐蚀倾向。此外，TiC和NbC在晶内析出呈弥散分布，且高温下不易长大，所以可提高钢的高温强度。如常用的06Cr18Ni11Ti和06Cr18Ni11Nb等奥氏体不锈钢，既是无晶间腐蚀倾向的不锈钢，又是能够在600～700℃高温下长期使用的耐热钢。

为了防止晶间腐蚀，也可以进一步降低钢中碳的质量分数，即生产超低碳的不锈钢，如06Cr19Ni10、022Cr19Ni10等（碳的质量分数分别为≤0.08%和≤0.03%）。

对于已产生晶间腐蚀倾向的零件，只要可能，也可通过固溶处理消除。

这类钢不仅耐蚀性好，而且钢的冷、热变形加工性和焊接性也很好，广泛用于制造化工生产中的某些设备及管道等。奥氏体不锈钢的牌号、化学成分、热处理工艺、力学性能、特性及用途见表7-15。

表7-15 奥氏体不锈钢的牌号、化学成分、热处理工艺、力学性能、特性及用途

统一数字代号		S30110	S30210	S30403	S30408
新牌号		12Cr17Ni7	12Cr18Ni9	022Cr19Ni10	06Cr19Ni10
旧牌号		1Cr17Ni7	1Cr18Ni9	00Cr19Ni10	0Cr18Ni9
化学成分（质量分数，%）	C	0.15	0.15	0.03	0.08
	Mn	2.00	2.00	2.00	2.00
	Ni	6.00～8.00	8.00～10.00	8.00～12.00	8.00～11.00
	Cr	16.00～18.00	17.00～19.00	18.00～20.00	18.00～20.00
	Mo	—	—	—	—
	其他元素	N:0.10	N:0.10	—	—
热处理工艺		固溶处理,1010～1150℃,快冷			

（续）

统一数字代号			S30110	S30210	S30403	S30408
新牌号			12Cr17Ni7	12Cr18Ni9	022Cr19Ni10	06Cr19Ni10
旧牌号			1Cr17Ni7	1Cr18Ni9	00Cr19Ni10	0Cr18Ni9
力学性能	$R_{p0.2}$/MPa	≥	205	205	175	205
力学性能	R_m/MPa	≥	520	520	480	520
力学性能	A(%)	≥	40	40	40	40
力学性能	Z(%)	≥	60	60	60	60
力学性能	硬度 HBW	≤	187	187	187	187
力学性能	硬度 HRC	≤	90	90	90	90
力学性能	硬度 HV	≤	200	200	200	200
特性			经冷加工后有高的强度	经冷加工后有高的强度但伸长率比12Cr17Ni17稍差	比06Cr19Ni10碳含量更低的钢，耐晶间腐蚀性优越	作为不锈钢和耐热钢使用最广泛
用途			铁道车辆、传送带螺栓螺母	建筑用装饰部件	用于焊接后不进行热处理的部件	可用于食品用设备、一般化工设备、原子能工业用设备

想一想

准备一块磁铁，做一些小试验。看看日常生活中的不锈钢餐具、楼梯扶手和不锈钢伸缩门等都是由哪类不锈钢制造的？

应该指出，尽管奥氏体不锈钢是一种优良的耐蚀钢，但在有应力的情况下，在某些介质中，特别是在含有氯化物的介质中，常产生应力腐蚀破裂，而且介质温度越高越敏感。这也可以说是奥氏体不锈钢的一个不足之处，值得注意。

奥氏体-铁素体双相不锈钢和沉淀硬化型不锈钢这里不作介绍，有兴趣的读者可参阅有关文献资料。

二、耐热钢

1. 耐热钢的一般概念

具有高的耐热性的钢称为耐热钢，用于制造加热炉、锅炉和燃气轮机等高温装置的零部件。

钢的耐热性包括高温耐氧化性和高温强度两方面的含义。金属的高温耐氧化性是指金属在高温下对氧化作用的抗力；而高温强度是指钢在高温下承受机械负荷的能力。因此，耐热钢既要求高温耐氧化性能好，又要求高温强度高。

（1）高温耐氧化性　金属的高温耐氧化性，通常主要取决于金属在高温下与氧接触时，表面能形成致密且熔点高的氧化膜，以避免金属的进一步氧化。一般碳钢在高温下很容易氧化，这主要是由于在高温下钢的表面生成疏松多孔的氧化亚铁（FeO），容易剥落，而且氧原子不断地通过 FeO 扩散，使钢继续氧化。

为了提高钢的耐氧化性能，一般是采用合金化方法，加入铬、硅和铝等元素，使钢在高温下与氧接触时，在表面上形成致密的高熔点的 Cr_2O_3、SiO_2 和 Al_2O_3 等氧化膜，牢固地附在钢的表面，使钢在高温气体中的氧化过程难以继续进行。在钢中加 15%（质量分数）Cr，其耐氧化温度可达 900℃；在钢中加 20% ~25%（质量分数）Cr，其抗氧化温度可达 1100℃。

（2）高温强度 金属在高温下所表现的力学性能与室温下大不相同。在室温下的强度值与载荷作用的时间无关，但金属在高温下，当工作温度大于再结晶温度、工作应力大于此温度下的弹性极限时，随时间的延长，金属会发生极其缓慢的塑性变形，这种现象叫作“蠕变”。在高温下，金属的强度是用蠕变强度和持久强度来表示。蠕变强度是指金属在一定温度下、一定时间内，产生一定变形量所能承受的最大应力。而持久强度是指金属在一定温度下、一定时间内，所能承受的最大断裂应力。

为了提高钢的高温强度，通常采用以下几种措施。

1）固溶强化。固溶体的高温强度首先取决于固溶体自身的晶体结构，由于面心立方的奥氏体晶体结构比体心立方的铁素体排列的更紧密，因此奥氏体耐热钢的热强性高于铁素体为基的耐热钢。在钢中加入合金元素，形成单相固溶体，提高原子结合力，减缓元素的扩散，提高再结晶温度，能进一步提高热强性。

2）析出强化。在固溶体中沉淀析出稳定的碳化物、氮化物和金属间化合物，也是提高耐热钢高温强度的重要途径之一。如加入铌、钒和钛等，形成 NbC、VC 和 TiC 等，在晶内弥散析出，阻碍位错的滑移，提高塑性变形抗力，提高热强性。

3）强化晶界。材料在高温下其晶界强度低于晶内强度，晶界成为薄弱环节。通过加入钼、锆、钒和硼等晶界吸附元素，降低晶界表面能，使晶界碳化物趋于稳定，使晶界强化，从而提高钢的高温强度。

2. 常用的耐热钢

选用耐热钢时，必须注意钢的工作温度范围以及在这个温度下的力学性能指标，按照使用温度范围和组织可分为：

（1）珠光体耐热钢 一般是在正火状态下加热到 Ac_3 +30℃，保温一段时间后空冷，随后在高于工作温度约 50℃下进行回火，其显微组织为珠光体 + 铁素体，其工作温度为 350 ~550℃，由于含合金元素量少，工艺性好，常用于制造锅炉、化工压力容器、热交换器和汽阀等耐热构件，其中 15CrMo 主要用于锅炉零件。这类钢在长期的使用过程中，会发生珠光体的球化和石墨化，从而显著降低钢的蠕变强度和持久强度。因此，这类钢应力求降低碳和锰的质量分数，并适当加入铬和钼等元素，抑制球化和石墨化倾向。除此之外，钢中加入铬是为了提高耐氧化性，加入钼是为了提高钢的高温强度。

常用珠光体耐热钢的牌号、化学成分、热处理工艺及用途见表 7-16。

（2）马氏体耐热钢 这类钢主要用于制造汽轮机叶片和气阀等。12Cr13 和 20Cr13 是最早用于制造汽轮机叶片的耐热钢。为了进一步提高高温强度，在保持高的抗氧化性的同时，加入钨和钼等元素使基体强化，碳化物稳定，提高钢的耐热性能。

14Cr11MoV 和 15Cr12WMoV 经淬火 + 高温回火后，可使工作温度提高到 550 ~580℃。

42Cr9Si2 和 40Cr10Si2Mo 是典型的汽车阀门用钢，经调质处理后，钢具有较高的耐热性和耐磨性。0.4% 的碳的质量分数是为了获得足够的硬度和耐磨性，加入铬和硅是为了提高抗氧化性，加入钼是为了提高高温强度和避免回火脆性。40Cr10Si2Mo 常用于制作重型汽车的气阀。

常用马氏体耐热钢的牌号、化学成分、热处理工艺、力学性能及用途见表 7-17。

表 7-16 常用珠光体耐热钢的牌号、化学成分、热处理工艺及用途

牌号		12CrMo	15CrMo	20CrMo	12CrMoV	24CrMoV
化学成分（质量分数，%）	C	0.08～0.15	0.12～0.18	0.17～0.24	0.08～0.15	0.20～0.28
	Si	0.17～0.37	0.17～0.37	0.17～0.37	0.17～0.37	0.17～0.37
	Mn	0.40～0.70	0.40～0.70	0.40～0.70	0.40～0.70	0.40～0.60
	Cr	0.40～0.70	0.80～1.10	0.80～1.10	0.30～0.60	1.20～1.50
	Mo	0.40～0.55	0.40～0.55	0.15～0.25	0.25～0.35	0.50～0.60
	V	—	—	—	0.15～0.30	0.15～0.25
	S	≤0.04	≤0.04	≤0.04	≤0.04	≤0.04
	P	≤0.04	≤0.04	≤0.04	≤0.04	≤0.04
热处理工艺		正火:920～930℃ 空冷 高温回火:720～740℃ 空冷	正火:910～940 ℃ 空冷 高温回火:650～720℃ 空冷	调质淬火:860～880℃ 油冷 回火:600℃ 空冷	正火:960～980℃ 空冷 高温回火:700～760℃	淬火:880～900℃ 油冷 回火:550～650℃
用途		用于制造蒸汽参数为450℃的汽轮机零件，如隔板、耐热螺栓、法兰盘、壁温达475℃的各种蛇形管以及相应的锻件	用于制造介质温度＜550℃的蒸汽管路、法兰等锻件，并用于制造高压锅炉壁温≤560℃的水冷壁管和壁温≤560℃的联箱和蒸汽管等	可在500℃～520℃使用，用作汽轮机隔板、隔板套等，并曾作汽轮机叶片	用作蒸汽参数≤540℃主汽管、转向导叶片、汽轮机隔板、隔板套以及壁温≤570℃的各种过热器管、导管和相应的锻件	用于直径＜500mm，在450℃～550℃下长期工作的汽轮发电机转子、叶轮和轴；在锅炉制造中，用于要求高强度的，工作温度在350～525℃范围内的耐热法兰和螺母

表 7-17 常用马氏体耐热钢的牌号、化学成分、热处理工艺、力学性能及用途

统一数字代码		S41010	S42020	S46010	S48040	S48140
新牌号		12Cr13	20Cr13	14Cr11MoV	42Cr9Si2	40Cr10Si2Mo
旧牌号		1Cr13	2Cr13	1Cr11MoV	4Cr9Si2	4Cr10Si2Mo
化学成分（质量分数，%）	C	0.10～0.15	0.16～0.24	0.11～0.18	0.35～0.50	0.35～0.45
	Si	≤1.00	≤0.60	≤0.50	2.00～3.00	1.90～2.60
	Mn	≤1.0	≤0.60	≤0.60	≤0.70	≤0.70
	Cr	11.50～13.50	12.00～14.00	11.00～13.00	8.00～10.00	9.00～10.50
	Mo	—	—	0.5～0.7	—	0.70～0.90
	Ni	≤0.6	≤0.6	≤0.6	≤0.6	≤0.6
	V	—	—	0.25～0.40	—	—
热处理工艺		淬火:950～1050℃ 油冷 回火:700～750℃空冷	淬火:950～1050℃ 油冷 回火:700～750℃ 空冷	淬火:1050～1100℃ 油冷 回火:720～740℃ 空冷	淬火:950～1050℃ 油冷 回火:700～850℃ 空冷	淬火:950～1050℃ 油冷 回火:750～800℃空冷

（续）

统一数字代码			S41010	S42020	S46010	S48040	S48140
新牌号			12Cr13	20Cr13	14Cr11MoV	42Cr9Si2	40Cr10Si2Mo
旧牌号			1Cr13	2Cr13	1Cr11MoV	4Cr9Si2	4Cr10Si2Mo
力学性能	$R_{p0.2}$/MPa	≥	440	490	490	590	685
	R_m/MPa		620	665	685	885	885
	A(%)		20	16	16	19	10
	Z(%)		60	50	56	50	35
	HBW		187～229	207～241	217～248	≤269	≤269
用途			主要用于汽轮机，作变速轮及其他各级动叶片，并经氧化后制造一些承受摩擦又在腐蚀介质中工作的零件	多用于大容量的机组中作末级动叶片，它们的工作温度都低于450℃。还可作高压汽轮发电机中的阀件螺钉和螺母等	工作温度为535～540℃的汽轮机静叶片、动叶片及渗氮零件	适用于700℃以下受动载荷的部件，如汽车发动机、柴油机的排气阀，也可用作900℃以下的加热炉构件，如料盘和炉底板等	用于制造正常载荷及高载荷的汽车发动机和柴油机的排气阀，以及中等功率的航空发动机的进气阀和排气阀，也可作温度不太高的炉子构件

（3）奥氏体耐热钢　奥氏体耐热钢的耐热性能优于珠光体耐热钢和马氏体耐热钢，这类钢的冷塑性变形性能和焊接性能都很好，一般工作温度在600～700℃，广泛用于航空、舰艇和石油化工等工业部门制造汽轮机叶片和发动机汽阀等。最典型的牌号是06Cr18Ni11Ti，Cr的主要作用是提高抗氧化性和高温强度；镍主要是使钢形成稳定的奥氏体，并与铬相配合提高高温强度；钛是通过形成弥散的碳化物提高钢的高温强度。

45Cr14Ni14W2Mo是用于制造大功率发动机排气阀的典型钢种。此钢中碳的质量分数提高到0.4%，目的是形成铬、钼和钨的碳化物并呈弥散析出，提高钢的高温强度。

另外，目前在900～1000℃可使用镍基合金。它是在Cr20Ni80合金系基础上加入钨、钼、钴、钛和铝等元素发展起来的一类合金，主要通过析出强化及固溶强化提高合金的耐热性，用于制造汽轮机叶片、导向片和燃烧室等。

常用奥氏体耐热钢的牌号、化学成分、热处理及用途见表7-18。

表7-18　常用奥氏体耐热钢的牌号、化学成分、热处理工艺及用途

牌　号		06Cr17Ni12Mo2	06Cr18Ni11Nb	10Cr14Ni19W2Nb	45Cr14Ni14W2Mo
化学成分（质量分数，%）	C	≤0.08	≤0.08	0.07～0.12	0.40～0.50
	Cr	16.00～18.00	17.00～19.00	13.00～15.00	13.00～15.00
	Ni	10.00～14.00	9.0～12.0	18.00～20.0	13.00～15.00
	Mo，W	Mo：2.00～3.00	—	W：2.0～2.70	Mo：0.25～0.40 W：2.00～2.75
	Nb	—	10C～1.10	0.90～1.30	—
热处理工艺		1050～1100℃空冷	1100～1150℃固溶	1140～1160℃水淬	1150～1200℃水淬 650～720℃时效
用途		适用于制造600～700℃下工作的蒸汽过热器和动力装置的管路，680℃以下工作的燃气轮机动、静叶片及其锻件			适用于制造航空、船舶、载重汽车的发动机进气、排气阀门，以及蒸汽和气体管道

7 CHAPTER

资料卡

高温条件下金属材料的选择

一般来说，300℃以下普通结构钢的强度最高；在300～600℃范围内珠光体-马氏体耐热钢较合适；温度在600～800℃，必须选用奥氏体耐热钢；温度在900～1000℃时，应选用镍基合金；如果温度更高，则只有钼基合金和金属陶瓷才能满足要求。

三、耐磨钢

耐磨钢主要用于运转过程中承受严重磨损和强烈冲击的零件，如车辆履带、挖掘机铲斗、破碎机颚板和铁轨分道叉等，如图7-25所示。对耐磨钢的主要要求是有很高的耐磨性和韧性。

图7-25　耐磨钢的应用

高锰钢是目前最主要的耐磨钢，常见的牌号是ZGMn13。其碳的质量分数为0.9%～1.4%，保证钢的耐磨性和强度，碳的质量分数过高，淬火后韧性下降，且易在高温时析出碳化物。锰是扩大奥氏体区域的元素，锰和碳的质量分数比值约为10～12（锰的质量分数为11%～14%），保证完全获得奥氏体组织。

高锰钢机械加工比较困难，基本上都是铸造成形后使用。铸造成形后，组织中碳化物沿奥氏体晶界析出，使钢呈现硬而脆。为了获得单相奥氏体组织，高锰钢都必须进行水韧处理，即将钢加热到1050～1100℃，保温，使碳化物全部溶解，然后在水中快冷，在室温下获得均匀单一的奥氏体组织。此时钢的硬度很低（约为210HBW），而韧性很高。

水韧处理后的高锰钢，受到强烈冲击或严重摩擦而变形时，表面层产生强烈的加工硬化，并且还发生马氏体转变，使硬度显著提高（约为550HBW），心部则仍保持原来的高韧性状态，使高锰钢既耐磨又耐冲击。因此，高锰钢具有高耐磨性的重要条件是承受强烈冲击或严重摩擦，否则是不耐磨的。

高锰钢广泛应用于制造要求耐磨和耐冲击的一些零件。在铁路运输业中，可用高锰钢制造铁道上的辙尖、辙岔、转辙器及小半径转弯处的轨条；在建筑、矿山和冶金业中，长期使用高锰钢制造的挖掘机铲斗，各种碎石机颚板、衬板和磨板；高锰钢还大量地用于挖掘机、拖拉机、坦克车履带板、主动轮和支承滚轮等。又因高锰钢组织为单一无磁性奥氏体，也可用于既耐磨又抗磁化的零件，如吸料器的电磁铁罩。

除高锰钢外，20世纪70年代初由我国发明的Mn-B系空冷贝氏体钢是一种很有发展前途的耐磨钢。它是在热变形加工后空冷所得组织为贝氏体或贝氏体-马氏体复相组织的钢种。由于免除了传统的淬火或淬火+回火工序，从而大大降低了成本，免除了淬火过程中产生的变形、开裂、氧化和脱碳等缺陷，而且产品能够整体硬化，强韧性好，综合力学性能优良。因此，该钢种得到了广泛的应用，如贝氏体耐磨钢球、高硬度高耐磨低合金贝氏体铸钢、工程锻造用耐磨件和耐磨传输管材等。

【综合训练】

一、填空题

1. 按钢中合金元素含量，可将合金钢分为________钢、________钢和________钢，其合金元素总量分别为________、________和________。

2. 合金钢按用途分类可分为________、________和________三类。

3. 除________元素外，其他所有的合金元素都使奥氏体等温转变图向________移动，使钢的临界冷却速度________、淬透性________。

4. 扩大奥氏体区域的合金元素有________等；扩大铁素体区域的合金元素有________等。

5. 除________元素以外，几乎所有的合金元素都能阻止奥氏体晶粒长大，起到________的作用。

6. W18Cr4V是________钢，碳的质量分数为________，W的主要作用是________，Cr的主要作用是________，V的主要作用是________，可用于制造________。

7. 根据合金元素在钢中与碳的相互作用，合金元素可分为________和________两大类。其中碳化物形成元素有________。

8. 工具钢按用途可分________、________和________。

二、判断题（对的画✓，错的画×）

1. 所有的合金元素都能提高钢的淬透性。

2. 在钢中加入多种合金元素比加入单一元素的效果好些，因而合金钢将向合金元素多元少量方向发展。

3. 调质钢加入合金元素主要是考虑提高其热硬性。

4. 高速钢需要反复锻造是因为硬度高不易成形。

5. 奥氏体型不锈钢不能进行淬火强化。

6. 滚动轴承钢GCr15的铬的质量分数为15%。

三、简答题

1. 低合金钢和合金钢常加入哪些合金元素？

2. 合金元素通过哪些途径提高或改善钢的性能？

3. 为什么合金钢的淬透性比碳素钢高？试比较20CrMnTi与T10钢的淬透性和淬硬性。

4. 为什么同样碳的质量分数的合金钢比碳素钢奥氏体化加热温度高？

5. 为什么碳素钢在室温下不存在单一奥氏体或单一铁素体组织，而合金钢中有可能存在这类组织？

6. 什么是低合金高强度结构钢？它有哪些成分和性能特点？主要应用在哪些场合？

7. 试述渗碳钢的合金化思想及热处理特点。

8. 为什么调质钢多为中碳钢？调质钢中常含有哪些合金元素？它们在钢中各起什么作用？

9. 为什么合金弹簧钢以硅为重要的合金元素？弹簧淬火后为什么要进行中温回火？为了提高弹簧的使用寿命，在热处理后应采用什么有效措施？

10. 为什么比较重要的大截面的结构零件都必须用合金钢制造？与碳素钢比较，合金钢有哪些优点？

11. 简述刀具对钢的性能要求；并对比碳素工具钢、低合金工具钢、高速工具钢的性能，分析此三类钢各适用于什么样的刀具？

12. 有人说："由于高速工具钢中含有大量合金元素，故淬火之后其硬度比其他工具钢高；正是由于其硬度高才适合于高速切削。"这种说法是否正确？为什么？

13. W18Cr4V 钢的 Ac_1 为 820℃，若以一般工具钢 Ac_1 +30～50℃的常规方法来确定其淬火温度，最终热处理后能否达到高速切削刀具所要求的性能，为什么？其实际淬火温度是多少？W18Cr4V 钢刀具在正常淬火后都要进行 560℃三次回火，这是为什么？

14. 不锈钢为什么不易生锈？

15. ZGMn13 钢为什么具有优良的耐磨性和良好的韧性？

16. 钢的耐热性主要是解决什么问题？耐热钢中通过加入哪些合金元素来达到这个目的？加入这些合金元素后钢为什么具有良好的耐热性？

17. 按要求填表。

牌　号	类　别	牌号中符号和数字的含义	用途举例
Q345			
20Cr			
40Cr			
60Si2Mn			
GCr15			
9SiCr			
W18Cr4V			
30Cr13			
12Cr18Ni9			
ZGMn13			
Cr12MoV			
42Cr9Si2			

四、解释下列现象

1. 碳的质量分数相同时，含碳化物形成元素的合金钢比碳素钢具有较高的耐回火性。

2. 碳的质量分数≥0.4%、铬的质量分数为 12% 的铬钢属于过共析钢，而碳的质量分数为 1.0%、铬的质量分数为 12% 的在相同碳的质量分数下，除了镍、锰的合金钢外，大多数合金钢在热处理之后都属于莱氏体钢。

3. 高速工具钢经热锻或热轧后，空冷获得马氏体组织。

4. 在相同的碳的质量分数下，合金钢的淬火变形和开裂现象不易产生。

5. 调质钢在回火后需快冷至室温。

6. 高速工具钢需高温淬火和多次回火。

五、工艺分析

1. 直径为25mm的40CrNiMo棒料毛坯，经正火处理后硬度高很难切削加工，这是什么原因？设计一个最简单的热处理方法以提高其可加工性。

2. 一些中、小工厂在用Cr12型钢制造冷作模具时，往往是用原钢料直接进行机械加工或稍加改锻后进行机械加工，热处理后送交使用，经这样加工的模具寿命一般都比较短。改进的措施是将毛坯进行充分的锻造，这样的模具使用寿命有明显提高。这是什么原因？

3. 要制造机床主轴、拖拉机后桥齿轮、铰刀和汽车板簧等，拟选择合适的钢种，并提出热处理工艺，分析其最后组织是什么？性能如何？

第八章　铸铁

学习目标

通过本章的学习，了解铸铁的基本概念及分类；掌握铸铁组织与性能之间的关系；熟悉常用铸铁的牌号与性能特点；学会正确选择和合理利用铸铁材料。

铸铁是碳的质量分数大于2.11%（一般为 $w_C = 2.5\% \sim 4.5\%$）的铁碳合金，以铁、碳、硅为主要组成元素，并比碳素钢含有较多的硫、磷等杂质元素的多元合金。为了提高铸铁的力学性能或改善其物理化学性能，常加入一定量的合金元素，获得合金铸铁。

铸铁的生产设备和工艺比较简单，价格便宜，并具有许多优良的使用性能和工艺性能，所以应用非常广泛，是工程上最常用的金属材料之一。如果按质量百分比计算，在各种机械中铸铁件约占40%～60%，在机床和重型机械中可达60%～90%。

铸铁的分类方法很多，按化学成分可分为普通铸铁和合金铸铁；按铸铁中碳的存在形式可分为白口铸铁、灰口铸铁和麻口铸铁；按生产方法可分为普通灰铸铁、蠕墨铸铁、球墨铸铁、孕育铸铁、可锻铸铁和特殊性能铸铁等。

1. 白口铸铁

白口铸铁中，少量的碳溶于铁素体，其余的碳都以渗碳体的形式存在于铸铁中，故其断口呈银白色。相图中的亚共晶、共晶、过共晶合金即属这类铸铁。此类铸铁组织都存在着共晶莱氏体，性能硬而脆，很难切削加工，所以很少直接用来制造各种零件。

2. 灰口铸铁

灰口铸铁中，碳全部或大部分以游离状态的石墨存在于铸铁中，故其断口呈暗灰色。由于灰口铸铁中的碳主要以石墨形式存在，使它具有良好的可加工性、减摩性、减振性及铸造性能等，而且熔炼的工艺与设备简单，成本低廉，故目前工业生产中主要应用这类铸铁。根据灰口铸铁中石墨形态不同，灰口铸铁可分为：

（1）普通灰铸铁　铸铁中的石墨呈片状存在，如图8-1a所示。

（2）可锻铸铁　铸铁中的石墨呈团絮状存在，如图8-1b所示。

（3）球墨铸铁　铸铁中的石墨呈球状存在，如图8-1c所示。

（4）蠕墨铸铁　铸铁中的石墨呈蠕虫状存在，如图8-1d所示。

3. 麻口铸铁

麻口铸铁中，一部分碳以石墨形式存在，类似灰铸铁；另一部分以自由渗碳体形式存在，类似白口铸铁，故其断口上呈黑白相间的麻点。这类铸铁也具有较大的硬脆性，故工业上很少应用。

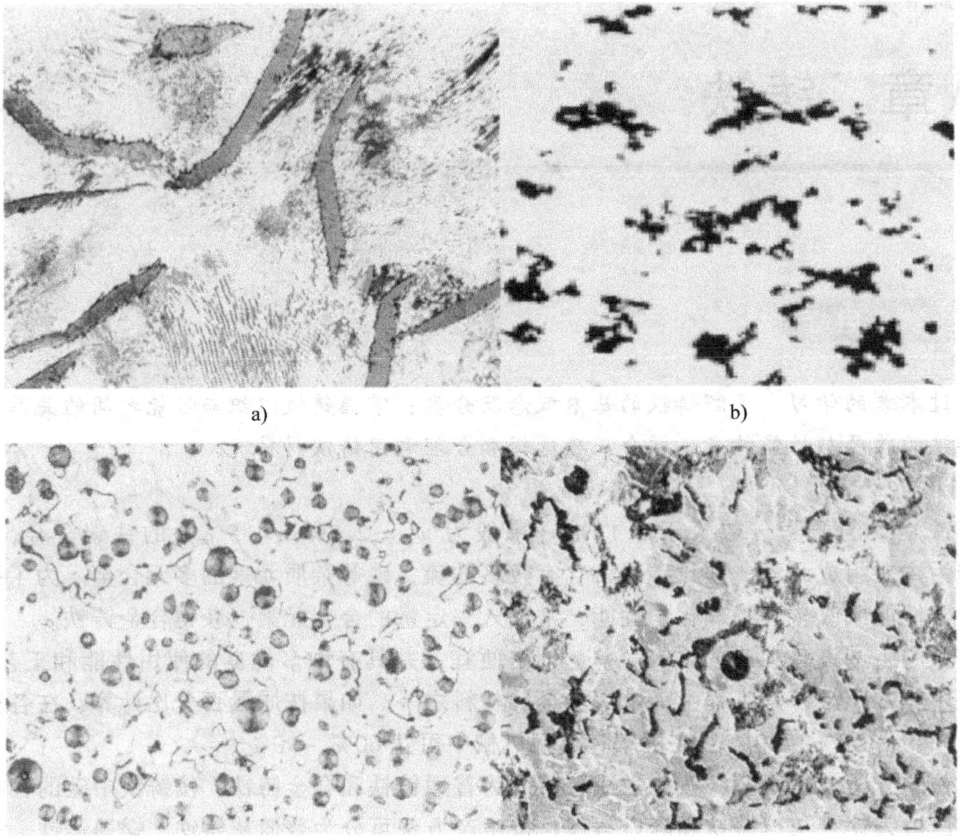

图 8-1　铸铁中的石墨形态

a）灰铸铁　b）可锻铸铁　c）球墨铸铁　d）蠕墨铸铁

第一节　铸铁的石墨化

一、铁碳合金双重相图

碳在铸铁中存在的形式有渗碳体（Fe_3C）和游离状态的石墨两种。渗碳体的具体结构与性能已在第二章中作过介绍。石墨的晶体结构为简单六方晶格，如图 8-2 所示，原子呈层状排列，同一层的原子间距为 1.42Å（1.42×10^{-10}m），结合力较强；而层与层之间的面间距为 3.40Å（3.40×10^{-10}m），是依靠较弱的金属键结合，故石墨具有不太明显的金属性能（如导电性），而且由于层与层间的结合力弱，易滑移，故石墨的强度、塑性和韧性较低，硬度仅为 3～5HBW。

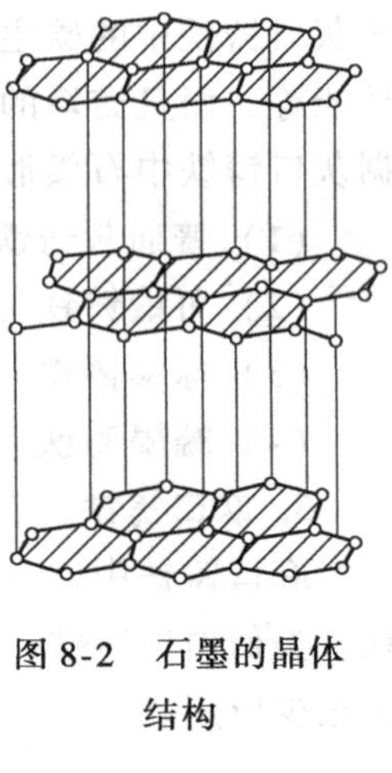

图 8-2　石墨的晶体结构

实践证明，渗碳体若加热到高温可分解为铁素体与石墨，即 $Fe_3C\rightarrow3Fe + C(G)$，这表明石墨是稳定相，而渗碳体仅是介（亚）

稳定相。成分相同的铁液在冷却时，冷却速度越慢，析出石墨的可能性越大；冷却速度越快，析出渗碳体的可能性越大。因此，描述铁碳合金结晶过程的相图应有两个，即前述的 $Fe-Fe_3C$ 相图（它说明了介稳定相的析出规律）和 Fe-C（G）相图（它说明了稳定相石墨的析出规律）。为了便于比较和应用，习惯上把这两个相图合画在一起，称其为铁碳合金双重相图，如图 8-3 所示。图中实线表示 $Fe-Fe_3C$ 相图，虚线表示 Fe-C（G）相图，凡虚线与实线重合的线条都用实线表示。

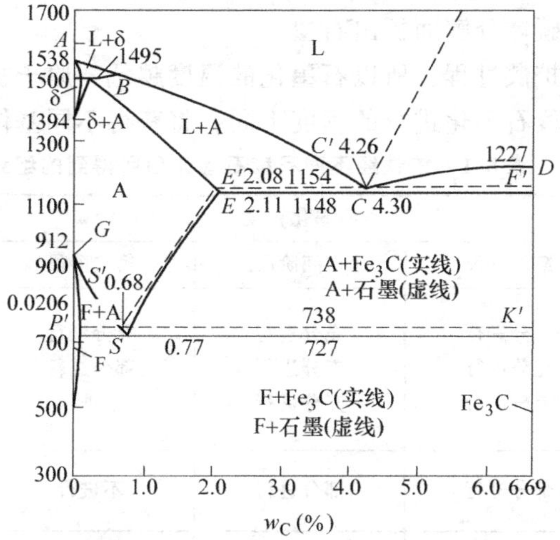

图 8-3　铁碳合金双重相图

二、石墨化过程

1. 石墨化方式

铸铁中碳原子析出并形成石墨的过程称为石墨化。铸铁的石墨化方式有以下两种。

1）按照 Fe-C（G）相图，由液态和奥氏体中直接析出石墨，如灰铸铁和球墨铸铁中的石墨主要是从液体中析出的。

2）按照 $Fe-Fe_3C$ 相图结晶出渗碳体，随后渗碳体在一定条件下分解出石墨。可锻铸铁中的石墨就是白口铸铁退火时，由渗碳体分解得到的。

2. 石墨化过程

现以过共晶合金的铁液为例，当它以极缓慢的速度冷却，并全部按 Fe-C（G）相图进行结晶时，则铸铁的石墨化过程可分为以下三个阶段。

第一阶段（液态阶段）石墨化：它包括过共晶液相沿着液相线 $C'D'$ 冷却时析出的一次石墨，以及共晶转变时形成的共晶石墨，其反应式可写成

$$L \longrightarrow (L_{C'} + G_{I})$$

$$L_{C'} \xrightarrow{1154℃} (A_{E'} + G_{共晶})$$

中间阶段（共晶－共析阶段）石墨化：过饱和奥氏体沿着 $E'S'$ 线冷却时析出的二次石墨，其反应式可写成

$$A_{E'} \xrightarrow{1154\sim738℃} (A_{S'} + G_{II})$$

第二阶段（共析阶段）石墨化：在共析转变阶段，由奥氏体转变为铁素体和共析石墨，

第八章　铸铁

其反应式可写成

$$A_{S'} \xrightarrow{738℃} (F_{P'} + G_{共析})$$

上述成分的铁液若按 $Fe\text{-}Fe_3C$ 相图进行结晶，然后由渗碳体分解出石墨，则其石墨化过程同样可分为三个阶段。

第一阶段：一次渗碳体和共晶渗碳体在高温下分解而析出石墨。

中间阶段：二次渗碳体分解而析出石墨。

第二阶段：共析渗碳体分解而析出石墨。

石墨化过程是原子扩散过程，所以石墨化的温度越低，原子扩散越困难，因而越不易石墨化。显然，由于各阶段石墨化进行的程度不同，将获得不同基体的铸铁组织，见表 8-1。

表 8-1 铸铁经不同程度石墨化后所得到的组织

名称	石墨化程度			显微组织
	第一阶段	中间阶段	第二阶段	
灰铸铁	充分进行 充分进行 充分进行	充分进行 充分进行 充分进行	充分进行 部分进行 不进行	F + G F + P + G P + G
麻口铸铁	部分进行	部分进行	不进行	$Ld' + P + G$
白口铸铁	不进行	不进行	不进行	$Ld' + P + Fe_3C_{II}$

由表 8-1 可知，常用各类铸铁的组织是两部分组成的，一部分是石墨，另一部分是基体，基体可以是铁素体、珠光体或铁素体加珠光体，相当于工业纯铁或钢的组织。所以，铸铁的组织可以看成是铁或钢的基体上分布着石墨夹杂。

三、影响石墨化的因素

铸铁的化学成分和结晶过程中的冷却速度是影响石墨化的主要因素。

1. 化学成分的影响

（1）碳和硅　碳和硅是强烈促进石墨化的元素，铸铁中碳和硅的含量越高，石墨化程度越充分。这是因为随着碳的质量分数的增加，液态铸铁中石墨晶核数增多，从而促进了石墨化；硅与铁原子的结合力较强，硅溶于铁素体中，不仅会削弱铁、碳原子间的结合力，而且还会使共晶点的碳的质量分数降低，共晶温度提高，这都有利于石墨的析出。

实践表明，铸铁中硅的质量分数每增加 1%，共晶点碳的质量分数相应降低 0.33%。为了综合考虑碳和硅的影响，通常把硅的质量分数折合成相当的碳的质量分数，并把这个碳的总量称为碳当量 CE，即

$$CE = w_C + \frac{1}{3}w_{Si}$$

用碳当量代替 Fe-C（G）相图的横坐标中含碳量，就可以近似的估计出铸铁在 Fe-C（G）相图上的实际位置。因此调整铸铁的碳当量，是控制其组织与性能的基本措施之一。由于共晶成分的铸铁具有最佳的铸造性能，因此在灰铸铁中，一般将其碳当量均配制到 4%

8 CHAPTER

左右。

（2）锰　锰是阻止石墨化的元素，但锰与硫能形成硫化锰，减弱了硫对石墨化的阻止作用，结果又间接起着促进石墨化的作用。因此，铸铁中锰的质量分数要适当，一般为0.5%～1.4%。

（3）硫　硫是强烈阻止石墨化的元素，这是因为硫不仅增强铁、碳原子的结合力，而且形成的硫化物常以共晶体形式分布在晶界上，阻碍碳原子的扩散。此外，硫还降低铁液的流动性和促进高温铸件开裂。因此，硫是有害元素，铸铁中硫的质量分数越低越好，一般要限制在0.15%以下。

（4）磷　磷是微弱促进石墨化的元素，同时它能提高铁液的流动性，但形成的Fe_3P常以共晶体形式分布在晶界上，增加铸铁的脆性，使铸铁在冷却过程中易于开裂，所以一般铸铁中磷的质量分数也应严格控制。要求铸铁有较高强度时，磷的质量分数一般要限制在0.12%以下。

2. 冷却速度的影响

在生产中，经常发现同一铸件厚壁处为灰铸铁，而薄壁处出现白口铸铁的现象。这说明在化学成分相同的情况下，铸铁结晶时，厚壁处由于冷却速度慢，有利于石墨化过程的进行，薄壁处由于冷却速度快，不利于石墨化过程的进行。

冷却速度对石墨化程度的影响，可以用铁碳合金双重相图作如下的简要解释：由于Fe-C（G）相图较Fe-Fe_3C相图更为稳定，因此成分相同的铁液在冷却时，冷却速度越缓慢，即过冷度较小时，析出稳定相石墨的可能性就越大；反之，冷却速度越快，即过冷速度增大时，析出介稳定相渗碳体的可能性就越大。

【想一想】

为什么铸铁生产中，化学成分如具有三低（碳、硅、锰的含量低）一高（硫含量高）特点的铸铁易形成白口

通过上述对影响石墨化因素的分析，可知当铁液的碳当量较高，结晶过程中的冷却速度较慢时，易形成灰铸铁；反之，则易形成白口铸铁。

在砂型铸造条件下，铸件壁厚（冷却速度）和化学成分（碳硅总量）。对铸件组织的影响如图8－4所示。

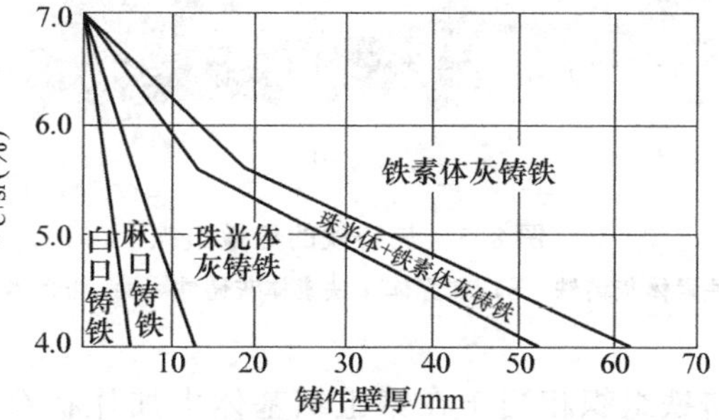

图8-4　铸件壁厚（冷却速度）和化学成分（碳硅总量）对铸件组织的影响

第二节　灰　铸　铁

石墨呈片状的铸铁称为灰铸铁。灰铸铁生产工艺简单，工艺性能优良，价格便宜，因此，在铸铁的总产量中，灰铸铁件要占80%以上。灰铸铁常用来制造各种机器的底座、机架、工作台、机身、齿轮箱箱体、阀体、内燃机的气缸体和气缸盖等。

一、灰铸铁的化学成分、组织和性能

1. 灰铸铁的化学成分

化学成分在很大程度上影响灰铸铁的组织，碳、硅、锰、磷、硫的质量分数都要控制在一定的范围内，一般为 $w_C=2.7\%\sim3.6\%$，$w_{Si}=1.0\%\sim2.5\%$，$w_{Mn}=0.5\%\sim1.3\%$，$w_P\leqslant0.3\%$，$w_S\leqslant0.15\%$。其中碳、硅和锰是调节组织的元素，磷和硫是应严格控制的元素。

2. 灰铸铁的组织

灰铸铁的组织由片状石墨和不同基体组织组成。灰铸铁中看到的片状石墨，实际上是一个立体的多枝石墨团。由于石墨各分支都长成翘曲的薄片，在金相磨片上所看到的仅是这种多枝石墨团的某一截面，因此呈孤立的长短不等的片状（或细条状）。根据石墨化程度的不同，灰铸铁的组织可分为铁素体灰铸铁、珠光体+铁素体灰铸铁和珠光体灰铸铁，如图8-5所示。

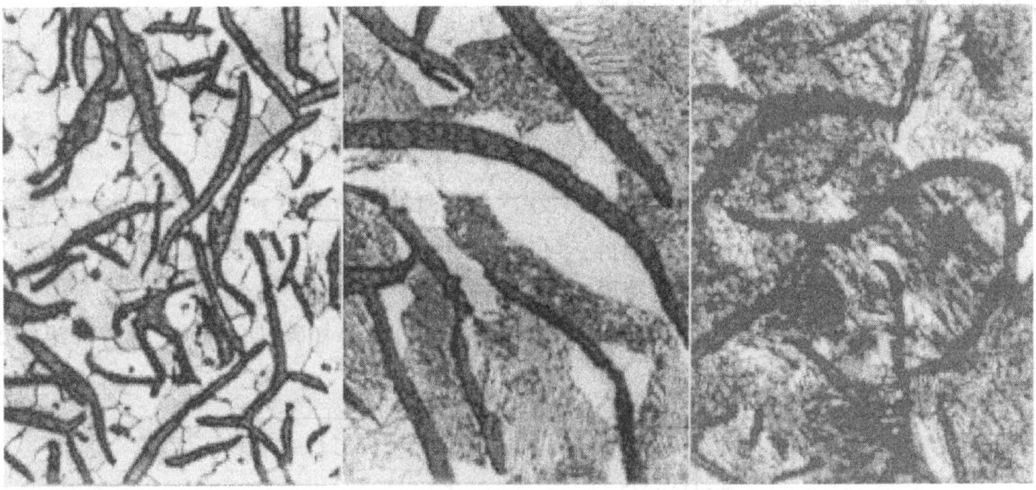

a)　　b)　　c)

图8-5　灰铸铁的显微组织

a）铁素体灰铸铁　b）珠光体+铁素体灰铸铁　c）珠光体灰铸铁

3. 灰铸铁的性能

（1）力学性能　灰铸铁组织相当于在钢组织基体中加片状石墨。基体中含有比钢更多的硅和锰等元素，这些元素可溶于铁素体而使基体强化，因此，其基体的强度与硬度不低于相应的钢；但片状石墨的强度、塑性和韧性几乎为零，可近似把它看成是一些微裂纹，它不

仅割断了基体的连续性，缩小了承受载荷的有效截面，而且在石墨片的尖端处导致应力集中，使材料形成脆性断裂。故灰铸铁的抗拉强度、塑性、韧性和弹性模量远比相应基体的钢低，如图 8-6 所示。石墨片的数量越多，尺寸越粗大，分布越不均匀，对基体的割裂作用和应力集中现象越严重，铸铁的强度、塑性与韧性就越低。

由于灰铸铁的抗压强度、硬度与耐磨性主要取决于基体，石墨的存在对其影响不大，故灰铸铁的抗压强度一般是其抗拉强度的 3 ~ 4 倍。同时，珠光体基体比其他两种基体的灰铸铁具有较高的强度、硬度与耐磨性。

(2) 工艺性能　石墨虽然会降低铸铁的抗拉强度、塑性和韧性，但也正是石墨的存在，使铸铁具有一系列其他优良的工艺性能。

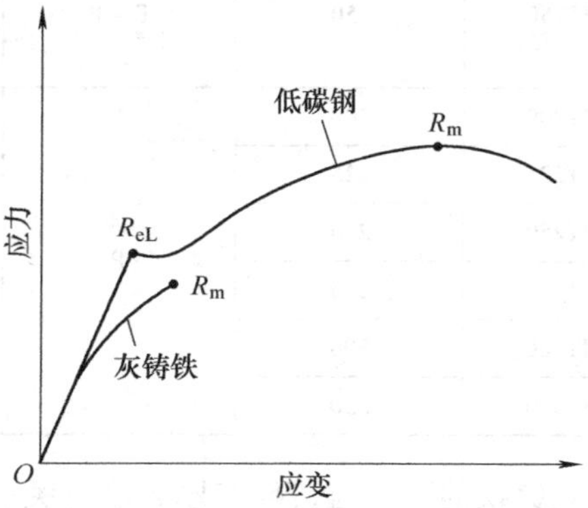

图 8-6　灰铸铁与低碳钢的应力-应变曲线

1）铸造性能良好。由于灰铸铁的碳当量接近共晶成分，故与钢相比，其熔点低、流动性好，可以浇注形状复杂与壁薄的铸件。此外，铸铁在凝固过程中要析出比体积较大的石墨，部分的补偿了基体的收缩，从而减少了铸件体积的收缩，降低了铸件的内应力。

2）减摩性好。灰铸铁中石墨本身具有润滑作用，而且当它从铸铁表面掉落后，留下的空隙具有吸附和储存润滑油的能力，使摩擦面上的油墨易于保持而具有良好的减摩性，因此承受摩擦的机床导轨和气缸体等零件多用灰铸铁制造。

【想一想】

机床的床身、床脚和箱体为什么都采用灰铸铁铸造为宜？能否用钢板焊接制造？

3）减振性强。铸铁在受振动时，石墨能起缓冲作用，其阻止振动的传播，并把振动能量转变为热能，灰铸铁减振能力大约是钢的 10 倍以上。因此，灰铸铁常作为承受压力和振动的机床底座、机架、机身和箱体等零件的材料。

4）可加工性良好。由于石墨割裂了基体的连续性，因此，铸铁切削时易断屑和排屑。此外，石墨对刀具具有一定润滑作用，使刀具磨损减小。

5）缺口敏感性较低。钢常因表面有缺口（如油孔、键槽和刀痕等）造成应力集中，使力学性能显著降低，故钢的缺口敏感性大。灰铸铁中石墨本身就相当于很多小的缺口，致使外加缺口的作用相对减弱，所以灰铸铁具有低的缺口敏感性。

由于灰铸铁具有以上一系列的优良性能，而且价廉，易于获得，故在目前工业生产中，它是应用最广泛的金属材料之一。

二、灰铸铁的牌号和用途

灰铸铁的牌号由“HT + 数字”组成，其中“HT”是“灰铁”两字汉语拼音第一个字母，数字表示 ϕ30mm 灰铸铁试样的最小抗拉强度值（MPa）。表 8-2 列出了常用灰铸铁的牌号、力学性能、组织及用途。

表 8-2　常用灰铸铁的牌号、力学性能、组织及用途（摘自 GB/T 9439—2010）

牌号	最小抗拉强度 R_m/MPa	基体	石墨	用　途
HT100	100	F+P(少)	粗片	低载荷和不重要零件，如盖、外罩、手轮、支架和重锤等
HT150	150	F+P	较粗片	中等载荷的零件，如支柱、底座、齿轮箱、刀架、阀体和管路附件等
HT200	200	P	中等片状	较大载荷和重要零件，如气缸体、齿轮、飞轮、缸套、活塞、联轴器、轴承座和液压缸等
HT225	225			
HT250	250		较细片状	
HT275	275			
HT300	300		细小片状	高载荷的重要零件，如齿轮、凸轮、高压油缸、滑阀壳体等
HT350	350			

灰铸铁的强度与铸件壁厚大小有关，在同一牌号中，随着铸件壁厚的增加，其抗拉强度与硬度要降低。因此，根据零件的性能要求去选择铸铁牌号时，必须注意铸件壁厚的影响，如果铸件的壁厚过大或过小，应根据具体情况，适当提高或降低铸铁的牌号。

三、灰铸铁的孕育处理

普通灰铸铁组织中石墨片比较粗大，因而它的力学性能较低。为了提高灰铸铁的力学性能，生产中常进行孕育处理。孕育处理就是在浇注前往铁液中加入少量孕育剂，改变铁液的结晶条件，从而获得细珠光体基体和均匀分布的细小片状石墨组织。经孕育处理后的铸铁称为孕育铸铁。

生产中常用的孕育剂为硅铁和硅钙合金等，其中以 w_{Si} 为 75% 的硅铁最为常用。孕育处理时，这些孕育剂或它们的氧化物（SiO_2 和 CaO）在铁液中形成大量的、高度弥散的难熔质点，悬浮在铁液中，成为大量的石墨结晶核心，使石墨细小并分布均匀，从而提高了灰铸铁的力学性能。

孕育铸铁不仅力学性能高，而且由于在孕育铸铁的铁液中，均匀分布着大量外来的结晶核心，结晶过程几乎是在整个铁液中同时进行，使铸铁各个部位截面上的组织与性能都均匀一致，也就是说，孕育铸铁在力学性能上的一个显著特点是断面敏感性小。孕育处理对灰铸铁断面敏感性的影响如图 8-7 所示。因此，孕育铸铁常用作力学性能要求较高且截面尺寸变化较大的大型铸件。

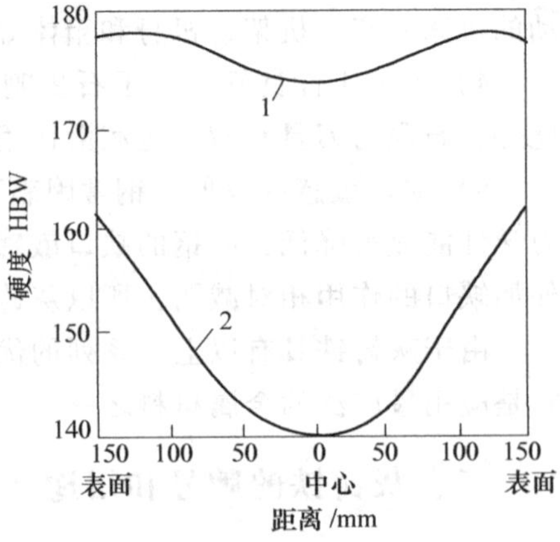

图 8-7　孕育处理对灰铸铁断面敏感性的影响

1—孕育铸铁　2—普通灰铸铁

四、灰铸铁的热处理

由于热处理只能改变铸铁的基体组织，不能改变石墨的数量、形态、大小和分布，因此，通过热处理来提高灰铸铁力学性能作用不大，生产中灰铸铁的热处理主要用于消除铸件的内应力和改善可加工性等。

1. 消除内应力的去应力退火

去应力退火又称为人工时效。一些形状复杂、壁厚不均的铸件在浇注后的冷却过程中，由于各部位的冷却速度不同，往往在铸件内部产生很大的内应力。它不仅削弱了铸件的强度，而且在随后的切削加工之后，应力会重新分布而引起铸件的变形甚至开裂。因此，对一些形状复杂和要求尺寸稳定性较高的重要铸件，如机床床身和柴油机缸体等，在切削加工之前，都要进行一次去应力退火，有时甚至在粗加工之后还要再进行一次去应力退火。

去应力退火的工艺规范是：加热速度为 60～120℃/h；普通灰铸铁去应力退火温度以 550℃为宜，低合金灰铸铁以 600℃为宜，高合金灰铸铁可提高到 650℃；保温时间的长短取决于加热温度和铸件壁厚，一般为壁厚≤20mm 的铸件保温 2h，壁厚每增加 25mm，保温时间增加 1h；冷却速度为 20～50℃/h，炉冷至 150～200℃后出炉空冷。

应当指出，若退火加热温度过高或保温时间过长，会引起石墨化，使铸件的强度与硬度降低。

2. 消除铸件白口、改善可加工性的退火

铸件表面或某些薄壁处，冷却速度较快，很容易出现白口组织，使铸件的硬度和脆性增加，造成切削加工困难和使用时易剥落。此时就必须将铸件加热到共析温度以上，进行消除白口的退火。

消除白口的退火，一般是把铸铁加热到 900～960℃，保温 1～4h，使共晶渗碳体发生分解，即进行第一阶段石墨化；然后又在炉冷过程中，使二次渗碳体及共析渗碳体发生分解，即进行中间和第二阶段石墨化；待炉冷到 600℃以下时，再出炉空冷，这样就可获得铁素体或铁素体 + 珠光体基体的灰铸铁，从而降低了铸铁的硬度，改善了可加工性。若高温石墨化后采用较快的冷却速度，使铸件不发生第二阶段石墨化，则最终获得珠光体基体的灰铸铁，既改善了铸件的可加工性，又使铸件获得较高的强度和耐磨性。

3. 表面淬火

表面淬火的目的是提高灰铸铁件的表面硬度和耐磨性，其方法除表面感应淬火外，灰铸铁还可采用接触电阻加热表面淬火。

图 8-8 所示为机床导轨进行接触电阻加热表面淬火方法的示意图，其原理是用一个电极（纯铜滚轮）与欲淬硬的工件表面紧密接触，通以低压（2～5V）大电流（400～750A）的交流电，利用电极与工件接触处的电阻热将工件表面迅速加热到淬火温度，操作时使电极以一定的速度移动，于是被加热的表面依靠工件本身的导热而迅速冷却下来，

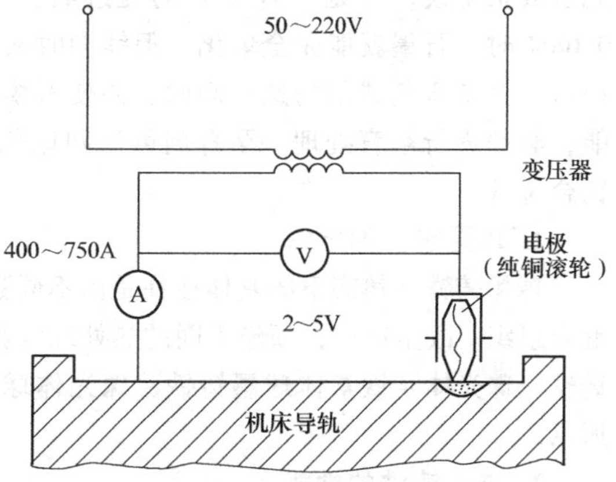

图 8-8　接触电阻加热表面淬火方法的示意图

从而达到表面淬火的目的。

接触电阻加热表面淬火层的深度可达0.20～0.30mm，组织为极细的马氏体（或隐针马氏体）+片状石墨，硬度达55～61HRC，可使导轨的寿命显著提高。

这种表面淬火方法设备简单，操作方便，且工件变形很小。但铸铁原始组织应是珠光体基体上分布细小均匀的石墨，以保证工件淬火后获得高而均匀的表面硬度。

【想一想】

灰铸铁通过热处理能使片状石墨变成团絮状石墨或球状石墨吗？

第三节 球墨铸铁

球墨铸铁是20世纪50年代发展起来的一种铸铁材料，它的石墨全部或大部分呈球状，对基体的割裂作用小，此外，基体应力集中很小，因此，球墨铸铁具有很高的强度，又有良好的塑性和韧性，而且铸造性能良好，成本低廉，生产方便，所以在工业生产上获得了广泛的应用。

一、球墨铸铁的化学成分、组织和性能

1. 球墨铸铁的化学成分和球化处理

球墨铸铁的化学成分大致为：$w_C=3.6\%\sim3.9\%$，$w_{Si}=2.0\%\sim2.8\%$，$w_{Mn}=0.6\%\sim0.8\%$，$w_P\leqslant0.1\%$，$w_S\leqslant0.07\%$。

与灰铸铁相比，其碳当量高，锰的质量分数较低，硫和磷的质量分数低。C、Si的质量分数较高，可促进石墨化并细化石墨，改善铁液的流动性。Mn的质量分数较低，可去硫脱氧，稳定细化珠光体。严格限制S和P的质量分数，以防造成球化元素的烧损，降低塑性和韧性。

生产球墨铸铁要将铁液进行球化处理和孕育处理。我国球化处理的球化剂常用镁、稀土元素或稀土镁。镁是一种良好的促进石墨球化的元素，铁液中镁的质量分数为0.04%～0.08%时，石墨就能完全球化。但镁同时又是强烈阻止石墨化的元素，加镁后铸铁容易形成白口。为了避免或削弱这种倾向，并使石墨球径变小，分布均匀，形状圆整，以提高力学性能，必须进行孕育处理。孕育剂可以和球化剂同时加入铁液。常用孕育剂为75%硅铁和硅钙合金等。

2. 球墨铸铁的组织

球墨铸铁在铸态下的基体往往是由不同数量的铁素体、珠光体甚至自由渗碳体同时存在的混合组织。故生产中，须经不同的热处理以获得需要的基体组织。生产中常见的有铁素体球墨铸铁、珠光体+铁素体球墨铸铁、珠光体球墨铸铁和贝氏体球墨铸铁，其显微组织如图8-9所示。

3. 球墨铸铁的性能

（1）力学性能　由于球墨铸铁中的石墨呈球状，因此，球墨铸铁的基体强度利用率可

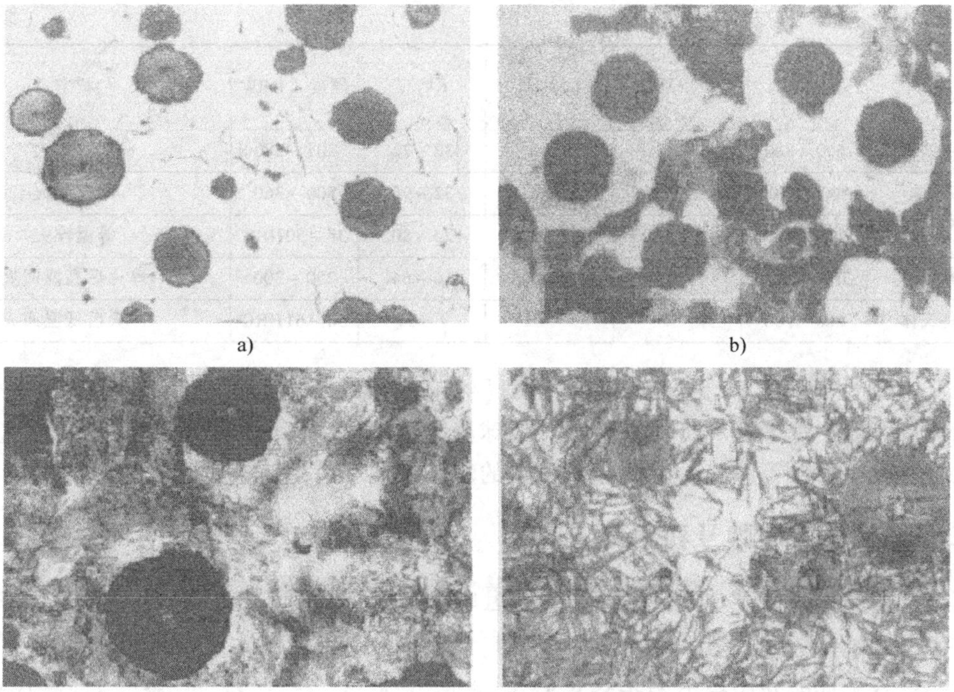

图 8-9　球墨铸铁的显微组织

a）铁素体球墨铸铁　b）珠光体 + 铁素体球墨铸铁　c）珠光体球墨铸铁　d）贝氏体球墨铸铁

高达 70% ~90%，而灰铸铁的基体强度利用率仅为 30% ~50%。所以球墨铸铁的抗拉强度、塑性、韧性不仅高于其他铸铁，而且可与相应组织的铸钢相媲美，如疲劳极限接近一般中碳钢；而冲击疲劳抗力则高于中碳钢；特别是球墨铸铁的屈强比几乎比钢提高一倍，一般钢的屈强比为 0.35 ~0.50，而球墨铸铁的屈强比达 0.7 ~0.8。在一般机械设计中，材料的许用应力是按屈服强度来确定的，因此，对于承受静载荷的零件，用球墨铸铁代替铸钢，就可以减轻机器重量。但球墨铸铁的塑性与韧性低于相应组织的铸钢。

球墨铸铁中的石墨球越小、越分散，球墨铸铁的强度、塑性与韧性越好；反之越差。球墨铸铁的力学性能还与其基体组织有关。表 8-3 列出了各种基体球墨铸铁的力学性能，由表可见，铁素体基体具有高的塑性和韧性，但强度与硬度较低，耐磨性较差；珠光体基体强度较高，耐磨性较好，但塑性、韧性较低；珠光体 + 铁素体基体的性能介于前两种基体之间；经热处理后，具有回火马氏体基体的硬度最高，但韧性很低；贝氏体基体则具有良好的综合力学性能。

表 8-3　各种基体球墨铸铁的力学性能

性能 \ 基体	R_m/MPa	R_{eL}/MPa	A(%)	KV_2/J	硬度　HBW	状态
铁素体	450 ~550		10 ~20	40 ~120	140 ~190	铸态
铁素体	400 ~500	400	15 ~25	64 ~120	120 ~180	退火
珠光体	600 ~750	380 ~450	2 ~4	12 ~24	217 ~269	铸态
珠光体	700 ~950	450 ~800	2 ~5	16 ~40	200 ~300	正火

（续）

基体＼性能	R_m/MPa	R_{eL}/MPa	A（%）	KV_2/J	硬度 HBW	状态
珠光体+铁素体	600~800		5~8	32~72	207~280	低温正火
上贝氏体	800~1000			32~96	300~360	等温淬火
下贝氏体	1100~1600	900~1400	1~4	24~80	38~50HRC	等温淬火
回火索氏体	700~1200		1~5	16~64	250~300	淬火后高温回火
回火马氏体	600~700			4~24	50~61HRC	淬火后低温回火

（2）其他性能　由于球墨铸铁有球状石墨存在，使它具有近似于灰铸铁的某些优良性能，如铸造性能、减摩性和可加工性等。但球墨铸铁的过冷倾向大，易产生白口现象，而且铸件也容易产生缩松等缺陷，因此球墨铸铁的熔炼工艺和铸造工艺都比灰铸铁要求高。

二、球墨铸铁的牌号和用途

球墨铸铁的牌号由“QT+数字-数字”组成，其中“QT”是“球铁”两字汉语拼音的第一个字母，数字分别表示其最小抗拉强度（MPa）和断后伸长率（%）。球墨铸铁的牌号、组织、力学性能和用途举例见表8-4。

表8-4　球墨铸铁的牌号、组织、力学性能和用途（摘自GB/T 1348—2009）

牌号	基体	力学性能					用　途
		R_m/MPa	$R_{p0.2}$/MPa	A（%）	KV_2/J（-20℃）	HBW	
QT400-18	F	400	250	18	12	120~175	汽车、拖拉机床底盘零件；大气压阀门的阀体、阀盖
QT450-10	F	450	310	10	—	160~210	
QT500-7	F+P	500	320	7	—	170~230	机油泵齿轮
QT600-3	P+F	600	370	3	—	190~270	柴油机、汽油机曲轴；磨床、铣床、车床的主轴；空压机、冷冻机缸体、缸套
QT700-2	P	700	420	2	—	225~305	
QT800-2	P或S	800	480	2	—	245~335	
QT900-2	$M_{回火}$或T+S	900	600	2	—	280~360	汽车、拖拉机传动齿轮

由表8-4可见，由于球墨铸铁通过热处理可获得不同的基体组织，使其性能在较大范围内变化。此外，球墨铸铁的生产周期短，成本低（接近于灰铸铁），因此，球墨铸铁在机械制造业中得到了广泛的应用，成功代替了不少碳素钢、合金钢和可锻铸铁，用来制造一些受力复杂，强度、韧性和耐磨性要求高的零件。

三、球墨铸铁的热处理

为了获得具有良好的综合性能的球铁铸件，除了严格控制化学成分，掌握好球化处理和孕育处理外，还可以通过热处理来改变基体组织，显著地改善球墨铸铁的力学性能。球墨铸铁的热处理原理大致与钢的相同，但由于球墨铸铁中含有较多的碳、硅和锰等元素，而且组织中有石墨球存在，因而具有以下特点。

1）共析转变温度高，因此奥氏体化的加热温度较碳素钢高。

2）球墨铸铁的奥氏体等温转变图右移并形成两个鼻尖，淬透性比碳素钢好，因而中小铸件可采用油作为淬火冷却介质，并容易实现等温淬火工艺，获得下贝氏体基体。

3）可采用控制淬火加热温度和保温时间的方法来调整奥氏体中碳的质量分数。过高的加热温度和过长的保温时间，会使石墨形态的碳不断地溶入奥氏体中，因而淬火后得到粗大的马氏体和较多的残留奥氏体。

球墨铸铁的主要热处理方式有退火、正火、调质和等温淬火等。

1. 退火

（1）去应力退火　球墨铸铁的弹性模量以及凝固时收缩率比灰铸铁高，铸造内应力比灰铸铁大约两倍。对于不再进行其他热处理的球墨铸铁铸件，都应进行去应力退火。

去应力退火工艺是将铸件缓慢加热到500～620℃左右，保温2～8h，然后炉冷。

（2）石墨化退火　石墨化退火的目的是消除白口，降低硬度，改善可加工性以及获得铁素体球墨铸铁。根据铸态基体组织不同，分为高温石墨化退火和低温石墨化退火。

1）高温石墨化退火。由于球墨铸铁白口倾向较大，因而铸态组织往往会出现自由渗碳体，为了获得铁素体球墨铸铁，需要进行高温石墨化退火。

高温石墨化退火工艺是将铸件加热到950～960℃，保温2～4h，使自由渗碳体石墨化，然后炉冷至600℃，使铸件发生中间和第二阶段石墨化，再出炉空冷，其工艺曲线和组织变化如图8-10所示。

2）低温石墨化退火。当铸态基体组织为珠光体+铁素体，无自由渗碳体存在时，为了获得塑性和韧性较高的铁素体球墨铸铁，可进行低温石墨化退火。

低温石墨化退火工艺是把铸件加热至共析温度范围附近，即720～760℃，保温2～8h，使铸件发生第二阶段石墨化，然后炉冷至600℃，再出炉空冷，其退火工艺曲线和组织变化如图8-11所示。

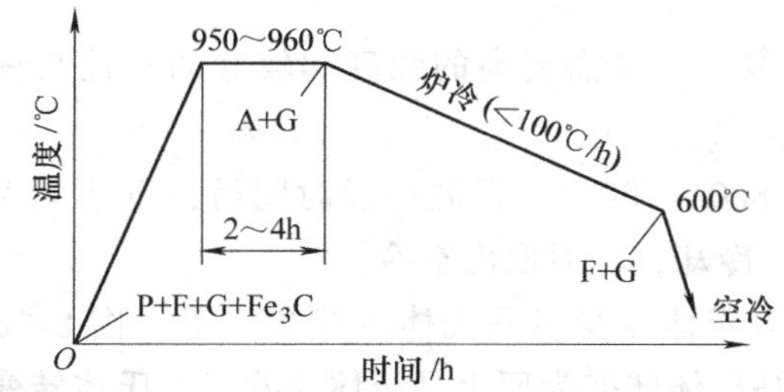

图8-10　球墨铸铁高温石墨化退火工艺曲线和组织变化

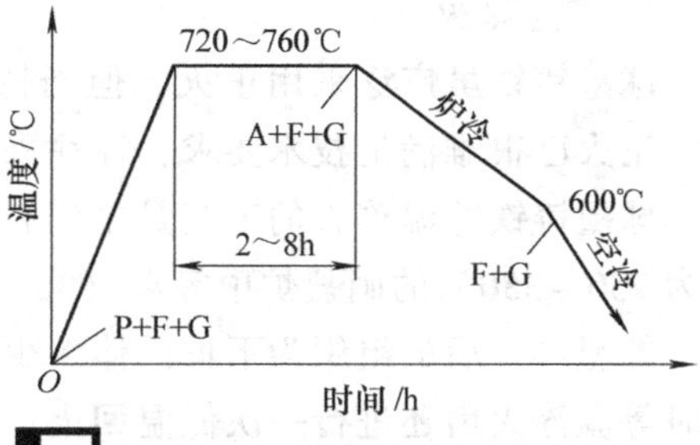

图8-11　球墨铸铁低温石墨化退火工艺曲线和组织变化

2. 正火

球墨铸铁正火的目的是为了得到珠光体基体（基体中珠光体量占75%以上），并细化组织，提高强度和耐磨性。正火工艺可分为高温正火（又称完全奥氏体化正火）和低温正火（又称不完全奥氏体化正火）。

（1）高温正火　高温正火工艺是把铸件加热到900～940℃，保温2～3h，使基体组织全部奥氏体化，然后出炉空冷。为了增加基体中珠光体含量，可采用风冷甚至喷雾冷却等加快冷速度的方法，确保正火后能获得珠光体球墨铸铁，其工艺曲线如图 8-12 所示。

(2) 低温正火　低温正火工艺是把铸件加热到 800 ~ 860℃，保温 1 ~ 4h，使基体组织部分奥氏体化，然后出炉空冷，其工艺曲线如图 8-13 所示。低温正火后获得珠光体 + 分散铁素体 + 球状石墨（图 8-14），故提高了铸件的韧性与塑性。

由于球墨铸铁导热性较差，弹性模量较大，正火后易产生较大内应力，一般在正火后再进行一次去应力退火（常称回火），即加热到 550 ~ 650℃，保温 3 ~ 4h，然后出炉空冷。

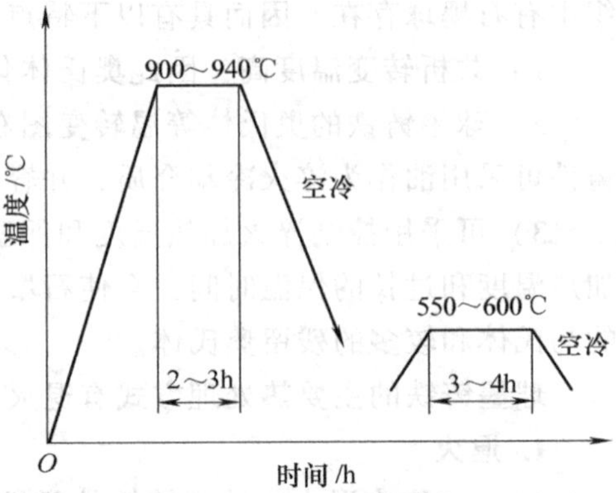

图 8-12　球墨铸铁高温正火工艺曲线

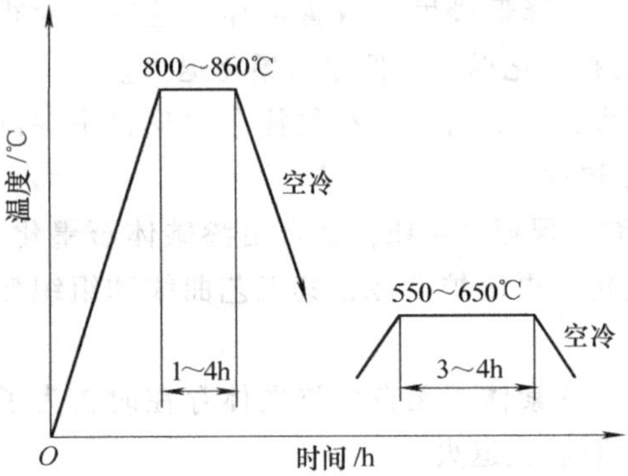

图 8-13　球墨铸铁低温正火工艺曲线

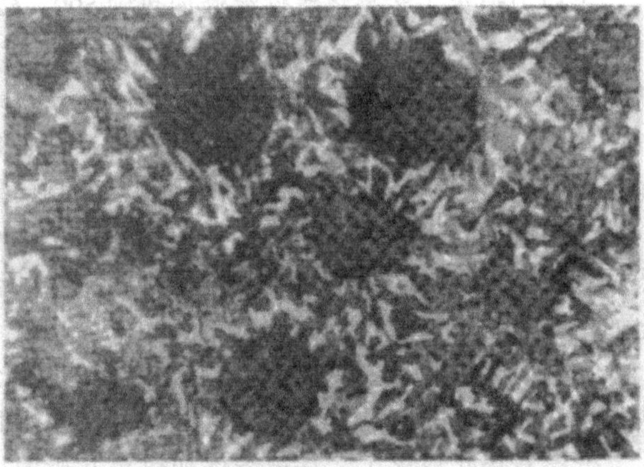

图 8-14　球墨铸铁低温正火后组织

3. 等温淬火

球墨铸铁虽广泛采用正火，但当铸件形状复杂、又需要高的强度和较好的塑性与韧性时，正火已很难满足技术要求，往往采用等温淬火。

球墨铸铁等温淬火的工艺是把铸件加热到 860 ~ 900℃，保温一段时间后，迅速放入温度为 250 ~ 350℃的硝盐炉中等温（30 ~ 90min）冷却，然后取出空冷。

等温淬火后的组织为下贝氏体 + 少量残留奥氏体 + 少量马氏体 + 球状石墨（图 8-9d）。有时等温淬火后还进行一次低温回火，使淬火马氏体转变为回火马氏体，残留奥氏体转变为下贝氏体，从而进一步提高强度、韧性与塑性。球墨铸铁经等温淬火后的抗拉强度可达 1100 ~ 1600MPa，硬度为 38 ~ 50HRC，冲击吸收能量 KV_2 为24 ~ 64J。故等温淬火常用来处理一些要求高的综合力学性能、良好的耐磨性且外形又较复杂、热处理易变形或开裂的零件，如齿轮、滚动轴承套圈和凸轮轴等。但由于等温盐浴的冷却能力有限，故一般仅适用于截面尺寸不大的零件。

4. 调质处理

对于受力复杂，综合力学性能要求高的铸件，如采用正火，其力学性能仍然满足不了要求，在此情况下可采用调质处理。调质处理的淬火加热温度为 860 ~ 900℃，保温后油冷，淬火后组织为细片状马氏体和球状石墨；然后再加热到500~600℃回火，球墨铸铁调质处理工艺曲线如图8-15所示。调质处理后获得回火索氏体和球状石墨组织，硬度为250~380HBW，具有良好的综合力学性能，故常用来处理柴油机曲轴和连杆等重要零件。

一般也可以在球墨铸铁淬火后，采用中温或低温回火处理。中温回火后获得回火托氏体基体组织，具有高的强度与一定韧性，如用球墨铸铁制作的铣床主轴就是采用这种工艺；低温回火后获得回火马氏体基体组织，具有高的硬度和耐磨性，如用球墨铸铁制作的轴承内外套圈就是采用这种工艺。

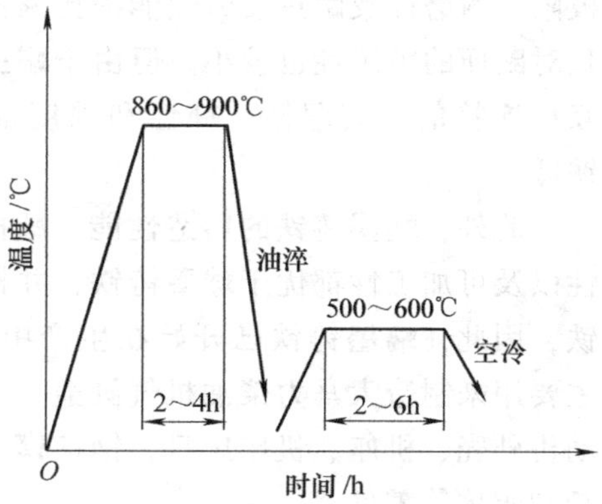

图8-15 球墨铸铁调质处理工艺曲线

球墨铸铁除能进行上述各种热处理外，为了提高球墨铸铁零件表面的硬度、耐磨性、耐蚀性及疲劳极限，还可以进行表面淬火和渗氮等。

第四节 蠕墨铸铁

蠕墨铸铁是近年来得到迅速发展的一种新型铸铁材料。它是在一定成分的铁液中加入适量的使石墨成蠕虫状的蠕化剂（稀土镁钛合金、稀土镁钙合金等）和孕育剂（硅铁），获得石墨形态介于片状与球状之间形似蠕虫状的铸铁。它兼备灰铸铁和球墨铸铁的某些优点，可用来代替高强度灰铸铁、合金铸铁、铁素体球墨铸铁以及黑心可锻铸铁等，因此日益引起人们的重视。

一、蠕墨铸铁的化学成分

蠕墨铸铁的化学成分要求与球墨铸铁相似，即要求高碳、高硅、低硫和低磷，又必须含有一定量的稀土与镁。一般成分范围如下：$w_C=3.5\%\sim3.9\%$，$w_{Si}=2.1\%\sim2.8\%$，$w_{Mn}=0.4\%\sim0.8\%$，$w_P<0.1\%$，$w_S<0.1\%$。

蠕墨铸铁是在上述成分铁液中，加入适量蠕化剂和孕育剂进行蠕化处理和孕育处理后获得的。

二、蠕墨铸铁的组织与性能

灰铸铁中片状石墨的特征是片长而薄，端部较尖。球墨铸铁中石墨大部分呈球状。蠕墨铸铁中石墨形似片状，但石墨片短而厚（一般长厚比为2~10），端部较钝、较圆，呈蠕虫状，如图8-16所示。

蠕墨铸铁基体组织在铸态时，铁素体量约为50%（体积分数，余同）或更高，通过加入Cu、Ni和Sn等珠光体稳定元素，可使铸态珠光体量提高至70%左右，若再进行正火处理，珠光体量可达90%~95%。

蠕墨铸铁的力学性能介于相同基体组织的灰铸铁和球墨铸铁之间，其强度、韧性、疲劳极限、耐磨性及耐热疲劳性能都比灰铸铁高，而且对断面的敏感性也较小。但由于蠕虫状石墨是互相连接的，其塑性、韧性和强度都比球墨铸铁低。

此外，蠕墨铸铁的铸造性能、减振性、导热性以及可加工性都优于球墨铸铁，并接近于灰铸铁，因此，蠕墨铸铁已开始在生产中广泛应用，主要用来制造大马力柴油机气缸盖、气缸套、电动机外壳、机座、机床床身、钢锭模、制动器鼓轮和阀体等零件。

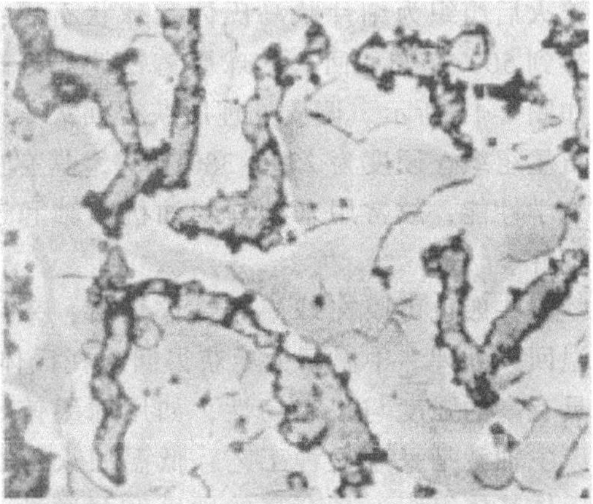
图 8-16　蠕虫状石墨的显微组织

蠕墨铸铁的牌号用“蠕铁”两字汉语拼音“RuT”表示蠕墨铸铁，后面三位数字表示其最小抗拉强度（MPa），如 RuT420 表示最小抗拉强度为 420MPa 的蠕墨铸铁。目前，我国尚未制定蠕墨铸铁的国家标准，具体牌号可参见 JB/T 4403—1999 的规定。表 8-5 列出了几种常用的蠕墨铸铁牌号、力学性能和组织。

表 8-5　蠕墨铸铁牌号、力学性能和组织

牌号	抗拉强度 R_m/MPa	屈服强度 R_{eL}/MPa	断后伸长率 A(%)	硬度值范围 HBW	蠕化率 VG(%)	组织
	不小于				不小于	
RuT420	420	335	0.75	200～280	50	珠光体＋石墨
RuT380	380	300	0.75	193～274		珠光体＋石墨
RuT340	340	270	1.0	170～249		珠光体＋铁素体＋石墨
RuT300	300	240	1.5	140～217		铁素体＋珠光体＋石墨
RuT260	260	195	3	121～197		铁素体＋石墨

第五节　可锻铸铁

可锻铸铁又称为马铁或韧性铸铁，是由白口铸铁通过石墨化退火而获得的具有团絮状石墨的铸铁。由于石墨呈团絮状分布，削弱了石墨对基体的割裂作用，因此与灰铸铁相比，可锻铸铁具有较高的力学性能，尤其是塑性与韧性有明显的提高。

一、可锻铸铁的化学成分和组织

1. 可锻铸铁的化学成分

可锻铸铁的生产过程分为两个步骤，第一步浇注成白口铸件，第二步经高温长时间的石墨化退火，使渗碳体分解出团絮状石墨。

为了保证浇注后获得白口铸件，可锻铸铁中碳和硅的质量分数必须要低。碳和硅都是强烈促进石墨化的元素，若碳和硅的质量分数过高，铸铁的铸态组织中就有片状石墨形成，并在随后的退火过程中，从渗碳体分解出的石墨将会附在片状石墨上析出，而得不到团絮状石墨。此外，石墨数量增多，使力学性能下降。但碳和硅的质量分数也不能太低，否则，不仅使退火时石墨化困难，增长退火周期，而且使熔炼困难及铸造性能变差。目前生产中，可锻铸铁的碳的质量分数为 $w_C=2.2\%\sim2.8\%$，硅的质量分数为 $w_{Si}=1.0\%\sim1.8\%$。

锰可消除硫的有害影响，但锰是阻止石墨化元素，锰的质量分数过高要增长退火周期。生产中，根据可锻铸铁的基体不同，锰的质量分数可在 $w_{Mn}=0.4\%\sim1.2\%$ 范围内选择。硫与磷的质量分数应尽可能降低，一般要求 $w_S<0.18\%$、$w_P<0.2\%$。

2. 可锻铸铁的组织

可锻铸铁根据化学成分、退火工艺、性能及组织不同，分为黑心可锻铸铁（铁素体可锻铸铁）、珠光体可锻铸铁及白心可锻铸铁三类。目前我国以应用黑心可锻铸铁和珠光体可锻铸铁为主。

黑心可锻铸铁的组织为铁素体和团絮状石墨，故也称为铁素体可锻铸铁，其可锻化退火工艺如图 8-17 所示（曲线 1）。它是将白口铸件装箱密封，入炉加热到 900～980℃，使铸铁的组织转变为奥氏体和渗碳体。在高温下经过长时间保温后，组织中渗碳体发生分解而进行第一阶段的石墨化，由原来奥氏体和渗碳体组织转变为奥氏体和石墨。由于石墨化过程是在固态下进行的，在各个方向上石墨长大的速度相差不多，故石墨呈团絮状。在高温下完成了第一阶段石墨化后，温度缓慢下降，使奥氏体成分沿 Fe-C（G）相图中 E′S′线变化，而不断析出二次石墨，进行中间阶段的石墨化。二次石墨将依附在原先已有的石墨上，使石墨继续长大。当冷却到共析转变温度范围（770～720℃）时，以极缓慢的速度冷却（图 8-17 中实线所示）或冷却到略低于共析温度范围作长时期的保温（图 8-17 中虚线所示），进行第二阶段的石墨化。结果获得在铁素体基体上分布团絮状石墨的组织，其显微组织如图 8-18a 所示。

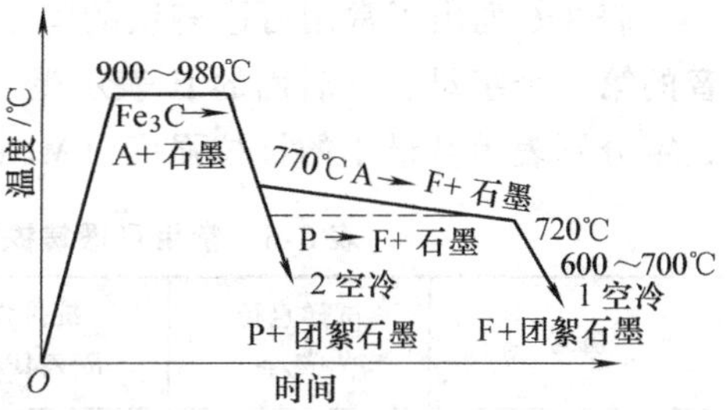

图 8-17　可锻铸铁的可锻化退火工艺曲线

1—铁素体可锻铸铁可锻化退火工艺

2—珠光体可锻铸铁可锻化退火工艺

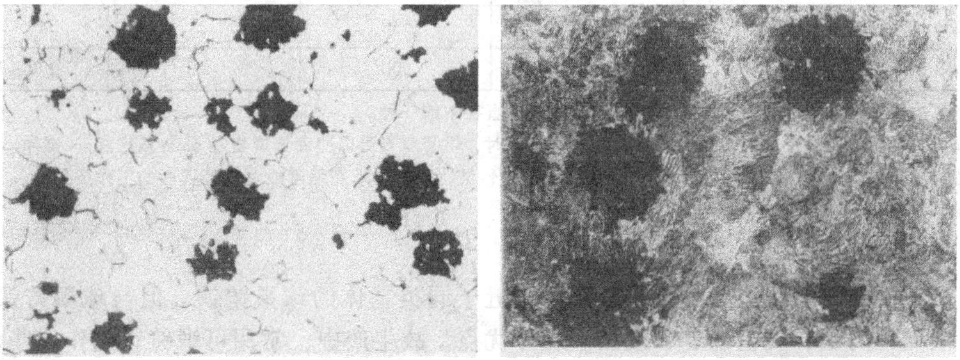

a)　　b)

图 8-18　可锻铸铁的显微组织

a）铁素体可锻铸铁显微组织　b）珠光体可锻铸铁显微组织

【想一想】

为什么可锻铸铁不能锻造呢？

珠光体可锻铸铁的组织为珠光体和团絮状石墨。其可锻化退火工艺如图 8-17 所示（曲线 2）。它是在完成第一阶段石墨化后，炉冷到 820～880℃，然后出炉空冷，使第二阶段石墨化不能进行，这时将得到在珠光体基体上分布团絮状石墨的组织，称为珠光体可锻铸铁，其显微组织如图 8-18b 所示。在生产中，常把铁素体可锻铸铁重新加热到共析转变温度以上，保温一段时间后，再以较快的冷却速度通过共析转变温度范围，以获得珠光体可锻铸铁。

二、可锻铸铁的牌号、性能及用途

表 8-6 列出了常用可锻铸铁的牌号及力学性能。牌号中“KT”是“可铁”两字汉语拼音的第一个字母，其后面的 H 表示黑心可锻铸铁；Z 表示珠光体可锻铸铁。符号后面的两组数字分别表示其最小的抗拉强度（MPa）和断后伸长率（%）。

表 8-6　常用可锻铸铁的牌号及力学性能（GB/T 9440—2010）

牌号	试样直径 d[①,②]/mm	抗拉强度 R_m/MPa min	0.2%屈服强度 $R_{p0.2}$/MPa min	断后伸长率 A(%) min($L_0=3d$)	布氏硬度 HBW
KTH275-05[③]	12 或 15	275	—	5	
KTH300-06[③]	12 或 15	300	—	6	
KTH330-08	12 或 15	330	—	8	≤150
KTH350-10	12 或 15	350	200	10	
KTH370-12	12 或 15	370	—	12	
KTZ450-06	12 或 15	450	270	6	150～200
KTZ500-05	12 或 15	500	300	5	165～215
KTZ550-04	12 或 15	550	340	4	180～230
KTZ600-03	12 或 15	600	390	3	195～245
KTZ650-02[④⑤]	12 或 15	650	430	2	210～260
KTZ700-02	12 或 15	700	530	2	240～290
KTZ800-01[④]	12 或 15	800	600	1	270～320

① 如需方没有特殊要求，供方可以任意选取两种试棒直径中的一种。
② 试样直径代表同样壁厚的铸件，如果铸件为薄壁件时，供需双方可以协商选取直径 6mm 或者 9mm 试样。
③ KTH275-05 和 KTH300-06 为专门用于保证压力密封性能，而不要求高强度或者高延展性的工作条件的。
④ 油淬加回火。
⑤ 空冷加回火。

可锻铸铁的力学性能优于灰铸铁，并接近于同类基体的球墨铸铁，但与球墨铸铁相比，具有铁液处理简易、质量稳定和废品率低等优点。故生产中，常用可锻铸铁制作一些截面较薄而形状较复杂、工作时受振动而强度、韧性要求较高的零件，因为这些零件若用灰铸铁制造，则不能满足力学性能要求；若用球墨铸铁铸造，易形成白口；若用铸钢制造，则因其铸造性能较差，质量不易保证。

由表8-6可见，铁素体可锻铸铁强度不算高，但具有良好的塑性与韧性，常用作汽车与拖拉机的后桥外壳、机床扳手、低压阀门、管接头和农具等承受冲击、振动和扭转载荷的零件；珠光体可锻铸铁塑性和韧性不及铁素体可锻铸铁，但其强度、硬度和耐磨性高，常用作曲轴、凸轮轴、连杆、齿轮、活塞环、轴套、万向接头、棘轮、扳手和传动链条等要求强度与耐磨性较好的零件。

第六节　合金铸铁

随着工业的发展，不仅要求铸铁具有更高的力学性能，而且有时还要求它具有某些特殊性能，如耐磨、耐热及耐蚀性等。为此，可向铸铁中加入一定量的合金元素，以获得合金铸铁，或称为特殊性能铸铁。这些铸铁与相似条件下使用的合金钢相比，熔炼简单，成本低廉，有良好的使用性能；但它们的力学性能比合金钢低，脆性较大。

一、耐磨铸铁

耐磨铸铁分为减摩铸铁和抗磨铸铁两类。前者是在有润滑、受黏着磨损条件下工作，如机床导轨和拖板、发动机的缸套和活塞环、各种滑块和轴承等。后者是在无润滑、受磨料磨损条件下工作，如轧辊、犁铧、抛丸机叶片和球磨机磨球等。

1. 减摩铸铁

减摩铸铁的组织应为软基体上分布有坚硬的强化相。软基体在磨损后形成的沟槽可保持油膜，有利于润滑；而坚硬的强化相可承受摩擦。细层状珠光体灰铸铁就能满足这一要求，其中珠光体为软基体，渗碳体为坚硬的强化相，同时石墨也起着贮油和润滑的作用。

为了进一步提高珠光体灰铸铁的耐磨性，可加入适量的Cu、Cr、Mo、P、V和Ti等合金元素，形成合金减摩铸铁。目前生产中常用的合金减摩铸铁有以下几种。

（1）高磷铸铁　若把铸铁中磷的质量分数提高到 $w_P=0.4\%\sim0.7\%$，即成为高磷铸铁。其中磷形成 Fe_3P，并与铁素体或珠光体组成磷共晶。磷共晶硬而耐磨，它以网状分布在珠光体基体上，形成坚硬的骨架，使铸铁的耐磨性显著提高，普通高磷铸铁的成分一般为 $w_C=2.9\%\sim3.2\%$，$w_{Si}=1.4\%\sim1.7\%$，$w_{Mn}=0.6\%\sim1.0\%$，$w_P=0.4\%\sim0.65\%$，$w_S<0.12\%$。

（2）磷铜钛铸铁　在高磷铸铁基础上加入 $w_{Cu}=0.6\%\sim0.8\%$ 和 $w_{Ti}=0.1\%\sim0.15\%$ 后形成磷铜钛铸铁。铜能促进第一阶段石墨化和促进珠光体的形成，并使之细化和强化；钛能促进石墨细化，并形成高硬度的TiC。因此磷铜钛铸铁的耐磨性超过高磷铸铁。

（3）铬钼铜铸铁　铬钼铜铸铁的组织一般为细层状珠光体+细片状石墨+少量磷共晶和碳化物。由于钼是稳定碳化物和阻止石墨化的元素，并能提高奥氏体的稳定性，使铸铁在铸态下获得索氏体甚至贝氏体基体，因此，它的强度与耐磨性都较高。

除了上述三种减摩铸铁外，我国还采用有钒钛铸铁及硼铸铁等，它们都具有优良的耐磨性。

2. 抗磨铸铁

抗磨铸铁的组织应具有均匀的高硬度。普通白口铸铁就是一种抗磨性高的铸铁，但其脆性大，因此常加入适量的Cr、Mo、Cu、W、Ni和Mn等合金元素，形成抗磨白口铸铁。它具有一定的韧性和更高的硬度和耐磨性。

此外，中锰球墨铸铁中锰的质量分数为 $w_{Mn}=5.0\%\sim9.5\%$ 、硅的质量分数为 $w_{Si}=3.3\%\sim5.0\%$，其铸态组织为马氏体、奥氏体、碳化物和球状石墨。除了良好的抗磨性，它还具有较好的韧性与强度，适用于制造在冲击载荷和磨损条件下工作的零件。

二、耐热铸铁

1. 铸铁的耐热性

铸铁的耐热性主要指它在高温下抗氧化和抗热生长的能力。普通铸铁加热到450℃以上，随着加热温度的提高和时间的延长以及反复加热次数的增多，除了在铸铁表面发生氧化外，还会发生“热生长”的现象。所谓热生长就是指铸铁的体积产生不可逆的胀大，严重时可胀大到10%左右。

2. 提高铸铁耐热性的途径

防止铸铁的氧化与热生长的途径有：在铸铁表面形成一层牢固、致密而又完整的氧化膜，使其内部不再继续氧化而破坏；提高铸铁的固态相变温度，使其在工作温度范围内不发生组织转变；基体最好是单相组织，使铸铁在高温下不存在渗碳体分解而析出石墨的可能；石墨最好呈球状，因为球状石墨一般都是独立分布，互不相连，故不致构成氧化性气体渗入铸铁内的通道。

目前生产中主要通过加入硅、铬和铝等合金元素来提高铸铁的耐热性。因为这些合金元素的加入，使铸铁表面形成一层致密的氧化膜 Fe_2SiO_4、Cr_2O_4 和 Al_2O_3 等，在高温下具有保护作用。此外，这些元素还可提高铸铁的相变点，使铸铁在工作温度范围内不发生相变，同时又促使铸铁获得单相铁素体组织。

3. 常用耐热铸铁

耐热铸铁的种类很多，我国耐热铸铁系列大致分为硅系、铝系、铬系和硅铝系等。其中铬系耐热铸铁的价格较高，铝系耐热铸铁的脆性大，温度急变时易裂，且不易熔炼，铸造性能较差，故国内发展硅系和硅铝系耐热铸铁较多。表8-7列出了几种耐热铸铁的化学成分、使用条件和用途。

表8-7 耐热铸铁的化学成分、使用条件和用途（摘自GB/T 9437—2009）

牌号	化学成分(质量分数,%)							使用温度/℃	用途
	C	Si	Cr	Al	Mn	P	S		
HTRCr16	1.6~2.4	1.5~2.2	15~18	—	<1.0	<0.1	<0.05	900	退火罐、炉栅、化工机械零件等
HTRSi5	2.4~3.2	4.5~5.5	0.5~1.0	—	<0.8	<0.1	<0.08	≤850	烟道挡板、换热器等
QTRSi5	2.4~3.2	4.5~5.5	—	—	<0.7	<0.07	<0.015	900~950	加热炉底板、化铝电阻炉坩埚等
QTRAl5Si5	2.3~2.8	4.5~5.2	—	5.0~0.8	<0.5	<0.07	<0.015	950~1050	焙烧机篦条、炉用件
QTRAl22	1.6~2.2	1.0~2.0	—	20~24	<0.7	<0.07	<0.015	100~1100	加热炉底板、渗碳罐

注：牌号中HTR为耐热铸铁代号；QTR为耐热球墨铸铁代号。

三、耐蚀铸铁

耐蚀铸铁不仅具有一定的力学性能，而且在腐蚀介质中工作时具有耐蚀的能力。它广泛地应用于化工部门，用来制造管道、阀门、泵类、反应锅及盛贮器等。

耐蚀铸铁的化学和电化学腐蚀原理以及提高耐蚀性的途径基本与不锈耐酸钢相同。即铸件表面形成牢固的、致密而又完整的保护膜，阻止腐蚀继续进行；提高铸铁基本的电极电位；铸铁组织最好在单相组织的基体上分布着彼此孤立的球状石墨，并控制石墨量。

目前生产中，主要通过加入硅、铝、铬、镍和铜等合金元素来提高铸铁的耐蚀性。耐蚀铸铁牌号的表示方法为在普通铸铁后加“蚀”字汉语拼音的首位字母，即 HTS 为耐蚀灰铸铁，后面为合金元素及其质量分数。GB/T 8491—2009 中规定的耐蚀铸铁牌号较多，其中应用最广泛的高硅耐蚀铸铁，它含有 $w_C = 1.4\%$、$w_{Si} = 10\% \sim 18\%$，组织为含硅合金铁素体 + 石墨 + Fe_3Si（或 FeSi）。这种铸铁在含氧酸类（如硝酸和硫酸）中的耐蚀性不亚于 12Gr18Ni9 钢，而在碱性介质、盐酸和氢氟酸中，由于铸铁表面的 Fe_2SO_4 保护膜受到破坏，耐蚀性下降。常用耐蚀铸铁的牌号的化学成分及用途见表 8-8。

表 8-8　常用耐蚀铸铁的牌号、化学成分及用途

牌号	化学成分（质量分数，%）									用途
	C	Si	Mn	P	S	Cr	Mo	Cu	RE 残留量	
			≤	≤	≤				≤	
HTSSi11Cu2CrR	≤1.2	10.00 ~ 12.00	0.50	0.10	0.10	0.60 ~ 0.80	—	1.80 ~ 2.20	0.10	卧式离心机、潜水泵、阀门、旋塞、冷却排水管、弯头等化工设备和零部件等
HTSSi15R	0.65 ~ 1.10	14.20 ~ 14.75	1.50	0.10	0.10	≤0.50	≤0.50	≤0.50	0.10	各种离心泵、阀类、旋塞、管道配件、塔罐、低压容器及各种非标准零部件
HTSSi15Cr4MoR	0.75 ~ 1.15	14.20 ~ 14.75	1.50	0.10	0.10	3.25 ~ 5.00	0.40 ~ 0.60	≤0.50	0.10	适用于氯化物的环境
HTSSi15Cr4R	0.70 ~ 1.10	14.20 ~ 14.75	1.50	0.10	0.10	3.25 ~ 5.00	≤0.20	≤0.50	0.10	在外加电流的阴极保护系统中，大量用作辅助阳极铸件

【综 合 训 练】

1. 为什么铸铁生产中，化学成分若具有三低（碳、硅和锰的质量分数低）一高（硫的质量分数高）特点的铸铁易形成白口？又为什么在同一铸铁件中，往往在其表层或薄壁处易形成白口？

2. 在灰铸铁中，为什么碳和硅的质量分数越高时，铸铁的抗拉强度和硬度越低？

3. 在灰铸铁的石墨化过程中，如果第一、中间阶段完全石墨化或部分石墨化或未石墨化时，问它们各获得哪种组织的铸铁？

4. 铸铁抗拉强度的高低主要取决于什么？硬度的高低主要取决于什么？用哪些方法可提高铸铁抗拉强度和硬度？铸铁抗拉强度高时硬度是否也一定高？为什么？

5. 试从下列几个方面来比较 HT150 灰铸铁和退火状态的 20 钢。

1）成分 2）组织 3）抗拉强度 4）抗压强度 5）硬度 6）减摩性 7）铸造性能 8）可锻性 9）焊接性 10）可加工性

6. 机床的床身、床脚和箱体为什么都采用灰铸铁铸造为宜？能否用钢板焊接制造？试将两者的使用性和经济性作简要的比较。

7. HT200、KTH300-06、KTZ550-04、QT400-15 和 QT900-2 等铸铁牌号中数字分别表示什么性能？具有什么显微组织？这些性能是铸态性能，还是热处理后性能？若是热处理性能，请指出其热处理方法。

8. 为什么可锻铸铁适宜于制造壁厚较薄的零件？而球墨铸铁却不适宜制造壁厚较薄的零件？

9. 根据表 8-9 所列的要求，归纳对比几种铸铁的特点。

表 8-9 铸铁对比

种类	牌号表示	显微组织	碳当量	生产方法的特点	力学、工艺性能	用途
灰铸铁						
孕育铸铁						
球墨铸铁						
蠕墨铸铁						
可锻铸铁						

10. 现有铸态下球墨铸铁曲轴一根，按技术要求，其基体应为珠光体组织，轴颈表层硬度为 50～55HRC。试确定其热处理方法。

11. 下列说法是否正确？为什么？

1）石墨化过程中第一阶段石墨化最不易进行。

2）采用球化退火可获得球墨铸铁。

3）可锻铸铁可锻造加工。

4）白口铸铁由于硬度很高，故可作刀具材料。

5）灰铸铁不能淬火。

6）灰铸铁通过热处理可使片状石墨变成团絮状石墨或球状石墨。

12. 现有形状和尺寸完全相同的白口铸铁、灰铸铁和低碳钢棒料各一根，试问用何种最简便方法能迅速将它们区分出来？

13. 减摩铸铁与抗磨铸铁在性能上有何差异？

第九章　非铁金属及其合金

学习目标

通过本章的学习，了解非铁金属材料的种类、性能和应用等内容；掌握部分非铁金属材料的强化手段和热处理特点，分析其与钢铁材料的不同之处。

在工业生产中，通常把钢铁材料称为黑色金属，而把其他的金属材料称为非铁金属（又称有色金属）。

非铁金属材料与钢铁材料相比具有许多优良的特性，在航天、航空、汽车、电器等工业领域得到广泛应用，是现代工业中的重要材料。

资料卡

比强度与比刚度

材料的强度除以密度称为比强度；材料的刚度除以密度称为比刚度。这两个参量是衡量材料承载能力的重要指标。比强度和比刚度较高说明材料质量轻，而强度和刚度大。这是结构设计，特别是航空、航天结构设计对材料的重要要求。

第一节　铝及其合金

一、工业纯铝

纯铝是一种银白色的金属，熔点660℃，密度为2.72g/cm^3，具有面心立方晶格，没有同素异构转变。

纯铝的导电性、导热很好，仅次于银、铜、金，而且纯铝是非磁性、无火花材料。纯铝化学性质活泼，在大气中极易与氧作用，在表面形成一层牢固致密的氧化膜，可以阻止进一步氧化，从而使它在大气中具有良好的耐蚀性。纯铝在低温下，甚至在超低温下都具有良好的塑性和韧性，在－253～0℃之间塑性和冲击韧度几乎不降低。

由于纯铝的强度比较低（其抗拉强度约为80～100MPa），所以一般不宜直接作为结构材料和制造机械零件。纯铝不能通过热处理强化，可通过加工硬化提高其强度。

纯铝具有一系列优良的工艺性能，易于铸造和切削，也易于通过变形加工制成各种规格成品和半成品。纯铝主要用于生产导线，制作散热器、器皿以及作为配制合金的原材料。

二、铝合金的分类及强化

1. 铝合金的分类

根据铝合金的成分和组织特点，将其分为铸造铝合金与变形铝合金两大类。如图 9-1 所示。

(1) 变形铝合金　凡位于图 9-1 所示相图上 *D* 点成分以左的合金，在加热至高温时能形成单相固溶体组织，合金的塑性较高，适用于变形加工，称为变形铝合金。

对于变形铝合金来说，位于 *F* 点以左成分的合金，在固态始终是单相的，不能进行热处理强化，被称为热处理不可强化的铝合金。成分在 *F* 点和 *D* 点之间的铝合金，由于合金元素在铝中有溶解度的变化会析出第二相，可通过热处理使合金强度提高，称为热处理强化铝合金。

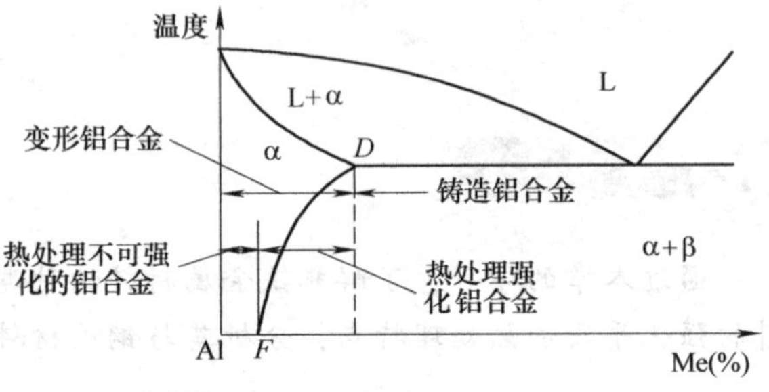

图 9-1　铝合金分类示意图

(2) 铸造铝合金　凡位于相图上 *D* 点成分以右的合金，因含有共晶组织，不适于变形加工，而这些金属液态流动性较高，适用于铸造生产，所以称为铸造铝合金。铸造铝合金中也有随温度而变化的 α 固溶体，故也能用热处理进行强化。

2. 铝合金的时效强化

由于铝没有同素异构转变，所以其热处理强化原理与钢不同。铝合金的热处理强化，主要是由于合金元素在铝合金中有较大的固溶度，且随温度的降低而急剧减小。所以热处理可强化的铝合金（成分位于相图中 *D* 点与 *F* 点之间的合金）经加热到某一温度淬火后，可以得到过饱和的铝基固溶体。此时铝合金的强度和硬度并没有明显上升，而塑性却得到改善，这种处理方式称为固溶处理。这种过饱和铝基固溶体放置在室温或加热到某一温度后，其强度和硬度随时间的延长而增高，但塑性和韧性降低，这个过程称为时效强化或沉淀硬化。在室温下进行的时效称为自然时效，在加热条件下进行的时效称为人工时效。图 9-2 所示为铜的质量分数为 4% 的铝合金淬火后，在室温下强度随时间变化的曲线（自然时效曲线）。由图可知，在最初一段时间内，自然时效对铝合金的强度影响不大，这段时间称为孕育期，之后，随着时间的延长，铝合金才能逐渐被显著强化。在孕育期，淬火后的铝合金可进行冷加工（如铆接、弯曲和校直等）。

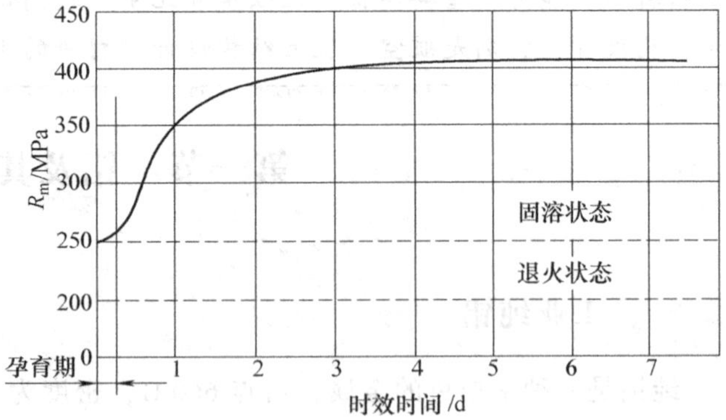

图 9-2　$w_{Cu}=4\%$ 的铝合金自然时效曲线

铝合金时效强化的效果还与加热温度有关，图 9-3 所示为不同温度下的人工时效对强度的影响。时效温度越高，时效强化过程越快，强度峰值越低，强化效果越差；如果时效温度在室温以下，原子扩散不易进行，则时效过程进行很慢。低温使固溶处理获得的过饱和固溶体保持相对的稳定性，抑制时效的进行，例如，在 -50℃以下长期放置，淬火铝合金的力学性能几乎没有变化。生产中，某些需要进一步变形加工的零件（铝合金铆钉等），可以在淬火后于低温状态下保存，使其在需要加工变形时仍具有良好的塑性。若人工时效时间过长（或温度过高），反而使合金软化，这种现象称为过时效。

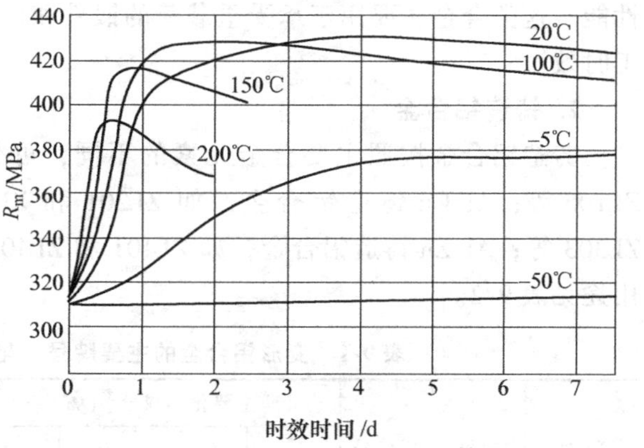

图 9-3　w_{Cu}为 4% 的铝合金在不同温度下的时效曲线

3. 铝合金的回归处理

将已经时效强化的铝合金，重新加热到 200～270℃，经短时保温，然后在水中急冷，使合金恢复到固溶处理状态的处理。工艺称为回归处理。每次回归处理后，其再时效后强度逐次下降。

三、常用铝合金

1. 变形铝合金

变形铝合金包括防锈铝合金、硬铝合金、超硬铝合金及锻铝合金等。变形铝合金的主要牌号、化学成分、力学性能及主要用途见表 9-1。

（1）防锈铝合金　防锈铝合金的主要合金元素是 Mn 和 Mg，Mn 的主要作用是提高铝合金的耐蚀性，并起到固溶强化的作用；Mg 也可起到强化作用，并使合金的比重降低。防锈铝合金锻造退火后，耐蚀性高，塑性好。这类铝合金不能进行时效硬化，属于不能热处理强化的铝合金，但可进行冷变形加工，从而提高合金的强度。

防锈铝合金常用来制造需弯曲、拉延或冲压的零件，如飞机油箱、行李架、窗框和灯具等。

（2）硬铝合金　硬铝合金为 Al-Cu-Mg 系合金，还含有少量的 Mn。各种硬铝合金都可以进行时效强化，属于可以热处理强化的铝合金，也可进行变形强化。合金中的 Cu 和 Mg 是为了形成强化相 θ 相及 S 相。Mn 主要是提高合金的耐蚀性，并有一定的固溶强化作用，但 Mn 的析出倾向小，不参与时效过程。少量的 Ti 或 B 可细化晶粒和提高合金强度。

硬铝合金常制成板材和管材，用于重要结构件的制造，如用于飞机翼肋、翼架等受力构件。

（3）超硬铝合金　超硬铝合金为 Al-Mg-Zn-Cu 系合金，并含有少量的 Cr 和 Mn。Zn、Cu、Mg 与 Al 可以形成固溶体和多种复杂的第二相，如 $MgZn_2$、Al_2CuMg 和 AlMgZnCu 等，因此经过固溶处理和人工时效后，可获得很高的强度和硬度。但这种合金的耐蚀性较差，在高温下软化快，可以用包铝法提高耐蚀性。超硬铝合金多用来制造受力大的重要构件，如飞机大梁和起落架等。

（4）锻铝合金　锻铝合金为 Al-Mg-Si-Cu 系和 Al-Cu-Mg-Ni-Fe 系合金。合金中的元素种类多但用量少，锻铝合金具有良好的热塑性，良好的铸造性能和可锻性，并有较高的力学性能。这类合金主要用于承受重载荷的锻件和模锻件。锻铝合金通常都要进行固溶处理和人工时效。

2. 铸造铝合金

铸造铝合金按照主要合金元素的不同，可分为四类：Al-Si 铸造铝合金，如 ZL101 和 ZL105 等；Al-Cu 铸造铝合金，如 ZL201 和 ZL203 等；Al-Mg 铸造铝合金，如 ZL301 和 ZL303 等；Al-Zn 铸造铝合金，如 ZL401 和 ZL402 等。铸造铝合金的牌号、力学性能及主要用途见表 9-2。

表 9-1 变形铝合金的主要牌号、化学成分、力学性能及主要用途

类别	牌号	原代号	主要化学成分①(%)				力学性能			主要用途
			Cu	Mg	Mn	Zn	R_m/MPa	A(%)	HBW	
防锈铝	5A05	LF5	0.10	4.8~5.5	0.3~0.6	0.20	265	15	70	中载零件、铆钉、油管
	3A21	LF21	0.20	0.05	1.0~1.6	0.10	130	20	30	管道、容器、铆钉、轻载零件
硬铝	2A01	LY1	2.2~3.0	0.2~0.5	0.2	0.10	300	24	70	中等强度、100℃以下工作的铆钉
	2A11	LY11	3.8~4.8	0.4~0.8	0.4~0.8	0.30	380	15	100	中等强度构件，如骨架
	2A12	LY12	3.8~4.9	1.2~1.8	0.3~0.9	0.30	430	10	105	高强度构件及 150℃以下工作的零件
超硬铝	7A04	LC4	1.4~2.0	1.8~2.8	0.2~0.6	5.0~7.0	540	6	150	主要受力构件及高强度载荷零件，如飞机大梁、起落架
锻铝	2A50	LD5	1.8~2.6	0.4~0.8	0.4~0.8	0.30	390	10	100	形状复杂和中等强度锻件
	6A02	LD2	0.2~0.6	0.45~0.9	0.15~0.35	0.20	400	5	130	高温下工作的复杂锻件、构件

① 各种铝合金中的微量元素在表中未标出。

表 9-2 铸造铝合金的牌号、力学性能及主要用途

类别	合金代号与牌号	铸造方法①	R_m/MPa	A(%)	主要用途
铝硅合金	ZL101 ZAlSi7Mg	J,T5 S,T5	205 195	2 2	形状复杂的砂型、金属型和压力铸造零件如飞机、仪器的零件等
	ZL102 ZAlSi12	J,F SB,T2	155 135	2 4	形状复杂的砂型、金属型和压力铸造零件；要求气密性的零件
	ZL105 ZAlSi5Cu1Mg	J,T5 S,T5 S,T6	235 195 225	0.5 1.0 0.5	同上，在 225℃以下工作的零件，如风冷发动机的气缸头、机匣和油泵壳体等

（续）

类别	合金代号与牌号	铸造方法①	R_m/MPa	A（%）	主要用途
铝硅合金	ZL108 ZAlSi12Cu2Mg1	J，T1 J，T6	192 255	— —	砂型、金属型铸造、要求高温强度及低膨胀系数的零件，如高速内燃机活塞等
铝铜合金	ZL201 ZAlCu5Mn	S，T4 S，T5	295 335	8 4	砂型铸造在175～300℃以下工作的零件，如缸头、活塞和支臂等
铝镁合金	ZL301 ZAlMg10	S，J，T4	280	10	砂型铸造、在大气或海水中工作承受大振动载荷、工作温度低于150℃的零件
铝锌合金	ZL401 ZAlZn11Si7	J，T1 S，T1	245 195	1.5 2.0	压力铸造、工作温度不超过200℃、结构复杂的汽车、飞机零件

① J—金属型铸造；S—砂型铸造；B—变质处理；F—铸态；T1—人工时效；T2—退火（290±10℃）；T4—固溶处理＋自然时效；T5—固溶处理＋不完全时效（时效温度低或时间短）；T6—固溶处理＋人工时效。

（1）铸造铝硅合金　铸造铝硅合金通常称为铝硅明，铝硅明包括简单铝硅明（Al-Si二元合金）和复杂铝硅明（Al-Si-Mg-Cu等多元合金）。Si的质量分数为11%～13%的简单铝硅明（ZL102）铸造后几乎全部是共晶组织。因此，这种合金流动性好，铸件产生的热裂倾向小，适用于铸造复杂形状的零件。它的耐蚀性高，有较低的线胀系数，焊接性良好。该合金的不足之处是铸造时吸气性高，结晶时能产生大量的分散缩孔，使铸件的致密度下降。Al-Si合金组织中的共晶硅呈粗大的针状，使合金的力学性能降低，因此必须采用变质处理。变质处理即在浇注前向合金液中加入占合金质量2%～3%的变质剂（常用钠盐混合物：2/3NaF＋1/3NaCl）以细化合金组织，显著提高合金的强度及塑性。经变质处理后的组织是细小均匀的共晶体＋初生α固溶体。ZL102变质处理前和变质处理后的显微组织分别如图9-4和图9-5所示。之所以获得亚共晶组织，是因为加入变质剂后，铸造冷却较快时共晶点右移。

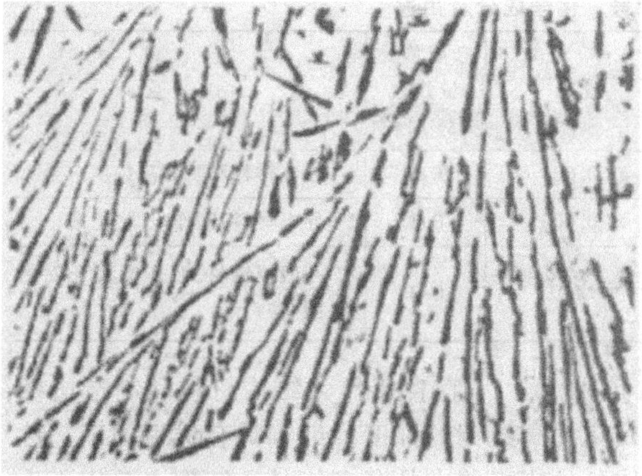

图9-4　ZL102的显微组织（变质前）

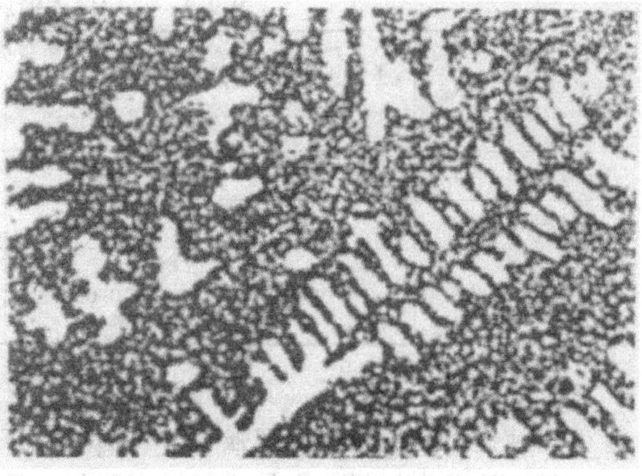

图9-5　ZL102的显微组织（变质后）

内燃机中的活塞，是在高速、高温、高压和变负荷条件下工作，因此制造活塞的材料必须具有如下特点：密度小、高耐磨、高的耐蚀性、耐热性、线胀系数接近气缸体的线胀系数。复杂铝硅明基本上能满足这一要求，它是制造活塞的理想材料。

(2) 铸造铝铜合金　铸造铝铜合金的强度较高，耐热性好，但铸造性能较差，有热裂和疏松倾向，耐蚀性较低。ZL201 的室温强度高，塑性比较好，可制作在 300℃ 以下工作的零件，常用于铸造内燃机气缸头和活塞等零件。ZL203 经淬火时效后，强度较高，可作结构材料，铸造受中等载荷和形状较简单的零件。

(3) 铸造铝镁合金　铸造铝镁合金（ZL301）强度高，密度小（$\rho = 2.55g/cm^3$），有良好的耐蚀性，但铸造性能较差，耐热性低。Al-Mg 合金可进行时效处理，通常采用自然时效。多用于制造承受冲击载荷、在腐蚀性介质中工作、外形不太复杂的零件，如舰船配件和氨用泵体等。

(4) 铸造铝锌合金　铸造铝锌合金（ZL401、ZL402）价格便宜，铸造性能优良，经变质处理和时效处理后强度较高，但耐蚀性差，热裂倾向大，常用于制造汽车、拖拉机的发动机零件及形状复杂的仪器零件，也可用于制造生活日用品。

第二节　铜及其合金

一、工业纯铜

纯铜是玫瑰红色金属，表面形成氧化铜膜后呈紫红色。纯铜的密度为 $8.96g/cm^3$，熔点为 1083℃，面心立方晶格，无同素异构转变。

纯铜具有优良的导电性、导热性及良好的耐蚀性（抗大气及海水腐蚀），而且纯铜是非磁性、无火花材料。

工业纯铜中含有锡、铋、氧、硫和磷等杂质。根据杂质的含量，工业纯铜分为 T1、T2 和 T3。“T”为“铜”字汉语拼音第一个字母，编号越大，纯度越低。工业纯铜的牌号、化学成分及用途见表 9-3。

表 9-3　工业纯铜的牌号、化学成分及用途

类别	牌号	铜 + 银的质量分数(%)，≥	杂质的质量分数(%)，≤		杂质总质量分数(%)，≤	用　途
			Bi	Pb		
一号铜	T1	99.95	0.001	0.003	0.05	导电材料和配制高纯度合金
二号铜	T2	99.90	0.001	0.005	0.1	导电材料，制作电线、电缆
三号铜	T3	99.70	0.002	0.01	0.3	一般用钢材，制作电气开关、垫圈、铆钉等

工业纯铜的强度低（其抗拉强度为 230～240MPa），不宜直接作为结构材料和制造机械零件。纯铜不能通过热处理强化，可通过加工硬化提高纯铜的强度。纯铜具有优良的工艺性能，易于铸造和切削，也易于通过变形加工制成各种规格的成品和半成品。纯铜主要用于生产导线，制作各种导电、导热元件以及作为配制铜合金的原料。

二、铜合金

为了满足制作结构件的要求，在铜中加入合金元素，通过固溶强化，时效强化及过剩相

强化等途径提高合金的强度，获得高强度的铜合金。

铜合金按其化学成分可分为黄铜、青铜和白铜三大类。机械制造业中，应用较广泛的是黄铜和青铜。

1. 黄铜

铜锌合金或以锌为主要合金元素的铜合金称为黄铜。黄铜具有良好的塑性和耐蚀性，良好的变形加工性能和铸造性能，在工业中有很强的应用价值。按化学成分的不同，黄铜可分为普通黄铜和特殊黄铜两类。

（1）普通黄铜　普通黄铜是铜锌二元合金，其合金相图如图 9-6 所示。α 相是锌溶于铜中的固溶体，其溶解度随温度的下降而增大。α 相具有面心立方晶格，塑性好，适于进行冷、热变形加工，并有优良的铸造性能、焊接性能和镀锡的能力。β′相是以电子化合物 CuZn 为基的有序固溶体，具有体心立方晶格，性能硬而脆。

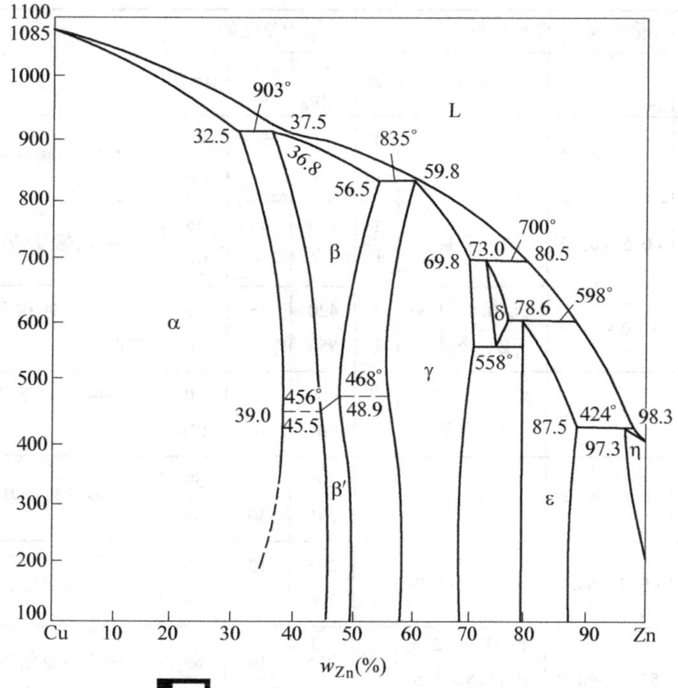

图 9-6　Cu-Zn 合金相图

普通加工黄铜牌号表示方法为“H”＋铜元素含量（质量分数），“H”为“黄”字汉语拼音第一个字母，数字表示铜的平均质量分数。例如 H68 表示 $w_{Cu}=68\%$，余量为锌的黄铜。

黄铜的含锌量对其力学性能有很大的影响。当 $w_{Zn}\leqslant 30\%\sim 32\%$ 时，随着锌的质量分数的增加，强度和断后伸长率都升高；当 $w_{Zn}>32\%$ 后，因组织中出现 β′相，塑性开始下降；而强度在 $w_{Zn}=45\%$ 附近达到最大值；锌的质量分数更高时，黄铜的组织全部为 β′相，强度与塑性急剧下降。

普通黄铜分为单相黄铜和双相黄铜两种类型，从变形特征来看，单相黄铜适宜于冷加工，而双相黄铜只能热加工。常用的单相黄铜牌号有 H80、H70 和 H68 等，它们的组织为 α，塑性很好，可进行冷、热变形加工，适于制作冷轧板材、冷拉线材、管材及形状复杂的深冲零件。而常用双相黄铜的牌号有 H62 和 H59 等，退火状态组织为 $\alpha+\beta'$。由于室温 β' 相很脆，冷变形性能差，而高温 β' 相塑性好，因此它们可以进行热变形加工。通常双相黄铜热轧成棒材和板材，再经机加工制造各种零件。

(2) 特殊黄铜　为了获得更高的强度、耐蚀性和良好的铸造性能，在铜锌合金中加入铝、铁、硅、锰和镍等元素，形成各种特殊黄铜。

用表示铸铜的符号"ZCu"加上合金元素的化学符号及含量数表示其牌号。特殊黄铜可分为变形加工黄铜和铸造黄铜两类。变形加工黄铜的牌号表示方法为"H＋主加元素符号＋铜含量＋主加元素含量"。铸造黄铜例如：HPb60-2 表示 $w_{Cu}=60\%$，$w_{Pb}=2\%$，其余为 Zn 的铅黄铜；ZCuZn31Al2 表示 $w_{Zn}=31\%$，$w_{Al}=2\%$，其余为 Cu 的铝黄铜。

常用黄铜的牌号、化学成分、力学性能和用途见表 9-4。

表 9-4　常用黄铜的牌号、化学成分、力学性能和用途

类别	牌号	化学成分(质量分数,%)		状态	力学性能			用途
		Cu	其他		R_m/MPa	A(%)	HBW	
黄铜	H95	94.0～96.0	Zn:余量	T L	240 450	50 2	45 120	冷凝管、散热器及导电零件
	H62	60.5～63.5	Zn:余量	T L	330 600	49 3	56 164	铆钉、螺母、垫圈及散热器零件
特殊黄铜	HPb59-1	57.0～60.0	Pb:0.8～1.9 Zn:余量	T L	420 550	45 5	75 149	用于热冲压和切削加工制作的各种零件
	HMn58-2	57.0～60.0	Mn:1.0～2.0 Zn:余量	T L	400 700	40 10	90 178	腐蚀条件下工作的重要零件和弱电零件
	ZCuZn38	60.0～63.0	Zn:余量	S J	295 295	30 30	59 69	一般结构件及耐蚀零件,如法兰
	ZCuZn31Al2	66.0～68.0	Al:2.0～3.0	S J	295 390	12 15	79 89	制作电动机、仪表等压铸件及耐蚀件
	ZCuZn38Mn2Pb2	57.0～60.0	Mn:1.5～2.5 Pb:1.5～2.5 Zn:余量	S J	245 345	10 14	69 79	一般用途结构件,船舶仪表等使用的外形简单的铸件,如套筒
	ZCuZn16Si4	79.0～81.0	Si:2.5～4.5 Zn:余量	S J	345 390	15 20	89 98	船舶零件,燃机零件,在水和油中的零件

注:T—退火状态;L—冷变形状态;S—砂型铸造;J—金属型铸造。

2. 青铜

青铜原指铜锡合金，但是，工业上习惯把铜基合金中不含锡而含有铝、镍、锰、硅、铍和铅等元素组成的合金也叫青铜，因此青铜实际上包含锡青铜、铝青铜和硅青铜等。青铜也可分为变形加工青铜和铸造青铜两类。变形加工青铜的牌号表示方法为"Q＋主加元素符号＋主加元素含量(＋其他元素含量)"，"Q"表示"青"字汉语拼音第一个字母，如 QSn4-3 表示 $w_{Sn}=4\%$，$w_{Zn}=3\%$，其余为铜的锡青铜。铸造青铜的牌号表示方法同铸造黄铜。

(1) 锡青铜　锡青铜是我国历史上使用得最早的有色合金，也是最常用的有色合金之一。它的力学性能与含锡量有关。当 w_{Sn}≤5% ~6% 时，Sn 溶于 Cu 中，形成面心立方晶格的 α 固溶体；随着含锡量的增加，合金的强度和塑性都增加；当 w_{Sn}≥5% ~6% 时，组织中出现硬而脆的 δ 相（以复杂立方结构的电子化合物 $Cu_{31}Sn_8$ 为基的固溶体），虽然强度继续升高，但塑性却会下降；当 w_{Sn} >20% 时，由于出现过多的 δ 相，使合金变得很脆，强度也显著下降。因此，工业上用的锡青铜的含锡量一般为 3% ~14%。w_{Sn} <5% 的锡青铜适宜于冷加工使用，w_{Sn} =5% ~7% 的锡青铜适宜于热加工，w_{Sn} >10% 的锡青铜适合铸造。除 Sn 以外，锡青铜中一般含有少量 Zn、Pb、P 和 Ni 等元素。Zn 提高低锡青铜的力学性能和流动性；Pb 能改善青铜的耐磨性能和可加工性，却会降低力学性能；Ni 能细化青铜的晶粒，提高力学性能和耐蚀性；P 能提高青铜的韧性、硬度、耐磨性和流动性。

（2）铝青铜　以铝为主要合金元素的铜合金称为铝青铜。铝青铜的强度和耐蚀性比黄铜和锡青铜还高，它是锡青铜的代用品，常用来制造弹簧和船舶零件等。

与上述介绍的铜合金明显不同的是，铝青铜可通过热处理进行强化，其强化原理是利用淬火获得类似钢的马氏体的介稳定组织，使合金强化。铝青铜具有良好的铸造性能；在大气、海水、碳酸及大多数有机酸中具有比黄铜和锡青铜更高的耐蚀性；耐磨损；冲击时不发生火花等特性。铝青铜的缺点是体积收缩率比锡青铜大，铸件内部易产生难熔的氧化铝，难于钎焊，在过热蒸汽中不稳定。

常用青铜的牌号、化学成分、力学性能和用途见表 9-5。

表 9-5　常用青铜的牌号、化学成分、力学性能和用途

类别	牌号	化学成分(质量分数,%)		状态	力学性能			用　途
		主加元素	其他		R_m /MPa	A (%)	HBW	
锡青铜	QSn4-3	Sn:3.5 ~4.5	Zn:2.7 ~3.7 Cu:余量	T L	350 550	40 4	60 160	制作弹性元件、化工设备的耐蚀零件和抗磁零件
	QSn7-0.2	Sn:6.0 ~8.0	P:0.1 ~0.25 Cu:余量	T L	360 500	64 15	75 180	制作中等负荷、中等滑动速度下、承受摩擦的零件,如轴套和蜗轮等
	ZCuSn5Pb5Zn5	Sn:4.0 ~6.0	Zn:4.0 ~6.0 Pb:4.0 ~6.0 Cu:余量	S J	180 200	8 10	59 64	用于在较高负荷、中等滑动速度下工作的耐磨、耐蚀零件,如轴瓦、衬套和离合器等
	ZCuSn10P1	Sn:9.0 ~11.0	P:0.8 ~1.1 Cu:余量	S J	220 250	3 5	79 89	用于高负荷和高滑速下工作的耐磨件,如轴瓦等
铅青铜	ZCuPb30	Pb:27.0 ~33.0	Cu:余量	J			25	制作要求高滑速双金属轴瓦减摩零件
	ZCuPb15Sn8	Pb:13.0 ~17.0 Sn:7.0 ~9.0	Cu:余量	S J	170 200	5 6	59 64	用于冷轧机的铜冷却管和冷冲击的双金属轴承
铝青铜	ZCuAl9Mn2	Al:8.0 ~10.0 Mn:1.5 ~2.5	Cu:余量	S J	390 440	20 20	83 93	用于耐磨、耐蚀零件、形状简单的大型铸件和要求气密性高的铸件
	ZCuAl9Fe4Ni4Mn2	Ni:4.0 ~5.0 Al:8.5 ~10.0 Fe:4.0 ~5.0	Mn:0.8 ~2.5 Cu:余量	S	630	16	157	制作要求强度高、耐蚀性好的铸件,如轴承、齿轮和蜗轮

注:T—退火状态;L—冷变形状态;S—砂型铸造;J—金属型铸造。

①在 GB/T 5231—2012 中,把 QBe2 编入高铜系列,牌号修改为 TBe2。

3. 白铜

白铜是以镍为主要合金元素的铜基合金，呈银白色，有金属光泽，故名白铜。铜镍之间彼此可无限固溶形成连续固溶体，为α单相合金。白铜较其他铜合金力学性能和物理性能都异常良好，塑性好、硬度高、耐腐蚀。按化学成分的不同，白铜可分为普通白铜和复杂白铜两类。

资料卡

铍青铜的应用

铍青铜常用来制造弹簧等重要弹性元件，钟表齿轮，高温、高压、高速条件下工作的轴承等耐磨零件及防爆工具等。但铍是稀有金属，价格昂贵，在使用上受到了限制。

普通白铜是铜镍二元合金，图3-8a所示为Cu-Ni合金相图。普通白铜牌号表示方法为“B”+镍的质量分数，“B”为“白”字汉语拼音第一个字母，数字表示平均含镍量，如B5表示镍的质量分数约为5%，其余为铜。

常用普通白铜牌号有B0.6、B19、B25和B30等。普通白铜被广泛使用于造船、石油化工、电器、仪表、医疗器械和装饰工艺品等领域。

加有锰、铁、锌和铝等元素的白铜合金称为复杂白铜，在复杂白铜中，第二个主要元素符号及铜含量以外的成分数字组表示各种元素的含量，如BMn3-12表示镍的质量分数约为3%，锰的质量分数约为12%，其余为铜。

复杂白铜有4个类型。

铁白铜：牌号有BFe5-1.5(Fe)-0.5(Mn)、BFe10-1(Fe)-1(Mn)和BFe30-1(Fe)-1(Mn)。铁白铜中铁的质量分数不超过2%以防腐蚀开裂，其特点是强度高，耐腐蚀特别是耐流动海水的腐蚀能力明显提高。

锰白铜：牌号有BMn3-12、BMn40-1.5和BMn43-0.5。锰白铜具有低的电阻温度系数，可在较宽的温度范围内使用，耐蚀性好，还具有良好的可加工性。

资料卡

锰白铜的别称

三种锰白铜各有别称，分别称为锰铜（BMn3-12）、康铜（BMn40-1.5）和考铜（BMn43-0.5）。锰白铜是一种精密电阻合金，这类合金具有高的电阻率和低的电阻率温度系数，是制造精密电工仪器、变阻器、仪表、精密电阻和应变片等用的材料。康铜和考铜的热电势高，还可用作热电偶和补偿导线。

锌白铜：牌号有BZn18-18、BZn18-26、BZn18-18、BZn15-21(Zn)-1.8(Pb)和BZn15-24(Zn)-1.5(Pb)。锌白铜具有优良的综合力学性能，优异的耐蚀性，冷、热加工性好，易切削，可制成线材、棒材和板材，用于制造仪器、仪表、医疗器械、日用品和通信等领域的精密零件。

铝白铜：牌号有BAl13-3和BAl6-1.5。铝白铜是以铜镍合金为基加入铝形成的合金，密度8.54g/cm^3。合金性能与合金中镍的质量分数和铝的质量分数的比例有关，当Ni:Al=

10∶1 时，合金性能最好。铝白铜主要用于造船、电力和化工等工业部门中各种高强耐蚀件。

除上述三大类铜合金外，铍铜、铬铜、铁铜、镁铜等铜合金在各行各业中应用也十分广泛。例如，在电子工业及仪表工业中铍铜得到广泛的应用。铍铜是以铍为基本合金元素的铜合金，其中铍的质量分数为 1.7% ~2.5%。铍溶于铜中形成 α 固溶体，固溶度随温度变化很大。它是唯一可以通过固溶处理 + 时效强化的铜合金。铍铜在淬火状态下塑性好，可进行冷变形和切削加工，制成零件；经过固溶处理和人工时效后，可获得很高的力学性能，抗拉强度高达 1250 ~ 1500MPa，硬度可达 350 ~ 400HBW，远远超过任何铜合金，可与高强度合金钢媲美。铍铜具有很高的弹性极限、疲劳强度、耐磨性和耐蚀性，导电性、导热性极好，并有无磁性、耐寒、受冲击时不产生火花等一系列优点，但铍是稀有金属，价格昂贵，因此在使用上受到了限制。铍铜主要用于制作精密仪器的重要弹簧和其他弹性元件、钟表齿轮、高速高压下工作的轴承及衬套等耐磨零件，以及电焊机电极、防爆工具、航海罗盘等重要机件。常用的铍铜牌号有 TBe2、TBe1.9 和 TBe1.7 等。

第三节　其他非铁合金

一、钛及钛合金

钛不但资源丰富，而且它密度小、比强度高、耐热性高，并具有优异的耐蚀性。此外，钛还具有很高的塑性，优良的冷、热加工性，从而使钛在现代工业中占有极其重要的地位。在航空、化工、导弹、航天及舰艇等方面，钛及其合金得到广泛的应用。但由于钛在高温时异常活泼，因此，钛及其合金的熔炼、浇注、焊接和热处理等都要在真空或惰性气体中进行，加工条件严格，成本较高，使它的应用受到限制。

1. 纯钛

钛是银白色金属，熔点为 1668℃，密度为 4.5g/cm^3。钛的矿物在自然界中分布很广，约占地壳重的 0.6%，仅次于铝、铁、钙、钠、钾和镁，而比铜、锡、锰和锌等在地壳中的含量要多几倍甚至几十倍。钛的性质与其纯度有关，纯度越高，强度和硬度越低。钛有较高的强度（退火后工业纯钛的抗拉强度 R_m = 550 ~ 700MPa），约为铝的 6 倍，因此钛的比强度（强度/密度）在结构材料中是很高的。钛的线胀系数较小，在高温工作条件下或热加工过程中产生的热应力小；钛的导热性差，只有铁的 1/5；摩擦系数大（μ = 0.42），使切削、磨削加工困难；钛的弹性模量较低，屈强比较高，这使得钛和钛合金冷变形加工时的回弹性大，不易成形和校直；钛同时兼有钢（强度高）和铝（质地轻）的优点；纯净的钛有良好的可塑性，它的韧性超过纯铁的 2 倍。

钛有两种同素异构结构，在 882.5℃ 以下的稳定结构为密排六方晶格，用 α-Ti 表示；在 882.5℃ 以上直到熔点的稳定结构为体心立方晶格，用 β-Ti 表示。

工业纯钛按其杂质含量不同，分为 TA1、TA2、TA3 和 TA4 四个牌号。牌号顺序数字增大，杂质含量增加，钛的强度增加，塑性降低。

2. 钛合金

为了提高强度，可在钛中加入合金元素。合金元素溶入 α-Ti 中形成 α 固溶体，溶入 β-

Ti 中形成 β 固溶体。铝、碳、氮、氧和硼等元素使 α⇔β 同素异构转变温度升高，称为 α 稳定化元素；而铁、钼、镁、铬、锰和钒等元素使同素异构转变温度下降，称为 β 稳定化元素；锡和锆等元素对转变温度影响不明显，称为中性元素。

根据使用状态的组织，钛合金可分为 α 钛合金、β 钛合金和（α + β）钛合金三类。

α 钛合金的组织全部为 α 固溶体，因而具有很好的强度、韧性及塑性，在冷态也能加工成某种半成品，如板材和棒材等。它在高温下组织稳定，抗氧化能力较强，热强性较好，在高温（500 ~ 600℃）时的强度性能为三类合金中较高者。α 钛合金是单相合金，不能进行热处理强化。

全部是 β 相的钛合金在工业上很少应用。因为这类合金比重较大、耐热性差及抗氧化性能低。当温度高于 700℃ 时，合金很容易受大气中的杂质气体污染，生产工艺复杂，因而限制了它的使用。但全 β 钛合金是体心立方结构，具有良好的塑性，为了利用这一特点，发展了一种介稳定的 β 相钛合金。此合金在淬火状态为全 β 组织，便于进行变形加工，随后的时效处理又能获得很高的强度。

（α + β）钛合金兼有 α 和 β 钛合金两者的优点，耐热性和塑性都比较好，并且可进行热处理强化，这类合金的生产工艺也比较简单。因此，（α + β）合金的应用比较广泛，其中以 TC4（Ti-6Al-4V）合金应用最为广泛。

工业纯钛和部分钛合金的牌号、名义化学成分、力学性能及用途见表 9-6。

表 9-6　工业纯钛和部分钛合金的牌号、名义化学成分、力学性能及用途

类别	牌号	名义化学成分	热处理	室温力学性能		高温力学性能		用　途
				R_m/MPa	A(%)	温度/℃	R_m/MPa	
工业纯钛	TA1	Ti(杂质极微)	M	≥240	≥30	—	—	在 350℃ 以下工作、强度要求不高的零件
	TA2	Ti(杂质极微)	M	≥400	≥25	—	—	
	TA3	Ti(杂质极微)	M	≥500	≥20	—	—	
	TA4	Ti(杂质极微)	M	≥580	≥20	—	—	
α 钛合金	TA5	Ti-4Al-0.005B	M	≥685	12 ~ 20	—	—	在 500℃ 以下工作的零件，如导弹燃料罐、超音速飞机的涡轮轴匣
	TA6	Ti-5Al	M	≥685	12 ~ 20	350 500	420 340	
	TA7	Ti-5Al-2.5Sn	M	735 ~ 930	12 ~ 20	350 500	490 440	
β 钛合金	TB2	Ti-5Mo-5V-8Cr-3Al	ST STA	980 1320	20 8	—	—	在 350℃ 以下工作的零件，如压气机的叶片、轴、轮盘，飞机构件
（α + β）钛合金	TC1	Ti-2Al-1.5Mn	M	590 ~ 735	20 ~ 25	350 400	340 310	在 400℃ 以下工作的零件，有一定高温强度的发动机零件、低温用部件
	TC2	Ti-4Al-1.5Mn	M	≥685	12 ~ 15	350 400	420 30	
	TC3	Ti-5Al-4V	M	≥880	10 ~ 12	400 500	590 440	
	TC4	Ti-6Al-4V	M	≥895	8 ~ 12	400 500	590 440	

注：M—退火状态；ST—固溶状态；STA—固溶处理 + 时效。

二、镁及镁合金

1. 纯镁

镁是地球上储量最丰富的轻金属元素之一。纯镁是银白色,密度是 1.74g/cm^3。

镁的比强度高于铝合金和钢;具有良好的铸造性和尺寸稳定性,容易加工;具有较好的减振性,用于壳体可降低噪声,用于座椅和轮圈可以减少振动,提高汽车的安全性和舒适性。

纯镁牌号有 Mg99.95、Mg99.50 和 Mg99.00,牌号数字增大,杂质含量增加。

资料卡

镁合金与航空航天

镁合金的特点可满足于航空航天等高科技领域对轻质材料吸噪、减振、防辐射的要求,可大大改善飞行器的气体动力学性能和明显减轻结构质量。从 20 世纪 40 年代开始,镁合金首先在航空航天部门得到了优先应用。"德热来奈"飞船的起动火箭"大力神"使用了 600kg 镁合金。

我国的歼击机、轰炸机、直升机、运输机、民用机、机载雷达、地空导弹、运载火箭、人造卫星和飞船均选用了镁合金构件。

2. 镁合金

镁合金具有密度小,比强度高,比刚度大及减振性较好的特点。此外,镁合金还有良好的耐蚀性,电磁屏蔽性能以及防辐射性能等。

镁合金熔点低,压铸成形性能好,压铸件壁厚最小可达 0.5mm,适于制造汽车各类压铸件。镁合金铸件抗拉强度一般可达 250MPa,最高可达 600 多 MPa。

3. 镁和镁合金的应用

纯镁在铝、铜和锌等合金生产、压铸生产、炼钢脱硫领域及稀土合金、金属还原等领域得到广泛应用。

镁合金作为目前密度较小的金属结构材料之一,广泛应用于航空航天工业、军工领域和交通领域。目前,汽车仪表、座位架、方向操纵系统部件、引擎盖、变速箱、进气歧管、轮毂、发动机和安全部件上都有镁合金压铸产品的应用。

三、粉末冶金

粉末冶金是用金属粉末(或金属粉末与非金属粉末的混合物)作为原料,经过成形和烧结,制造金属材料、复合材料以及各种类型制品的工艺技术。粉末冶金法与生产陶瓷有相似的地方,因此,一系列粉末冶金新技术也可用于陶瓷材料的制备。粉末冶金技术的优点已成为解决新材料问题的钥匙,在新材料的发展中起着举足轻重的作用。

1. 粉末冶金的优点

1) 粉末冶金技术可以最大限度地减少合金成分偏聚,消除粗大、不均匀的铸造组织。在制备高性能稀土永磁材料、稀土储氢材料、稀土发光材料、稀土催化剂、高温超导材料和新型金属材料(如 Al-Li 合金、耐热 Al 合金、超合金、粉末耐蚀不锈钢、粉末高速工具钢和金属间化合物高温结构材料等)上具有重要的作用。

2) 可以制备非晶、微晶、准晶、纳米晶和超饱和固溶体等一系列高性能非平衡材料,这些材料具有优异的电学、磁学、光学和力学性能。

3) 可以容易地实现多种类型的复合,充分发挥各组元材料各自的特性,是一种用低成本生产高性能金属基和陶瓷复合材料的工艺技术。

4) 可以生产普通熔炼法无法生产的具有特殊结构和性能的材料和制品,如新型多孔生物材料,多孔分离膜材料、高性能结构陶瓷和功能陶瓷材料等。

5) 可以实现净近形成形和自动化批量生产,从而有效地降低生产的资源和能源消耗。

6) 可以充分利用矿石、尾矿、炼钢污泥、轧钢铁磷和回收废旧金属为原料,是一种可有效进行材料再生和综合利用的新技术。

2. 粉末冶金工艺过程

(1)粉料制备与压制成形　常用机械粉碎、雾化和物理化学法制取粉末。制取的粉末经过筛分与混合,混料均匀并加入适当的增塑剂,再进行压制成形,粉粒间的原子通过固相扩散和机械咬合作用,使制件结合为具有一定强度的整体。压力越大则制件密度越大,强度相应增加。有时为减小压力或增加制件密度,也可采用热等静压成形的方法。

(2)烧结　将压制成形的制件放置在采用还原性气氛的闭式炉中进行烧结,烧结温度约为基体金属熔点的2/3～3/4。由于高温下不同种类原子的扩散,粉末表面氧化物的还原以及变形粉末的再结晶,使粉末颗粒相互结合,提高了粉末冶金制品的强度,并获得与一般合金相似的组织。经烧结后的制件一般存在一些微小的孔隙。

(3)后处理　一般情况下,烧结好的制件能够达到所需性能,可直接使用。但有时还需进行必要的后处理,如精压处理,可提高制件的密度和尺寸形状精度;对铁基粉末冶金制件进行淬火和表面淬火等处理可改善其力学性能;为达到润滑或耐蚀目的而进行浸油或浸渍其他液态润滑剂;将低熔点金属渗入制件孔隙中去的熔渗处理,可提高制件的强度、硬度、可塑性和冲击韧度等。

3. 粉末冶金材料

(1) 粉末冶金减摩材料　又称为烧结减摩材料,通过在材料孔隙中浸润滑油或在材料成分中加减摩剂或固体润滑剂制得。材料表面间的摩擦系数小,在有限润滑油条件下,使用寿命长、可靠性高;在干摩擦条件下,可以依靠自身或表层含有的润滑剂,即具有自润滑效果。广泛用于制造轴承、支承衬套和作端面密封等。

(2) 粉末冶金多孔材料　又称为多孔烧结材料,由球状或不规则形状的金属或合金粉末经成形、烧结制成。材料内部孔道纵横交错、互相贯通,一般有30%～60%的体积孔隙度,孔径1～100μm。透过性能和导热、导电性能好,耐高温和低温,抗热振,耐介质腐蚀。用于制造过滤器、多孔电极、灭火装置和防冻装置等。

(3) 粉末冶金结构材料　又称为烧结结构材料,能承受拉伸、压缩和扭转等载荷,并能在摩擦磨损条件下工作。材料内部存在残余孔隙,其延展性和冲击韧度比化学成分相同的铸锻件低,使其应用范围受限。

(4) 粉末冶金摩擦材料　又称为烧结摩擦材料,由基体金属(铜、铁或其他合金)、润滑组元(铅、石墨、二硫化钼等)和摩擦组元(二氧化硅、石棉等)3部分组成。其摩擦系数高,能很快吸收动能,制动和传动速度快,磨损小;强度高;耐高温;导热性好;抗咬合性好;耐腐蚀;受油脂、潮湿影响小。主要用于制造离合器和制动器。

(5) 粉末冶金工模具材料　包括硬质合金和粉末冶金高速工具钢等,后者组织均匀,晶粒细小,没有偏析,比熔铸高速工具钢韧性和耐磨性好,热处理变形小,使用寿命长。可用于制造切削刀具、模具和零件的坯件。

钨钴类硬质合金:用 YG 表示,如 YG6 代表钴的质量分数为 6.0%,碳化钨的质量分数为 94% 的硬质合金,硬度极高而脆,不耐冲击,主要用于切削加工钢的刀具和量具。

钨钴钛类硬质合金:用 YT 表示,除含碳化钨和钴外,还加入碳化钛以增加韧性。例如 YT15 代表碳化钛的质量分数为 15% 的钨钴钛硬质合金,可用于制造模具。

(6) 粉末冶金电磁材料　包括电工材料和磁性材料。电工材料中,用作电能头材料的有金、银和铂等贵金属的粉末冶金材料和以银与铜为基体添加钨、镍、铁、碳化钨与石墨等制成的粉末冶金材料;用作电极的有钨铜和钨镍铜等粉末冶金材料;用作电刷的有金属-石墨粉末冶金材料;用作电热合金和热电偶的有钼、钽和钨等粉末冶金材料。磁性材料分为软磁材料和硬磁材料。软磁材料有磁性粉末、磁粉芯、软磁铁氧体、矩磁铁氧体、压磁铁氧体、微波铁氧体、正铁氧体和粉末硅钢等;硬磁材料有硬磁铁氧体、稀土钴硬磁、磁记录材料、微粉硬磁和磁性塑料等。用于制造各种转换、传递、储存能量和信息的磁性器件。

(7) 粉末冶金高温材料　包括粉末冶金高温合金、难熔金属和合金、金属陶瓷、弥散强化及纤维强化材料等。用于制造高温下使用的涡轮盘、喷嘴、叶片及其他耐高温零部件。

【综合训练】

一、名词解释

1. 时效强化　2. 黄铜　3. 青铜　4. 回归处理　5. 粉末冶金

二、填空题

1. 普通黄铜是________二元合金,在普通黄铜中加入其他元素时称________黄铜。

2. 工业钛合金按其使用状态组织的不同,可分为________、________和________,其中________合金应用最广。

3. 钛也有________现象,882.5℃以下是________晶格,称__________钛;882.5℃以上是________晶格,称________钛。

4. 粉末冶金包括三个过程,即________、________和________。

三、是非题

1. α 钛合金不能热处理强化,而$(\alpha+\beta)$钛合金可以热处理强化。

2. H59 是单相黄铜。

3. 特殊黄铜是不含锌元素的黄铜。

4. 变形铝合金都不能用热处理强化。

5. 工业纯铜中杂质含量越高,其导电性、耐蚀性及塑性越低。

四、简答题

1. 简述镁合金的特点和应用。

2. 简述锌合金的特点和应用。

3. 铸造 Al-Si 合金为何要进行变质处理？

4. 铝合金热处理强化的原理与钢的强化原理有何不同？

5. 用已经时效强化的 2Al2 硬铝制造的结构件，若使用中不慎撞弯，怎样处理才能将此结构件校直？

6. 粉末冶金材料的种类有哪些？各有什么应用？

附　录

附录 A　实验指导书

实验一　金属的硬度测试

一、实验目的

1）了解布氏硬度、洛氏硬度的测定方法和应用范围。

2）掌握布氏硬度计和洛氏硬度计的主要结构和操作方法。

二、实验内容

本实验内容为用布氏硬度计、洛氏硬度计分别测量 20 钢、45 钢和 T8 钢分别在正火和淬火后的硬度。

三、实验设备和材料

布氏硬度计，洛氏硬度计，读数显微镜，砂纸，20 钢、45 钢、T8 钢正火和淬火试样各两块。

1. 布氏硬度计

HB—3000 型布氏硬度计的结构如附图 A-1 所示。

2. 洛氏硬度计

HR—150 型洛氏硬度计的结构如附图 A-2 所示。

3. 读数显微镜的使用方法

读数显微镜用于测量布氏硬度试验中的压痕直径，其使用方法如下：

1）先把读数显微镜进行调零（注意要轻轻旋转旋钮，因为读数显微镜是高精度仪器且成本高，用力过大会导致精度降低）。

2）然后将打上压痕的试样置于水平工作台面上。

3）把读数显微镜置于试样上（当显微镜与试样置于一起时，手不要抖动，因为显微镜与工件的结合不是很紧固，稍不注意会造成读数误差），把透光孔对向光亮处。

4）通过旋转螺母，使标线沿 X 轴左右移动。

5）标线与压痕的两侧分别相切，此时标线走过的距离即为压痕直径，如附图 A-3 所示。

6）把工件旋转 90°，再测量一次（由于压痕通常为不规则形状，故要把试样工件旋转 90°，再测量一次取平均值），取两次结果的平均值，即得到压痕的最终直径。

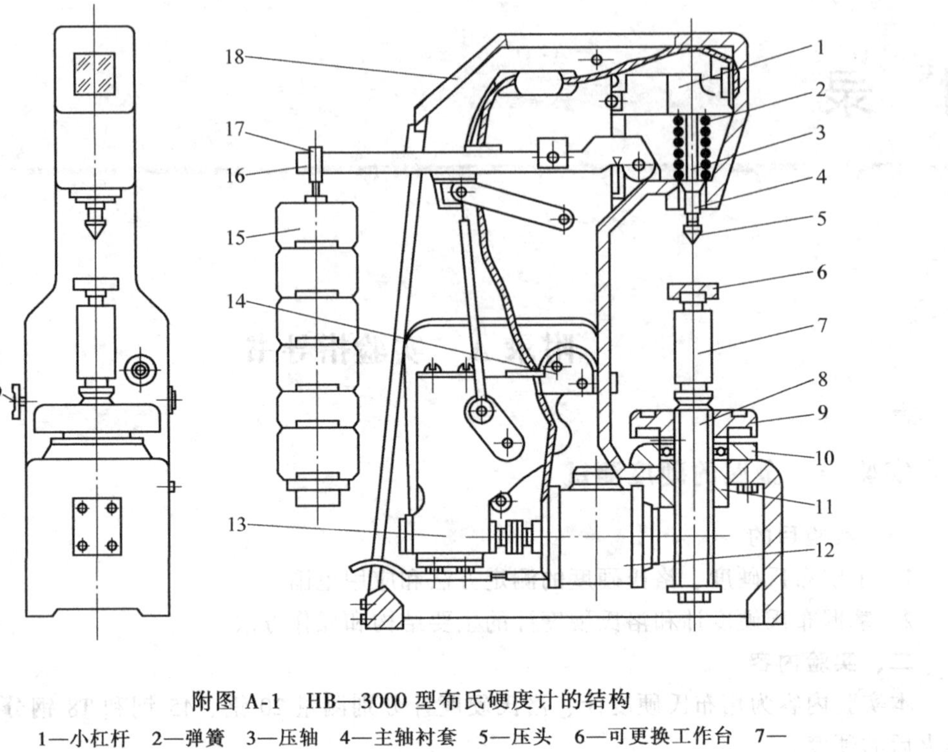

附图 A-1　HB—3000 型布氏硬度计的结构

1—小杠杆　2—弹簧　3—压轴　4—主轴衬套　5—压头　6—可更换工作台　7—工作台立柱　8—螺杆　9—升降手轮　10—螺母　11—套筒　12—电动机　13—减速器　14—换向开关　15—砝码　16—大杠杆　17—吊环　18—机体　19—电源开关

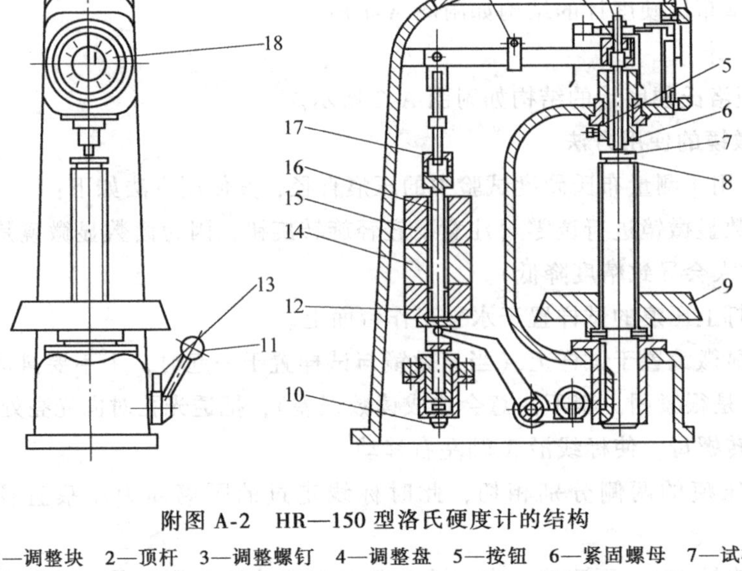

附图 A-2　HR—150 型洛氏硬度计的结构

1—调整块　2—顶杆　3—调整螺钉　4—调整盘　5—按钮　6—紧固螺母　7—试样　8—工作台　9—手轮　10—放油螺钉　11—操纵手柄　12—砝码座　13—油针　14、15—砝码　16—杆　17—吊套　18—指示器

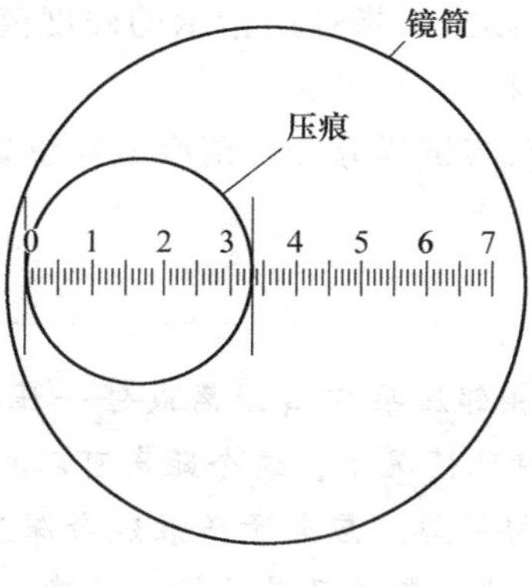

附图 A-3 用读数显微镜测压痕直径

7）记下读数后，把显微镜归零后收放到指定位置。

四、实验步骤和注意事项

全班分两组，分别进行布氏硬度和洛氏硬度试验。领取试样后，首先检查试样表面是否有氧化皮、油污或其他缺陷，如果有，须先清洗干净，然后分别开始进行硬度测定，测定完后两组进行交换。

1. 布氏硬度试验

1）检查试样的试验面是否光滑，如有氧化现象或外来污物，应清理干净。

2）将正火试样放在布氏硬度计工作台上，选好测试位置，顺时针旋转手轮，使压头与试样紧密接触，直到手轮螺母与丝杠之间产生滑动为止。

3）按下按钮，起动电动机加载，当载荷全部加上时，红色指示灯亮，持续一段时间后自动卸载，红色指示灯灭，当卸载完毕时，电动机停止转动。

4）逆时针旋转手轮，取下试样。

5）用读数显微镜测量压痕直径 d，测两次，取平均值，然后查附录 B 得相应的硬度值并记录下来。

1）试样压痕平均直径 d 应在（0.25～0.6）D 之间，否则无效，而应换用其他载荷做实验。

2）压痕中心距试样边缘距离不应小于压痕平均直径的 2.5 倍，两相邻压痕中心距离不应小于压痕平均直径的 4 倍，布氏硬度小于 35HBW 时，上述距离应分别为压痕平均直径的 3 倍和 6 倍。

2. 洛氏硬度试验

1）被测试样表面应平整光洁，不得带有污物、氧化皮、裂纹及显著的加工痕迹，支撑面应保持清洁。

2）将淬火试样放在洛氏硬度计的工作台上，选好测试位置，顺时针旋转手轮，加初载荷，使压头与试样紧密接触，直到小指针对准表盘上的小红点为止。

3）将表盘上大指针对零（HRB 和 HRC 对 B－C，HRA 对 0）。

4）轻轻推动手柄加主载荷，在大指针转动 3～4s 后拉回手柄，卸除主载荷，此时大指针回转若干格后停止，从表盘上读出大指针所指示的硬度值（HRA 和 HRC 读外圈黑数字，HRB 读内圈红数字），并记录下来。

5）逆时针旋转手轮，使压头与试样分开，调换试样位置再次测量，共需测量三次，取平均值作为试样的洛氏硬度值。

1）试样两相邻压痕中心距离或任一压痕中心距试样边缘距离一般不小于 3mm。在特殊情况下，这个距离可以减小，但不应小于直径的 3 倍。

2）被测试样的厚度应大于压痕残余深度的 10 倍，试样表面应光洁平整，不得有氧化皮、裂纹及其他污物沾染。

3）要记住手轮的旋转方向，顺时针旋转时工作台上升，反之工作台下降。特别是在试验快结束时，需要下降工作台卸除初载荷、取下试样或调换试样位置的时候，手轮不得转错方向，否则会使工作台上升，容易顶坏压头。

实验数据记录表（附表 A-1 和附表 A-2）

附表 A-1　布氏硬度记录表

试样		压头		载荷/N	保持时间/s	压痕直径/mm			硬度值 HBW
牌号	热处理状态	材料	直径			1	2	平均	

附表 A-2　洛氏硬度记录表

试样		标尺		载荷/N	硬度值			
牌号	热处理状态	符号	压头		1	2	3	平均

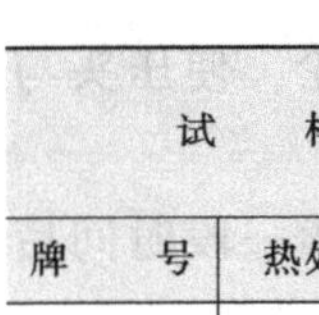

实验思考题

1. 下列硬度要求或写法是否正确？为什么？

（1）12～15HRC；（2）550～600HBW；（3）70～75HRC；（4）230～260HBW；

（5）HV600。

2. 下列工件应采用什么方法测定硬度？写出硬度符号。

（1）钳工用板锉刀；（2）机床铸铁导轨；（3）硬质合金刀片；（4）数控车床刀柄；（5）轿车铝合金气缸体；（6）黄铜制轴套。

3. 布氏硬度法和洛氏硬度法分别有哪些优缺点？

实验二　金属的冲击试验

一、实验目的

1）了解冲击试验的意义，了解一次摆锤冲击试验机的结构。

2）测量低碳钢和铸铁的冲击吸收能量 KV_2。

二、实验设备和材料

一次摆锤冲击试验机，低碳钢和铸铁冲击试样。

冲击试验机有手动和半自动两种，常用的半自动摆锤冲击试验机如附图 A-4 所示。

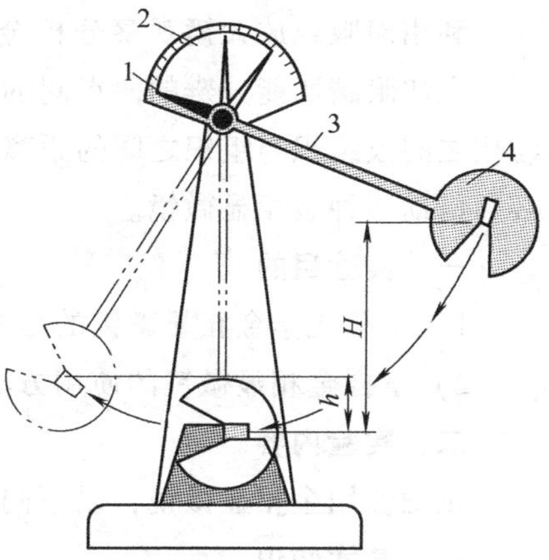

附图 A-4　半自动摆锤冲击试验机

1—指针　2—刻度盘　3—锤杆　4—摆锤

三、实验步骤和注意事项

1）接通冲击试验机电源，机身上的绿色指示灯亮。

2）按下控制面板上的电动机开关，起动电动机。

3）按下控制面板上的“摆臂下降”键，使摆臂下降将摆锤拉起到规定高度 H。

4）将冲击试样放在试验机的两支座上，并使试样的缺口背对摆锤。

5）按下控制面板上的“冲击”键，摆锤下降冲断试样，记录下试验温度和冲击吸收能量 KV_2。

6）关闭电源，试验完毕。

进行冲击试验时一定要注意安全，试验机两侧严禁站人，以免被摆锤或冲断的试样打伤！

实验数据记录表（附表 A-3）

附表 A-3　冲击试验结果记录表

试样		温度/℃	摆锤量程/J	冲击吸收能量/J		
牌号	热处理状态			1	2	平均

实验思考题

1. 在进行冲击试验时为什么要记录试验温度？
2. 金属的冲击韧度主要与哪些因素有关？
3. 试举出在实际工程中避免和利用冲击载荷的例子。

实验三　金相显微镜的使用

利用肉眼或放大镜观察分析金属材料的组织和缺陷的方法称为宏观分析。在正常情况下，人的眼睛所能分辨的两点间的最小距离约为 0.15 ~ 0.30mm，而在金属显微组织中，相与相之间或组织与组织之间的距离远远小于这个数值。因此，对金属材料进行显微组织分析必须借助各种金相显微镜。

一、实验目的

1）了解光学金相显微镜的结构原理，熟悉各部件的作用。

2）掌握金相显微镜的使用方法。

二、实验内容

正确使用金相显微镜，以不同的放大倍数观察不同成分碳素钢试样的显微组织。

三、基本知识

金相显微镜是研究金属显微组织的主要仪器，它与生物显微镜的不同之处在于，生物显微镜大多是利用透射光来观察透明的物体，使用的是自然光源；而金相显微镜观察的是不透明的金相试样，需自备光源，并借助于试样磨面的反射光来观察金属的显微组织。

金相显微镜的放大系统由两个凸透镜组成，对着金相试样的称为物镜，对着人眼的称为目镜。金相显微镜通过目镜和物镜两次放大而得到较高的放大倍数。金相显微镜的放大倍数等于物镜放大倍数与目镜放大倍数的乘积。例如，物镜为 20×，目镜为 10×，则放大倍数为 20×10=200（倍）。一般金相显微镜的放大倍数为几十倍到 2000 倍。

金相显微镜的鉴别率是指在显微视场中能分辨出物体相邻两点的最小距离。由于物镜使被观察物体第一次放大，故显微镜的鉴别率主要取决于物镜的鉴别率。

金相显微镜按其构造形式分为台式、立式和卧式三大类。金相显微镜由光学系统、照明系统和机械系统组成，完善的金相系统还有照相装置和其他附件。最新的金相显微镜还有计算机图形数据分析、数码照相和摄像等多种功能，如德国的 Zelss、日本的 NIKON 和 OLIMPUS 等品牌。

XJB—1 型金相显微镜构造如附图 A-5 所示。它采用倒置式光路，用安装在圆盘型底座 15 内的低压灯泡作为照明光源，利用灯座偏轮 8 调整光源位置。光源聚光系统、反射镜和孔径光阑 14 都安装在底座内。

微调焦手轮 6 和粗调焦手轮 7 共轴地安装在传动箱 5 的两侧。旋转粗调焦手轮能使载物台迅速上升或下降，达到粗略调焦的目的。

金相试样放在载物台 1 上，载物台与托盘之间有四方导架，并用黏性油加在两者之间，可使载物台沿任意方向移动。微调焦手轮通过多级齿轮传动机构，使物镜作缓慢升降运动，达到精确调焦的目的。

物镜 2 安装在物镜转换器 4 上，转换器上可同时安装三个不同放大倍数的物镜，通过转换器绕轴旋转而变换观察用的物镜。

目镜 9 安装在目镜管 10 上，目镜管用固定螺钉 11 固定在连接座上。目镜管成45°倾斜，便于操作者观察。

孔径光阑 14 用以调节射向物镜的入射光线束的粗细。一般以调节到物像最清晰使人感到舒适为原则。在更换物镜后必须重新调节孔径光阑。

视场光阑 13 用以调节视场大小。一般调节到其边缘正好与目镜视场同样大小或略小为宜。

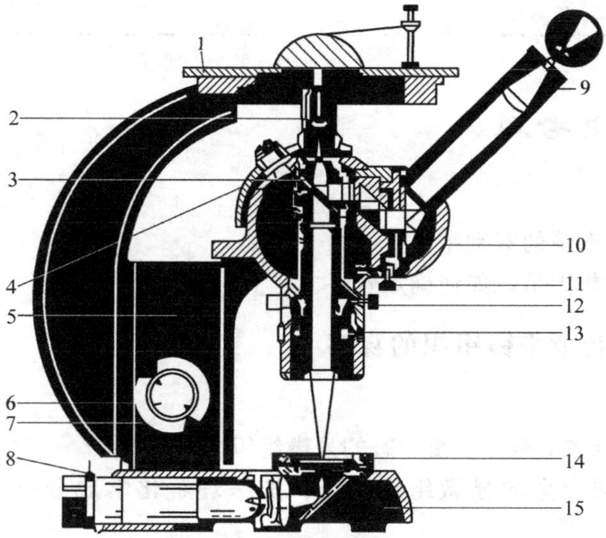

附图 A-5　XJB—1 型金相显微镜构造

1—载物台　2—物镜　3—半反光镜　4—物镜转换器　5—传动箱　6—微调焦手轮　7—粗调焦手轮　8—偏轮　9—目镜　10—目镜管　11—固定螺钉　12—调节螺钉　13—视场光阑　14—孔径光阑　15—底座

四、实验材料与设备

金相试样若干；XJB—1 型金相显微镜，10 倍目镜，10 倍及 40 倍物镜。

五、实验步骤及方法

1）结合 XJB—1 型金相显微镜，了解显微镜的构造、各部件的功能及使用操作方法和维护事项。

2）接通电源，变压器输出电压选定 6V。

3）按要求的放大倍数，将物镜装在物镜转换器上，将目镜插入目镜管筒的目镜筒中，试样置于载物台上，磨面朝下置于载物台中央。

4）调焦距时，先用粗调焦手轮将载物台降低，使物镜接近试样，然后一面从目镜中观察，一面缓慢转动粗调焦手轮，使载物台升高，待看到组织后，再转动微调焦手轮，直至图像清晰为止。

5）用手轻轻推拉载物台来移动样品被照射的部位，转移视场，观察不同位置的显微图像。

6）像质调节，调节孔径光阑和视场光阑，观察成像质量的变化。

7）观察后，切断电源，取下镜头，附件放回原处。

金相显微镜是精密光学仪器，使用时要小心，操作前应了解其基本原理、构造、操作方法和注意事项。使用中不允许剧烈振动；调焦时不要用力过大或动作过猛；不允许随意拆换显微镜上的零件；不能用手、纸或布擦拭镜头，若有脏物和油污，可用镜头纸或脱脂纱布沾少许二甲苯轻轻擦拭。

实验思考题

1. 什么是金相显微镜的鉴别率？
2. 金相显微镜的放大倍数如何确定？

实验四　铁碳合金平衡组织的观察

一、实验目的

1）观察铁碳合金在室温下平衡状态的显微组织。

2）分析典型铁碳合金的显微组织特征，加深理解化学成分、组织与力学性能间的关系。

二、实验内容

用普通金相显微镜观察分析附表 A-4 所列碳素钢和白口铸铁的组织，画出组织示意图。

附表 A-4　试样材料及其使用的浸蚀剂

材　料	状　态	浸　蚀　剂	室温下的显微组织
工业纯铁	退火	4%硝酸酒精溶液	铁素体
20 钢	退火	4%硝酸酒精溶液	铁素体 + 珠光体
45 钢	退火	4%硝酸酒精溶液	铁素体 + 珠光体
60 钢	退火	4%硝酸酒精溶液	铁素体 + 珠光体
T8 钢	退火	4%硝酸酒精溶液	珠光体
T12 钢	退火	4%硝酸酒精溶液	珠光体 + 二次渗碳体（白）

（续）

材　　料	状　　态	浸　蚀　剂	室温下的显微组织
T12 钢	退火	4% 碱性苦味酸水溶液	珠光体 + 二次渗碳体（黑）
亚共晶白口铸铁	铸态	4% 硝酸酒精溶液	珠光体 + 二次渗碳体 + 低温莱氏体
共晶白口铸铁	铸态	4% 硝酸酒精溶液	低温莱氏体
过共晶白口铸铁	铸态	4% 硝酸酒精溶液	一次渗碳体 + 低温莱氏体

三、实验仪器和材料

1）金相显微镜。

2）金相试样与显微组织见附表 A-4。

四、实验步骤

学生分组使用金相显微镜和平衡组织试样，按下列要求进行实验。

1）观察各金相试样，按组织确定合金类型（共析钢、亚共析钢及过共析钢；共晶白口铸铁、亚共晶白口铸铁及过共晶白口铸铁），掌握组织特征，选择典型区域，绘出其显微组织图。

> 绘图时要抓住各种组织组成物形态的特征，用示意的方法去画，而不必像照相似的描绘其切实的影像。绘制组织示意图一律用铅笔，黑白颜色应与真实组织相对应，不能以黑代白或以白代黑。绘制组织图必须在实验室内完成。

2）对照铁碳相图，研究各合金组织的形成过程，组织中各相的形态、分布特征和整个组织的特点。

3）分析一个未知试样，指出它是何种钢？是什么组织？估算其碳的质量分数。

实验数据记录表

材　　料＿＿＿＿＿＿＿＿＿＿

组　　织＿＿＿＿＿＿＿＿＿＿

浸 蚀 剂＿＿＿＿＿＿＿＿＿＿

放大倍数＿＿＿＿＿＿＿＿＿＿

材　　料＿＿＿＿＿＿＿＿＿＿

组　　织＿＿＿＿＿＿＿＿＿＿

浸 蚀 剂＿＿＿＿＿＿＿＿＿＿

放大倍数＿＿＿＿＿＿＿＿＿＿

材　　料________________________

组　　织________________________

浸 蚀 剂________________________

放大倍数________________________

材　　料________________________

组　　织________________________

浸 蚀 剂________________________

放大倍数________________________

材　　料________________________

组　　织________________________

浸 蚀 剂________________________

放大倍数________________________

实验思考题

1. 在亚共析钢中，随碳的质量分数增加，其组织会发生哪些变化？
2. 计算45钢的平衡组织中珠光体的含量。
3. 过共析钢的平衡组织有什么特点？这些特点对钢的性能有什么影响？

实验五　钢的热处理

一、实验目的

1）了解整体热处理“四把火”（退火、正火、淬火和回火）的工艺特点，初步掌握其基本工艺操作方法。

2）分析加热温度、冷却速度、碳的质量分数以及回火温度对钢的力学性能的影响。

二、实验内容

对20、45、T8和T12钢试样进行退火、正火、淬火和回火的操作，用布氏或洛氏硬度计测定试样的硬度。

三、实验设备与材料

1. 实验设备

1）箱式实验电炉6台。箱式实验电阻炉及其温度控制器的外形图如附图A-6所示。

2）砂轮机1台，洛氏硬度计2台，布氏硬度计1台。

3）淬火水槽和油槽。

4）热处理用夹钳及铁丝等。

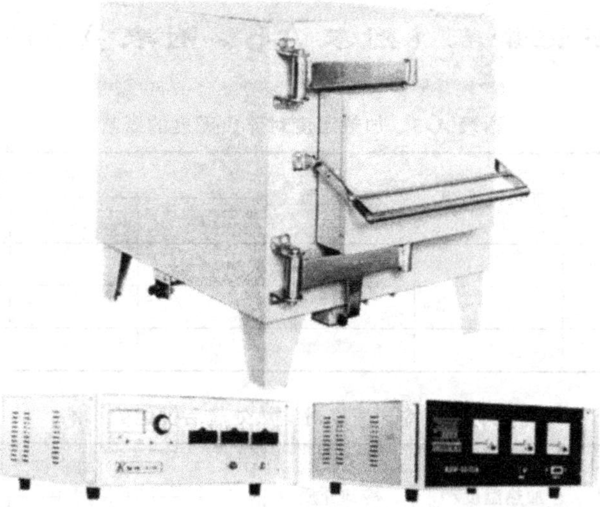

附图 A-6　箱式实验电阻炉及其温度控制器的外形图

2. 材料（推荐）

20 钢、45 钢、T8 钢和 T12 钢试样若干。

四、实验方法

按实验内容，每班可分为两个大组，每组一课时。每个大组再分为四个小组。按下列实验目的，每组完成一项。

1. 第一组测定加热温度对淬火硬度的影响

将 45 钢分别加热到 780℃、850℃、920℃，保温 15～20min 后，水中淬火，用洛氏硬度计测试试样淬火后的硬度。

2. 第二组测定冷却速度对钢热处理后性能的影响

将 45 钢加热至 850℃保温 15～20min 后，分别进行水冷、油冷、空冷和随炉缓冷（退火试样可由该组同学第二天取出），用硬度计测试试样热处理后的硬度。

3. 第三组测定碳的质量分数对淬火钢性能的影响

分别将 T12 和 T8、45、20 钢的试样在 780℃、850℃和 920℃的实验电炉中加热，保温 15～20min 后淬入水中，用洛氏硬度计分别测试试样的硬度。

4. 第四组测定回火温度对淬火钢回火后硬度的影响

将已淬过火的 45、T8 钢试样分别在 200℃、400℃和 600℃炉温的实验电炉中回火，保温 30min 后，出炉空冷，然后用洛氏硬度计分别测试试样的硬度。

往电炉中取放试样时必须先切断电源，以防触电，且必须戴手套，使用夹钳，以免烫伤。同时取放试样及开关炉门应迅速，以免温度下降，影响淬火质量。试样在淬火冷却介质中淬火时应不断搅动，以保证充分均匀冷却。淬火时水温应保持在 20～30℃左右，水温过高应及时换水。热处理后的试样应磨去氧化皮后测试硬度值。

实验数据记录表（附表A-5～附表A-8）

附表 A-5　加热温度对淬火硬度的影响

序　号	材　料	加热温度/℃	冷却介质	淬火硬度　HRC			
				1	2	3	平均

附表 A-6　冷却速度对钢热处理后性能的影响

序　号	材　料	加热温度/℃	冷却介质	热处理后硬度　HRC 或 HBW			
				1	2	3	平均

附表 A-7　碳的质量分数对淬火钢性能的影响

序　号	材　料	加热温度/℃	冷却介质	淬火硬度　HRC			
				1	2	3	平均

附表 A-8　回火温度对淬火钢回火后硬度的影响

序　号	材　料	淬火硬度 HRC	回火温度/℃	回火后硬度　HRC			
				1	2	3	平均

实验思考题

1. 根据实验结果，分析碳的质量分数、加热温度和冷却速度对碳素钢热处理后力学性能的影响。

2. 作45钢的回火温度与硬度的关系曲线，分析碳素钢回火时的组织转变。

附录B　布氏硬度换算表

硬质合金球直径 D/mm				试验力-球直径平方的比率 $0.102\times F/D^2$/(N/mm^2)					
				30	15	10	5	2.5	1
				试验力 F					
10				29.42kN	14.71kN	9.807kN	4.903kN	2.452kN	980.7kN
	5			7.355kN	—	2.452kN	1.226kN	612.9N	245.2N
		2.5		1.839kN	—	612.9N	306.5N	153.2N	61.29N
			1	294.2N	—	98.07N	49.03N	24.52N	9.807N
压痕平均直径 d/mm				布氏硬度 HBW					
2.40	1.200	0.6000	0.240	653	327	218	109	54.5	21.8
2.41	1.205	0.6024	0.241	648	324	216	108	54.0	21.6
2.42	1.210	0.6050	0.242	643	321	214	107	53.5	21.4
2.43	1.215	0.6075	0.243	637	319	212	106	53.1	21.2
2.44	1.220	0.6100	0.244	632	316	211	105	52.7	21.1
2.45	1.225	0.6125	0.245	627	313	209	104	52.2	20.9
2.46	1.230	0.6150	0.246	621	311	207	104	51.8	20.7
2.47	1.235	0.6175	0.247	616	308	205	103	51.4	20.5
2.48	1.240	0.6200	0.248	611	306	204	102	50.9	20.4
2.49	1.245	0.6225	0.249	606	303	202	101	50.5	20.2
2.50	1.250	0.6250	0.250	601	301	200	100	50.1	20.0
2.51	1.255	0.6275	0.251	597	298	199	99.4	49.7	19.9
2.52	1.260	0.6300	0.252	592	296	197	98.6	49.3	19.7
2.53	1.265	0.6325	0.253	587	294	196	97.8	48.9	19.6
2.54	1.270	0.6350	0.254	582	291	194	97.1	48.5	19.4
2.55	1.275	0.6375	0.255	578	289	193	96.3	48.1	19.3
2.56	1.280	0.6400	0.256	573	287	191	95.5	47.8	19.1
2.57	1.285	0.6425	0.257	569	284	190	94.8	47.4	19.0
2.58	1.290	0.6450	0.258	564	282	188	94.0	47.0	18.8
2.59	1.295	0.6475	0.259	560	280	187	93.3	46.6	18.7
2.60	1.300	0.6500	0.260	555	278	185	92.6	46.3	18.5
2.61	1.305	0.6525	0.261	551	276	184	91.8	45.9	18.4
2.62	1.310	0.6550	0.262	547	273	182	91.1	45.6	18.2
2.63	1.315	0.6575	0.263	543	271	181	90.4	45.2	18.1
2.64	1.320	0.6600	0.264	538	269	179	89.7	44.9	17.9
2.65	1.325	0.6625	0.265	534	267	178	89.0	44.5	17.8
2.66	1.330	0.6650	0.266	530	265	177	88.4	44.2	17.7
2.67	1.335	0.6675	0.267	526	263	175	87.7	43.8	17.5
2.68	1.340	0.6700	0.268	522	261	174	87.0	43.5	17.4
2.69	1.345	0.6725	0.269	518	259	173	86.4	43.2	17.3
2.70	1.350	0.6750	0.270	514	257	171	85.7	42.9	17.1
2.71	1.355	0.6775	0.271	510	255	170	85.1	42.5	17.0
2.72	1.360	0.6800	0.272	507	253	169	84.4	42.2	16.9
2.73	1.365	0.6825	0.273	503	251	168	83.8	41.9	16.8

（续）

硬质合金球直径 D/mm				试验力-球直径平方的比率 $0.102\times F/D^2$/(N/mm²)					
				30	15	10	5	2.5	1
				试验力 F					
10				29.42kN	14.71kN	9.807kN	4.903kN	2.452kN	980.7kN
	5			7.355kN	—	2.452kN	1.226kN	612.9N	245.2N
		2.5		1.839kN	—	612.9N	306.5N	153.2N	61.29N
			1	294.2N	—	98.07N	49.03N	24.52N	9.807N
压痕平均直径 d/mm				布氏硬度 HBW					
2.74	1.370	0.6850	0.274	499	250	166	83.2	41.6	16.6
2.75	1.375	0.6875	0.275	495	248	165	82.6	41.3	16.5
2.76	1.380	0.6900	0.276	492	246	164	81.9	41.0	16.4
2.77	1.385	0.6925	0.277	488	244	163	81.3	40.7	16.3
2.78	1.390	0.6950	0.278	485	242	162	80.8	40.4	16.2
2.79	1.395	0.6975	0.279	481	240	160	80.2	40.1	16.0
2.80	1.400	0.7000	0.280	477	239	159	79.6	39.8	15.9
2.81	1.405	0.7025	0.281	474	237	158	79.0	39.5	15.8
2.82	1.410	0.7050	0.282	471	235	157	78.4	39.2	15.7
2.83	1.415	0.7075	0.283	467	234	156	77.9	38.9	15.6
2.84	1.420	0.7100	0.284	464	232	155	77.3	38.7	15.5
2.85	1.425	0.7125	0.285	461	230	154	76.8	38.4	15.4
2.86	1.430	0.7150	0.286	457	229	152	76.2	38.1	15.2
2.87	1.435	0.7175	0.287	454	227	151	75.7	37.8	15.1
2.88	1.440	0.7200	0.288	451	225	150	75.1	37.6	15.0
2.89	1.445	0.7225	0.289	448	224	149	74.6	37.3	14.9
2.90	1.450	0.7250	0.290	444	222	148	74.1	37.0	14.8
2.91	1.455	0.7275	0.291	441	221	147	73.6	36.8	14.7
2.92	1.460	0.7300	0.292	438	219	146	73.0	36.5	14.6
2.93	1.465	0.7325	0.293	435	218	145	72.5	36.3	14.5
2.94	1.470	0.7350	0.294	432	216	144	72.0	36.0	14.4
2.95	1.475	0.7375	0.295	429	215	143	71.5	35.8	14.3
2.96	1.480	0.7400	0.296	426	213	142	71.0	35.5	14.2
2.97	1.485	0.7425	0.297	423	212	141	70.5	35.3	14.1
2.98	1.490	0.7450	0.298	420	210	140	70.1	35.0	14.0
2.99	1.495	0.7475	0.299	417	209	139	69.6	34.8	13.9
3.00	1.500	0.7500	0.300	415	207	138	69.1	34.6	13.8
3.01	1.505	0.7525	0.301	412	206	137	68.6	34.3	13.7
3.02	1.510	0.7550	0.302	409	205	136	68.2	34.1	13.6
3.03	1.515	0.7575	0.303	406	203	135	67.7	33.9	13.5
3.04	1.520	0.7600	0.304	404	202	135	67.3	33.6	13.5
3.05	1.525	0.7625	0.305	401	200	134	66.8	33.4	13.4
3.06	1.530	0.7650	0.306	398	199	133	66.4	33.2	13.3
3.07	1.535	0.7675	0.307	395	198	132	65.9	33.0	13.2
3.08	1.540	0.7700	0.308	393	196	131	65.5	32.7	13.1
3.09	1.545	0.7725	0.309	390	195	130	65.0	32.5	13.0
3.10	1.550	0.7750	0.310	388	194	129	64.6	32.3	12.9
3.11	1.555	0.7775	0.311	385	193	128	64.2	32.1	12.8
3.12	1.560	0.7800	0.312	383	191	128	63.8	31.9	12.8
3.13	1.565	0.7825	0.313	380	190	127	63.3	31.7	12.7

（续）

硬质合金球直径 D/mm				试验力-球直径平方的比率 $0.102\times F/D^2$/(N/mm²)					
				30	15	10	5	2.5	1
				试验力 F					
10				29.42kN	14.71kN	9.807kN	4.903kN	2.452kN	980.7kN
	5			7.355kN	—	2.452kN	1.226kN	612.9N	245.2N
		2.5		1.839kN	—	612.9N	306.5N	153.2N	61.29N
			1	294.2N	—	98.07N	49.03N	24.52N	9.807N
压痕平均直径 d/mm				布氏硬度 HBW					
3.14	1.570	0.7870	0.314	378	189	126	62.9	31.5	12.6
3.15	1.575	0.7875	0.315	375	188	125	62.5	31.3	12.5
3.16	1.580	0.7900	0.316	373	186	124	62.1	31.1	12.4
3.17	1.585	0.7925	0.317	370	185	123	61.7	30.9	12.3
3.18	1.590	0.7950	0.318	368	184	123	61.3	30.7	12.3
3.19	1.595	0.7975	0.319	366	183	122	60.9	30.5	12.2
3.20	1.600	0.8000	0.320	363	182	121	60.5	30.3	12.1
3.21	1.605	0.8025	0.321	361	180	120	60.1	30.1	12.0
3.22	1.610	0.8050	0.322	359	179	120	59.8	29.9	12.0
3.23	1.615	0.8075	0.323	356	178	119	59.4	29.7	11.9
3.24	1.620	0.8100	0.324	354	177	118	59.0	29.5	11.8
3.25	1.625	0.8125	0.325	352	176	117	58.6	29.3	11.7
3.26	1.630	0.8150	0.326	350	175	117	58.3	29.1	11.7
3.27	1.635	0.8175	0.327	347	174	116	57.9	29.0	11.6
3.28	1.640	0.8200	0.328	345	173	115	57.5	28.8	11.5
3.29	1.645	0.8225	0.329	343	172	114	57.2	28.6	11.4
3.30	1.650	0.8250	0.330	341	170	114	56.8	28.4	11.4
3.31	1.655	0.8275	0.331	339	169	113	56.5	28.2	11.3
3.32	1.660	0.8300	0.332	337	168	112	56.1	28.1	11.2
3.33	1.665	0.8325	0.333	335	167	112	55.8	27.9	11.2
3.34	1.670	0.8350	0.334	333	166	111	55.4	27.7	11.1
3.35	1.675	0.8375	0.335	331	165	110	55.1	27.5	11.0
3.36	1.680	0.8400	0.336	329	164	110	54.8	27.4	11.0
3.37	1.685	0.8425	0.337	326	163	109	54.4	27.2	10.9
3.38	1.690	0.8450	0.338	325	162	108	54.1	27.0	10.8
3.39	1.695	0.8475	0.339	323	161	108	53.8	26.9	10.8
3.40	1.700	0.8500	0.340	321	160	107	53.4	26.7	10.7
3.41	1.705	0.8525	0.341	319	159	106	53.1	26.6	10.6
3.42	1.710	0.8550	0.342	317	158	106	52.8	26.4	10.6
3.43	1.715	0.8575	0.343	315	157	105	52.5	26.2	10.5
3.44	1.720	0.8600	0.344	313	156	104	52.2	26.1	10.4
3.45	1.725	0.8625	0.345	311	156	104	51.8	25.9	10.4
3.46	1.730	0.8650	0.346	309	155	103	51.5	25.8	10.3
3.47	1.735	0.8675	0.347	307	154	102	51.2	25.6	10.2
3.48	1.740	0.8700	0.348	306	153	102	50.9	25.5	10.2
3.49	1.745	0.8725	0.349	304	152	101	50.6	25.3	10.1
3.50	1.750	0.8750	0.350	302	151	101	50.3	25.2	10.1
3.51	1.755	0.8775	0.351	300	150	100	50.0	25.0	10.0
3.52	1.760	0.8800	0.352	298	149	99.5	49.7	24.9	9.95
3.53	1.765	0.8825	0.353	297	148	98.9	49.4	24.7	9.89

（续）

硬质合金球直径 D/mm				试验力-球直径平方的比率 $0.102\times F/D^2$/(N/mm²)					
				30	15	10	5	2.5	1
				试验力 F					
10				29.42kN	14.71kN	9.807kN	4.903kN	2.452kN	980.7kN
	5			7.355kN	—	2.452kN	1.226kN	612.9N	245.2N
		2.5		1.839kN	—	612.9N	306.5N	153.2N	61.29N
			1	294.2N	—	98.07N	49.03N	24.52N	9.807N
压痕平均直径 d/mm				布氏硬度 HBW					
3.54	1.770	0.8850	0.354	295	147	98.3	49.2	24.6	9.83
3.55	1.775	0.8875	0.355	293	147	97.7	48.9	24.4	9.77
3.56	1.780	0.8900	0.356	292	146	97.2	48.6	24.3	9.72
3.57	1.785	0.8925	0.357	290	145	96.6	48.3	24.2	9.66
3.58	1.790	0.8950	0.358	288	144	96.1	48.0	24.0	9.61
3.59	1.795	0.8975	0.359	286	143	95.5	47.7	23.9	9.55
3.60	1.800	0.9000	0.360	285	142	95.0	47.5	23.7	9.50
3.61	1.805	0.9025	0.361	283	142	94.4	47.2	23.6	9.44
3.62	1.810	0.9050	0.362	282	141	93.9	46.9	23.5	9.39
3.63	1.815	0.9075	0.363	280	140	93.3	46.7	23.3	9.33
3.64	1.820	0.9100	0.364	278	139	92.8	46.4	23.2	9.28
3.65	1.825	0.9125	0.365	277	138	92.3	46.1	23.1	9.23
3.66	1.830	0.9150	0.366	275	138	91.8	45.9	22.9	9.18
3.67	1.835	0.9175	0.367	274	137	91.2	45.6	22.8	9.12
3.68	1.840	0.9200	0.368	272	136	90.7	45.4	22.7	9.07
3.69	1.845	0.9225	0.369	271	135	90.2	45.1	22.6	9.02
3.70	1.850	0.9250	0.370	269	135	89.7	44.9	22.4	8.97
3.71	1.855	0.9275	0.371	268	134	89.2	44.6	22.3	8.92
3.72	1.860	0.9300	0.372	266	133	88.7	44.4	22.2	8.87
3.73	1.865	0.9325	0.373	265	132	88.2	44.1	22.1	8.82
3.74	1.870	0.9350	0.374	263	132	87.7	43.9	21.9	8.77
3.75	1.875	0.9375	0.375	262	131	87.2	43.6	21.8	8.72
3.76	1.880	0.9400	0.376	260	130	86.8	43.4	21.7	8.68
3.77	1.885	0.9425	0.377	259	129	86.3	43.1	21.6	8.63
3.78	1.890	0.9450	0.378	257	129	85.8	42.9	21.5	8.58
3.79	1.895	0.9475	0.379	256	128	85.3	42.7	21.3	8.53
3.80	1.900	0.9500	0.380	255	127	84.9	42.4	21.2	8.49
3.81	1.905	0.9525	0.381	253	127	84.4	42.2	21.1	8.44
3.82	1.910	0.9550	0.382	252	126	83.9	42.0	21.0	8.39
3.83	1.915	0.9575	0.383	250	125	83.5	41.7	20.9	8.35
3.84	1.920	0.9600	0.384	249	125	83.0	41.5	20.8	8.30
3.85	1.925	0.9625	0.385	248	124	82.6	41.3	20.6	8.26
3.86	1.930	0.9650	0.386	246	123	82.1	41.1	20.5	8.21
3.87	1.935	0.9675	0.387	245	123	81.7	40.9	20.4	8.17
3.88	1.940	0.9700	0.388	244	122	81.3	40.6	20.3	8.13
3.89	1.945	0.9725	0.389	242	121	80.8	40.4	20.2	8.08
3.90	1.950	0.9750	0.390	241	121	80.4	40.2	20.1	8.04
3.91	1.955	0.9775	0.391	240	120	80.0	40.0	20.0	8.00
3.92	1.960	0.9800	0.392	239	119	79.5	39.8	19.9	7.95
3.93	1.965	0.9825	0.393	237	119	79.1	39.6	19.8	7.91

（续）

硬质合金球直径 D/mm				试验力-球直径平方的比率 $0.102\times F/D^2$/(N/mm²)					
				30	15	10	5	2.5	1
				试验力 F					
10				29.42kN	14.71kN	9.807kN	4.903kN	2.452kN	980.7kN
	5			7.355kN	—	2.452kN	1.226kN	612.9N	245.2N
		2.5		1.839kN	—	612.9N	306.5N	153.2N	61.29N
			1	294.2N	—	98.07N	49.03N	24.52N	9.807N
压痕平均直径 d/mm				布氏硬度 HBW					
3.94	1.970	0.9850	0.394	236	118	78.7	39.4	19.7	7.87
3.95	1.975	0.9875	0.395	235	117	78.3	39.1	19.6	7.83
3.96	1.980	0.9900	0.396	234	117	77.9	38.9	19.5	7.79
3.97	1.985	0.9925	0.397	232	116	77.5	38.7	19.4	7.75
3.98	1.990	0.9950	0.398	231	116	77.1	38.5	19.3	7.71
3.99	1.995	0.9975	0.399	230	115	76.7	38.3	19.2	7.67
4.00	2.000	1.0000	0.400	229	114	76.3	38.1	19.1	7.63
4.01	2.005	1.0025	0.401	228	114	75.9	37.9	19.0	7.59
4.02	2.010	1.0050	0.402	226	113	75.5	37.7	18.9	7.55
4.03	2.015	1.0075	0.403	225	113	75.1	37.5	18.8	7.51
4.04	2.020	1.0100	0.404	224	112	74.7	37.3	18.7	7.47
4.05	2.025	1.0125	0.405	223	111	74.3	37.1	18.6	7.43
4.06	2.030	1.0150	0.406	222	111	73.9	37.0	18.5	7.39
4.07	2.035	1.0175	0.407	221	110	73.5	36.8	18.4	7.35
4.08	2.040	1.0200	0.408	219	110	73.2	36.6	18.3	7.32
4.09	2.045	1.0225	0.409	218	109	72.8	36.4	18.2	7.28
4.10	2.050	1.0250	0.410	217	109	72.4	36.2	18.1	7.24
4.11	2.055	1.0275	0.411	216	108	72.0	36.0	18.0	7.20
4.12	2.060	1.0300	0.412	215	108	71.7	35.8	17.9	7.17
4.13	2.065	1.0325	0.413	214	107	71.3	35.7	17.8	7.13
4.14	2.070	1.0350	0.414	213	106	71.0	35.5	17.7	7.10
4.15	2.075	1.0375	0.415	212	106	70.6	35.3	17.6	7.06
4.16	2.080	1.0400	0.416	211	105	70.2	35.1	17.6	7.02
4.17	2.085	1.0425	0.417	210	105	69.9	34.9	17.5	6.99
4.18	2.090	1.0450	0.418	209	104	69.5	34.8	17.4	6.95
4.19	2.095	1.0475	0.419	208	104	69.2	34.6	17.3	6.92
4.20	2.100	1.0500	0.420	207	103	68.8	34.4	17.2	6.88
4.21	2.105	1.0525	0.421	205	103	68.5	34.2	17.1	6.85
4.22	2.110	1.0550	0.422	204	102	68.2	34.1	17.0	6.82
4.23	2.115	1.0575	0.423	203	102	67.8	33.9	17.0	6.78
4.24	2.120	1.0600	0.424	202	101	67.5	33.7	16.9	6.75
4.25	2.125	1.0625	0.425	201	101	67.1	33.6	16.8	6.71
4.26	2.130	1.0650	0.426	200	100	66.8	33.4	16.7	6.68
4.27	2.135	1.0675	0.427	199	99.7	66.5	33.2	16.6	6.65
4.28	2.140	1.0700	0.428	198	99.2	66.2	33.1	16.5	6.62
4.29	2.145	1.0725	0.429	198	98.8	65.8	32.9	16.5	6.58
4.30	2.150	1.0750	0.430	197	98.3	65.5	32.8	16.4	6.55
4.31	2.155	1.0775	0.431	196	97.8	65.2	32.6	16.3	6.52
4.32	2.160	1.0800	0.432	195	97.3	64.9	32.4	16.2	6.49
4.33	2.165	1.0825	0.433	194	96.8	64.6	32.3	16.1	6.46

（续）

硬质合金球直径 D/mm				试验力-球直径平方的比率 $0.102\times F/D^2/(\mathrm{N/mm^2})$					
				30	15	10	5	2.5	1
				试验力 F					
10				29.42kN	14.71kN	9.807kN	4.903kN	2.452kN	980.7kN
	5			7.355kN	—	2.452kN	1.226kN	612.9N	245.2N
		2.5		1.839kN	—	612.9N	306.5N	153.2N	61.29N
			1	294.2N	—	98.07N	49.03N	24.52N	9.807N
压痕平均直径 d/mm				布氏硬度 HBW					
4.34	2.170	1.0850	0.434	193	96.4	64.2	32.1	16.1	6.42
4.35	2.175	1.0875	0.435	192	95.9	63.9	32.0	16.0	6.39
4.36	2.180	1.0900	0.436	191	95.4	63.6	31.8	15.9	6.36
4.37	2.185	1.0925	0.437	190	95.0	63.3	31.7	15.8	6.33
4.38	2.190	1.0950	0.438	189	94.5	63.0	31.5	15.8	6.30
4.39	2.195	1.0975	0.439	188	94.1	62.7	31.4	15.7	6.27
4.40	2.200	1.1000	0.440	187	93.6	62.4	31.2	15.6	6.24
4.41	2.205	1.1025	0.441	186	93.2	62.1	31.1	15.5	6.21
4.42	2.210	1.1050	0.442	185	92.7	61.8	30.9	15.5	6.18
4.43	2.215	1.1075	0.443	185	92.3	61.5	30.8	15.4	6.15
4.44	2.220	1.1100	0.444	184	91.8	61.2	30.6	15.3	6.12
4.45	2.225	1.1125	0.445	183	91.4	60.9	30.5	15.2	6.09
4.46	2.230	1.1150	0.446	182	91.0	60.6	30.3	15.2	6.06
4.47	2.235	1.1175	0.447	181	90.5	60.4	30.2	15.1	6.04
4.48	2.240	1.1200	0.448	180	90.1	60.1	30.0	15.0	6.01
4.49	2.245	1.1225	0.449	179	89.7	59.8	29.9	14.9	5.98
4.50	2.250	1.1250	0.450	179	89.3	59.5	29.8	14.9	5.95
4.51	2.255	1.1275	0.451	178	88.9	59.2	29.6	14.8	5.92
4.52	2.260	1.1300	0.452	177	88.4	59.0	29.5	14.7	5.90
4.53	2.265	1.1325	0.453	176	88.0	58.7	29.3	14.7	5.87
4.54	2.270	1.1350	0.454	175	87.6	58.4	29.2	14.6	5.84
4.55	2.275	1.1375	0.455	174	87.2	58.1	29.1	14.5	5.81
4.56	2.280	1.1400	0.456	174	86.8	57.9	28.9	14.5	5.79
4.57	2.285	1.1425	0.457	173	86.4	57.6	28.8	14.4	5.76
4.58	2.290	1.1450	0.458	172	86.0	57.3	28.7	14.3	5.73
4.59	2.295	1.1475	0.459	171	85.6	57.1	28.5	14.3	5.71
4.60	2.300	1.1500	0.460	170	85.2	56.8	28.4	14.2	5.68
4.61	2.305	1.1525	0.461	170	84.8	56.5	28.3	14.1	5.65
4.62	2.310	1.1550	0.462	169	84.4	56.3	28.1	14.1	5.63
4.63	2.315	1.1575	0.463	168	84.0	56.0	28.0	14.0	5.60
4.64	2.320	1.1600	0.464	167	83.6	55.8	27.9	13.9	5.58
4.65	2.325	1.1625	0.465	167	83.3	55.5	27.8	13.9	5.55
4.66	2.330	1.1650	0.466	166	82.9	55.3	27.6	13.8	5.53
4.67	2.335	1.1675	0.467	165	82.5	55.0	27.5	13.8	5.50
4.68	2.340	1.1700	0.468	164	82.1	54.8	27.4	13.7	5.48
4.69	2.345	1.1725	0.469	164	81.8	54.5	27.3	13.6	5.45
4.70	2.350	1.1750	0.470	163	81.4	54.3	27.1	13.6	5.43
4.71	2.355	1.1775	0.471	162	81.0	54.0	27.0	13.5	5.40
4.72	2.360	1.1800	0.472	161	80.7	53.8	26.9	13.4	5.38
4.73	2.365	1.1825	0.473	161	80.3	53.5	26.8	13.4	5.35

（续）

硬质合金球直径 D/mm				试验力-球直径平方的比率 $0.102\times F/D^2$/(N/mm²)					
				30	15	10	5	2.5	1
				试验力 F					
10				29.42kN	14.71kN	9.807kN	4.903kN	2.452kN	980.7kN
	5			7.355kN	—	2.452kN	1.226kN	612.9N	245.2N
		2.5		1.839kN	—	612.9N	306.5N	153.2N	61.29N
			1	294.2N	—	98.07N	49.03N	24.52N	9.807N
压痕平均直径 d/mm				布氏硬度 HBW					
4.74	2.370	1.1850	0.474	160	79.9	53.3	26.6	13.3	5.33
4.75	2.375	1.1875	0.475	159	79.6	53.0	26.5	13.3	5.30
4.76	2.380	1.1900	0.476	158	79.2	52.8	26.4	13.2	5.28
4.77	2.385	1.1925	0.477	158	78.9	52.6	26.3	13.1	5.26
4.78	2.390	1.1950	0.478	157	78.5	52.3	26.2	13.1	5.23
4.79	2.395	1.1975	0.479	156	78.2	52.1	26.1	13.0	5.21
4.80	2.400	1.2000	0.480	156	77.8	51.9	25.9	13.0	5.19
4.81	2.405	1.2025	0.481	155	77.5	51.6	25.8	12.9	5.16
4.82	2.410	1.2050	0.482	154	77.1	51.4	25.7	12.9	5.14
4.83	2.415	1.2075	0.483	154	76.8	51.2	25.6	12.8	5.12
4.84	2.420	1.2100	0.484	153	76.4	51.0	25.5	12.7	5.10
4.85	2.425	1.2125	0.485	152	76.1	50.7	25.4	12.7	5.07
4.86	2.430	1.2150	0.486	152	75.8	50.5	25.3	12.6	5.05
4.87	2.435	1.2175	0.487	151	75.4	50.3	25.1	12.6	5.03
4.88	2.440	1.2200	0.488	150	75.1	50.1	25.0	12.5	5.01
4.89	2.445	1.2225	0.489	150	74.8	49.8	24.9	12.5	4.98
4.90	2.450	1.2250	0.490	149	74.4	49.6	24.8	12.4	4.96
4.91	2.455	1.2275	0.491	148	74.1	49.4	24.7	12.4	4.94
4.92	2.460	1.2300	0.492	148	73.8	49.2	24.6	12.3	4.92
4.93	2.465	1.2325	0.493	147	73.5	49.0	24.5	12.2	4.90
4.94	2.470	1.2350	0.494	146	73.2	48.8	24.4	12.2	4.88
4.95	2.475	1.2375	0.495	146	72.8	48.6	24.3	12.1	4.86
4.96	2.480	1.2400	0.496	145	72.5	48.3	24.2	12.1	4.83
4.97	2.485	1.2425	0.497	144	72.2	48.1	24.1	12.0	4.81
4.98	2.490	1.2450	0.498	144	71.9	47.9	24.0	12.0	4.79
4.99	2.495	1.2475	0.499	143	71.6	47.7	23.9	11.9	4.77
5.00	2.500	1.2500	0.500	143	71.3	47.5	23.8	11.9	4.75
5.01	2.505	1.2525	0.501	142	71.0	47.3	23.7	11.8	4.73
5.02	2.510	1.2550	0.502	141	70.7	47.1	23.6	11.8	4.71
5.03	2.515	1.2575	0.503	141	70.4	46.9	23.5	11.7	4.69
5.04	2.520	1.2600	0.504	140	70.1	46.7	23.4	11.7	4.67
5.05	2.525	1.2625	0.505	140	69.8	46.5	23.3	11.6	4.65
5.06	2.530	1.2650	0.506	139	69.5	46.3	23.2	11.6	4.63
5.07	2.535	1.2675	0.507	138	69.2	46.1	23.1	11.5	4.61
5.08	2.540	1.2700	0.508	138	68.9	45.9	23.0	11.5	4.59
5.09	2.545	1.2725	0.509	137	68.6	45.7	22.9	11.4	4.57
5.10	2.550	1.2750	0.510	137	68.3	45.5	22.8	11.4	4.55
5.11	2.555	1.2775	0.511	136	68.0	45.3	22.7	11.3	4.53
5.12	2.560	1.2800	0.512	135	67.7	45.1	22.6	11.3	4.51
5.13	2.565	1.2825	0.513	135	67.4	45.0	22.5	11.2	4.50

（续）

硬质合金球直径 D/mm				试验力-球直径平方的比率 $0.102 \times F/D^2$/(N/mm^2)					
				30	15	10	5	2.5	1
				试验力 F					
10				29.42kN	14.71kN	9.807kN	4.903kN	2.452kN	980.7kN
	5			7.355kN	—	2.452kN	1.226kN	612.9N	245.2N
		2.5		1.839kN	—	612.9N	306.5N	153.2N	61.29N
			1	294.2N	—	98.07N	49.03N	24.52N	9.807N
压痕平均直径 d/mm				布氏硬度 HBW					
5.14	2.570	1.2850	0.514	134	67.1	44.8	22.4	11.2	4.48
5.15	2.575	1.2875	0.515	134	66.9	44.6	22.3	11.1	4.46
5.16	2.580	1.2900	0.516	133	66.6	44.4	22.2	11.1	4.44
5.17	2.585	1.2925	0.517	133	66.3	44.2	22.1	11.1	4.42
5.18	2.590	1.2950	0.518	132	66.0	44.0	22.0	11.0	4.40
5.19	2.595	1.2975	0.519	132	65.8	43.8	21.9	11.0	4.38
5.20	2.600	1.3000	0.520	131	65.5	43.7	21.8	10.9	4.37
5.21	2.605	1.3025	0.521	130	65.2	43.5	21.7	10.9	4.35
5.22	2.610	1.3050	0.522	130	64.9	43.3	21.6	10.8	4.33
5.23	2.615	1.3075	0.523	129	64.7	43.1	21.6	10.8	4.31
5.24	2.620	1.3100	0.524	129	64.4	42.9	21.5	10.7	4.29
5.25	2.625	1.3125	0.525	128	64.1	42.8	21.4	10.7	4.28
5.26	2.630	1.3150	0.526	128	63.9	42.6	21.3	10.6	4.26
5.27	2.635	1.3175	0.527	127	63.6	42.4	21.2	10.6	4.24
5.28	2.640	1.3200	0.528	127	63.3	42.2	21.1	10.6	4.22
5.29	2.645	1.3225	0.529	126	63.1	42.1	21.0	10.5	4.21
5.30	2.650	1.3250	0.530	126	62.8	41.9	20.9	10.5	4.19
5.31	2.655	1.3275	0.531	125	62.6	41.7	20.9	10.4	4.17
5.32	2.660	1.3300	0.532	125	62.3	41.5	20.8	10.4	4.15
5.33	2.665	1.3325	0.533	124	62.1	41.4	20.7	10.3	4.14
5.34	2.670	1.3350	0.534	124	61.8	41.2	20.6	10.3	4.12
5.35	2.675	1.3375	0.535	123	61.5	41.0	20.5	10.3	4.10
5.36	2.680	1.3400	0.536	123	61.3	40.9	20.4	10.2	4.09
5.37	2.685	1.3425	0.537	122	61.0	40.7	20.3	10.2	4.07
5.38	2.690	1.3450	0.538	122	60.8	40.5	20.3	10.1	4.05
5.39	2.695	1.3475	0.539	121	60.6	40.4	20.2	10.1	4.04
5.40	2.700	1.3500	0.540	121	60.3	40.2	20.1	10.1	4.02
5.41	2.705	1.3525	0.541	120	60.1	40.0	20.0	10.0	4.00
5.42	2.710	1.3550	0.542	120	59.8	39.9	19.9	9.97	3.99
5.43	2.715	1.3575	0.543	119	59.6	39.7	19.9	9.93	3.97
5.44	2.720	1.3600	0.544	119	59.3	39.6	19.8	9.89	3.96
5.45	2.725	1.3625	0.545	118	59.1	39.4	19.7	9.85	3.94
5.46	2.730	1.3650	0.546	118	58.9	39.2	19.6	9.81	3.92
5.47	2.735	1.3675	0.547	117	58.6	39.1	19.5	9.77	3.91
5.48	2.740	1.3700	0.548	117	58.4	38.9	19.5	9.73	3.89
5.49	2.745	1.3725	0.549	116	58.2	38.8	19.4	9.69	3.88
5.50	2.750	1.3750	0.550	116	57.9	38.6	19.3	9.66	3.86
5.51	2.755	1.3775	0.551	115	57.7	38.5	19.2	9.62	3.85
5.52	2.760	1.3800	0.552	115	57.5	38.3	19.2	9.58	3.83
5.53	2.765	1.3825	0.553	114	57.2	38.2	19.1	9.54	3.82

APPENDIX

(续)

硬质合金球直径 D/mm				试验力-球直径平方的比率 $0.102 \times F/D^2$/(N/mm²)					
				30	15	10	5	2.5	1
				试验力 F					
10				29.42kN	14.71kN	9.807kN	4.903kN	2.452kN	980.7kN
	5			7.355kN	—	2.452kN	1.226kN	612.9N	245.2N
		2.5		1.839kN	—	612.9N	306.5N	153.2N	61.29N
			1	294.2N	—	98.07N	49.03N	24.52N	9.807N
压痕平均直径 d/mm				布氏硬度 HBW					
5.54	2.770	1.3850	0.554	114	57.0	38.0	19.0	9.50	3.80
5.55	2.775	1.3875	0.555	114	56.8	37.9	18.9	9.47	3.79
5.56	2.780	1.3900	0.556	113	56.6	37.7	18.9	9.43	3.77
5.57	2.785	1.3925	0.557	113	56.3	37.6	18.8	9.39	3.76
5.58	2.790	1.3950	0.558	112	56.1	37.4	18.7	9.35	3.74
5.59	2.795	1.3975	0.559	112	55.9	37.3	18.6	9.32	3.73
5.60	2.800	1.4000	0.560	111	55.7	37.1	18.6	9.28	3.71
5.61	2.805	1.4025	0.561	111	55.5	37.0	18.5	9.24	3.70
5.62	2.810	1.4050	0.562	110	55.2	36.8	18.4	9.21	3.68
5.63	2.815	1.4075	0.563	110	55.0	36.7	18.3	9.17	3.67
5.64	2.820	1.4100	0.564	110	54.8	36.5	18.3	9.14	3.65
5.65	2.825	1.4125	0.565	109	54.6	36.4	18.2	9.10	3.64
5.66	2.830	1.4150	0.566	109	54.4	36.3	18.1	9.06	3.63
5.67	2.835	1.4175	0.567	108	54.2	36.1	18.1	9.03	3.61
5.68	2.840	1.4200	0.568	108	54.0	36.0	18.0	8.99	3.60
5.69	2.845	1.4225	0.569	107	53.7	35.8	17.9	8.96	3.58
5.70	2.850	1.4250	0.570	107	53.5	35.7	17.8	8.92	3.57
5.71	2.855	1.4275	0.571	107	53.3	35.6	17.8	8.89	3.56
5.72	2.860	1.4300	0.572	106	53.1	35.4	17.7	8.85	3.54
5.73	2.865	1.4325	0.573	106	52.9	35.3	17.6	8.82	3.53
5.74	2.870	1.4350	0.574	105	52.7	35.1	17.6	8.79	3.51
5.75	2.875	1.4375	0.575	105	52.5	35.0	17.5	8.75	3.50
5.76	2.880	1.4400	0.576	105	52.3	34.9	17.4	8.72	3.49
5.77	2.885	1.4425	0.577	104	52.1	34.7	17.4	8.68	3.47
5.78	2.890	1.4450	0.578	104	51.9	34.6	17.3	8.65	3.46
5.79	2.895	1.4475	0.579	103	51.7	34.5	17.2	8.62	3.45
5.80	2.900	1.4500	0.580	103	51.5	34.3	17.2	8.59	3.43
5.81	2.905	1.4525	0.581	103	51.3	34.2	17.1	8.55	3.42
5.82	2.910	1.4550	0.582	102	51.1	34.1	17.0	8.52	3.41
5.83	2.915	1.4575	0.583	102	50.9	33.9	17.0	8.49	3.39
5.84	2.920	1.4600	0.584	101	50.7	33.8	16.9	8.45	3.38
5.85	2.925	1.4625	0.585	101	50.5	33.7	16.8	8.42	3.37
5.86	2.930	1.4650	0.586	101	50.3	33.6	16.8	8.39	3.36
5.87	2.935	1.4675	0.587	100	50.2	33.4	16.7	8.36	3.34
5.88	2.940	1.4700	0.588	99.9	50.0	33.3	16.7	8.33	3.33
5.89	2.945	1.4725	0.589	99.5	49.8	33.2	16.6	8.30	3.32
5.90	2.950	1.4750	0.590	99.2	49.6	33.1	16.5	8.26	3.31
5.91	2.955	1.4775	0.591	98.8	49.4	32.9	16.5	8.23	3.29
5.92	2.960	1.4800	0.592	98.4	49.2	32.8	16.4	8.20	3.28
5.93	2.965	1.4825	0.593	98.0	49.0	32.7	16.3	8.17	3.27

（续）

硬质合金球直径 D/mm				试验力-球直径平方的比率 0.102×F/D^2/(N/mm²)					
				30	15	10	5	2.5	1
				试验力 F					
10				29.42kN	14.71kN	9.807kN	4.903kN	2.452kN	980.7kN
	5			7.355kN	—	2.452kN	1.226kN	612.9N	245.2N
		2.5		1.839kN	—	612.9N	306.5N	153.2N	61.29N
			1	294.2N	—	98.07N	49.03N	24.52N	9.807N
压痕平均直径 d/mm				布氏硬度 HBW					
5.94	2.970	1.4850	0.594	97.7	48.8	32.6	16.3	8.14	3.26
5.95	2.975	1.4875	0.595	97.3	48.7	32.4	16.2	8.11	3.24
5.96	2.980	1.4900	0.596	96.9	48.5	32.3	16.2	8.08	3.23
5.97	2.985	1.4925	0.597	96.6	48.3	32.2	16.1	8.05	3.22
5.98	2.990	1.4950	0.598	96.2	48.1	32.1	16.0	8.02	3.21
5.99	2.995	1.4975	0.599	95.9	47.9	32.0	16.0	7.99	3.20
6.00	3.000	1.5000	0.600	95.5	47.7	31.8	15.9	7.96	3.18

附录 C　钢铁材料硬度及强度换算表

硬　度								抗拉强度①/MPa
洛氏		表面洛氏			维氏	布氏（$F/D^2=30$）		
HRC	HRA	HR15N	HR30N	HR45N	HV	HS	HBW	
68.0	85.5				909			
67.5	85.2				894			
67.0	85.0				879			
66.5	84.7				865			
66.0	84.4				850			
65.5	84.1				836			
65.0	83.9	92.2	81.3	71.7	822			
64.5	83.6	92.1	81.0	71.2	809			
64.0	83.3	91.9	80.6	70.6	795			
63.5	83.1	91.8	80.2	70.1	782			
63.0	82.8	91.7	79.8	69.5	770			
62.5	82.5	91.5	79.4	69.0	757			
62.0	82.2	91.4	79.0	68.4	745			
61.5	82.0	91.2	78.6	67.9	733			
61.0	81.7	91.0	78.1	67.3	721			
60.5	81.4	90.8	77.7	66.8	710		650	
60.0	81.2	90.6	77.3	66.2	698		647	

(续)

硬度								抗拉强度[①]/MPa
洛氏		表面洛氏			维氏	布氏($F/D^2=30$)		
HRC	HRA	HR15N	HR30N	HR45N	HV	HS	HBW	
59.5	80.9	90.4	76.9	65.6	687		643	
59.0	80.6	90.2	76.5	65.1	676		639	
58.5	80.3	90.0	76.1	64.5	666		634	
58.0	80.1	89.8	75.6	63.9	655		628	
57.5	79.8	89.6	75.2	63.4	645		622	
57.0	79.5	89.4	74.8	62.8	635		616	
56.5	79.3	89.1	74.4	62.2	625		608	
56.0	79.0	88.9	73.9	61.7	615		601	
55.5	78.7	88.6	73.5	61.1	606		593	
55.0	78.5	88.4	73.1	60.5	596		585	
54.5	78.2	88.1	72.6	59.9	587		577	
54.0	77.9	87.9	72.2	59.4	578		569	
53.5	77.7	87.6	71.8	58.8	569		561	
53.0	77.4	87.4	71.3	58.2	561		552	
52.5	77.1	87.1	70.9	57.6	552		544	
52.0	76.9	86.8	70.4	57.1	544		535	
51.5	76.6	86.6	70.0	56.5	535		527	
51.0	76.3	86.3	69.5	55.9	527		518	
50.5	76.1	86.0	69.1	55.3	520		510	
50.0	75.8	85.7	68.6	54.7	512		502	1710
49.5	75.5	85.5	68.2	54.2	504		494	1681
49.0	75.3	85.2	67.7	53.6	497		486	1653
48.5	75.0	84.9	67.3	53.0	489		478	1626
48.0	74.7	84.6	66.8	52.4	482		470	1600
47.5	74.5	84.3	66.4	51.8	475		463	1575
47.0	74.2	84.0	65.9	51.2	468	449	455	1550
46.5	73.9	83.7	65.5	50.7	461	442	448	1526
46.0	73.7	83.5	65.0	50.1	454	436	441	1503
45.5	73.4	83.2	64.6	49.5	448	430	435	1481
45.0	73.2	82.9	64.1	48.9	441	424	428	1459
44.5	72.9	82.6	63.6	48.3	435	418	422	1438
44.0	72.6	82.3	63.2	47.7	428	413	415	1417
43.5	72.4	82.0	62.7	47.1	422	407	409	1397
43.0	72.1	81.7	62.3	46.5	416	401	403	1378

（续）

硬度								抗拉强度[①]/MPa
洛氏		表面洛氏			维氏	布氏（$F/D^2=30$）		
HRC	HRA	HR15N	HR30N	HR45N	HV	HS	HBW	
42.5	71.8	81.4	61.8	45.9	410	396	397	1359
42.0	71.6	81.1	61.3	45.4	404	391	392	1340
41.5	71.3	80.8	60.9	44.8	398	385	386	1322
41.0	71.1	80.5	60.4	44.2	393	380	381	1305
40.5	70.8	80.2	60.0	43.6	387	375	375	1288
40.0	70.5	79.9	59.5	43.0	381	370	370	1271
39.5	70.3	79.6	59.0	42.4	376	365		1254
39.0	70.0	79.3	58.6	41.8	371	360		1238
38.5	69.2	79.0	58.1	41.2	365	355		1222
38.0	69.5	78.7	57.6	40.6	360	350		1207
37.5	69.2	78.4	57.2	40.0	355	345		1192
37.0	69.0	78.1	56.7	39.4	350	341		1177
36.5	68.7	77.8	56.2	38.8	345	336		1162
36.0	68.4	77.5	55.8	38.2	340	332		1147
35.5	68.2	77.2	55.3	37.6	335	327		1133
35.0	67.9	77.0	54.8	37.0	331	323		1119
34.5	67.7	76.7	54.4	36.5	326	318		1105
34.0	67.4	76.4	53.9	35.9	321	314		1092
33.5	67.1	76.1	53.4	35.3	317	310		1078
33.0	66.9	75.8	53.0	34.7	313	306		1065
32.5	66.6	75.5	52.5	34.1	308	302		1052
32.0	66.4	75.2	52.0	33.5	304	298		1039
31.5	66.1	74.9	51.6	32.9	300	294		1027
31.0	65.8	74.7	51.1	32.3	296	291		1014
30.5	65.6	74.4	50.6	31.7	292	287		1002
30.0	65.3	74.1	50.2	31.1	288	283	989	
29.5	65.1	73.8	49.7	30.5	284	280		977
29.0	64.8	73.5	49.2	29.9	280	276		965
28.5	64.6	73.3	48.7	29.3	276	273		954
28.0	64.3	73.0	48.3	28.7	273	269		942
27.5	64.0	72.7	47.8	28.1	269	266		930
27.0	63.8	72.4	47.3	27.5	266	263		919
26.5	63.5	72.2	46.9	26.9	262	260		908
26.0	63.3	71.9	46.4	26.3	259	257		897
25.5	63.0	71.6	45.9	25.7	256	254		886

（续）

硬度								抗拉强度①/MPa
洛氏		表面洛氏			维氏	布氏($F/D^2=30$)		
HRC	HRA	HR15N	HR30N	HR45N	HV	HS	HBW	
25.0	62.8	71.4	45.5	25.1	253	251		875
24.5	62.5	71.1	45.0	24.5	250	248		864
24.0	62.2	70.8	44.5	23.9	247	245		854
23.5	62.0	70.6	44.0	23.3	244	242		843
23.0	61.7	70.3	43.6	22.7	241	240		833
22.5	61.5	70.0	43.1	22.1	238	237		823
22.0	61.2	69.8	42.6	21.5	235	234		813
21.5	61.0	68.5	42.2	21.0	233	232		803
21.0	60.7	69.3	41.7	20.4	230	229		793
20.5	60.4	69.0	41.2	19.8	228	227		784
20.0	60.2	68.8	40.7	19.2	226	225		774

① 表中所给出的强度，是指当换算精度不高时的数值，适用于碳素钢。

参考文献

[1]　王运炎，等. 机械工程材料 [M]. 北京：机械工业出版社，2000.

[2]　束德林，等. 金属力学性能 [M]. 北京：机械工业出版社，1987.

[3]　王英杰，等. 金属材料及热处理 [M]. 北京：机械工业出版社，2007.

[4]　史美堂，等. 金属材料及热处理 [M]. 上海：上海科学技术出版社，1980.

[5]　王雅然，等. 金属工艺学 [M]. 北京：机械工业出版社，1999.

[6]　姜敏凤，等. 金属材料及热处理知识 [M]. 北京：机械工业出版社，2005.

[7]　丁建生，等. 金属学与热处理 [M]. 北京：机械工业出版社，2004.

[8]　崔忠圻，等. 金属学与热处理 [M]. 北京：机械工业出版社，2000.

[9]　周顺深，等. 钢脆性和工程结构脆性断裂 [M]. 上海：上海科学技术出版社，1983.

[10]　S·戈康达. 金属的疲劳与断裂 [M]. 颜鸣皋，刘才穆，译. 上海：上海科学技术出版社，1983.